KB149682

기계재료학

2판

Material Properties for Mechanical Applications

박명균 · 최흥섭 · 박용태 · 김범준 지음

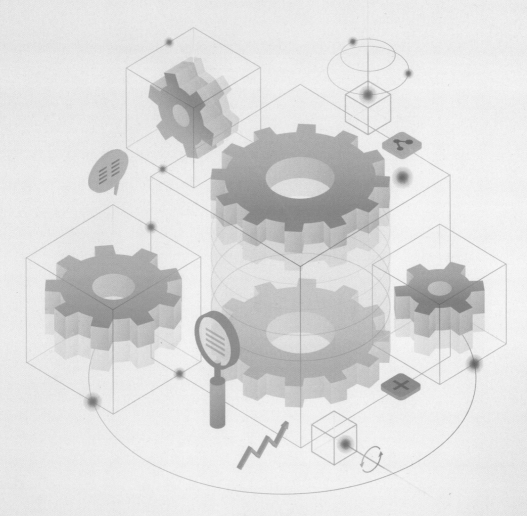

청문각

머리말

현재 산업계에서 사용되고 있는 재료의 종류는 매우 광범위하고 다양하다. 이들 각각의 재료들의 특성 또한 매우 다양하다. 저학년의 기계공학 전공 학생들이 재료와 관련된 다양한 용어와 기초 지식을 이해하고 습득하는 것은 쉽지 않다. 기계재료학은 기계공학과의 중요 과목 중 하나이다. 이전에는 공업재료, 금속재료, 재료과학 등의 책으로 공부하였다.

현재 기계공학에서 사용할 수 있는 적합한 재료학과 관련된 교재는 많지 않으며, 대부분 재료과학에 편중하여 관련 전문 용어가 많고 이해하는 데 어려움이 있다. 그리고 교재가 지나치게 많은 분량을 다루어 두꺼워진 경향이 있다. 재료의 거동학과 기계 설계 그리고 재료과학을 포괄하는 알기 쉬운 교재는 부족하다고 판단하여 이 기계재료학 교재를 집필하게 되었다. 본 교재에서는 기계공학 전공 학생 혹은 재료에 관심을 가지는 타 전공 학생들을 위하여 재료 거동과 관련된 중요 용어 및 기초 개념과 그리고 다양한 재료들의 분류, 용어 설명 및 기계적 성질과 재료의 기계적 성질 강화 방법, 마지막으로 설계 시 재료 선정에 관련된 절차와 관련한 개론적 지식을 제공한다. 이들 내용 중에는 금속, 폴리머, 세라믹, 복합 재료의 종류 및 기계적 성질, 용도에 대해 소개하였으며 금속 재료의 기본 열처리 기술을 자세히 설명하였다. 이를 이해하기 위해 필요한 기초적인 상태도에 대해서도 설명하였다. 여기에 수록된 기본 지식이 공학을 전공하는 많은 이들에게 도움이 되기를 바라며 재료와 관련된 유능한 기계 설계자로 더욱 더 발전하기를 기대해 본다.

시간적 제한으로 인한 교재 중 내용적 오류나 부족한 사항들이 있으면 우선 양해를 구한다. 앞으로 수정 보완될 수 있도록 아낌없는 지적을 바란다. 마지막으로 본 교재가 나오기까지 수고한 청문각(교문사) 관계자들에게 진심으로 감사드린다.

2020년 2월
저자 일동

차례

1장 기계 설계와 기계 재료

○ 목표

- 기계 및 구조 설계 시 영향을 미치는 재료 파손의 형태에 대한 일반적인 지식을 습득한다.
- 공학 설계에서의 재료의 선정 제한 요건, 재료의 기계적 성질이 일반적으로 어떠한 영향을 미치는가에 대한 이해를 한다.
- 재료 선택에 따른 생산 제작에 관련된 사항을 배운다.
- 새로운 기술 개발로 요구되는 신소재의 요구 조건 이해 및 개발 그리고 재료 거동을 평가하기 위한 새로운 방법의 이해 및 개발에 대해 배운다.
- 파손으로 인한 경제에 미치는 놀랄 정도로 큰 손실 비용 등에 대해 학습한다.

1.1 서론

기계, 자동차, 구조물의 설계자들은 일정 기준 이상의 성능적인 측면과 경제적인 측면에서 만족할 만한 수준을 달성해야 하고 동시에 안전도와 내구적인 측면에서도 신뢰성이 보장되도록 설계해야 한다. 성능, 안전성, 내구성 측면에 대한 확신을 갖기 위해서는 우선 휨, 비틀림, 인장 등으로 인한 과도한 변형을 피해야 한다. 또한 균열(crack) 같은 결함을 없게 하거나, 혹은 완전 파단까지 이르지 않도록 조절되어야 한다. 재료에 있어 이러한 변형, 균열 등에 대한 학문 연구 분야를 "재료의 기계적 거동학(Mechanical Behaviors of Materials)"이라 부르고 있다. 이들 분야에 대한 지식을 습득하기 위해서는 1차적으로 사용되는 재료에 기본 지식이 있어야 한다. 또한 인장 압축, 휨, 비틀림과 같은 다양한 하중들이 이들 재료에 가해질 때 기계적 파손을 피하기 위한 기초적 설계 공학 지식 또한 필요하다. 재료의 거동 분야는 재료에 힘을 가해 변형을 일으키는 물리적인 실험을 다룬다. 재료의 거동을 실험을 통해 이해함으로써 물리적 값을 정량적으로 구하거나 혹은 이미 알려진 실험값을 이용하여 기계 부품 혹은 구조물의 파손 등을 예측할 수 있다. 기계 부품에 사용되는 각종 재료들의 기계 물리적 값들을 알아야 설계 시 이들 재료의 사용 여부를 판단할 수 있다. 설계 시 구조적 파손을 피하기 위해서 가장 기본적으로 고려해야 할 사항은 하중이 가해질 때 구조물이나 기계 부품에서 발생하는 응력(stress)을 알아내어 이 값이 재료가 견딜 수 있는 허용 강도 값을 초과하지 않도록 하는 것이다. 여기서 강도는 단순히 부품이 변형되거나 파괴가 시작되는 응력을 의미한다. 보다 복잡하거나 특별한 파손의 원인은 다음과 같은 추가 사항들을 고려하여 해석해야 한다.

1. 응력은 한 방향 이상으로 존재한다. 즉, 응력의 상태는 2축 상황이거나 3축 상황일 수 있다.
2. 실제 제품은 결함이나 균열을 반드시 포함한다.
3. 응력은 오랜 기간 동안 작용한다.
4. 응력은 반복적으로 작용하거나 제거되기도 하고, 응력 방향이 정, 부방향으로 주기적으로 변하며 반복할 수 있다.

1장에서는 재료의 다양한 파손 형태를 간단하게 정의하고 재료거동학과 공학설계와의 관계, 설계 시 재료 선정의 중요성, 새로운 기술과의 관계 및 경제적인 관계를 고려하여 설명한다.

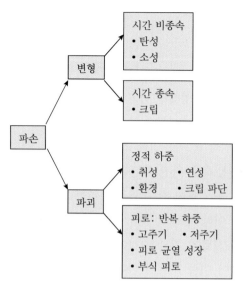

그림 1.1
변형과 파괴의 기본 형태

1.2 재료 파손의 형태

구조용 요소 혹은 기계 부품 요소들이 파손(failure)될 때에는 일반적으로 3가지 형태가 있다. 첫 번째로 과도한 탄성 변형으로 인한 파손과 두 번째로 항복 혹은 과도한 소성 변형으로 인한 파손이 있다. 마지막 세 번째 형태로는 파괴(fracture)가 있다. 설계 시 이들 파손 형태에 대한 이해는 매우 중요하다.

소위 변형 파손(deformation failure)이라 함은 부품의 기능을 감당하기 위해 필요한 최소한의 길이나 형태가 큰 변형을 받아 그 기능을 감당하지 못할 정도의 파손을 의미한다. 부품들이 두 조각 이상으로 분리된 파손을 파괴라 부른다. 부식(corrosion)이라 하면 화학적인 반응의 결과로 재료가 손상된 것을 의미하고, 마모(wear)라 하면 접촉하고 있는 두 고체 사이의 마찰, 고착 등으로 인해 재료의 표면이 닳아 없어지는 것을 의미한다. 만약 예를 들어 마모가 딱딱한 입자를 포함하는 재료의 경우, 유체(가스, 액체)에 의해 발생되면 우리는 이를 침식(erosion)이라 부른다. 부식이나 마모도 중요한 주제이지만 본 교재에서는 변형(deformation)과 파괴(fracture)만을 다룬다. 다양한 파손은 각종 재료에 따라 달리 발생한다. 재료의 기본적인 파손 형태는 그림 1.1과 같이 변형(deformation)으로 인한 파손과 파괴(fracture)로 인한 형태로 분류할 수 있다.

변형에는 시간 종속적인 크립(creep) 변형이 있고, 시간 비종속적인 탄성(elastic) 및 소성(plastic)변형이 있다.

파괴에는 정적 하중에 의한 파괴와 피로 하중에 의한 파괴가 있는데, 정적 하중 파괴에는 취성 파괴(brittle fracture), 연성 파괴(ductile fracture) 및 크립 파단 파괴(creep rupture fracture)가 있다. 연성 파괴는 재료가 엿가락처럼 늘어난 후, 즉 상당한 소성 변형 후 부러지는 형태이고, 크립 파열 파괴는 연한 재료가 시간에 따라 늘어나다가 갑자기 부러지는 파손 형태라 할 수 있다.

반복 하중(cyclic loading)에 의한 파괴에는 고주기(high cycle)와 저주기(low cycle) 파괴, 피로 하중에 의한 균열 성장(fatigue crack growth)으로 인한 파괴와 부식 피로(corrosion fatigue) 파괴가 있다. 이와 같은 파손 형태들은 재료에 따라 다르다. 일반적으로 기계 재료로 사용되는 70~80% 정도가 금속 재료이므로 금속 재료에 대한 연구가 주류를 이룬다고 할 수 있다.

설계의 입장에서는 여러 가지 파괴의 요인들이 존재하기 때문에, 파손의 원인에 대한 정확한 이해 및 진단과 이에 따른 올바른 재료 거동을 예측할 수 있는 해석 방법의 선정이 매우 중요하다고 할 수 있다.

1.2.1 탄성 및 소성 변형에 의한 파손

고체역학에서는 변형(deformation)을 수직 및 전단 변형률(normal, shear strain)을 사용하여 설명한다. 기계 부품에서는 변형의 형태가 굽힘(bending), 비틀림(torsion), 인장 및 압축 하중(tensile/compressive loading) 등으로 인해 변형률이 누적된 형태로 나타난다. 변형은 스프링과 같은 기능상 필수적인 경우도 있지만 대개의 경우 영구적인 과도 변형은 해를 끼친다. 하중을 가했을 때 발생되는 변형은 그림 1.2에서 표시된 대로 탄성 변형(b) 혹은 소성 변형(c)으로 분류될 수 있다.

a) 탄성 변형(elastic deformation)

탄성 변형은 하중을 제거하였을 때 즉시 원상태로 돌아가는 변형이다. 이러한 변형 상태에서는 응력과 변형률은 선형적으로 비례한다. 즉, 탄성 범위 내에서 하중은 변형과 비례한다. Hook의 법칙에 따르면 "응력은 변형률에 비례한다"라고 표현하기도 한다. 단축 하중의 경우 변형률과 응력 선도에서 선형 범위 내에서 변형률과 응력 사이의 기울기[그림 1.2(b)]를 탄성 계수(modulus of elasticity; E)라고 정의하며 영의 계수(Young's modulus)라 부르기도 한다. 과도한 탄성 변형의 일반적인 두 가지 형태로는 안정 평형 상태에서의 과도한 변위와 불안정 평형 상태에서의 급격한 변위 혹은 좌굴(buckling)이

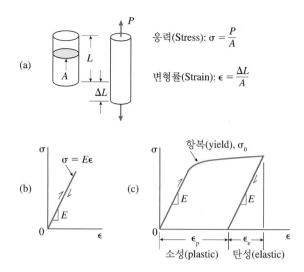

$$\text{응력(Stress): } \sigma = \frac{P}{A}$$

$$\text{변형률(Strain): } \epsilon = \frac{\Delta L}{A}$$

그림 1.2
축 하중 요소(a)에서의 하중 시와 하중 제거 시의 탄성 거
동(b)과 탄성 및 소성 변형(c)

있다. 탄성 변형의 파손 형태 중 한 가지 예를 들면 높은 빌딩이 바람에 의해 흔들림을
받아 거주자들에게 엄청난 불안감과 불쾌감을 주는 경우이다. 물론 이 경우 완전 파괴
될 가능성은 매우 희박할 수 있다. 기계 요소에서의 과도한 탄성 변형은 부품이 완전
파단 될 때와 마찬가지로 기계의 파손을 의미할 수 있다. 좌굴은 구조물 중 얇고 가느
다란 긴 칼럼(column)이나 판재에 압축 응력이 수직으로 최상단에 작용하면 과도한
변형을 일으켜 접히거나 완전 붕괴에까지 이르게 되는 현상이다. 이때에도 탄성 변형,
소성 변형, 탄소성 변형이 발생할 수 있다. 좌굴에 관해서는 고체역학에서 자세히 다
루며 일반적으로 탄성 변형은 고체역학, 탄성론, 구조 해석 등의 이론적 방법에 의해
해석된다.

b) 소성 변형(plastic deformation)

소성 변형은 하중을 제했을 때 원상태로 회복되지 않고 영구 변형이 생긴 상태이다. 탄
성 변형과 소성 변형의 차이는 그림 1.2(c)에 표시되어 있다. 소성 변형이 시작되면 작
은 응력의 증가에도 불구하고 상당한 변형이 발생한다. 상대적으로 보다 쉽게 변형이
발생할 수 있는 과정을 항복(yielding)이라 부르고, 일반 재료에 있어 이러한 거동이 시
작되는 응력의 크기를 항복 강도(σ_n; yielding strength)라 부른다. 소성 변형 혹은 항복
은 금속과 같은 재료가 탄성 한계를 초과할 때 발생한다. 항복은 영구적인 형상 변화를
가져오기 때문에 더 이상 원래의 기능을 수행할 수 없다.

c) 연성(ductile) 및 취성(brittle) 거동

재료 중 이러한 많은 양의 소성 변형을 지탱할 수 있는 재료를 연성적(ductile)으로 거동하는 재료라고 하고, 반면 큰 소성 변형 없이 파괴에 이르는 형태의 재료를 취성적(brittle)으로 거동하는 재료라고 한다[그림 1.2(b)]. 연성적 재료 거동은 많은 금속 재료, 저강도강(low strength steel), 구리, 납 또는 폴리에틸렌과 같은 플라스틱 재료 등에서 볼 수 있으며, 취성 거동[그림 1.2(b)]의 재료는 유리, 돌, 아크릴 플라스틱, PMMA, 고탄소강, 주철, 줄공구(file)에 사용되는 고강도강(high strength steel)들이 해당된다.

일반적으로 연성의 금속 재료는 상온의 정적 하중하에서는 항복 하중을 초과하여도 쉽게 파단되지 않지만, 반면 취성 금속 재료에서는 항복 하중이 잘 나타나지 않고 작은 연신율에서 급격히 파손된다. 일반적으로 과도한 탄성 변형으로 인한 파손은 재료의 강도가 아니라 탄성 계수를 잘 선택함으로써 조절될 수 있다. 요소의 강도를 증가시키는 효과적인 방법은 단면적을 증가시키거나 형상을 변경하는 것이다. 반면 과도한 소성 변형에 의한 파손은 재료의 단축 방향 항복 강도를 조절함으로써, 즉 항복 강도가 높은 재료를 선택함으로써 피할 수 있다. 복합적인 하중하에서는 적절한 파손 판별식을 사용해야 한다.

d) 평균 응력과 평균 변형률

평균 응력은 면적(A)에 대해 응력이 균일하게 분포되었다고 가정하면 단면적 A에 가한 수직 하중 P와의 비이다. 즉 $\sigma = \dfrac{P}{A}$ 이다[그림 1.2(a)].

평균 변형률(ϵ)은 변형 전 원래 길이를 L이라고 하면 수직 하중을 가한 후 변화된 길이 ΔL와의 비이다. 즉, $\epsilon = \dfrac{\Delta L}{L}$ 이다[그림 1.2(a)].

e) 항복 강도(σ_y), 극한 강도(σ_u), 인장 파단 강도(σ_f), 파단 변형률(ϵ_f)

인장 실험은 그림 1.3과 같이 재료의 연성(ductility)과 강도(strength)를 평가하기 위해 행한다. 이러한 인장 실험은 봉 형태의 시편을 만들어 인장 하중을 가해 파괴될 때까지 계속한다. 인장 실험으로부터 극한 인장 강도(ultimate tensile strength; σ_u), 항복 응력(yielding strength; σ_o 혹은 σ_y), 파단 변형률(ϵ_f) 등을 구할 수 있다. 여기서 극한 인장 강도는 재료가 파괴되기 전 도달하는 최대 응력이고, 파단 변형률(strain at fracture)은 재료가 파괴될 때의 변형률을 의미한다. 후자의 경우 연성 정도를 측정 비교할 때 사용하고 일반적으로 연신율(percent elongation)이라 부른다. 재료 중 높은 파단 변형률(ϵ_f)과 높은 극한 인장 강도 값을 갖는 재료를 질긴 재료(tough material)라 말하고 이는 설

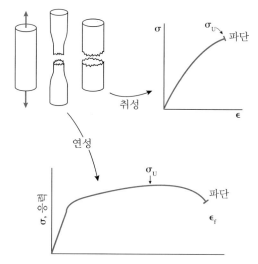

그림 1.3
취성과 연성 거동을 보여주는 인장 실험. 취성 거동에서는 소성 변형이 매우 작으
나 연성 거동에서는 많은 양의 소성 변형이 있다.

계 시 바람직한 재료라 할 수 있다.

일반적으로 큰 소성 변형으로 인해 파손이 발생한다. 예를 들면, 지진 발생 시 강구
조로 만들어진 다리(steel bridge)나 건물들은 소성 변형으로 인하여 완전 붕괴에까지
도달할 수 있다. 소성 변형은 작은 양에도 불구하고 기계 부품의 경우 비정상적인 부품
파손 기준이 될 수도 있다. 예를 들면, 회전축의 경우 미소한 영구 변형 휨(permanent
bend)은 동적 불균형을 초래, 진동을 일으켜 회전축을 지지하고 있는 베어링의 파손까
지 이르게 할 수 있다.

1.2.2 크립 변형에 의한 파단

크립(creep)은 시간 및 온도와 함께 변형이 누적되는 형태의 거동으로, 시간 의존성을
가지는 소성 변형이다. 상온의 온도보다 월등히 높은 온도에서 금속은 더 이상 변형률
경화(strain hardening)[주1]를 보이지 않는다. 대신 금속은 일정 응력하에서 시간이 지남
에 따라 변형이 증가한다. 이를 크립이라 한다. 작용하는 응력의 크기와 기간(시간 지남)
에 따라 변형은 더욱 더 증가되어 더 이상 원래의 기능을 수행하지 못할 수 있다. 즉,
시간이 증대함에 따라 소성 변형이 누적된다고 할 수 있다. 플라스틱이나 저용융점 금
속 등은 상온에서 크립 현상이 발생할 수도 있지만 궁극적으로는 용융점에 접근함에 따

주1) 변형률 경화(strain hardening): 가공 경화라고도 하며 연성 금속이 재결정 온도 이하에서 소성
　　변형되면서 경도와 강도가 증가하는 현상

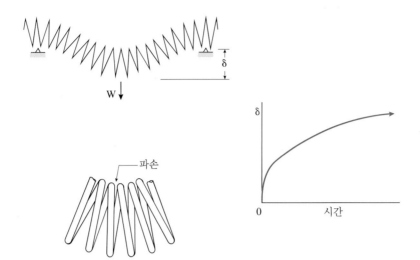

그림 1.4
텅스텐 전구 필라멘트의 자중에 의한 처짐. 크립 현상으로 인해 시간이 지남에 따라 변위
는 증가하며 주변 코일에 접촉하게 되어 전구 파손을 야기시킨다.

라 크립이 발생한다. 따라서 크립 현상은 고온이 작용하는 환경하에서 매우 중요하다.
예를 들어, 가스터빈 엔진의 경우 고온에서의 크립 거동은 매우 중요하다고 할 수 있다.

제2차 세계대전 당시 사용되었던 제트 비행기의 터빈 블레이드의 작동 시 온도는
650°C였고 작용시간이 10~30시간이었다. 이후 기술이 발달함에 따라 터빈 블레이드의
작용 온도는 1150°C가 되었고 수명시간은 20,000시간까지 연장되었다. 이는 고온 소성,
즉 크립 설계 기술이 발달하여 요구 조건을 만족시키는 소재들이 개발되었기에 가능하
였다. 크립 시의 파손 기준은 항복 파손 기준과는 달리 응력이 변형률에 비례하지 않고
재료의 기계적 성질이 현저히 변하기 때문에 매우 복잡하다. 크립 변형의 적용 예를 찾
아보면 텅스텐 전구 필라멘트를 설계할 때를 들 수 있는데, 이 현상은 그림 1.4에 설명
되어 있다. 지지대 사이의 필라멘트 코일이 아래로 처지는 현상은 필라멘트 자체 무게
에 의한 크립 변형으로 인한 현상으로 시간이 지남에 따라 더욱 더 아래로 처지게 된다.
이때 과도한 처짐이 발생하면 코일끼리 서로 접촉하게 되어 전기 쇼트 현상과 국부적인
과열 현상을 초래하게 되어 필라멘트의 파손을 가속화시킬 수 있다. 따라서 코일 형태
와 지지대는 필라멘트 자체 무게로 인해 생기는 처짐 변형을 최소화하도록 설계되어야
하고, 순수 텅스텐보다 크립(creep)이 덜 발생하는 특수 텅스텐이 사용된다.

응력과 높은 온도가 장시간 작용하는 경우, 시편의 시간에 따른 크립 변형률 선도는
그림 1.5와 같다.

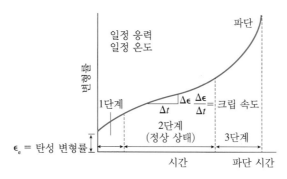

그림 1.5
고온과 응력이 장시간 작용하는 시편의 전형적인 크립 선도

a) 1단계 크립(first stage creep)

크립 변형의 I단계(first stage)는 탄성 변형률$\left(\epsilon_e = \dfrac{E}{\sigma}\right)$ 이후 나타난다. 이 단계에서 중요한 것은 비선형 천이 소성 변형률 속도$\left(\dfrac{d\epsilon_{Ip}}{dt}\right)$는 온도에 반비례하고 응력($\sigma$)과 온도($T$)와 관련이 있다. 즉, 시간이 지남에 따라 소성 변형률 속도는 감소한다.

$$\frac{d\epsilon_{Ip}(\sigma,\ t)}{dt} = \frac{A(\sigma, T)}{t} \tag{1.1}$$

식 (1.1)을 시간에 대해 적분하면 다음과 같다.

$$\epsilon_{Ip}(\sigma,\ t) = A(\sigma,\ T)\ln t + B \tag{1.2}$$

대부분의 모든 재료들은 크립 I단계가 진행되는 동안 소성 변형으로 인한 변형률 경화(strain hardening)를 경험한다. 금속과 세라믹 재료의 경우 고온에서는 열적 진동으로 인한 응력 풀림이 발생한다. 이 결과 재료의 연화가 생긴다. 크립 I단계에서는 변형 경화율이 연화율을 초과하기 때문에 소성 변형률 속도는 변형률이 증가함에 따라 감소한다.

만약 연화율과 변형 경화율이 동일하면 정상 상태(steady state)인 크립 II단계로 변화한다. 이 단계에서는 온도가 증가할수록 풀림률이 증가하고 크립 변형률 속도가 더 빨라진다.

b) 2단계 크립(second stage creep)

결정성 재료 및 세라믹 재료의 크립 II단계에서의 크립 인장 변형률 속도는 식 (1.3)과 같다.

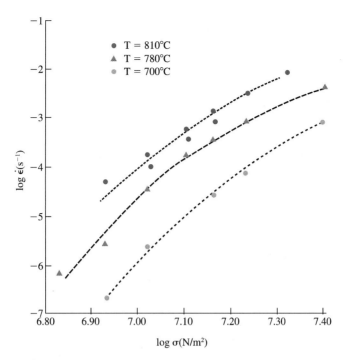

그림 1.6
로그 스케일을 사용한 세 가지 다른 온도에 대한 지르코늄의 II단계
에서의 응력 대 크립 변형률 선도

$$\frac{d\epsilon_{\mathrm{II}}}{dt} = A\,\sigma^n\,e^{-\frac{\Delta H_p}{kT}} \tag{1.3}$$

여기서 ΔH_p는 소성 변형률에 대한 활성화 엔탈피이다. 지수 n은 그림 1.6의 크립 II
단계 그래프의 기울기로부터 구한다. k는 볼츠만 상수이고, T는 온도이다.

재료의 3가지 다른 온도하에서의 II단계 크립에서의 크립 속도에 대해 응력의 함수
로 표시할 수 있다. 그림 1.6은 세라믹 재료인 지르코늄(Zr)의 3가지 온도에 대한 II단
계 크립 선도의 예이다. 응력 지수 값 n은 그림 1.6의 기울기로부터 구한다. 만일 온도
조건이 선도에 없는 경우 식 (1.3)을 사용하여 구할 수 있다. 크립과 관련된 활성화 엔
탈피 값은 서로 다른 두 온도 조건으로부터 식 (1.3)을 사용하여 구한다.

c) 3단계 크립(third stage creep)

재료의 크립 거동 III단계는 파괴로 진행되는 단계이다. 크립에 의한 파단(rupture)은 대
개 용융 온도의 50% 이상의 온도에서 발생하며, 파단은 III단계 크립의 결과이다. 온도
와 시간이 파손과 관련될 때 크립 연구에서는 파단이라는 용어가 사용된다. 소성 변형

률의 누적을 중요하게 생각하지 않는 경우의 설계에서는 파단까지의 시간만 요구한다. 여기서 파단은 부품 혹은 시편의 파손을 의미하며 응력, 온도와 시간의 함수이다. 파단 시까지의 시간은 따라서 응력과 온도의 함수이다. 보다 자세한 과정을 알기 원하는 경우 참고 문헌을 참조한다.

1.2.3 정적 및 충격 하중에 의한 파괴

빠른 파괴(rapid fracture)는 시간에 따라 하중이 변하지 않거나 아주 서서히 변하는 경우 소위 정적 하중(static loading)하에서 발생할 수 있다. 만약 그러한 파괴가 소성 변형 없이 발생하면 취성 파괴(brittle fracture)라 부른다. 이러한 파손은 유리나 소성 변형 없는 취성 재료들의 일반적인 파손 형태이다. 소성 변형을 수반한 파괴는 소성 파괴라 부른다.

a) 충격 하중에 의한 취성 파괴

만약 하중이 매우 급격하게 가해지면[소위 충격 하중(impact loading)이라 불리우는 하중] 취성 파괴는 보다 쉽게 발생할 수 있다. 취성 파괴의 형태는 만약 균열이나 날카로운 결함이 있는 경우 매우 연성이 좋은 강이나 알루미늄 합금, 소성 변형을 하는 재료에서도 발생할 수 있다. 그러한 상황에서는 파괴역학(fracture mechanics)이라는 특수한 학문 기법을 사용하여 분석할 수 있다.

b) 파괴역학과 파괴 인성치(K_{IC})

파괴역학은 균열을 포함한 고체를 연구하는 학문이다. 균열이 있는 경우 취성 파괴에 저항할 수 있는 크기의 정도는 그림 1.7에 표시된 파괴 인성치(fracture toughness, K_{IC})[주2]라는 값으로 측정될 수 있다. 이 경우 파괴 인성치는 최대 하중 $P_{\max}$를 계산 식에 대입하여 구한다. 일반적으로 고강도(high strength)의 재료는 낮은 파괴 인성치를 가지며 역으로 높은 파괴 인성치를 갖는 재료는 상대적으로 낮은 강도를 갖는다. 이러한 경향은 그림 1.8에서 열처리한 저합금강과 마레이징강(maraging steel), TRIP강, 스테인리스강의 종류에 따라, 파괴 인성치와 항복 강도와의 상관 관계를 보여준다.

주2) 파괴 인성치(fracture toughness): 파괴역학에서 재료의 취성 파괴에 대항을 나타내는 측도로서, 재료에 내재하는 균열 선단의 응력 상태를 나타내는 특성 값이다. 응력과 균열치수로 정해지는 응력 확대 계수(stress intensity factor)가 파괴 인성치에 도달했을 때 균열의 진전 또는 전파가 발생한다. 원자로 구조물 등의 대형 구조물의 취성(脆性) 파괴에 대한 설계 기준으로서 널리 사용되고 있으며, 파괴 인성 시험에 대해서는 ASTM(American Society of Testing and Material)이 그 기준을 자세하게 규정하고 있다.

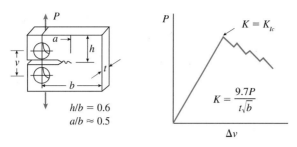

$h/b = 0.6$

$a/b \approx 0.5$

$K = K_{Ic}$

$$K = \frac{9.7P}{t\sqrt{b}}$$

그림 1.7
파괴 인성치 실험. K값은 균열 크기, 형상, 하중을 포함한 저항 척도이다.
K_{IC}는 재료가 파단할 때의 특정 파괴 인성치이다.

c) 연성 파괴

연성 파괴(ductile fracture) 또한 발생할 수 있다. 이런 형태의 파괴는 매우 큰 소성 변형을 동반하여 발생하며 때로는 서서히 찢어지는 형태로 진전된다.

파괴역학과 취성 파괴, 연성 파괴 등은 특히 압력용기나 교량, 배와 같은 용접 구조물 설계 시 매우 중요하다.

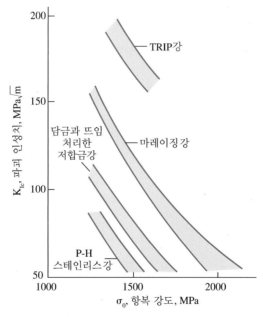

그림 1.8
다양한 고강도강에서의 열처리에 의해 항복 강도가
증가함에 따른 파괴 인성치의 감소

d) 환경에 의한 균열(enviromental cracking)

파괴는 응력과 화학적 효과가 함께 결합되어 발생할 수 있는데 이러한 파괴를 환경적 균열 파괴라 부른다. 화학 제품을 다루는 공장에서뿐만 아니라 일반 산업체에서도 이런 종류의 문제는 특별한 관심사이다. 예를 들면, 어떤 저강도강은 수산화소듐(NaOH) 과 같은 화학 성분에 매우 민감하여 균열이 발생할 수 있고, 또 다른 고강도강은 수소나 황화 수소 가스(hydrogen sulfide gas)가 존재할 때 균열이 발생할 수 있다. 응력 부식 균열(stress-corrosion cracking)이라는 용어는 이러한 거동을 묘사할 때 사용된다. 이때의 용어는 일반적인 모든 형태의 환경 균열이 아닌 특정 재료가 부식되어 제거가 필요할 때 사용되는 용어이다. 그림 1.9는 적대적인 환경에 의해 생겨난 균열들이다. 크립 변형이 진전되어 두 조각으로 파손될 때를 크립 파단(creep rupture)이라 부르고 시간 종속적(time dependent)이라는 과정을 제외하고는 연성 파괴와 유사하다.

1.2.4 반복 하중하에서의 피로에 의한 파손

기계류의 일반적인 파괴의 원인은 피로(fatigue)이다. 피로는 반복, 변동 하중으로 인해 생기고 파손에까지 이른다. 피로 파괴는 오랫 동안 반복적인 응력을 받아 발생한다. 일반적으로 한 개 이상의 미세한 균열이 성장하여 완전 파괴에까지 이른다. 응력 집중 부위에서 미세한 균열이 발생하면 균열이 발생한 단면 내로 전파되어 파손된다. 간단한

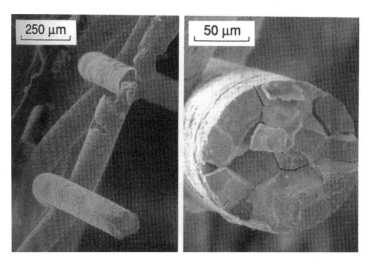

그림 1.9
환경 요인으로 인해 부러진 스테인리스강으로 만든 와이어. 이 와이어는 300℃에서 나일론 용해물을 포함하는 복잡한 유기물 환경하에서 노출된 필터에 사용되었다. 균열(cracking)이 재료의 결정 입자(crystal grain)의 경계를 따라 발생하였다.

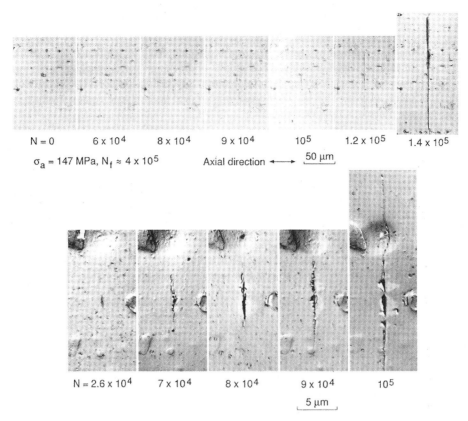

N = 0   6 × 10⁴   8 × 10⁴   9 × 10⁴   10⁵   1.2 × 10⁵   1.4 × 10⁵

σ_a = 147 MPa, N_f ≈ 4 × 10⁵   Axial direction ◄──► 50 μm

N = 2.6 × 10⁴   7 × 10⁴   8 × 10⁴   9 × 10⁴   10⁵

5 μm

그림 1.10
석출 경화된 알루미늄 합금의 회전 굽힘 시험 동안 피로 균열의 진전; 파손 횟수가 40,000사이클
이 요구되는 상황에서 다양한 사이클에서 순차적으로 진전되는 균열 사진을 보여준다.

예로는 가는 철선을 좌우로 여러 번 구부리면 부러지는 경우이다. 피로 하중 시 균열 성
장은 그림 1.10에 나타나 있고 피로 파괴의 예는 그림 1.11에 표시되어 있다.

5 mm

그림 1.11
제작하고 15년 사용 후에 발생한 창고문에 사용된 스프링의 피로 파손

그림 1.12
헬리콥터 주요 상부 영역, 블레이드의 내부 끝단과 접합체 연결 결합

피로에 의한 파괴 방지는 반복 하중이나 진동을 받고 있는 기계류, 자동차, 구조물의 설계 시 매우 중요하다. 예를 들면, 다리를 지나가는 트럭과 같은 차량은 교량에 피로를 일으키고, 보트 후미의 방향타(rudder)나 자전거의 패달(pedal) 등은 피로에 의해 파괴될 수 있다. 모든 종류의 자동차, 헬리콥터, 항공기 등은 이러한 문제에 직면하므로 피로 파괴를 피하도록 설계되어야 한다. 예를 들면, 피로설계가 필요한 헬리콥터 상부 주요 영역이 그림 1.12에 있다.

a) 고주기 및 저주기 피로 파괴(high cycle and low cycle fatigue failure)

파단 시 하중의 반복 횟수가 수백만 번인 경우 고주기 피로(high cycle fatigue)라 부르고, 수십 회에서 수천 회에 이르는 경우를 저주기 피로(low cycle fatigue)라 부른다. 일반적으로 저주기 피로는 상당한 소성 변형을 수반하고 고주기 피로는 탄성 영역 내의 소변형을 동반한다.

b) 열 피로 파괴(thermal fatigue failure)

반복적인 가열과 냉각이 되풀이 되면 열팽창 수축 계수의 차이로 인해 열응력이 반복되는 열 피로(thermal fatigue) 현상이 발생된다.

균열은 생산 초기부터 존재하거나 사용 초기에 나타날 수 있다. 피로에 의한 균열 성장은 취성 파괴나 연성 파괴로까지 연결될 수 있기 때문에, 파괴역학 접근법을 사용하여 분석되어야 한다. 예를 들면, 항공기의 경우 일반적으로 균열이 존재하기 때문에 검사 및 보수의 시기를 결정하기 위해서는 피로파괴 이론을 사용하여야 한다.

그림 1.13
1988년에 발생한 여객기의 동체 파손

1988년에 발생한 항공기의 몸체 파손(그림 1.13)과 유사한 문제들을 방지하기 위해서 파괴역학 기법을 사용한 해석은 매우 필요하고 유용하다. 이 경우는 알루미늄 리벳 구멍에서 피로 균열이 발생하여 생긴 문제이다. 초기 균열들은 항공기를 계속해서 사용함에 따라 지속적으로 성장한다. 이러한 균열은 점차 성장하여 큰 균열을 만들고 종국에는 구조물이 두 쪽으로 쪼개지는 파손의 주원인이 된다. 이러한 파손은 검사를 자주 하여 더 큰 균열로 성장되기 전에 찾아내어 보수함으로써 방지할 수 있다.

1.2.5 조합된 파손 형태

이상에서 언급된 두 개 이상의 파손들은 여러 조건들이 함께 연합하여 발생하기 때문에 각각 개별적인 조건에 의한 파손보다는 심각한 결과를 초래하는데, 이를 상승효과(synergistic effect)라 한다. 크립과 피로는 고온에서 반복 하중을 받는 경우 더욱 상승효과를 유발한다. 예를 들면, 발전소의 스팀엔진이나 항공기의 가스터빈 엔진 등에서 이러한 상황들이 발생한다.

a) 접촉 피로(fretting fatigue)

끼워 맞추어진 부품들에 발생하는 마모는 균열 발생 후 반복 하중에 의해 표면에 발생하는데, 이 현상을 접촉 피로라 부른다. 이때는 현저히 낮은 응력에서 재료가 파손되기도 한다. 예를 들면, 접촉 피로는 기어가 수축 맞춤(shrink fitting)이나 가압 맞춤(press fitting)에 의해 축에 조립되어 있는 상태에서 발생할 수 있다.

b) 부식 피로(corrosion fatigue)

부식 피로는 부식과 반복 하중이 동시에 작용할 때 발생한다. 부식 피로는 유전 해저 구조물 플랫폼과 같이 바닷물 내에서 반복 하중을 받는 강구조물의 부품에서 종종 발생하는 문제이다. 즉, 부식 매체 중에 있는 금속 구조물이 반복 하중을 받는 경우 부식 혹은 반복 응력만을 받는 경우보다 쉽게 파괴되는 현상이다. 내식성이 좋은 재료를 선택하거나 도장을 하여 개선시킬 수 있다.

재료의 성질은 다양한 환경의 요인으로 저하될 수 있다. 예를 들면, 태양광선 중 자외선(ultra violet)은 일부 플라스틱 재료를 취성화시키기도 하고, 수분에 노출된 나무 재료는 시간이 지남에 따라 강도가 저하된다. 또 다른 예로는 금속 중 강 재료가 오랜 기간 동안 중성자에 노출되면 더욱 취성화되어 원자로와 같은 중요한 부품의 수명에 영향을 끼친다.

(1.3) 재료 선정과 설계

설계는 형태, 재료, 생산 방법 등을 선택하는 과정이고 기계류, 차량, 구조물, 다른 공학적 기술이 요구되는 제품 등을 완전하게 표현하기 위하여 상세한 자료들이 필요하다. 이러한 과정은 다양한 활동과 목적들을 수반한다. 먼저 확인해야 할 사항은 원래의 기능들을 수행할 수 있느냐 여부이다. 예를 들어 자동차의 경우, 최대 수용 인원을 태우고 추가 하중을 실은 상태에서 일정한 속도를 낼 수 있어야 하고 조절 가능해야 한다. 또한 급유 및 정비 조건은 횟수와 가격 면에서 합리적이어야 한다. 자동차 설계 시 재료의 선정은 매우 중요하다. 내구성이 있어야 하고, 외관성이 좋아야 하고, 경량이어야 하며, 안정성이 있어야 하고, 단가 또한 매우 중요한 요소이다. 공학적으로 가공된 제품은 추가적인 요구 조건을 만족하여야 한다. 설계는 현실적으로 가능해야 하고 경제적으로 생산되도록 이루어져야 한다. 또한 일정한 규격을 만족해야 한다. 재료는 환경 오염을 최소로 해야 하고, 재활용될 수 있어야 하고, 안전해야 하며, 내구성도 있어야 한다. 안전은 자동차의 좌석 벨트와 같은 설계 특성에 의해 영향받을 뿐만 아니라 구조 파손을 없애기 위해서도 영향을 받는다. 예를 들면, 자동차 축이나 조향 장치 부품에서 과도한 변형이나 파괴가 발생하면 심각한 사고가 초래된다. 내구성(durability)이란 원래 의도된 대로 오랜 기간 동안 사용될 수 있는 능력을 말한다. 따라서 좋은 내구성은 최소의 정비와 부품 교환을 의미하게 된다. 예를 들면, 내구성이 보다 좋은 차는 마모,

부식, 피로 등으로 인해 수명이 짧아진 차나 잦은 수리를 하는 차보다 비용 측면에서 경제적으로 유리하다고 할 수 있다. 내구성이 빈약하면 구조 결함이나 오작동으로 연결되어 사고에 이를 수 있기 때문에 내구성은 안전에도 중요하다고 할 수 있다.

1.3.1 반복 및 단계적 설계 과정

기계 설계에 필요한 과정을 표시하는 흐름도가 그림 1.14에 표시되어 있다. 화살표로 표시된 논리 루프(logic loop)는 설계 과정이 기본적으로는 반복적이라는 점을 명시해 준다. 다른 말로 표현하면 초기 설계에서는 시행착오적인 요소가 존재할 수 있기 때문에 분석과 실험 후 초기 시제품을 제조해야 한다. 이 과정에서는 이전에 고려하지 못했

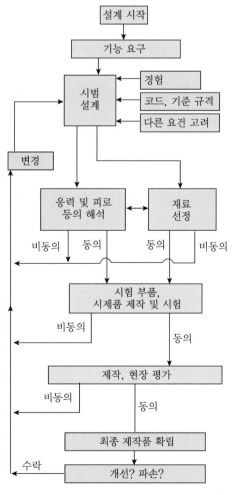

그림 1.14
구조 파손을 방지하기 위해 관련된 설계 절차에서의 각 단계

던 혹은 발견하지 못했던 사항들을 만족시키기 위해 설계 변경이 이루어질 수 있다. 이를 위해서는 시간과 비용의 조건들을 고려하면서 행한다.

각 단계는 중요성과 다양한 요구 조건을 함께 고려하는 합성(synthesis) 과정을 포함한다. 요구 조건들 사이에 모순이 있을 때 절충 및 설계 완화는 필요하며 단순성, 실용성, 경제성을 유지하기 위해 지속적인 노력이 필요하다. 예를 들면, 비행기의 카고(cargo)를 설계할 때는 무게 제한이 필요하다. 이때 적재할 수 있는 연료 용량, 항속 거리 등이 고려된다. 개인적인 혹은 조직의 경험들은 설계에 매우 중요한 영향을 미친다. 특정 설계코드, 규격들 역시 설계에 도움이 될 수 있고 이것들은 법으로 요구되기도 한다. 전문 학회나 정부 조직에 의해 이러한 규격과 기준들이 개발, 제안되는 목적은 안전과 내구성을 확인하기 위해서이다. 예를 들면, 교량설계규격(Bridge Design Specification)집은 미국 AASHTO(American Association of State Highway and Transportation Officials)에 의해 제정된다.

설계에 있어 어렵기도 하고 애매하기도(tricky) 한 과정은 적용 하중을 짐작하는 과정이다. 일반적으로 설계 시 적용 하중을 대략적으로 추측하기에는 어려운 경우가 많다. 특히 도로의 표면이 불규칙하여 야기되는 진동 하중, 공기의 불규칙으로 인해 생기는 난류 현상으로 인한 하중 등을 추측하는 일은 매우 어려운 작업이라 할 수 있다. 일부 경우에는 이미 사용되고 있는 측정 자료(유사한 조건으로부터 획득된)를 이용할 수 있지만, 설계된 제품이 매우 독창적인 것이라면 기측정된 자료를 사용하는 것은 불가능 하다. 하중을 알면 이에 따른 응력 계산을 수행해야 한다. 초기 설계에서는 재료의 항복 강도를 초과하는 응력을 피하도록 설계한다. 그 다음 단계에서는 보다 상세한 해석을 하여 피로, 취성, 크립과 같은 재료의 파손을 방지하는 데 필요한 변경을 한다. 형태, 크기 등은 응력이나 변형률의 크기를 조절하거나 재분포시키기 위해 변경을 할 수도 있다. 재료 역시 특정한 파손 형태를 방지하기 위해 보다 적절한 재료로 변경시킬 수 있다.

1.3.2 안전 계수(safety factor)

안전과 내구성을 포함하는 설계 결정을 할 때에는 안전 계수(safety factor)의 개념이 사용된다. 하중에 있어서 안전 계수는 사용 시 작용 하중(설계 허용 하중)과 구조물의 파손 하중과의 비이다.

$$X_1 = 파손 하중/안전(작용) 하중 \quad 혹은 \quad 안전(작용) 하중 \quad \sigma_w = \frac{\sigma_y}{X_1} \qquad (1.4)$$

여기서 파손 하중으로 항복 강도(σ_y), 파손 강도(σ_f), 극한 강도(σ_u) 등을 사용할 수 있으며, 어떠한 파손 하중을 사용하였는가에 따라 인장 항복 강도에 의한 안전 계수 X_y, 혹은 극한 강도에 기반을 둔 안전 계수 X_u 혹은 인장 파단 강도에 기반을 둔 안전 계수 X_t라고 한다. 작용 하중(응력; working stress), 안전 하중(응력; safe stress) 혹은 설계 허용 하중이 있다. 안전 하중은 설계 허용 하중이라 부르기도 한다. 설계 허용 응력(하중)은 파손 시의 응력(하중)보다 더 작아야 한다. 식 (1.4)와 같이 재료의 항복 강도와 안전 계수를 사용하여 표현된 식 $\dfrac{\sigma_y}{X}$를 설계 허용 응력(allowable design stress)이라 부른다.

예를 들면, 안전 계수 X_1이 2.0이라면 파손을 일으키는 하중(응력)은 실제 적용되는 최대 예상 하중(응력)의 2배이다. 안전 계수는 실제 예상치 못한 사고에도 파손이 일어나지 않는 확신 정도를 제공한다. 안전 계수는 설계 과정 중 완전하게 입력 정보를 제공하지 못할 경우와 대략적인 경우 혹은 필요시 가정한 것들에 대한 허용 범위를 제공해준다. 안전 계수 사용 시 불확실성이 큰 경우 혹은 파손 결과가 더 심각한 경우에는 더 큰 안전 계수 값을 사용해야 한다.

일반적으로 안전 계수의 범위는 $X_1 = 1.5 \sim 3.0$가 일반적인 범위이다. 하중 크기를 잘 알고 불확실성이 작다면 낮은 안전 계수 값을 사용하는 것이 적절하다. 예를 들면, 미국 강건설협회(American Institute of Steel Construction)의 건물과 유사한 적용의 경우, 설계 허용 응력은 정적 하중하에서 항복에 대한 설계 안전 계수는 일반적으로 1.5에서 2.0이다. 굽힘 응력 적용에서는 1.5를 사용한다. 다른 곳에서는 더 낮은 값인 안전 계수 1.2가 사용되기도 한다. 낮은 안전 계수 값은 공학 해석을 잘하고 불확실성이 없고 파손 시 인명의 손실이 없고 경제적 손실만 있는 경우 고려되어야 한다.

항복으로 인한 과도한 변형을 피하기 위해 필요한 기본 요건은 우선 파손 응력은 재료의 항복 강도 σ_y를 사용하며 실제 현장 조건하에서 부품에 작용하는 최대 응력을 계산하고 계산된 최대 응력이 재료의 항복 강도에 도달할 때 파손이 발생한다. 연성이 강한 재료에서는 실제 상황에서 작용하는 응력은 단면 공칭 응력 S를 사용한다. 하지만 취성 재료와 연성 재료의 피로 해석에서는 국부적인 응력 상승 영향을 실제 작용 응력에 포함할 필요가 있다. 몇몇 파손 요인들을 알 수 있는 곳에서는 각각의 원인에 대한 안전 계수를 계산하는 것이 필요하다. 이들 중 제일 낮은 값이 최종 안전 계수이다. 예를 들면, 안전 계수는 항복에 대해서만 계산될 뿐만 아니라 피로나 크립에 대해서도 계산된다. 만일 균열이나 예리한 결함이 있으면 취성 재료에서와 마찬가지로 안전 계수가 필요하다.

1.3.3 시제품과 부품 시험

재료의 기계적 거동 사항이 설계 초기 과정부터 고려되었을지라도 시험은 안전도와 내구성을 증명하기 위해 필요하다. 이는 강도와 수명 예측에 대한 불완전한 정보와 가정 때문에 일어난다. 시제품 혹은 시험 모델이 제작되어 실제 상황과 똑같은 상황에 놓이도록 하여 기계나 차량의 기능 작동 여부를 검사한다.

예를 들면, 시제용 자동차는 거친 도로, 범퍼, 빠른 회전 등이 포함된 주행 시험장에서 시험을 하게 된다. 모의 실험 동안 하중 등이 측정되는데, 이들 정보들은 최초 설계에서 불확실하게 사용된 하중을 대체하여 초기 설계(initial design) 개선을 위해 사용된다. 시제품은 모의 환경 상황에 놓여져, 피로나 마모, 부식 등에 의해 기계적인 파손이 일어날 때까지 혹은 설계가 신뢰성 있다고 증명될 때까지 계속된다. 이것을 내구성 실험(durability testing)이라 부르고 자동차나 트랙터(tractor)의 새 모델을 개발할 때 사용한다.

매우 큰 제품의 경우 제품 전체를 가지고 실험하는 것은 비현실적이고 비경제적이다. 따라서 제품의 일부, 즉 부품(component) 등을 가지고 실험할 수 있다. 예를 들면, 대형 항공기의 날개 부위, 꼬리 부분, 모체 부분 등은 분리하여 실제 사항과 유사한 반복 하중, 즉 피로 하중 등을 가하여 파손에 이를 때까지 시험한다.

해저 유전 구조물 플랫폼의 연결 부위 조인트(joint), 부분 부품 요소 등에서도 이와 유사한 실험을 행한다. 부품 실험은 전체 시제품의 실험에 앞서 행할 수 있다. 이것의 예를 들면 생산에 앞서 새로 설계한 자동차 차축을 실험한 후 전체 크기의 시제 차량의 실험을 행한다.

1.3.4 설계 변경

설계 변경은 새로운 제품이 한시적 기간 중 현장에서 경험되는 결과를 바탕으로 이루어진다. 제품의 구매자들이 설계자의 의도대로 제품을 사용하지 않을 때 그로 인해 파손이 생겨 설계 변경이 필요하게 된다. 예를 들면, 부러진 뼈에 사용되는 힙 조인트(hip joints), 핀 지지대(pin supports) 등은 파손 문제가 발생하면 형태와 재료를 변경하게 된다. 설계 변경 과정은 제품 생산 후 현장에서 광범위하게 배치된 후에도 계속된다.

오랜 기간 사용하면 수정되어야 할 여러 문제점들을 신제품 개발 시 알 수 있다. 만약 문제가 심각하면, 예를 들어 만약 안전에 관련된 문제라면, 이미 현장에 있는 제품이라 하더라도 설계 변경이 필요할 수도 있다. 자동차의 리콜(recall) 제도는 이것의 한 예이고 이에는 변형과 파괴 문제가 포함된다.

1.4 기술적 도전

최근 역사를 볼 때 기술은 인간의 필요성을 만족시키기 위해 빠른 속도로 변화, 발전해 왔다. A.D. 1500년부터 현재까지 발전 내용의 일부는 표 1.1의 첫 번째 열(column)에 표시되어 있다. 두 번째 열은 개선된 재료를 보여주고 세 번째 열은 이러한 발전을

표 1.1 1500년대부터 주요 기술 발전, 재료의 개발, 실험, 재료 거동과 관련된 파손

년도	기술적 진보	신소재	재료 실험 방법의 진보	파손
1500년~ 1600년대	펌프, 망원경 수로, 제방	돌, 벽돌, 나무, 구리, 동, 주철, 순철	인장(L.da Vinci) 인장, 굽힘 (Galileo) 압력 폭발 (Mariotte) 탄성 이론(Hook)	
1700년대	증기 엔진, 주철	가단 주철	전단, 비틀림 (Coulumb)	
1800년대	철도 산업 현수교 내연 기관	포틀랜드 시멘트 가황고무 베세머강	피로(Wöhler) 소성(Tresca) 만능 시험기	스팀보일러 철도 축 철 교량
1900년~ 1910년대	전력 동력 비행 진공 튜브	합금강 알루미늄 합금 합성 플라스틱	경도(Brinell) 충격(Izod, Charpy) 크립(Andrade)	퀘벡다리 보스톤 차량 탱크
1920년~ 1930년대	가스터빈 엔진 스트레인 게이지	스테인리스강	파괴(Griffith)	철로 휠, 레일 자동차 부품
1940년~ 1950년대	핵 분열 제어 제트기 트랜지스터, 컴퓨터 우주선(Sputnik)	니켈 합금 티타늄 합금 유리 섬유	전자 실험 장비 저사이클 피로 (Coffin, Manson) 파괴역학(Irwin)	리버티 선박 Comet airliner 터빈 발전기
1960년~ 1970년대	레이저 마이크로 프로세스 달 착륙	고강도 저합금강 고기능 복합 재료	폐쇄회로 실험장비 피로 균열 성장 (Paris) 컴퓨터 제어	F111전투기 DC-10 비행기
1980년~ 1990년대	우주 정거장 자기부상	질긴 세라믹 알루미늄-리튬 합금	다축 실험 직접 디지털 제어	수술용 임플란트
2000년대 2100년대	지속 가능 에너지 초화석 연료 추출	나노 소재 바이오 소재	사용자 중심- 소프트웨어	스페이스 셔틀 타일 심해용 석유 굴착 장비

하기 위해 필요한 시험 방법을 보여주고 있다. 변형이나 파괴를 포함한 대표적인 파손 사항들이 표 1.1에 표시되어 있다. 이러한 파손들로 인해 재료의 개선을 가져왔고 시험 과 분석 능력이 발전 반영되어 새로운 기술 개발 결과를 가져왔다. 기술적인 발전, 재 료, 테스트 그리고 파손 사이에서의 상호 작용은 오늘날 계속 진행 중에 있고 미래에도 계속될 것이다. 한 예인 엔진의 개선을 생각해 보자. 1800년대 중반에 해양 및 철로 수 송에 이용된 증기 엔진은 물의 끓는점인 100℃ 근처에서 작동하며 주철(cast iron)로 만 들어졌다. 내부 연소 엔진은 자동차와 비행기에 사용되면서 개선되고 있다. 가스터빈 엔진은 제2차 세계대전 동안 제트 추진력을 얻기 위해 처음으로 제트 비행기에 실용화 되었다. 엔진의 작동 온도는 해를 거듭할수록 증가했고 상승된 작동 온도로 인해 더 큰 효율의 엔진이 개발되었다. 최근의 제트엔진의 재료는 1800℃에서도 견딜 수 있게 되 었다. 높은 온도에 견디기 위해 개선된 저합금강, 스테인리스강이 개발되었고 뒤이어 매우 정교한 니켈과 코발트를 기반으로 한 금속 합금의 사용이 증가하였다. 크립, 피로 그리고 부식의 원인으로 인해 야기된 파손은 아직도 발생하고 있고 엔진을 개발하는 데 주요 문제점이 되고 있다. 작동 온도와 효율을 상승시키고자 하는 노력은 세라믹과 세라믹 복합 재료의 개발을 통해 지금도 추구되고 있다. 이러한 물질들은 훨씬 우수한 열 물성치와 부식 저항력을 가지고 있다. 그러나 이러한 물질들의 고유한 취성 특성은 하드웨어를 설계하는 과정에서 최대한 개선되어야 한다. 고성능 항공기 엔진을 개발하 기 위해 터빈 블레이드의 신소재를 개발하였다. 이는 고온 소성 변형 메커니즘에 대한 이해를 기반으로 과학자와 엔지니어들이 있었기에 개발이 가능할 수 있었다.

일반적으로 기술 진보를 이루기 위한 도전은 보다 개선된 재료뿐만 아니라 설계에서 의 세심한 해석 그리고 이전보다 더 자세한 재료 거동들의 정보와 지식을 요구한다. 게 다가 최근에는 안전과 내구성에 대한 인식이 증가하고 있다. 기계, 운송 수단, 구조물 을 제조한다는 것은 안전과 내구성 측면에서 현재의 수준을 유지할 뿐만 아니라 다른 기술적인 도전도 만족시킬 수 있도록 개선시키는 것이라 할 수 있다.

 요약

재료의 기계적 거동은 재료의 변형과 파괴를 공부하는 것이다. 항복 강도 혹은 파괴 인 성치와 같은 용어를 사용하여 파손에 관련된 재료 거동을 평가하는 데 재료 실험이 사 용된다. 재료 강도는 설계가 여유 있게 되었는지를 확인하기 위하여 사용 중 부품의 예상 응력과 비교된다.

　재료 시험 및 예비 설계를 분석하는 다양한 방법들이 여러 재료 파손 종류에 따라 필요하다. 이들 파손 형태들은 탄성, 소성, 크립 변형들을 포함한다. 탄성 변형은 하중 제거와 동시에 원상태로 복구되고, 소성 변형은 영구 변형이 발생한다. 크립은 시간과 함께 누적되는 변형이다. 다른 형태의 재료 파괴는 균열을 포함하는 형태의 취성 파괴, 소성 파괴, 크립 파손, 환경 파괴, 피로 파괴 등이 있다. 취성 파괴는 정적 하중에 의해 발생할 수 있고 거의 변형이 없다. 반면 연성 파괴는 상당한 변형을 포함한다. 환경 파괴는 적대적인 환경 주위 상태로 인해 발생하고, 크립 파손은 시간에 따라 진행되어 연성 파괴가 된다. 피로 파괴는 반복 하중으로 인해 발생하는데, 균열이 발생 후 성장하여 파손에 이른다. 파괴역학이라 불리우는 특별한 방법들이 부품 내의 균열을 분석하는 데 사용된다. 취성 파괴를 평가하는 척도로 파괴 인성치가 사용된다. 크립 파손은 시간과 온도가 중요 변수이며 이때의 파손은 파단(rupture)이라는 용어를 사용하기도 한다. 제트엔진의 경우 터빈 블레이드가 하중을 받아 지나치게 변형되면 엔진에 닿을 수 있기 때문에 터빈 블레이드와 엔진 내부 표면 사이의 간극은 매우 중요하다. 설계자들은 이러한 변형량을 예측하여 이에 합당한 재료를 선정해야 한다. 발전소의 고온 고압 파이프라인은 절대 파단 강도를 파악하여 이에 맞는 재료 선택 설계를 하여야 한다.

　공학 설계는 기계, 차량, 구조물들을 묘사 설명하는 데 필요한 모든 상세 사항들을 선택하는 과정이다. 다양한 과정들이 포함되는데 그중 하나는 안전과 내구성이 변형이나 파괴로 인한 구조 파손과 타협되지 않도록 확인하는 것이다. 설계는 근본적으로 시행착오(trial and error) 과정을 거치고, 각 단계에서 모든 요구 조건과 관심 사항들을 함께 고려하는 재구성(synthesis) 과정이 필요하다. 또한 절충(compromise) 및 조정(adjustment)이 필요하다. 시제품을 만들고 부품 실험을 하는 작업은 종종 설계 후반 단계에서 중요하다. 변형과 파괴는 합성(synthesis), 시험(testing) 그리고 제품의 실제 현장 여러 단계에서 분석할 필요성이 있다. 끊임없는 기술의 진보와 변화는 공학설계자에게 새로운 도전을 준다. 예를 들면, 더욱 효율적이고 개선된 재료 사용의 요구에 대처하는 경우가 그러하다. 따라서 역사적으로 계속 진행되는 경향을 볼 때 파손에 보다 잘 견딜 수 있는 재료와 함께 개선된 시험 분석 방법들이 개발되고 있다. 변형과 파괴 문제는 경제적인 측면에서도 중요한데, 특히 자동차와 항공 분야에서는 더욱 그러하다. 미국의 경우 경제의 전 분야에서 파괴의 방지 및 보수 등으로 지출되는 비용은 전체 GNP의 4% 정도의 수준에 이른다.

고주기 피로(high cycle fatigue)

극한 강도(ultimate strength), σ_u

내구성(durability)

내구성 실험(durability testing)

변형(deformation)

부식 피로(corrosion fatigue)

부품 시험(component testing)

상승효과(synergistic effect)

설계 허용 응력(allowable design stress)

소성 변형(plastic deformation)

시제품(prototype)

실제 환경에서의 모사실험
  (simulated service testing)

안전 계수(safety factor; X)

연성 파괴(ductile fracture)

연신율(percent elongation), $100\epsilon_f$

열 피로(thermal fatigue)

저주기 피로(low cycle fatigue)

접촉 피로(fretting fatigue)

취성 파괴(brittle fracture)

크립(creep)

탄성 계수(E)

탄성 변형(elastic deformation)

파괴(fracture)

파괴역학(fracture mechanics)

피로(fatigue)

피로 균열 성장(fatigue crack growth)

파단(rupture)

합성(synthesis)

항복 강도(yield strength), σ_y

환경에 의한 균열(enviromental cracking)

🔑 참고문헌

1. Mechanical Behavior of Materials, 4th edition, Pearson, E. Dowling

2. Material Science and Engineering Properties, Cengage Learning, Charles Gilmore

3. Mechanical Behavior of Materials, 2nd edition, Cambridge University Press, William F. Hosford

🔑 연습문제

1.1 다음 사항들은 어떠한 파손 종류에 해당하는지 분류하라(그림 1.1 참조). 그리고 간단하게 그 이유를 설명하라.

a) 안경의 플라스틱 프레임(뿔테 안경)이 점차 헐거워지는 현상

b) 작은 균열을 가진 유리 그릇(bowl)이 뜨거운 상태에서 찬물에 담갔을 때 두 조각나는 경우

c) 플라스틱 가위의 손가락 집어넣는 부위 앞에서 작은 균열이 발생하는 경우

d) 물이 지나가는 구리 파이프가 얼어 있다가 길이 방향으로 누수를 일으키는 분열이 발생하는 경우

e) 자동차에서 강으로 만든 라디에이터용 팬 블레이드(fan blade)의 블레이드가 붙어 있는 부위 근처에서 작은 균열이 발생하는 경우

f) 급격한 방향 전환을 하는 거친 놀이 환경에서 사용된 어린이용 플라스틱 삼륜 자전거의 핸들 바(handle bar)와 프레임 연결부에서 균열이 발생하는 경우

g) 알루미늄 배트(bat)가 균열을 일으키는 경우

h) 이전 사격 시 생긴 균열을 가진 강으로 만들어진 포신이 갑자기 폭발하여 조각이 나는 경우

1.2 4종류의 변형 혹은 파단(파괴) 파손을 실제 경험이나 잡지나 신문이나 책에서 읽은 것에 대해 나열하고 이들 파손의 이유를 간단히 설명하라.

1.3 폴리카보네이트(polycarbonate) 플라스틱 재료로 만들어진 아래 그림과 같은 판재가 인장 하중 $P=4000$ N을 받고 있다. 재료의 항복 강도는 70 MPa이다. 치수는 $W_2=30$ mm, $W_1=14$ mm, $t=6$ mm, $\rho=3$ mm이다. 인장 실험 시 이 재료는 연성 거동을 나타낸다. 최종 파단 연신율 $\epsilon_f=110{\sim}150\%$이다. 항복으로 인한 판재에 발생하는 대 변형에 대한 안전 계수를 결정하라.

응력 계산 공식은 $S=\dfrac{P}{W_1 t}$ 이다

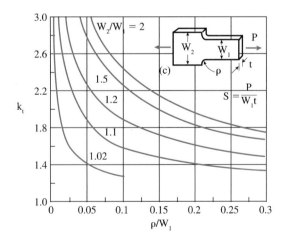

1.4 다음 그림과 같은 축이 굽힘 하중 $M=200$ N·m를 받고 있다. 치수는 $d_2=22$ mm, $d_1=14$ mm, $\rho=3$ mm이며 재료는 항복 강도가 $\sigma_o=900$ MPa인 티타늄 강이다. 인장 실험 시 이 재료는 연성 거동을 나타낸다. 최종 파단 연신율은 $\epsilon_f=15\%$이다. 항복으로 인

한 판재에 발생하는 대변형에 대한 안전 계수를 결정하라.

응력 계산 공식은 $S = \dfrac{32M}{\pi d^3}$ 이다

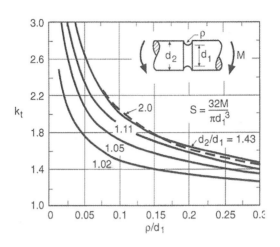

1.5 강성(stiffness)과 강도(strength)를 설명하라.

1.6 재료의 연성(ductile)과 취성(brittle)을 설명하라. 각종 재료 중 취성 재료와 연성 재료의 종류를 들어라.

1.7 재료의 저주기 피로(low cycle fatigue)와 고주기 피로(high cycle fatigue)를 설명하라.

1.8 접촉 피로(fretting fatigue)에 대해 설명하고 예를 들어라.

1.9 부식 피로(corrosion fatigue)에 대해 설명하고 예를 들어라.

2장 재료 구조와 변형 및 상평형도

○ 목표

- 기본 레벨에서 화학적 결합과 고체 재료에서의 결정 구조 학습을 하며 이들을 기계적 거동과 연관하여 각종 재료에서의 차이점을 이해한다.
- 탄성 변형의 물리적 기본 이해와 이를 사용 화학 결합에 따른 고체의 이론적 강도식을 이해한다.
- 소성과 크립 현상으로 인한 비탄성 변형의 메커니즘을 이해한다.
- 재료의 실제 강도가 화학 결합을 망가뜨리는 데 필요한 이론적 강도에 훨씬 못 미치는 이유를 이해한다.
- 상평형도를 이해한다.
- 결정성 재료의 결정 구조를 이해한다.

2.1 서론

다양한 재료들이 기계적 하중에 견디기 위해 사용되고 있는데, 이들 재료를 총체적으로 기계 재료라 부르고 금속, 세라믹, 폴리머, 복합 재료 등이 있다. 금속(metal) 재료에는 철합금(ferrous alloy), 비철 합금(non-ferrous alloy)이 있으며, 비금속(non-metal) 재료에는 폴리머/고무, 세라믹/유리 그리고 복합 재료 등이 있다. 전형적인 재료의 종류는 표 2.1에 나타나 있다. 자동차에 사용되는 재료의 예를 들면 약 78%에 철강 재료(강판, 구조용 강재, 주철)가 사용되며 약 5% 정도의 비철 금속 재료(알루미늄 합금, 구리 합금 및 각종 비철 합금)가 사용된다. 비금속 재료(고무, 플라스틱, 유리, 좌석용 재료, 페인트 등)는 17% 정도에 사용된다. 하지만 최근의 경량 차량의 개발에 따라 각종 신소재 등이 사용되고 있어 재료의 사용 분포 통계는 변하고 있다. 2장에서는 이들 재료의 기본 구조 및 이론적 강도와 탄성 변형 및 비탄성 변형에 대해 간단히 설명한다. 금속 재료는 철에 각종 성분을 첨가하는 합금 재료가 주류를 이룬다. 합금과 관련된 기초적인 용어를 이해하며 합금 금속 재료 및 철강 재료 열처리의 기초가 되는 상평형도를 설명한다.

표 2.1 공학용 재료의 분류와 종류 예

금속 및 합금	세라믹과 유리
철과 강	진흙 제품
알루미늄 합금	콘크리트
티타늄 합금	알루미나(Al_2O_3)
구리 합금: 황동, 청동	텅스텐 카바이드(WC)
마그네슘 합금	티타늄 알루미드(Ti_3Al)
니켈 기반 초합금 (nickel base superalloy)	실리카(SiO_2) 유리
폴리머(고분자 재료)	**복합 재료**
폴리에틸렌(PE)	합판
폴리비닐클로라이드(PVC)	초경합금(cemented carbide)
폴리스티렌(PS)	유리 섬유(fiber glass) 에폭시
나일론	그래파이트 에폭시
에폭시	SiC 강화 알루미늄
고무	아라미드 알루미늄 판재(ARALL)

기계 재료는 고체이다. 고체에는 금속과 같은 결정체(crystal)와 유리와 같은 비결정체(amorphous)가 있다. 대부분의 고체는 결정체이지만 비결정체(무정형)로 형성되는 경우가 있다. 용융점 이상에서의 액체가 냉각되어 고체로 되는 경우 비결정체로 형성되는 경우가 많다. 결정체를 구성하고 있는 원자, 원자군 또는 분자 등의 단위체는 공간에 규칙적으로 배열하여 공간 격자 혹은 결정 격자를 형성하며 결정형을 이루기도 한다. 따라서 결정면, 결정 방향을 나타내며 이에 따라 기계적 성질이 달라진다. 즉, 재료의 성질은 재료의 구조와 밀접한 관계가 있다.

모든 재료의 기계적 거동은 화학적 결합과 미세 구조의 차이로 인해 영향을 받는다. 표 2.2에 이에 대한 사항이 잘 요약되어 있다.

예를 들면, 세라믹과 유리(glass)에서의 강력한 화학적 결합은 기계적 강도(strength)와 강성(stiffness), 온도 저항, 부식 저항 등을 가능케 하지만 경우에 따라서는 취성 거동(brittle behavior)을 유발한다. 이와는 대조적으로 대개의 폴리머 재료는 분자 고리(molecular chain)로 연결되어 상대적으로 약하게 결합되어 있기 때문에, 강도와 강성이 작은 편이며 크립 변형을 일으키기 쉽다. 공학에서의 1차적 관심 영역의 크기 범위(size scale)는 대략 1 m부터 시작하고 크기가 10^{-1}차수(order)로 줄어들면 원자의 크기, 즉 10^{-10} m에까지 이른다. 그림 2.1에서는 이러한 관심 영역에 따른 크기 척도(size scale)가 표시되어 있다. 어떤 주어진 크기에서의 거동을 이해하기 위해서는 우선 보다 작은 스케일에서 발생되는 현상을 관찰하여야 한다. 기계, 차량, 구조물의 거동은 부품 거동으로 설명될 수 있는데, 10^{-1}이나 10^{-2} m 정도의 작은 재료 시편으로도 이들의 거

표 2.2 공학 재료의 분류에 따른 특성

재료 종류	결합	미세 구조	장점	단점
금속 및 합금	금속	결정립	강도 및 강성 연성 및 전도성	파괴 및 피로
폴리머	공유 및 2차	사슬형 분자	가격이 저렴 무게가 가벼움 부식에 강함	강도가 낮음 강성이 낮음 크립
세라믹/유리	이온-공유	결정립/무정형	강도 및 강성 고온에 강함 부식에 강함	취성
복합 재료	다양	기지 및 섬유 등	강도 및 강성 무게가 가벼움	층간 분리 고비용

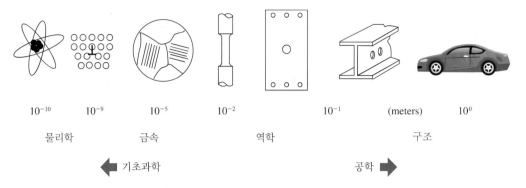

10^{-10}	10^{-9}	10^{-5}	10^{-2}	10^{-1}	(meters)	10^0
물리학		금속		역학		구조

◀ 기초과학   공학 ▶

그림 2.1
공학 재료의 사용 및 연구에 관계된 크기 범위

동을 설명할 수 있다. 재료의 거시적 거동은 결정 입자(crystal grain)의 거동, 결정 내의 결함, 폴리머의 연결 고리(chain), 10^{-3}에서 10^{-9} m까지의 미세 구조 특성 등에 의해 설명된다. 따라서 1 m부터 10^{-10} m 범위까지의 거동에 관한 지식은 기계류, 차량, 구조물의 수행 특성을 이해하고 예측하는 데 필요하다고 할 수 있다. 2장에서는 재료의 기계적 거동을 이해하는 데 필요한 기초를 설명한다. 재료나 구조물을 사용할 경우 그림 2.1에 나타나 있는 가장 작은 스케일부터 시작하여 점차 큰 사이즈로 분류되는데, 물리학에서는 나노 크기를 다루며 자동차 공학에서는 실제 자동차 구조의 크기를 가지고 연구한다. 화학적 결합, 결정 구조, 결정 결함, 탄성, 소성, 크립 변형의 물리적 원인 등에 대해서는 개별적인 주제로 다룬다.

(2.2) 고체의 결합과 물리적 특성

고체에서는 원자와 분자를 함께 공유, 유지시키는 여러 가지 화학적 결합의 종류가 있다. 이러한 결합의 종류에는 이온(ionic) 결합, 공유(covalent) 결합, 금속(metallic) 결합이 있는데, 이러한 결합들을 총체적으로 1차 결합(primary bond)이라 한다. 1차 결합은 강하고 견고하여 온도의 증가에도 쉽게 녹지 않는다. 금속과 세라믹의 결합이 이에 해당하며 상대적으로 높은 탄성 계수를 갖는다. 반면 반데르발스(van der Walls)와 수소 결합(hydrogen bonds)은 상대적으로 약하며, 이를 2차 결합(secondary bond)이라 부른다. 이들은 폴리머의 탄소 고리(carbon chain) 입자 사이의 결합과 액체의 거동을 결정하는데 중요하다.

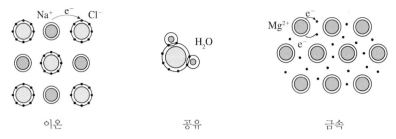

그림 2.2
3가지 형태의 1차 화학 결합. 이온 결합에서는 전자가 이전한다(NaCl의 경우); 물
(H₂O)과 같은 공유 결합에서는 전자가 공유된다; 마그네슘(Mg)과 같은 금속의 금
속 결합에서는 공통적인 "cloud"에 전자를 내어준다.

2.2.1 1차 화학 결합

1차 결합은 이온 결합(ionic bond), 공유 결합(covalent bond), 금속 결합(metallic bond)
이 있다. 이 3가지 형태의 1차 결합이 그림 2.2에 표시되어 있다.

a) 이온 결합(ionic bond)

이온 결합은 전기 음성도[주1] 차이가 큰 원소들의 양이온과 음이온 사이에 일어나는 결
합으로, 양이온과 음이온이 정전기적인 인력으로 결합하여 생기는 화학 결합이다. 금속
원자와 비금속 원자가 접근하면 서로 전자를 주고 받아 화학적으로 안정한 상태의 전
자 배치를 가지게 된다. 다른 형태의 원자들 간에 1개 이상의 전자(electron)의 이동
(transfer)을 포함한다. 이온 결합의 대표적인 예로는 염화소듐(NaCl)이 있다. 소듐 원자
를 둘러싸고 있는 전자의 외곽 쉘은 8개의 전자를 포함하면 안정적(stable)임에 주목해
야 한다. 따라서 양성이 강한 금속 성분인 소듐(Na; 전기 음성도 0.9) 원자는 외곽 쉘에
1개만의 전자를 가지고 있는데 외곽 쉘에 7개의 전자를 가지고 있는 음성이 강한 비금
속 성분인 염소(Cl; 전기 음성도 3.0) 원자에 전자를 내어줄 수 있다. 서로 반응 후 소
듐 원자는 빈 외곽 쉘을 가지게 되며 염소 원자는 안정적인 8개 전자를 가지는 외곽
쉘을 가지게 된다(그림 2.3). 원자는 Na⁺와 Cl⁻와 같은 충전된(charged) 이온이 되며 이
들은 서로 당기는 작용을 하고 서로 반대적인 정전하(electrostatic charge)로 인해 화학
적 결합을 형성한다.

주1) 전기 음성도: 주기율표는 각 원소의 화학 기호, 족, 몰질량, 전기 음성도 등의 값들을 제공한다.
전기 음성도는 전자를 끌어당기는 원자 능력의 상대적 척도이다. 예를 들면, 비활성 기체는 전
자를 끌어당기지 않으며, 이들의 전기 음성도는 정의되지 않는다. 주기율표상에서 왼쪽의 원자
는 낮은 전기 음성도를 갖는다. 리튬은 0.9의 전기 음성도를, 플루오린은 4.0의 가장 높은 전기
음성도를 갖는다.

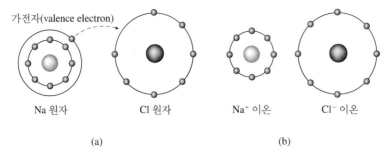

가전자(valence electron)

| Na 원자 | Cl 원자 | Na⁺ 이온 | Cl⁻ 이온 |

(a)   (b)

그림 2.3
(a) 소듐 원자에서 염소 원자로의 이동 (b) 양의 소듐 이온과 음의 염소 이온

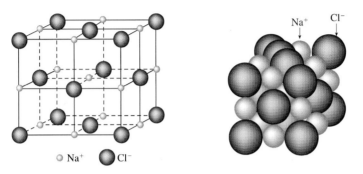

○ Na⁺   ● Cl⁻

그림 2.4
염화소듐(NaCl) 결정체의 3차원 단위 격자 혹은 모양

충전된 이온들이 모여 그림 2.4와 같이 규칙적인 결정성 배열체(crystalline array) NaCl을 배열하여 전기적으로 중성 고체(neutral solid)를 형성한다. 이동하는 전자 개수는 다를 수 있다. 예를 들면, 소금의 $MgCl_2$와 산화물인 MgO에서는 두 개의 전자가 Mg^{2+} 이온을 형성하기 위해 이동한다. 마지막 쉘 옆의 전자들 역시 이동할 수 있다. 예를 들면, 철은 2개의 외곽 쉘 전자들을 가지고 있으나 Fe^{2+}나 Fe^{3+} 이온을 형성할 수 있다. 일반적인 소금들, 산화물들 그리고 다른 고체들은 대부분 혹은 부분적 이온 결합을 가진다. 이들 재료들은 단단하며 취성을 가진다. 실제로 순수하게 이온 결합만으로 이루어지는 물질은 많지 않고 공유 결합이 포함되어 있다. 산화마그네슘(MgO), 산화알루미늄(알루미나, Al_2O_3), 산화지르코늄(ZrO_2) 등은 이온 결합과 공유 결합이 혼합된 재료들이다.

b) 공유 결합(covalent bond)

공유 결합은 2개의 원자가 서로 전자를 방출하여 전자쌍을 형성하고 이를 공유함으로써 생기는 결합으로, 유기물과 일부 무기 화합물에서 볼 수 있다. 수소, 탄소, 산소,

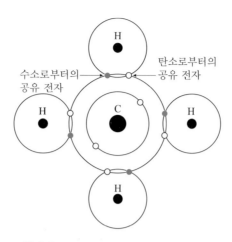

그림 2.5
메탄 분자의 공유 결합

황 등의 원자는 공유 결합을 만들기 쉽다. 공유 결합은 전자들을 공유하고 외곽 쉘 (outer shell)이 반이거나 반 이상 차 있는 지점에서 생긴다. 삼중 결합, 이중 결합, 단일 결합이 있다. 공유 결합은 다이아몬드, 폴리머, 실리콘, 세라믹, 실리콘 카바이드에 존재한다. 그림 2.5는 메탄 분자(CH_4)의 공유 결합을 나타낸다.

c) 금속 결합(metallic bond)

금속 결합은 금속 원자들이 고체를 형성할 때 이루어지는 결합이다. 금속의 양이온과 자유 전자 간의 전기적 인력에 의해 금속 결합이 생긴다. 금속은 금속 결합을 갖는 무기 물질이며 대개 금속이나 합금이 고체 형태를 이룰 때 금속 결합을 갖는다. 금속의 경우 외곽 전자 쉘은 대개의 경우 반 이하로 차 있는 점에 주목해야 한다. 각 원자는 외곽 쉘 전자를 소위 구름 형태의 전자(cloud of electrons)에 제공한다. 이들 전자들은 모든 금속 원자와 공유되어 전자를 포기한 결과 양이온으로 충전된 이온들이 된다. 따라서 금속 이온들은 전자 구름들 사이의 상호 간의 끄는 힘으로 공유되어 있다. 즉 금속 결합의 결합력은 양이온화된 금속 이온과 자유 전자 간의 쿨롬 인력에 의해 생기는 결합이다. 이러한 의미에서는 이온 결합과 유사하다. 이동하는 자유 전자를 다른 양이온이 공동으로 공유하므로 금속 결합은 공유 결합의 의미도 있다. 하지만 금속 결합은 공유 결합과 같이 방향성은 가지고 있지 않다. 그림 2.6은 금속 결합을 도식적으로 보여준다.

금속 합금
대부분의 금속들은 금속에다 다른 원소를 혼합한 합금 형태로 활용된다. 비슷한 금속

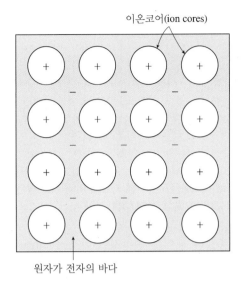

이온코어(ion cores)

원자가 전자의 바다

그림 2.6
금속결합의 도시적 도표

을 혼합하면 일반적으로 비슷한 성질의 합금 금속을 구할 수 있으며 매우 다른 성질의 두 금속을 혼합하면 매우 흥미로운 성질을 가지게 된다. 니켈 금속과 구리 금속의 혼합물의 경우는 구리와 니켈의 평균 성질을 갖게 된다. 또한 금속은 비금속 원소와 혼합할 수도 있는데 철(Fe)에다 25wt%의 탄소(C)를 혼합하면 탄화철(Fe_3C)이 만들어진다. 탄화철은 금속의 성질을 가지지 않으며 전기가 잘 통하지 않고 잘 부러진다. 반면 철에다 0.2wt%의 탄소를 첨가하면 탄소강이 만들어지는데 자동차 기계 구조용으로 널리 사용된다. 저합금강, 알루미늄 합금과 니켈 합금, 구리 합금 등이 대표적인 금속 합금들이다.

2.2.2 1차 결합에 대한 논의

공유 결합은 방향성이 강하여 다른 두 형태의 1차 결합과는 공유되지 못하는 성질이 있다. 이것은 전자들이 특정한 이웃 원자들과 공유함에서 기인하는 것이고, 이온 결합이나 금속 결합은 모든 주위 이온들을 포함한 모든 원소들을 정전기력(electrostatic attraction)으로 서로 유지시켜 준다. 공유 결합은 연속적인 배열로 3차원적인 연결망을 형성시켜 고체를 만든다. 이러한 예가 다이아몬드 안에 있는 탄소이다. 이 안에서 탄소 원자는 주위의 4개의 탄소와 전자를 공유한다. 이 원자들은 그림 2.7에서 예시된 대로 3차원 공간에서 동일한 각도로 배열되어 있다. 강하고 방향성이 있는 결합 결과로 결정체(crystal)는 강하고 단단하여 견고(stiff)하다.

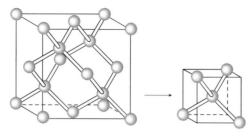

그림 2.7
탄소의 다이아몬드 육면체 결정 구조. 강하고 방향적인 공유 결합의 결과로 다이아몬드는 다른 재료에 비해 가장 높은 용융 온도와 경도 그리고 탄성 계수(E)를 가진다.

공유 결합의 또 다른 중요한 배열은 연속적인 탄소 고리(carbon chain) 연결이다. 예를 들면 에틸렌(C_2H_4) 가스의 경우 그림 2.8에서와 같이 각 분자들은 공유 결합으로 연결되어 있다. 그러나 탄소 원자들 사이의 이중 결합(double bond)이 2개의 이웃한 탄소 원자에 결합되어 있는 단일 결합(single bond)으로 대체된다면 긴 사슬 형태의 분자를 형성할 수 있다. 이 결과 형성된 폴리머 재료를 폴리에틸렌(polyethylene)이라 부른다.

SiO_2와 세라믹 같은 많은 고체들은 이온 및 공유 결합의 특색을 함께 가지고 있는 화학 결합이다. NaCl은 이온 결합이고 다이아몬드는 공유 결합인데 이들은 거의 순수한 이온, 공유 결합을 하고 있지만 대개의 경우 혼합된 형태(mixed mode)의 결합으로 존재한다. 한 가지 이상 형태의 금속이 녹아 합금(alloy)을 형성하는데 금속 결합은 합금의 경우 지배적인 결합 형태이다. 하지만 금속 간 화합물(intermetallic compounds)이 합금 금속 내에 형성될 수 있다. 이들은 $TiAl_3$나 Mg_2Ni 같이 분명한 화학 구조

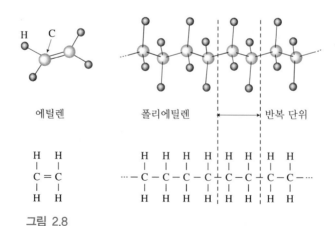

에틸렌   폴리에틸렌   ⟵ 반복 단위 ⟶

그림 2.8
에틸렌(C_2H_4) 가스와 폴리에틸렌 폴리머의 분자 구조. 에틸렌의 이중 결합이 폴리에틸렌에서는 분자들을 체인으로 형성되게 하는 2개의 단일 결합으로 대체된다.

(chemical formula)를 가지고 있으며 이들의 결합은 일반적으로 금속과 이온 결합 혹은 금속과 공유 결합의 혼합 형태로 이루어져 있다.

2.2.3 2차 결합(secondary bonding)

2차 결합은 정전기 쌍극자(electrostatic dipole)의 존재로 인해 생겨난다. 이들 쌍극자 (dipole)는 1차 결합에 의해 유도된다. 예를 들면, 물의 경우 공유 결합된 산소 원자로 부터 멀리 있는 수소 원자 쪽에서는 양전하를 가지고 있는데, 그 이유는 대부분 한 개 의 전자가 산소 원자 쪽으로 있기 때문이다. 전체 분자 내에서의 전하를 유지하기 위해 서는 노출된 산소 원자 내에서 음 부하가 필요하게 된다. 그림 2.9에서와 같이 형성된 쌍극자는 주변 분자들 사이에서 인력(attraction)을 유발시킨다.

그러한 결합을 영구적 쌍극자 결합(permanent dipole bond)이라 칭하는데 이것은 다 양한 분자들 사이에 발생한다. 이 결합은 상대적으로 약할 수 있지만 고체를 형성할 정 도의 결합력을 지닌다. 얼음이 좋은 예이다. 얼음에서는 물의 경우처럼 2차 결합은 수 소를 포함하는데, 다른 쌍극자 결합보다 더욱 강하여 수소 결합(hydrogen bond)이라 부 른다. 반데르발스 결합은 원자의 핵에 비해 상대적으로 전자들의 위치가 변동하므로 발생한다. 전기 전하(charge)가 불규칙하게 분포되어 원자나 분자들 사이에서 당기는 힘을 약하게 만든다. 이런 형태의 결합은 영구적 쌍극자 결합과 구별하여 변동 쌍극자 결합(fluctuating dipole bond)이라 부른다. 변동 쌍극자 결합이라 부르는 이유는 쌍극자 물 분자와 같이 방향이 고정되지 않기 때문이다. 이런 형태의 결합으로 인해 불활성 가 스는 낮은 온도에서 고체화될 수 있다. 폴리머에 있어서는 공유 결합이 분자 고리를 만 들어 수소에 붙게 하며 다른 원자들은 탄소에 완전하게 붙게 한다. 수소 결합과 다른 2차 결합은 분자 고리들 사이에서 발생하며 서로 미끄러지는 것을 방해한다. 그림 2.10

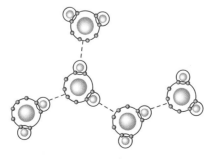

그림 2.9
물 분자(H_2O)에서의 산소-수소 2차 결합

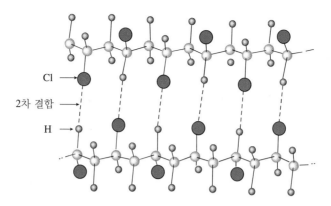

그림 2.10
폴리비닐클로라이드(PVC)에서의 체인 분자들 사이의 수소-염소의 2차 결합

은 폴리비닐클로라이드(PVC)에서 체인 분자들 사이의 2차 결합을 나타낸다.

2.2.4 결합 형태가 재료의 성질에 미치는 영향

금속 결합을 가지는 고체 물질과 이온 결합을 가지는 고체(세라믹 혹은 산화물 유리)를 망치로 치면 반응은 다르게 나타난다. 금속 내에 있는 원자들은 이온 결합에서의 고체와는 달리 외부 하중에 대해 슬립 현상이 생겨 잘 미끄러진다. 따라서 금속은 일반적으로 충격을 잘 흡수하여 쉽게 부러지지 않는다. 이러한 재료는 연성 거동(ductile behavior)을 가진다고 한다. 반면 이온 결합을 가지는 세라믹과 같은 고체 재료는 충격을 잘 흡수하지 못하고 단시간 내에 급속히 파괴된다. 이러한 거동을 취성 거동(brittle behavior)이라 한다. 또한 금속 재료는 타 종류의 재료에 비해 높은 전기 전도도를 보인다. 이온 결합 고체의 경우 전기 전도는 이온 자체의 이동에 의해 발생한다. 또한 이러한 이동은 매우 느리게 진행되므로 전하 이동도는 금속에 비해 상당히 낮다. 따라서 전기 전도체가 아닌 절연체의 특성을 갖는다.

2.3 결정성 재료의 구조

상온에서 원자가 규칙적으로 배열된 상태를 결정(crystal)이라 한다. 금속 내 원자는 규칙적으로 배열되어 있고 이러한 원자 배열 구조를 결정체라 한다. 금속과 세라믹은 결정체인 작은 입자(grain)들의 덩어리로 구성되어 있다. 반면에 유리는 무정형(amorphous)

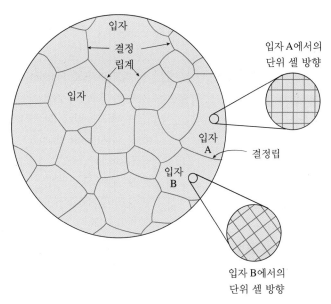

그림 2.11
다양한 결정립으로 이루어진 다결정체 구조의 개략도

혹은 비결정성 구조로 되어 있다. 폴리머는 사슬 같은 분자들로 구성되어 있다. 이것들은 결정성(crystalline) 형태로 일정하게 배열되기도 한다. 전형적인 금속의 다결정성(polycrystalline) 구조는 그림 2.11에 나타나 있다. 다결정체(polycrystal)는 많은 결정립(crystal grain)으로 이루어져 있다. 결정립계(grain boundary)를 경계로 결정립들이 분포되어 있다.

2.3.1 기본 결정 구조

결정체라 함은 공간 내에서 규칙적으로 배열된 원자(atom)의 집합체이다. 결정체 엔지니어들은 구조만 알아도 재료의 특성을 추론할 수 있다. 예를 들면, 압연 공정 중의 금속의 구조가 FCC 구조라면 상대적으로 쉽게 재료의 형상을 바꿀 수 있다. 이를 위해서는 결정 언어와 법칙을 이해해야 한다. 본 교재에서는 가장 기본적인 내용만 다룬다. 결정체 구조 중 FCC, BCC, HCP는 기본적인 결정체 구조이다.

3차원 결정체 구조를 알기 위해서는 2차원 구조를 우선 이해하는 것이 도움이 된다(그림 2.12). 2차원 구조를 설명하기 위해 벽지를 생각해보자. 벽지의 패턴을 묘사할 수 있는 가장 작은 부위, 즉 공간 격자를 구성하는 최소 단위를 단위 셀(unit cell)이라 한다. 일단 단위 셀이 정해지면 벽지 전체의 패턴을 x, y 방향으로 평행 이동, 복제를 반복하여 만들 수 있다. 2차원 단위 셀(2D unit cell)로 만들 수 있는 격자 모양은 정사각형, 직

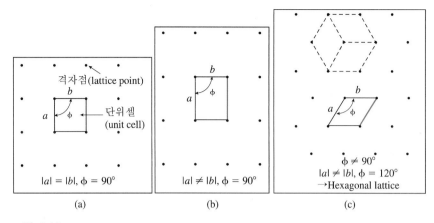

그림 2.12
2차원에서 가능한 단위 셀. (a) 정사각형 (b) 직사각형 (c) 평행 사변형

사각형, 평행 사변형이 있다. 격자는 반복하여 3차원 공간을 채우는 형태를 가지며 이들 위에 원자나 이온을 위치시키면 결정 구조가 된다. 단위 셀(unit cell)의 각 셀을 격자점 (lattice point)이라 한다. 단위 셀의 변의 길이를 격자 상수(lattice constants)라 한다. 단위 셀의 길이와 변이 이루는 각도를 알면 관심 대상의 단위 셀이 어떤 형태의 결정격자 (crystal lattice)를 갖는지를 알 수 있다. 단위 격자(unit lattice)는 격자점(lattice point)으로 구성되어 있다. 단위 격자의 입방체에서 서로 접촉하고 있는 원자를 최근접 원자(nearest neighbours)라 부른다. 단위 격자의 크기는 격자 상수 a, b, c에 의해 주어지며 각 모서리 가 직각을 이루지 않는 단위 격자에서는 격자 각도 α, β, γ가 명시된다(그림 2.13).

3차원 좌표계에서 원자의 배열을 생각할 경우 그림 2.13의 좌표계를 고려한다. 여기 서 a, b, c는 축상의 단위 길이이고, α, β, γ는 x, y, z축에 대한 각도이다. 결정 구조를 기술하기 위해서는 이와 같은 세 개 변의 길이와 세 개의 축 간 각도가 필요하다.

결정 내의 원자들(혹은 이온들의) 배열은 가장 작은 집단(smallest grouping)들의 용 어로 묘사되는데, 이들은 완전 결정체(perfect crystal)의 경우 빌딩 블록(building block) 으로 고려된다. 이러한 집단(grouping)들은 단위 셀(unit cell)이라 불리는데 관련 길이 와 각도에 따라 분류된다. 단위 셀은 계의 모든 특성을 보여 줄 수 있는 가장 작은 부 피이다. 또한 단위 셀은 모든 방향으로 반복 복제되면서 주어진 결정의 부피를 결정한 다. 밀도와 같은 결정의 성질은 단위 셀을 바탕으로 계산할 수 있다. 7가지 형태의 기 본 단위 셀이 있는데 이들 중 기본이 되는 3가지가 그림 2.13에 있다. 세 가지 각도가 모두 90°이고 같은 거리이면 이 결정체는 "cubic"이라 분류되며, 만약 한쪽의 거리가 다른 두 쪽과 같지 않으면 "tetragonal"이며, 한쪽의 각도가 120°이고 다른 두 각도가 90°이면 이 결정체는 "hexagonal"이라 부른다.

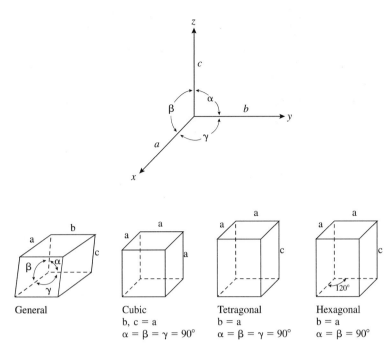

그림 2.13
결정체에서의 7가지 중 3가지 기본 형태에서의 단위 셀의 일반적 경우

주어진 단위 셀에 대해 원자의 다양한 배열이 가능한데 그러한 각각의 배열을 결정 구조(crystal structure)라 부른다. 3차원의 결정체에서는 14가지 단위 격자 유형이 있다.

a) 금속의 결정 구조

입방체 단위 격자(cubic unit cell)를 갖는 4가지 결정 구조에는 단순입방격자[primitive cubic(PC) 혹은 simple cubic(SC)], 체심입방격자(BCC, body centered cubic), 면심입방 격자(FCC, face centered cubic), 조밀육방격자(HCP, hexagonal close-packed lattice)가 있다. 이들 구조들은 그림 2.14, 2.15, 2.16에 설명되어 있으며 요약된 결정 격자 구조 는 그림 2.17에 있다. 대부분의 금속의 단위 격자는 다음의 3종류의 격자 구조 중 하나 에 속한다.

· 체심입방격자(BCC)
· 면심입방격자(FCC)
· 조밀육방격자(HCP)

PC 구조는 단순 입방 구조로 정육면체(cubic)의 단위 셀의 각 모서리에 원자를 가지 고 있다. 반면 BCC 구조는 정육면체의 가운데에도 원자를 가지고 있다. FCC 구조는

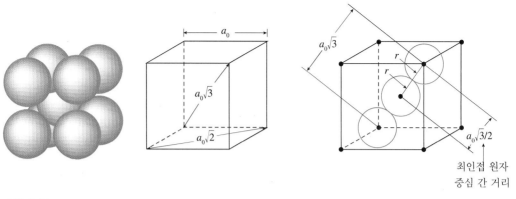

그림 2.14
BCC 격자의 결정 구조

각 모서리와 각 면의 중심에 원자를 가진다. PC 구조는 매우 드물지만 BCC 구조는 많은 일반 금속에서 발견된다. 이들 금속들의 예를 들면, 크롬(Cr: chromium), 철(Fe: iron), 몰리브덴(Mo: molybdenum), 소듐(Na: sodium), 텅스텐(W: tungsten), 바나듐(V: vanadium)이 있다. FCC 구조도 일반 금속에서 흔히 발견되는데, 이들 금속들은 은 (Ag), 알루미늄(Al), 납(Pb), 구리(Cu), 니켈(Ni) 등이 있다. HCP 구조 역시 금속에서

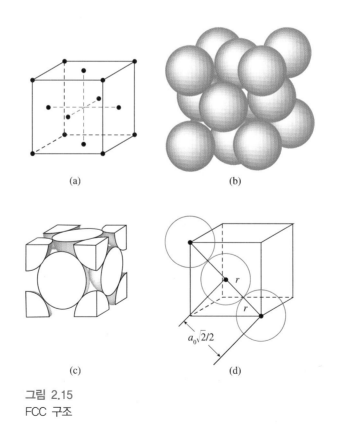

(a)　　　　　　　　　　(b)

(c)　　　　　　　　　　(d)

그림 2.15
FCC 구조

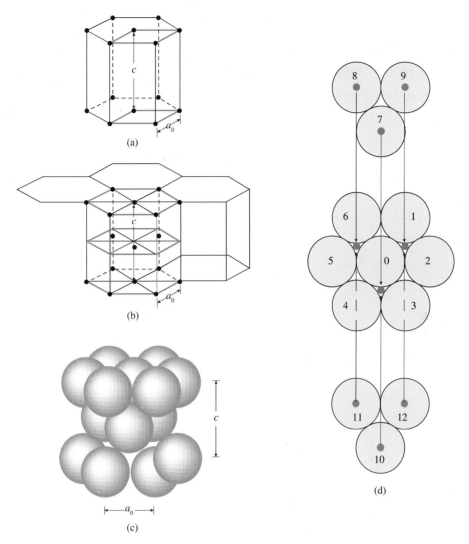

(a)

(b)

(c)

(d)

그림 2.16
HCP 구조

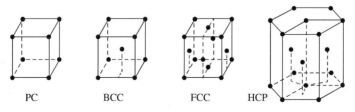

PC   BCC   FCC   HCP

그림 2.17
4가지 결정 구조: PC, BCC, FCC, HCP 구조

흔히 보이는 구조이다. HCP 구조의 경우 그림 2.13에서와 같이 단위 셀로도 볼 수 있지만, 그림 2.16의 육각형 프리즘을 이용해 보다 큰 그룹핑을 사용하여 구조를 보면 더 이해가 쉽다. 그림에서 보이는 바와 같이 기본 면으로 불리는 두 개의 평행한 면은 모서리와 육각형 중심에 원자를 가지며 3개의 추가적인 원자들은 이들 평면 중간에 위치한다. 이와 같은 구조를 가지는 일반적인 금속들에는 베릴륨(Be), 마그네슘(Mg), 티타늄(Ti), 아연(Zn: zinc) 등이 있다.

단위 셀의 한 변의 길이를 격자 상수(lattice constant)라 하고 서로 접촉하고 있는 원자를 최근접 원자라 하며 중심 간의 거리를 근접 원자 간 거리라 함을 기억하라. 중심에 있는 1개를 생각할 때 그 원자 주위에 있는 최근접 원자 수를 배위수(coordination number)라 한다.

체심입방격자(BCC)에서는 변의 길이가 a_0이고 동일한 최인접 원자 중심 간 길이를 r로 표현하면 $2r$이 되므로 $\dfrac{a_0\sqrt{3}}{2}=2r$이 된다(그림 2.14 참조). 따라서 원자 반지름은 $r=\dfrac{\sqrt{3}}{4}a_0$가 된다.

단위 셀에 존재하는 원자의 수를 알기 위해 BCC 구조의 단위 셀을 살펴보면 모서리점 8개 그리고 중심에 1개를 더하면 실제 9개가 존재하는 것처럼 보인다. 하지만 몇몇은 인접하고 있는 단위 셀에 의해 공유되고 있으므로 실제 원자 수는 9개보다 적다. 따라서 모서리에 있는 원자는 8개의 단위 셀에 의해 공유되어 있으므로 각 모서리 원자의 $\dfrac{1}{8}$만이 단위 셀에 속해 있다. 반면 중심에 있는 원자는 단위 셀에 독립적으로 있으므로 다른 단위 셀과 공유되지 않는다. 따라서 한 개의 단위 셀에 속하는 전체 원자의 수는 $8\times\dfrac{1}{8}+1=2$개가 된다. 단위 셀 내에 원자가 차지하는 부피를 단위 셀의 부피로 나눈 체적비의 백분율을 원자 충진율(AFP, atomic packing factor)이라 한다. 원자 충진율={(원자 부피×원자 수)/단위 격자 부피}×100이다. 따라서 BCC 구조의 원자 충진율은 다음과 같다.

$$\mathrm{APF}_{(\mathrm{BCC})}=\frac{\text{단위 격자 내 원자 부피}}{\text{단위 격자 부피}}\times100=\frac{\dfrac{4}{3}\pi\left(\dfrac{\sqrt{3}}{4}a_0\right)^3\times2}{a_0^3}\times100=68\%$$

즉, 원자 충진율은 68%이고 단위 셀 공간은 32%이다.

면심입방격자(FCC)를 가지는 금속에는 여러 가지가 있는데 알루미늄이 FCC 구조를 가지는 대표적인 금속이다. 최인접 원자들 간의 중심 거리는 $a_0\sqrt{2}/2=2r$이므로 $r=\dfrac{\sqrt{2}}{4}a_0$가 된다(그림 2.15 참조). 원자의 수를 계산하기 위해 우선 각 모서리에 있는 원자는 8개의 단위 셀에 의해 공유되며 각 면의 중심에 있는 원자는 두 개의 단위 셀에 의해 공유된다. 따라서 총 원자수는 $8 \times \frac{1}{8} + 6 \times \frac{1}{2} = 4$개이다. 면심입방격자(FCC)의 원자 충진율은 다음과 같다.

$$\text{APF}_{(FCC)} = \frac{\text{단위 격자 내 원자 부피}}{\text{단위 격자 부피}} \times 100 = \frac{\frac{4}{3}\pi \left(\frac{\sqrt{2}}{4}a_0\right)^3 \times 4}{a_0^3} \times 100 = 74\%$$

원자 충진율은 74%이고 단위 셀 공간은 26%이다.

조밀육방격자(HCP)는 3개의 단위 셀을 묶어 살펴보면 구조가 쉽게 가시화된다(그림 2.16 참조). 금속 중에서 카드뮴, 코발트, 티타늄, 아연 등이 상온에서 HCP 구조를 가진다. 상부와 하부 기저면(basal plane)의 모서리마다 원자가 하나씩 있다. 각 원자는 주변의 6개의 단위 셀에 의해 공유되고 있다. 상부, 하부 중앙에도 원자가 하나씩 있고 이들은 2개의 단위 셀에 의해 공유되고 있다. 여기에 추가적으로 3개의 원자가 상부와 하부 면의 중간 지점에 놓여 있다. 이 3개는 중앙에 완전히 들어가 있어 다른 단위 셀과 공유하지 않는다. 따라서 원자수는 $12 \times \frac{1}{6} + 2 \times \frac{1}{2} + 3 \times 1 = 6$개의 원자를 가진다. 하나의 큰 전체 셀은 3개의 단위 셀로 구성된다. HCP 단위 셀의 부피는 다음과 같이 계산된다.

$$V = \left(\frac{\sqrt{3}}{2}\right)(a_0)^2(c)$$

이상에서 설명된 자료와 이론을 사용하여 금속 재료의 밀도를 계산할 수 있다. 예를 들면, BCC 구조를 가지는 α-Fe의 밀도 혹은 FCC 구조를 가지는 알루미늄 등의 밀도를 원자 질량과 원자 반지름 등을 이용하여 계산할 수 있다.

예제 2-1

면심입방격자(FCC)를 가지는 구리에 대하여

a) $a_0 = 0.352$ mm의 격자 상수만을 이용하여 단위 부피당 원자들의 수를 구하라.

b) 단위 부피당 원자들의 수와 주기율표의 몰질량을 이용하여 구리의 밀도를 구하라.

풀이

a) 단위 격자의 부피는 $v = a_0^3 = (0.352 \times 10^{-9}\,\text{m})^3 = 0.047 \times 10^{-27}\,\text{m}^3$ FCC 격자에는 4개의 원자가 있으므로 단위 부피당 원자들의 수는

$$n_a = \frac{4\text{원자}}{0.047 \times 10^{-27}\,\text{m}^3} = 8.5 \times 10^{28}\,\frac{\text{원자}}{\text{m}^3}$$

이 된다.

b) 주기율로부터 구리 1몰의 질량은 63.5 g임을 안다. 밀도의 단위는 $\frac{\text{kg}}{\text{m}^3}$ 이므로 구리의 밀도를 구하는 식은 차원 해석을 통해 아래 공식과 같이 구할 수 있다. 구리의 몰질량을 M_{Cu}라 하고 N_A는 아보가드로 수이다.

$$\rho_{\text{Cu}} = \frac{n_a M_{\text{Cu}}}{N_A} = 8.5 \times 10^{28} \frac{\text{원자}}{\text{m}^3} \left(\frac{\text{몰}}{6.02 \times 10^{23} \text{원자}} \right) 63.5 \times 10^{-3} \, \text{kg/몰}$$

$$= 89.7 \times 10^2 \, \text{kg/m}^3 = 8.97 \times 10^3 \text{kg/m}^3$$

관련 문헌을 참고해 보면 구리의 밀도는 $8.93 \times 10^3 \, \text{kg/cm}^3$임을 알 수 있다.

주어진 금속 혹은 다른 재료들에서 온도 혹은 압력 혹은 합금 요소의 첨가로 결정 구조를 바꿀 수 있다. 예를 들면, 순철(iron)의 BCC 구조는 910°C 이상에서는 FCC 구조로 바뀌며 1390°C 이상에서는 다시 BCC 구조로 된다. 이들 3가지 상을 α철, γ철, δ철로 부르며 $\alpha - \text{Fe}$, $\gamma - \text{Fe}$, $\delta - \text{Fe}$로 표시한다. 10% 이상의 니켈 혹은 망간이 첨가되면 상온에서도 결정 구조가 FCC로 바뀐다. 온도 변화에 따라 상이 변하는 것을 변태(transformation)라 한다. 순철의 경우 고체 상태에서 원자 배열이 변화하여 서로 다른 결정 구조를 갖는 경우를 동소 변태(allotropic transformation)라 한다. 반면 자기 변태(magnetic transformation)는 결정 구조의 변화는 없는 대신 자성 변화만을 가져오는 변태이다. 철의 경우 상온에서는 강자성체이지만 약 770°C에서는 자성을 잃는다.

유사하게 HCP 티타늄도 $\alpha - \text{Ti}$으로 부른다. 반면 $\beta - \text{Ti}$은 BCC 구조를 가지며 885°C에서 생긴다. 하지만 합금 및 프로세싱의 결과로 상온에서도 존재할 수 있다.

b) 합금 금속 결정 구조

이전의 구조는 순수 금속의 구조를 고려한 것이다. 하지만 실제 금속 재료는 구조적인 혹은 조성적인 결함이 존재한다. 금속 재료는 2종류의 순금속 원자로 구성된 고용체이다. 고용체(solid solution)는 고체 상태의 용매주2) 원자에 크기와 성질이 다른 용질주3) 원자가 첨가되어 기존의 용매 원자의 결정 구조가 변화 없이 혼합되어 있는 상태를 말한다. 즉, 두 성분의 금속을 액체 상태에서 융합하여 응고시키면 균일한 조성의 고체가 된다. 금속의 경우 고체 상태에서 결정 구조를 가지므로 용매인 금속 결정 중에 용질인

주2) 용매(solvent): 용질을 녹여 용액을 만드는 물질. 일반적으로 용매는 액체인 경우가 대부분이며, 액체와 액체로 이루어진 용액에서는 둘 중 양이 더 많은 액체를 용매로, 더 적은 액체를 용질로 본다. 고체를 구성하는 주원자를 용매 원자(solvent atom)라 한다.

주3) 용질(solute): 용매(溶媒)에 용해하여 용액을 만드는 물질. 소금물의 경우 소금, 술에서는 알코올이 용질이고 물이 용매이다. 용매 원자에 불순물을 섞을 때 불순물을 용질 원자(solute atom)라 한다.

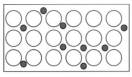

(a) 체심입방(α 고용체)

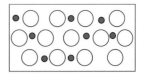

(b) 면심입방(γ 고용체)

그림 2.18
침입형 고용체

금속 혹은 비금속 원자가 들어간 상태를 고용체라 한다. 철에 탄소가 들어간 상태는 고용체의 예이다. 고용체 내에서 용질 및 용매 원자가 불규칙적으로 분포되어 있지만 통계적으로 균일한 상태라 할 수 있다. 고체 경화 금속(solid hardening metal)에 합금 원소를 첨가하여 고용체로 만들면 고용체는 순수 재료보다 강도, 경도가 향상되는데, 이러한 현상을 고용체 강화(solid solution hardening)라 한다. 용질 원자가 용매 원자의 단위 셀로 침투하여 들어가는 방식에는 침입형 고용체(interstitial solid solution; 그림 2.18)와 치환형 고용체(substitutional solid solution; 그림 2.19)가 있다.

침입형 고용체(interstitial solid solution)

침입형 고용체는 용질 원자가 용매 원자보다 훨씬 작은 경우 용질 원자가 용매 원자의 격자점 사이에 위치하는 것으로, 침입형 고용체의 원소에는 탄소, 수소, 산소, 질소, 붕소 등이 있다. 결정질 재료에서 용매 원자 사이의 공간을 점유한 불순물을 침입형 원자라 하며 두 종류의 원소가 섞여 형성된 혼합물이다.

치환형 고용체(substitutional solid solution)

치환형 고용체는 용질 원자와 용매 원자의 크기가 비슷한 경우 용질 원자가 용매 원자의 격자점에 위치하는 구조이다. 용매 원자를 치환하는 불순물을 치환형 원자라 하며 이 두 종의 원소가 섞여 형성된 혼합물을 치환형 고용체라 한다. 치환형 고용체를 형성하는 인자는 용질과 용매 원자의 크기가 비슷해야 하고(원자 지름 15% 이내), 결정 격

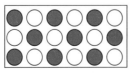

(a) 규칙적 치환형

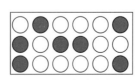

(b) 불규칙 치환형

그림 2.19
치환형 고용체

자 형태가 동일해야 하고, 용질 원자와 용매 원자의 전기 저항 차이가 작아야 하고, 용질의 원자가가 용매의 원자가보다 커야 한다.

강의 경우를 살펴보면 강은 탄소를 함유한 철의 합금이므로 철의 결정 격자 틈 사이에 소량의 탄소가 함유된 형태로 되어 있다. α철이나 β철은 모두 고체이고 여기에 고체 탄소를 함유할 수 있으므로 이러한 상태를 고용체(solid solution)라 한다.

2.3.2 보다 복잡한 결정 조직

이온 혹은 공유 결합에 의해 형성된 성분(이온 소금 혹은 세라믹)들은 기본 재료 (elemental materials)보다 더 복잡한 결정 조직을 갖는다. 이유는 한 가지 이상의 원자 형태를 수용할 필요가 있고 부분적인 공유 결합일지라도 방향적인 측면이 있기 때문이다. 하지만 구조는 종종 기본 결정 구조를 기초로 한 복잡한 부산물로 간주될 수 있다. 예를 들면, NaCl은 중간적인 위치에서 Na^+ 이온과 Cl^- 이온의 FCC 배열이다. 따라서 이것들은 Cl^- 이온들에 대하여 합쳐진 FCC 구조를 만든다. 많은 이온 소금(ionic salt) 과 MgO나 FeO와 같은 산화물 그리고 TiC나 ZrC와 같은 탄화물(carbide) 세라믹은 이런 구조를 가지고 있다.

탄소와 같은 다이아몬드 육면체 구조에서는 사각형 형상 결합(tetragonal geometry bonding) 을 요구하므로 원자의 절반은 FCC 구조를 형성하며 나머지 절반은 중간적인 위치에 놓인다. 다이아몬드 입방체 구조를 가지는 또 다른 고체는 실리콘 카바이드(SiC)이다. 알루미나 (Al_2O_3)와 같은 세라믹은 육각형의 단위 셀을 가지는 결정 구조를 가진다. 여기서 알루미늄 원자는 산소 원자 사이의 가용 공간의 $\frac{2}{3}$에서 발견된다. 많은 세라믹은 예시된 세라믹보다 더 복잡한 결정 구조를 가진다. 합금 성분도 꽤 단순한 구조부터 매우 복잡한 결정 구조를 가지고 있다. 간단한 구조의 예는 FCC 구조를 가지는 Ni_3Al이며 육면체 모서리에 알루미늄 원자가 있고 면 중심에 니켈 원자가 위치한다.

폴리머는 무정형(amorphous)이며 이 구조에서는 불규칙한 사슬형 분자(chain molecule) 들이 얽혀 있다. 상당한 부분 혹은 대부분의 폴리머 재료는 규칙적으로 배열된 고리 를 가지고 있으며 고리 사이의 2차 결합으로 되어 있고 2차 결합의 영향을 받는다. 이 부분들은 결정성(질) 구조(crystalline structure)를 가진다고 말하며 그림 2.20에 설명되어 있다.

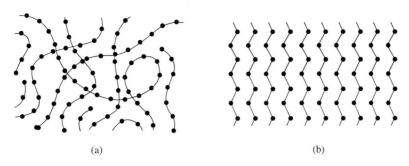

(a)   (b)

그림 2.20
폴리머의 무정형 구조(a)와 결정질 구조(b)의 2차원 그림

2.3.3 결정체에서의 결함(defects in crystals)

공학용으로 사용되는 세라믹과 금속 형태는 입자 경계(grain boundary)로 분리되는 결정질 입자들이다. 그림 2.21에는 티타늄 합금 금속에 대한 결정 입자 구조 그림이 있다. 입자 크기는 광범위하게 변하는데 재료와 가공법에 따라 작게는 1 μm부터 크게는 1 mm까지 변한다. 입자 안에서도 결정은 완전하지 않고 점 결함(point defects), 선 결함(line defects) 혹은 표면 결함(surface defects), 체적 결함 등으로 분류되는 결함을 가질 수 있다. 입자 내의 입자 경계와 결정 결함은 기계 거동에 큰 영향을 미친다. 이를 논의함에 있어 완벽한 결정에서의 규칙적인 원자의 평형 면을 묘사하기 위해 "격자면(lattice plane)"이라는 용어와 원자 위치를 나타내기 위해 "lattice site"라는 용어를 사용하는 것은 매우 편리하다.

몇몇 결함의 형태가 그림 2.22에 설명되어 있다.

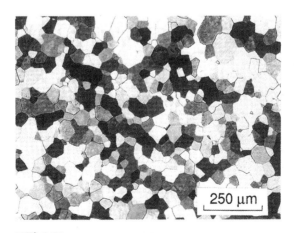

250 μm

그림 2.21
Ti–6Al 합금강에서의 α 형태의 입자 결정 구조: 6%의 알루미늄을 가진 티타늄

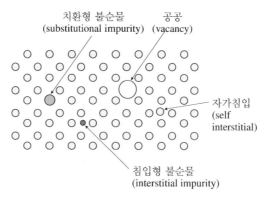

치환형 불순물　　　공공
(substitutional impurity)　(vacancy)

자가침입
(self
interstitial)

침입형 불순물
(interstitial impurity)

그림 2.22
여러 가지 점 결함 형태

2.3.3.1 결정체에서의 점 결함과 재료의 성질 개선

치환형(대체형) 원자

철의 결정체에서 니켈 원자가 철 원자를 교체할 때 이를 치환형 원자라 부른다. 혼합된 원자들을 치환형 고용체라 한다. 물과 알코올을 섞어 액체를 만드는 것과 같이 고체 원자들을 섞어서 고용체(solid solution)를 만들 수 있다. 기존 원자와 외부의 원자가 크기가 비슷하고 유사한 전기적 성질을 가진다면 외부의 원자는 쉽게 기존의 원자를 대체할 수 있다. 즉, 치환형 불순물(substitutional impurity)이 정상적인 lattice site를 차지한다. 하지만 전체 덩어리 재료(bulk material) 요소라기보다는 다른 첨가 요소(element)의 원자이다.

공공(vacancy)

공공은 정상적으로 점유하고 있는 lattice site에서 원자가 없는 경우로, 결정질 고체에서 원자들의 움직임과 섞임을 가능케 한다. 또한 온도가 높을 때 영구변형을 가능케 한다. 광결정(photo crystal)에서 빛이 지나갈 수 있도록 하므로 빛의 경로를 조정하기 위해 사용한다. 따라서 전자광학 시스템에 사용된다.

침입형 원자

침입형(interstitial) 원자는 정상적인 lattice site에서 위치를 점유하는 원자이다. 침입형 (interstitial)이 덩어리 재료(bulk material)와 동일한 형태이면 자가 침입(self-interstitial)이라 부르고 만일 다른 종류라면 침입형 불순물(impurity interstitial)이라 부른다.

　큰 원자를 가진 재료에서 상대적으로 작은 불순 원자가 침입 장소(interstitial site)를 점유한다. 예를 들면, 철의 고용체(solid solution)에서 탄소가 그러하다. 불순 원자가 덩어리 재료의 원자와 동일한 크기라면 대체 불순물로 보다 쉽게 나타난다. 이는 두 개의 금속이 서로 용융되어 합금되는 곳에서는 정상적인 경우이다. 예를 들면, 스테인리스강을 만들기 위해 10~20%의 크롬(어떤 경우에는 10~20%의 니켈)을 철(iron)에 첨가하는 경우가 좋은 예이다. 압연이나 압출과 같은 재료의 소성 변형 공정 후의 금속 재료에서 나타난다. 자가 침입은 압출된 금속의 경우 표면 경화에 기여한다. 이온 결합을 하는 모든 재료들은 점 결함을 가진다고 볼 수 있다. 그림 2.22에는 여러 가지 점 결함 형태가 표시되어 있다.

2.3.3.2 1차원 결함과 재료의 성질 개선

결정질 금속의 선 결함

선 결함은 전위(dislocation)라 불리우며 격자면(lattice plane)의 상대적인 변위가 발생하는 표면의 끝단(edge of surfaces)에 있다. 한 가지 형태는 칼날 전위(edge dislocation)이고 다른 형태는 나선 전위(screw dislocation)라고 하며 그림 2.23에 잘 설명되어 있다.

칼날 전위는 그림 2.23(a)에서와 같이 추가적인 원자의 면 경계로 간주될 수 있다. 전위 선(dislocation line)은 추가 면의 끝단(edge)과 동일하다. 종종 특별 부호를 사용하여 표시되기도 한다. 칼날 전위는 완벽한 격자 사이에 여분의 삽입된 절반의 면이 존재하는 형태이기 때문에 격자 내부의 국부적인 변형과 응력장을 형성시켜 소성 변형을 용이하게 한다. 여분의 삽입된 절반의 면의 끝단을 보면 원자가 비어 있는 공간

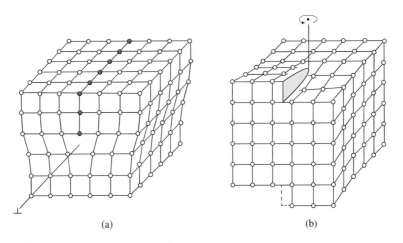

(a) (b)

그림 2.23
두 가지 형태의 기본 전위. (a) 칼날 전위(edge dislocation) (b) 나선 전위(screw dislocation)

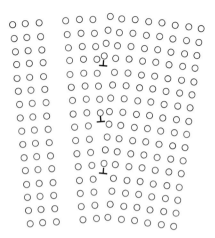

그림 2.24
칼날 전위의 배열로 형성된 결정에서의 low-angle 경계

이 존재하는데 2차원적으로 보면 하나의 공공같이 보인다. 하지만 3차원적으로 보면 비어 있는 공간이 선이다. 선의 형태의 비어 있는 공간을 전위선이라 한다. 실제 광학 현미경으로 볼 때는 이 전위선을 보는 것이다. 즉, 비어 있는 공간이기 때문에 검정색의 선으로 관찰된다.

나선 전위는 완전 결정(perfect crystal)이 그림 2.23(b)와 같이 잘린 것처럼 가정하여 설명할 수 있다. 결정은 잘린 면과 평행하게 옮겨진다. 그림의 형상과 같이 최종적으로는 다시 연결(reconnect)된다. 전위선은 절단의 가장자리이다. 따라서 옮겨진 영역의 경계이다. 고체에서의 전위는 일반적으로 칼날과 나선 특성이 결합되어 있으며 곡선과 고리(loop)를 형성한다. 이러한 것들이 많이 있는 곳에서 복잡한 전위선이 얽혀진다.

칼날 전위의 배열은 그림 2.24와 같이 이러한 경계를 형성할 수 있다. 몇몇 작은 각도의 경계가 입자 내에서 존재하며 다소 각도 차이가 나는 격자(lattice) 영역을 분리시키는데 이 영역을 부결정립(subgrain)이라 부른다.

2.3.3.3 2차원 결함

면에는 고체와 기체의 경계인 자유 표면(free surface), 전자 구조가 다른 영역 간의 계면(domain boundary), 원자 배열이 다른 동일상의 결정 입자 간의 계면인 결정립계(grain boundary), 화학 성분 혹은 원자 배열이 다른 2상 간의 계면인 상경계(inter-phase boundary)가 있다. 면 결함에는 결정립계(grain boundary)와 내부 상경계(inter-phase boundary)가 있다. 결정립계(grain boundaries)는 큰 각도로 방향이 변하는

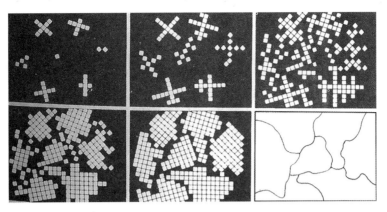

그림 2.25
결정립계(grain boundary)의 형성 과정

격자면(lattice plane)에서 표면 결함(surface defects)의 종류로 간주될 수 있다. 입자 내에서 작은 각도의 경계(low-angle boundaries)가 있을 수도 있다. 입자 경계(결정립계; grain boundary)가 형성되는 과정은 그림 2.25와 같다. 결정립계는 2개의 서로 다른 결정 방향을 가지는 같은 상의 결정 사이에 존재하는 경계면이다. 결정립계에서의 결함은 면 결함으로 분류되며 기계적 성질에 큰 영향을 미친다. 가스터빈 블레이드는 단결정으로 이루어진 재료이지만 자동차 내연 기관의 실린더 헤드의 알루미늄, 제트 엔진 블레이드의 주재료인 티타늄은 다결정성 재료들이다. 다결정성(질) 재료는 결정립계를 따라 작은 결정들로 연결되어 이루어져 있다.

상 경계 결함은 면 결함의 한 종류이다. 2개의 원소를 가지는 고체는 많은 상의 혼합체이다. 상과 상의 계면의 성질은 결정립계의 성질과 매우 유사하다. 서로 다른 화학 조성과 결정 구조를 가진 2개의 상 사이의 경계는 큰 경사진 각도의 결정립계(대경각입계)와 비슷하고 동일 결정 구조와 결정 방위를 가진 상의 경계는 작은 경사진 각도의 결정립계(소경각입계)와 비슷하다.

추가적인 표면 결함의 형태가 있다. 쌍둥이 경계(twin boundary)는 격자면이 거울 이미지(mirror image)인 곳에서 결정의 두 영역을 분리시킨다. 완전 결정에서 격자면이 적절한 순서가 아니라면 적층 결함(stacking fault)이 존재한다고 말한다.

2.3.3.4 재료의 3차원 결함 혹은 부피 결함

부피 결함이라 함은 재료의 제조 과정과 가공 과정에서 생기는 결함이다. 제조 과정 중 생기는 대표적인 결함은 원자 사이에 끼어 있는 개재물(inclusion)로서 산화물 입자, 황화물 입자, 수소화물 입자가 해당된다. 가공 시 생기는 결함은 수축 결함, 기공(pin hole 혹은 blow hole) 등의 주조 결함, 가공 혹은 단조에 의한 균열, 용접 균열 등이 이에 해당한다. 일반적으로 점 결함들이 한 자리에 모이면 부피 결함을 형성한다. 부피 결함에는 공공들이 3차원 군집체를 형성한 공동(void) 혹은 치환형 불순물이 3차원 군집체를 형성한 석출물을 들 수 있다.

금속의 3차원 결함 혹은 부피 결함

니켈-알루미늄 합금 안의 Ni_3Al 침전물(precipitate)은 금속 간 화합물로 불리우는 3차원의 개별적인 물질로서, 고온용 가스터빈에 사용되는 합금을 강화시키는 개별적인 물질이다. 반면 강에서의 황화철 입자 개재물(inclusion)의 형성은 3차원 결함으로 금속의 파괴 저항을 감소시킨다. 재료의 부피 결함은 서로 다른 상의 물질이므로 상 경계면을 가진다. 금속 간 화합물(intermetallic compounds)은 성분 금속들이 비교적 간단한 정수비로 결합하고 복잡한 결정 구조를 가지는 합금을 말한다.

세라믹의 3차원 결함

공동(voids)은 재료 내에 존재하는 빈 공간으로 세라믹 재료에서 3차원 주요 결함이다. 대부분의 세라믹 생산 공정에서는 화학 반응이나 고온 가열에 의해 서로 결합된 작은 세라믹 입자들을 활용한다. 화학 반응을 통해 콘크리트를 형성하기도 하며 도자기 점토를 고온으로 가열하여 세라믹을 소결시킨다. 이러한 과정은 작은 입자들을 서로 결합케 한다. 하지만 이때 입자들은 녹지 않으며 원래의 입자 형태를 유지한다. 결과적으로 최종 생성물의 입자들은 모든 공간을 채우지 못하며 세라믹 재료에 공동이 생기는데, 공동으로 인해 세라믹 재료의 피로 강도는 매우 나쁘다.

(2.4) 탄성 변형과 이론 강도

고체에서 결합과 구조에 대한 논의는 원자의 크기(size scale), 전위(dislocation), 입자(grain)에 대해 다루었다. 이후 변형의 물리적 메커니즘(mechanism)에 대한 논의로 확대할 수 있다. 우리는 1장에서 다루었듯이 변형의 형태가 3가지 형태, 즉 탄성, 소성 및 크립 변형이 존재한다는 것을 기억할 수 있다. 이 절에서는 탄성 변형에 대해 논의하고 이어서 개략적인 고체의 이론적 강도 평가에 대해 다룬다.

2.4.1 탄성 변형

인장 혹은 압축 하중 서 탄성 변형은 고체 내의 원자 사이의 화학적 결합(chemical bonding)의 깨짐이 없이 발생한다. 외력이 재료에 가해지면 원자 사이의 거리가 재료의 종류, 구조 및 결합 형태에 따라 변한다. 이들 원자 사이의 거리가 재료의 거시적 크기 (macroscopic size) 구간에서 누적될 때 탄성 변형이라 부른다.

고체에서 원자의 거리가 매우 멀리 떨어져 있다면 원자들 사이에는 힘이 존재하지 않는다. 만약 원자들 사이의 거리 x가 감소하면, 원자들 사이에는 결합 형태에 따라 특수한 경우에 적용되는 상호 끄는 힘인 인력이 작용한다. 이 현상은 그림 2.26의 곡선 윗 부분에 나타나 있다. 반면 반발력 역시 작용하는데 상대적으로 큰 거리에서는 인력보다 반발력(repulsive force)이 상대적으로 작다. 하지만 원자들 사이가 짧은 거리에서는 급격하게 증가하여 반발력은 큰 값을 갖는다. 따라서 전체 작용하는 힘은 원자들 사이가 짧은 거리에서는 반발력이, 큰 거리에서는 인력이, 어느 지점 거리 x_e에서는 0이 되는데, 이를 원자 평형 간격(equilibrium atomic spacing)이라 한다. 이 점은 퍼텐셜 에너지가 최소가 되는 점이기도 하다.

탄성 변형은 공학의 관심 영역이다. 대개 변형률이 1% 미만이 되는 평형 간격 전후의 영역에서 나타난다. 이 작은 영역에서 전체 힘의 곡선의 기울기(slope)는 일정하다. 단위 면적당 작용하는 힘을 응력이라 표시하면 $\sigma = \dfrac{P}{A}$이다. 여기서 A는 원자당 (per atom) 재료의 단면적이다. 변형률은 평형 거리 x_e에 대한 x 방향의 변화의 비

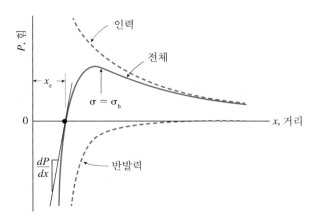

그림 2.26
원자 사이의 거리에 따른 인력, 반발력 및 전체 힘. 평형 간극 x_e에서 경사도 $\dfrac{dP}{dx}$는 탄성 계수 E에 비례한다. 전체 힘에서 최고점에 해당하는 응력 σ_b는 이론적인 응집 강도(theoretical cohesive strength)이다.

이다. 즉

$$\sigma = \frac{P}{A} \text{이고} \quad \epsilon = \frac{x - x_e}{x_e} \tag{2.1}$$

이다.

탄성 계수 E는 응력-변형률 관계식에서 기울기이므로 다음과 같다.

$$E = \frac{d\sigma}{d\epsilon}\Big|_{x = x_e} = \frac{x_e}{A}\frac{dP}{dx}\Big|_{x = x_e} \tag{2.2}$$

여기서 E는 $x = x_e$ 지점에서 전체 힘 곡선(total force curve)의 기울기로 고정되는 값인데 그림 2.26에 표시되어 있다.

2.4.2 탄성 계수 값의 경향

강력한 1차 화학 결합은 스트레칭에 대해 저항을 하며 그 결과로 높은 탄성 계수 E 값을 가지게 된다. 예를 들면, 다이아몬드의 경우 강한 공유 결합으로 인하여 E값은 약 1000 GPa에 이르는 반면 금속에서는 약한 금속 결합을 갖는 경우 E값은 100~300 GPa 범위 내에 있다. 폴리머 재료의 경우 E값은 탄소 고리(carbon chain)를 따라 연결되는 공유 결합과 고리들 사이의 약한 2차 결합(secondary bonding)에 따라 결정된다. 상대적으로 낮은 온도에서 많은 폴리머 재료들은 glassy나 결정질(crystalline) 상태로 존재한다. 폴리머 재료의 탄성 계수는 약 3 GPa 정도나 사슬형 분자(chain molecule) 구조 및 다른 요인에 따라 이 정도 레벨보다 클 수도, 작을 수도 있다. 온도가 증가하면 열 활동의 증가로 인해 분자 고리 사이의 자유 체적(free volume)이 증가하므로 고리 길이의 운동이 증가된다. 매우 활발한 운동이 가능한 점에 이르게 되면 탄성 계수의 급격한 감소가 발생한다. 폴리스티렌 재료의 경우 그림 2.27에 이러한 경향이 나타나 있다.

탄성 계수가 급격히 감소하는 온도는 폴리머 재료에 따라 다른데 이때의 온도를 유리 전이 온도(glass transition temperature, T_g)라고 부른다. 용융은 화학 분해가 먼저 일어나지 않는 한 용융 온도(T_m) 이하에서는 발생하지 않는다.

전이 온도 이상에서 대략 폴리머 재료의 탄성 계수 E는 1 MPa 이하이다. 점성 흐름(viscous flow)은 긴 분자 고리 사슬이 얽혀있을 때와 폴리머 결정질 내의 2차 결합에 의해 방해받는다. 폴리머는 상온에서 합성 고무나 자연 고무처럼 T_g 온도 이상에서는 가죽(leather) 혹은 고무(rubbery) 같은 특성을 가진다. 단결정체(single crystal)에 대해서 탄성 계수 E는 결정 구조의 상대적 방향에 따라 변한다. 결정체에서는 탄성 변형의 경우 결정 방향이 탄성 계수 크기에 큰 영향을 미친다. 그러나 임의 방향으로 배열된 다

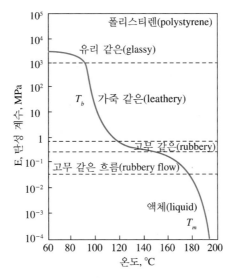

그림 2.27
폴리스티렌 재료의 온도에 따른 탄성 계수 변화

결정질(poly crystalline) 재료에 있어서는 평균적 효과(averaging effect)가 발생하여 탄성 계수 E는 모든 방향에서 같다. 후자의 경우 모든 공학의 금속, 세라믹(engineering metal and ceramic) 재료에 대해 적용될 수 있다.

2.4.3 이론적 강도

고체에 있어 이론적 응집 강도(theoretical cohesive strength)는 고체 물리학을 사용하여 1차 화학 결합(primary chemical bond)을 파괴시키는 데 필요한 인장 응력 값을 추정함으로써 얻을 수 있다. 이 경우 화학 결합을 파괴시키는 데 필요한 인장 응력은 그림 2.27의 힘의 최대치에 해당하는 응력 σ_b인데, 대략 $\sigma_b = E/10$이고 일반적으로 각 재료에 대해 구할 수 있다. 다이아몬드의 경우 $\sigma_b \approx 100$ GPa이고 일반적인 금속의 경우 $\sigma_b \approx 10$ GPa이다.

인장력에 의해 결합이 단순히 분리될 수도 있지만 또 다른 가능성은 전단 파손(shear failure)이다. 이론적 전단 강도를 얻기 위해 간단한 계산식을 사용하여 구할 수 있다. 그림 2.28과 같이 두 원자 면이 서로 천천히 강제적으로 움직이는 경우를 고려한다.

원자가 불안전한 평형 위치 $x = b/2$에서 서로 반대편으로 통과할 때 전단 응력 τ는 거리 x가 증가함에 따라 처음에는 급격히 증가하지만 다음에는 감소하면서 "0"인 곳을 통과하게 된다. 대략적인 전단 응력은 식 (2.3)과 같이 변화한다고 가정한다(그림 2.28).

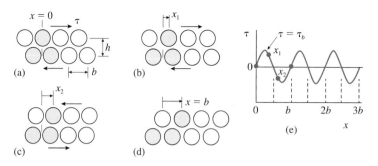

그림 2.28
이론 전단 강도 추정; 두 원자의 전체 평면은 상대적으로 동시에 이동한다고 가정

$$\tau = \tau_b \sin \frac{2\pi x}{b} \qquad (2.3)$$

여기서 τ_b는 τ가 x에 따라 변할 때 최대값이며 이론적인 전단 강도 값이다. 응력-변형률 선도에서 초기 기울기는 전단 계수(shear modulus) G값인데, 이전에서 논의한 인장의 경우 탄성 계수 E값과 유사하다.

변위가 작은 경우($\tan\theta \approx \theta = \frac{x}{h}$) 전단 변형률 $\gamma = \frac{x}{h}$임에 주목하면

$$G = \frac{d\tau}{d\gamma}\Big|_{x=0} = h\frac{d\tau}{dx}\Big|_{x=0} \qquad (2.4)$$

이 된다. 식 (2.3)에서 $\frac{d\tau}{dx}$를 구한 다음 $x = 0$에서의 값을 식 (2.4)에 대입하면

$$\tau_b = \frac{Gb}{2\pi h} \qquad (2.5)$$

가 된다.

여기서 $\frac{d\tau}{dx} = \left\{\left(\frac{2\pi}{b}\right)\tau_b\cos\frac{2\pi x}{b}\right\}$이며 $\frac{d\tau}{dx}\Big|_{x=0} = \left(+\frac{2}{b}\pi\right)\tau_b$이다. $G = h\frac{d\tau}{dx}\Big|_{x=0}$에 대입하면 $G = h\left(\frac{2\pi}{b}\right)\tau_b$이다.

$\frac{b}{h}$는 결정 구조에 따라 변하며 대략 0.5에서 1의 값을 갖는데, 이는 대략 G값의 1/10 정도의 값이다. 인장 시험에서 최대 전단력은 단축 응력 방향의 45도 경계면 방향으로 발생되며 그 크기는 단축 인장 응력의 1/2이다. 따라서 인장 시험에서의 이론적인 전단 파괴 평가는

$$\sigma_b = 2\tau_b = \frac{Gb}{\pi h} \qquad (2.6)$$

이다.

전단 계수 G값은 $E/2$ 혹은 $E/3$의 범위 안에 있으므로 이 추정치는 이전에 결합의

인장 파손에 기초하여 언급한 $\sigma_b = E/10$ 추정치와 유사한 값을 제공한다.

$\sigma_b = E/10$ 근방의 이론적인 인장 강도 값은 고체의 전형적인 실제 강도 값보다 대략 10배에서 100배 정도 더 크다. 이와 같은 강도 값의 불일치는 대부분의 결정 구조 내에 존재하는 결함(imperfections)이 주된 원인이라 생각된다. 하지만 거의 완전한 단결정(single crystal) 구조를 가지는 작은 휘스커(whisker)를 실제 제작할 수도 있다. 또한 가는 섬유(fiber)와 와이어(wire)들도 강한 화학적 결합이 길이 방향으로 배열된 결정 구조를 가질 수 있다. 이 경우 인장 강도는 불완전한 재료의 강도 값보다 매우 높다. 강도 추정치에 신빙성을 부여할 수 있다면 실제 강도는 $E/100$에서 $E/20$ 정도의 범위에서의 값인데 이는 이론 강도의 1/10에서 1/2 범위에 해당하는 값이다. 표 2.3에 몇몇 대표적인 재료들의 탄성 계수, 인장 강도, 탄성 계수 대 인장 강도의 비(ratio) 값들이 수록되어 있다.

표 2.3 단결정 휘스커와 강력한 섬유 및 와이어의 탄성 계수와 강도

재료	탄성 계수 E(GPa)	인장 강도 σ_u(GPa)	비 E/σ_u
(a) 휘스커			
실리콘 카바이드(SiC)	700	21	33
알루미나(Al$_2$O$_3$)	420	22.3	19
흑연(graphite)	686	19.6	35
$\alpha - Fe$	196	12.6	16
염화소듐(NaCl)	42	1.1	38
규소(Si)	163	7.6	21
(b) 섬유 및 와이어			
실리콘 카바이드(SiC)	700	21	33
텅스텐 (직경 0.26 μm)	405	24	17
텅스텐(직경 25 μm)	405	3.9	104
알루미나(Al$_2$O$_3$)	379	2.1	180
흑연(graphite)	686	19.6	35
철(iron)	220	9.7	23
선형 폴리에틸렌	160	4.6	35
압출 실리카 유리	73.5	10.0	7.4

2.5 비탄성 변형

앞에서 논의한 대로 탄성 변형은 화학 결합의 스트레칭(stretching)을 포함한다. 응력이 제거되면 변형은 사라진다. 변형이 완료된 후 원자가 재배열되기보다 극단적인 변화들이 생겨날 수 있는데, 이때 원자들이 새로운 주변 환경을 가지도록 재배열된다. 이로 인해 힘을 제거하더라도 변형이 사라지지 않는 비탄성 변형이 발생한다. 비탄성 변형은 응력이 가해짐에 따라 순간적으로 발생하는데, 이를 소성 변형(plastic deformation)이라 부른다. 소성 변형은 시간 의존적인 변형이 아니며 이는 시간이 지남에 따라 같은 응력하에서도 변형이 발생하는 크립 변형(creep deformation)과는 구별된다.

2.5.1 전위 운동에 의한 소성 변형

거시적인 크기에서의 순수 금속의 경우 단결정은 전단 시 전위가 매우 적어 매우 낮은 응력 상태하에서 항복이 관찰된다. 예를 들면, 주철과 다른 BCC 구조 금속들은 대략 $\tau_o = \dfrac{G}{30000}$ 정도에서 발생하는데 $\tau_o = 30$ MPa 정도이다. FCC와 HCP 금속의 경우는 이보다 더 낮은 값에서 항복이 발생하는데 대략 $\tau_o = \dfrac{G}{100,000}$ 정도이며 $\tau_o = 0.5$ MPa 정도이다. 따라서 불완전한 결정(imperfect crystal)을 가지는 순수 금속의 전단 강도는 완전 결정(perfect crystal)의 이론적 강도 값인 $\tau_b = \dfrac{G}{10}$ 보다 적어도 300배 내지 10,000 배까지 작을 수 있다. 이와 같은 큰 차이는 그림 2.29에서 보여주는 바와 같이 소성 변형은 전단 응력의 영향에 의한 전위 운동(dislocation motion)에 의해 발생한다는 사실로 설명할 수 있다.

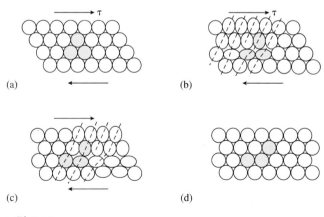

그림 2.29
전위 운동에 의한 점진적인 전단 변형

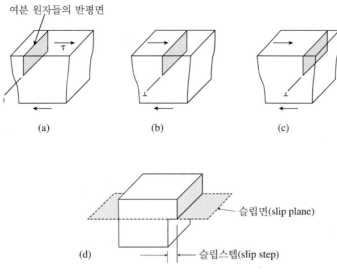

여분 원자들의 반평면

(a) (b) (c)

슬립면(slip plane)

(d) 슬립스텝(slip step)

그림 2.30
칼날(edge) 전위 운동에 의한 슬립

전위가 결정체를 통해 발생함에 따라 소성 변형은 어느 순간 한 개의 원자를 효과적으로 움직이게 한다. 이 과정은 그림 2.29에서 암시된 대로 전체 면(entire plane)에 걸쳐 동시에 발생하지는 않는다. 완전 결정의 경우 이와 같은 점진적 과정(incremental process)은 이론 전단 강도 계산 시 가정한 모든 결합을 동시에 파괴하는 것보다 매우 쉽게 발생된다.

전위 이동의 결과 생긴 변형은 그림 2.30과 2.31에서 보여주는 바와 같이 칼날(edge) 및 나선(screw) 전위로 진행된다. 전위선이 이동하는 면을 슬립선(slip line)이라 부른다. 슬립면이 자유 표면(free surface)을 가르는 곳에서 슬립스텝(slip step)이 형성된다. 실제 결정체에 있어서 전위는 대개 휘어져(curved) 있어 칼날(edge)과 나선(screw) 특성을 함께 가지고 있기 때문에 소성 변형은 이와 같은 두 가지 전위 운동(dislocation motion)

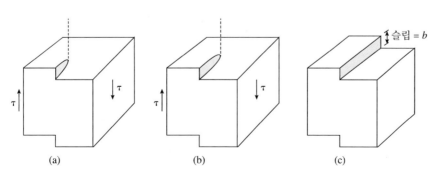

슬립 = b

(a) (b) (c)

그림 2.31
나선(screw) 전위 운동에 의한 슬립

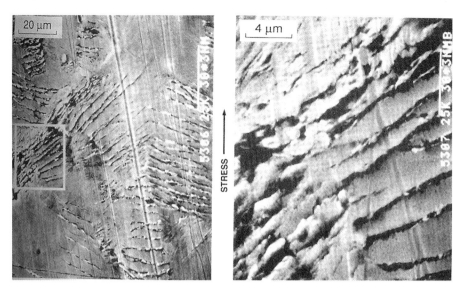

그림 2.32
AISI 1010 탄소강의 반복 하중 결과 많은 전위 운동에 의해 발생된 슬립밴드와 슬립스텝

의 혼합(combination) 형태에 의해 실제적으로 발생한다.

· 소성 변형은 슬립밴드(slip band)라고 불리우는 띠(band)에 집중된다.

· 슬립밴드는 수많은 전위들의 슬립면이 집중되어 있는 지역이다. 따라서 적은 전단 변형 지역과는 별도의 과도한 소성 전단 변형 지역이다.

· 슬립밴드가 자유 표면을 가르는 곳(intersect)에 수많은 전위가 결합된 슬립스텝 (slip step)의 결과로 스텝들(steps)이 형성된다(그림 2.32 참조).

BCC, FCC 혹은 HCP와 같은 결정 구조에 있어서는 어떤 면에 대해서 그리고 어떤 면 내의 특수 방향에 대해 슬립이 쉽게 생긴다. 금속의 경우 영구 변형을 일으키는 가장 일반적으로 발생하기 쉬운 면과 방향은 그림 2.33에 있다.

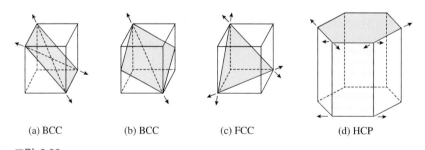

| (a) BCC | (b) BCC | (c) FCC | (d) HCP |

그림 2.33
BCC, FCC, HCP 결정 구조에서 자주 관찰되는 슬립면과 방향. 대칭을 고려하면 추가 적인 슬립면과 방향의 조합이 있다. 전체적으로 12개의 슬립 시스템이 있다.

2.5.2 소성 변형의 논의

소성 변형(항복)의 결과 원자들이 주변 원자들과 위치가 바뀌게 되고 전위 후 새 이웃과 안정된 형상으로 돌아온다. 이 과정은 단순히 화학 결합이 늘어나는(stretching) 탄성 변형과 다른 과정이다. 탄성 변형은 소성 변형과는 독립된 과정으로 발생된다. 항복을 일으키는 응력이 제거되었을 때 탄성 변형률은 마치 항복이 없었던 것처럼 회복되고 영구한 소성 변형률이 생긴다.

하중을 지탱하기 위해 사용되는 금속들은 결함을 가진 순수 결정체의 금속의 강도 값보다는 꽤 높은 강도 값을 가진다. 하지만 이 값들은 완전한 결정체의 이론적 강도 값같이 매우 높지는 않다. 그림 2.34에 주철과 강에 대해 설명되어 있다.

만약 전위 운동을 방해하는 장애물이 존재한다면 강도는 10배 또는 순수 금속 결정체의 저강도 값 이상으로 증가될 수 있다. 금속 내에 흩어져 있는 단단한 입자(particles)의 2차상인 결정립계(grain boundary)들은 전위를 방해하는 역할을 하고, 또한 합금의 경우 첨가된 다른 크기의 원자들이 전위 운동을 방해하므로 강도가 증가된다. 만일 많은 수의 전위가 존재하면 이것들은 서로 방해를 해 고밀도의 형상을 만들어 원자들의 자유 이동을 방해한다.

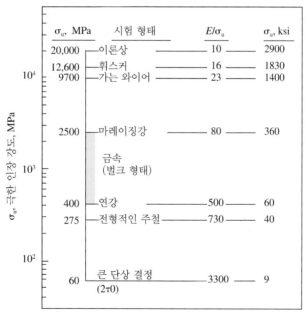

그림 2.34
다양한 형태의 철과 강의 극한 강도. 강철은 대부분 철(iron)로 이루어져 있으며 작은 양의 다른 금속 요소를 포함한다.

화학 결합이 공유 결합이나 부분적인 공유 결합으로 이루어진 비금속(non-metal)과 화합물들(compounds)에서는 결합의 방향성으로 인해 전위 운동이 어렵다. 이런 부류의 재료들은 탄소(carbon), 붕소(boron), 규소(silicon) 등과 합금 성분(inter-metallic compounds), 금속 탄화물(metal carbide), 붕소화물(borides), 질화물(nitrides), 산화물(oxides) 및 기타 다른 세라믹같이 금속과 비금속 사이에 형성된 성분들이 있다. 이런 재료들은 상온에서는 단단하고 취성의 성질을 가지고 있지만 일반적으로 전이 운동으로 인한 항복에 의한 파괴는 발생하지 않는다. 그 대신 재료 내에 존재하는 기공이나 작은 균열로 인한 영향으로 인해 완전 결정(perfect crystal)의 높은 이론적인 강도보다 낮은 강도 값을 갖고 있다. 하지만 용융점의 절반 온도 이상에서는 전위 운동도 발생한다.

2.5.3 크립 변형

이미 설명한 대로 탄성 변형과 소성 변형에 이어 어떤 재료들은 고온하에서 일정 하중이 가해질 때 크립 변형을 한다. 크립 변형은 시간과 온도 의존적인 변수에 따라 변형된다. 예를 들면, 일정한 응력하에서 변형률은 시간에 따라 그림 2.35에서와 같이 변한다. 초기 탄성 변형률 ϵ_e에 이어 일정한 응력이 유지되는 상태에서 서서히 변형률은 증가한다. 만약 응력이 제거되면 탄성 변형률은 급격히 회복되고 크립 변형률은 시간에 따라 서서히 회복된다. 그리고 나머지는 영구 변형으로 남는다.

금속이나 세라믹 같은 결정성(질) 재료(crystalline material)들에 있어서, 크립 현상의 중요 메커니즘은 공공의 확산 흐름(diffusional flow of vacancies)이다. 이 공공(vacancies)들은 가해진 응력에 수직인 결정립계(grain boundary) 근처에서 동시에 형성되기 쉽고 상대적으로 응력에 평행한 방향에서는 생겨나기가 어렵다. 이 결과 불균일한 공공(vacancies) 분포와 공공 확산(vacancies diffusion) 및 이동이 그림 2.36에서 같이 고응

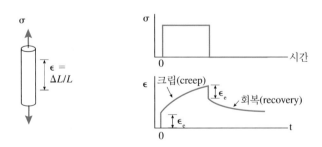

그림 2.35
일정 응력하에서 시간에 따른 크립 변형률의 누적과 응력 제거 후 부분적인 회복

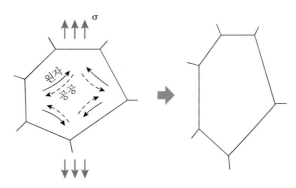

그림 2.36
결정 입자 안 공공의 확산에 따른 크립 메커니즘

축 영역에서 저응축 영역으로 이동하는 결과를 가져온다. 표시된 바와 같이 한 방향에서의 공공(vacancies)의 이동은 반대 방향에서의 원자의 이동과 상응한다. 전체적인 결과는 입자(grain) 형상의 변화를 가져오고 거시적 크립 변형률(macroscopic creep strain)을 초래한다. 원자 수준의 확산은 크립과 깊은 관계가 있다. 우리가 알 수 있는 것은 점 결함의 농도와 이동성은 온도의 증가와 관련이 있고 지수 함수적으로 증가한다는 점이다. 즉, 크립은 열적 활성화 과정이므로 온도의 증가에 따라 크립 속도는 증가한다. 고온 상태에서 재료의 결정 구조에 응력이 가해지면 어떻게 될 것인가의 문제는 공학적으로 매우 중요하다. 특히 고온하에서 원자의 이동성이 증가하면 공학적 설계 측면에서 매우 중요하다고 할 수 있다. T_m을 재료의 용융 온도라 할 때 일반적으로 크립 현상은 $0.3\,T_m$ 이상의 온도에서 문제가 된다. $0.5\,T_m$에서는 매우 심각한 문제가 된다. 따라서 이 온도 범위에서는 설계 시 매우 신중하게 접근해야 한다. 크립 변형은 종국에는 파단에 이른다. 크립에서 중요한 변수는 크립 변형 속도, 크립 파단에 이르는 시간, 온도 수준, 응력 레벨 등이다. 따라서 실험 시에는 크립 속도 혹은 파단 시간을 일정한 응력과 일정 온도의 함수로 구하는 것이다.

결정성(질) 재료(crystalline material)에 작동하는 또 다른 크립 현상의 메커니즘은 특수한 전위 운동을 포함한다. 이 특수 전위 운동은 시간 의존적 방식으로 장애물들을 피해간다. 입자 경계인 결정립계(grain boundary)가 미끄러져 입자 경계를 따라 구멍(cavities)을 형성할 수도 있다.

결정성(질) 재료에 있어 크립 현상은 온도 의존적인데 공학에서는 0.3에서 $0.6\,T_m$ 온도 범위에서 매우 중요하게 고려한다.

또 다른 크립 현상의 메커니즘은 비결정질 혹은 무정형(amorphous) 구조의 유리나 폴리머 재료에서 작용하는 현상이다. 이들 방식 중 하나는 매우 두꺼운 유체가 이동하는 방식의 점성 흐름(viscous flow)이다. 이 현상은 폴리머 재료에서 유리 전이 온도 T_g 이상의 온도에서 용용 온도 T_m으로 접근할 때 발생한다. 고리 사슬 구조의 분자들이 시간 의존 방식으로 서로 서로 미끄러져 이동한다. T_g 온도 근처나 그 이하에서는 고리의 파편(segments) 및 고리 거동 방해물 등을 포함하는 복잡한 거동이 중요한 역할을 한다. 이 경우 작용하는 응력을 제거하면 그림 2.35처럼 시간이 지남에 따라 상당량의 크립 변형은 사라진다. 크립 현상은 일반 폴리머 재료의 경우 공학에 적용 시 100°C에서 200°C 사이에 있는 T_g 이상의 온도에서는 주된 제한 요소가 된다. 즉, 폴리머 재료의 크립은 분자와 분자 사이의 상대적 미끄럼 운동에 일어난다고 할 수 있다. 보다 자세한 크립 변형 메커니즘에 대한 추가적인 논의는 관련 참고 서적을 참조하기 바란다.

2.6 상평형도(phase diagram)

2.6.1 서론

한 물질 또는 몇 개의 물질 집합이 독립하여 한 상태를 이룰 때 이것을 물질계라 한다. 상(phase)은 물질의 상태를 의미하는 것으로 균질한 물리적, 화학적 성질을 가지는 물질들의 균질한 비로 이루어져 있다. 결정체에 있어서는 원자 배열이 동일한 형태의 경우 동일상이라 한다. 순금속은 하나의 상으로 이루어지는 결정립의 결정체(crystal)이다. 반면 합금은 하나의 상으로 되는 것과 2개 이상의 상이 공존하는 것이 있다. 단상 합금(single phase alloy)은 단일상으로 구성되며 2가지가 있는데 고용체(solid solution)와 금속 간 화합물(intermetallic compound)이 이에 해당된다. 2상 합금(two phase alloy)은 2개로 구성되며, 3개로 구성된 상은 3상 합금이라 한다. 그 이상의 상으로 구성되는 것을 다상 합금이라 한다. 금속 재료로 사용되는 합금의 종류는 무수히 많다. 합금에 나타나는 상의 종류 및 성질은 일반적으로 농도 및 온도에 따라 변화한다. 상태도 (phase diagram)는 어떤 계에서 어떤 농도와 온도에서 평형 상태에 있는 각 상의 종류와 구성 성분을 표시한 도식적 그림이다. 즉, 합금이나 화합물의 물질계가 열역학적으로 안정한 상태에 있을 때 이의 조성, 온도, 압력과 존재하는 상과의 관계를 나타낸 것이 상태도인데 평형 상태도(equilibrium diagram)라고도 부른다. 상태도는 관련하는 성분의 수에 따라 1원계, 2원계 및 다원계로 분류할 수 있다. 특히 이 중에서도 2원도 (binary diagram)는 가장 널리 사용되고 있다. 또 상의 변태나 평형은 핵의 생성과 성장의 과정에 의하며, 이러한 반응 과정은 확산(diffusion)에 의해 이루어지는 경우가 많다. 상 변태(phase transformation)는 물질이 하나의 상에서 다른 상으로 변화하는 것이다. 액체 상태의 금속을 주조하고 냉각하는 재료 공정 중이거나 혹은 납땜이나 용접 과정 중 발생한다. 철이 912°C 온도에서 BCC 구조로부터 FCC 구조로 바뀌는 것도 상 변태이다. 금속의 경우 응고 후에 상의 변화가 나타난다. 응고 후 어느 온도 범위 내에서는 원자 운동으로 인해 상의 변화가 발생하여 금속의 성질에 영향을 미친다. 예를 들면, 납과 주석의 두 물질로 구성된 재료의 공정 과정에서 상평형도, 성분비 및 각 상의 양은 2원 상평형도(binary phase equilibrium diagram)를 통해 결정된다. 금속의 상 변태에는 동소 변태와 자기 변태가 있다.

2.6.2 계(system), 상(phase), 성분(component), 조성(composition)과 상률(phase rule)

한 개의 물질 혹은 여러 개의 물질의 집합체가 외부와 분리되어 하나의 상태를 가지고 있을 때 이를 계(system)라 한다. 예를 들면, 구리-아연(Cu-Zn)계라 하면 구리(Cu)와 아연(Zn)만의 관계만을 생각하고 그 외는 생각하지 않는다. 계에는 균일계(homogeneous system)와 불균일계(heterogenous system), 즉 다상계가 있다. 한 종류의 상태로 공존할 때는 균일계 혹은 단일상계(single phase system)라 하고 다른 종류의 상태가 공존할 때는 불균일계 혹은 다상계(polyphase system)라 한다. 다상계란 단상계가 많이 모여 생긴 복합계이다.

계를 구성하는 물질을 성분(component)이라 한다. 즉, 일군의 물질을 형성하고 있는 화학적인 종별을 성분이라고도 한다. 성분을 구성하는 물질의 양의 비를 조성(composition)이라 한다. 예를 들면, 50% 소금물은 소금과 물의 두 성분(component)으로 이루어지며 물 50%, 소금 50%의 조성비(composition)를 가진다고 말한다. 1개의 계를 구성하고 있는 물질로서 1성분으로 된 것은 1성분계(one-component system), 2성분으로 구성된 것은 2성분계 혹은 2원계(binary system), 3성분으로 구성된 것은 3성분계 혹은 3원계(ternary system) 등으로 부른다. 상(phase)은 재료에서 화학적으로나 구조적으로 균질한 상태의 영역을 상이라고 정의한다. 1성분계는 순수한 원소나 H_2O와 같은 분자 화합물이 있다. 2원계로는 탄소강(Fe + C)과 바닷물(NaCl + H_2O) 등이 있다. 3원계로는 창유리(SiO_2 + NaO_2 + CaO) 등이 있다. 3성분 합금인 경우 단일상일 경우 단상 합금(mono phase alloy), 2상 합금(two phase alloy), 3상 합금 혹은 더 이상인 경우 다상 합금(poly phase alloy)으로 부른다. 합금에서 단일상의 경우는 2가지가 있는데 고용체(solid solution)와 금속 간 화합물(intermetallic compound)이 단일상에 해당된다. 다음은 매우 다른 두 금속을 섞어 만드는 것을 고려한다. 예를 들면, 니켈에 25% 알루미늄을 섞으면 Ni_3Al과 같은 금속 간 화합물이 만들어진다. 두 개의 금속이 하나의 혼합물을 형성할 때에는 두 개의 금속 사이에 매우 강한 결합이 만들어진다. 대부분의 금속 화합물은 경도가 매우 높으며 높은 용융 온도를 갖는다.

금속 원소는 고체와 기체에서 각각 그 성질 상태가 전혀 다르다. 액체에서 기체로 또한 액체에서 고체로 변화한다. 이때 고체, 액체, 기체 등은 각각 서로 다른 하나의 상(phase)이라 한다. 기체는 여러 물질이 존재하여도 균일하게 혼합되어 분산되어 있으므로 단일상이라 한다. 성분(component)은 화학적으로 뚜렷이 구분되며 본질적으로 별개인 물질이다. 가장 기본적인 성분은 Fe, Si, C와 같은 원소와 $NaCl, Li_2O, Si_3N_4$와 같은 화합물이 있다. 만약 재료가 원자로 구성되어 있고, 다른 상에서도 서로 결합 가능하다면 그 원자가 성분이 된다. 만일 재료가 H_2O와 같은 분자로 구성되어 있고 다른 모든 상에서도 서로 결합한 상태로 남아 있다면 성분은 H_2O 분자가 된다. 예를 들면, 물과 알코올의 혼합물은 1상이나 물과 기름은 2개 상이다.

계의 상태도는 온도, 압력 및 계를 구성하는 물질 성분 종류와 중량비, 용량비, 몰분율 등에 따라 다르다. 물과 설탕 혹은 물과 소금의 2원계를 생각해 보자. 상온 및 일반 압력에서는 설탕 혹은 소금의 양이 적으면 설탕물 혹은 식염수만의 단일상이 된다. 또한 설탕 혹은 소금이 과다하면 침전하여 고체 설탕/설탕물과 혹은 소금/식염수의 2상이 된다. 구성 성분과 상의 수는 반드시 일치하지 않을 수 있다. 이 경우 구성 성분(component)은 물과 설탕 혹은 물과 소금이지만 상(phase)은 고상인 설탕과 액상인 설탕물 혹은 소금과 소금물이 된다.

물리적, 화학적 성질이 균일하면 화합물이든 혼합물이든 상관없이 1개의 상이다. 여기서 물이나 설탕물 혹은 소금물을 균일계라 한다. 얼음물은 물과 얼음의 화학적 성질은 같으나 물리적 성질이 다르므로 2개의 상이라 한다. 물질계의 상태를 결정하는 변수는 온도, 압력 및 성분의 조성 등이 있다. 금속의 경우 조성을 나타내는 여러 가지 방법 중 원자 분율의 개념으로 표시하는 경우가 있다. 종종 중량 백분율 혹은 중량 분율로도 사용된다. 따라서 원자 백분율을 중량 백분율로 혹은 중량 백분율을 원자 백분율로 환산하는 경우가 있다. 반면 세라믹은 화합물의 경우가 많으므로 조성은 보통 몰분율로 표현한다.

식 (2.7)은 조성이 중량 백분율로 표시되었을 때 원자 백분율로 환산하는 공식이며, 식 (2.8)은 조성이 원자 백분율로 표시되었을 때 중량 백분율로 환산하는 공식이다.

성분 A의 원자 백분율=

$$\frac{\text{성분 A의 원자 백분율/성분 A의 원자량}}{[\text{성분 A의 원자 백분율/성분 A의 원자량}]+[\text{성분 B의 원자 백분율/성분 B의 원자량}]} \quad (2.7)$$

반면 조성이 원자 백분율로 되어 있으면 이에 상응하는 중량 백분율은 식 (2.8)과 같다.

성분 A의 중량 백분율=

$$\frac{\text{성분 A의 원자백분율×성분 A의 원자량}}{[\text{성분 A의 원자 백분율×성분 A의 원자량}]+[\text{성분 B의 원자 백분율×성분 B의 원자량}]} \quad (2.8)$$

예제 2-2

다음의 SiO_2 상태도에서 3중점들은 어떠한 상들이 평형을 이루는가?

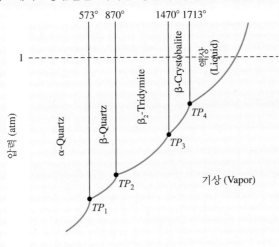

풀이

4개의 3중점이 존재한다. 존재하는 3중점의 온도는

$$TP_1 = 573°C, \ \ TP_2 = 870°C, \ \ TP_3 = 1470°C, \ \ TP_4 = 1713°C$$

이고, 3중점에서의 상들은 다음과 같다.

$TP_1 : \alpha - \text{quartz}, \ \beta - \text{quartz}, \ \text{vapor(기상)}$

$TP_2 : \beta - \text{quartz}, \ \beta_2 - \text{tridymite}, \ \text{vapor(기상)}$

$TP_3 : \beta_2 - \text{tridymite}, \ \beta - \text{crystobalite}, \ \text{vapor(기상)}$

$TP_4 : \beta - \text{crystobalite}, \ \text{vapor(기상)}, \ \text{liquid(액상)}$

구리와 알루미늄의 2개 성분의 합금에서 구리의 조성이 5wt%일 때 구리의 원자 분율을 구하라.

풀이

구리 5wt%+알루미늄 95wt%로 이루어진 합금이다. 구리의 원자 분율은 다음 공식과 주기율표상의 원자량 데이터를 사용하여 다음과 같이 계산된다.

$$구리의 원자 분율 = \frac{5/63.54}{(5/63.54)+(95/26.9)} = 2.18\%$$

알루미늄의 분율은 100%−2.18%=97.82%이다.

a) Gibbs 자유 에너지(Gibbs free energy, GFE)

Gibbs는 열기관의 에너지 출력에 대한 연구에서 엔트로피(S)와 Gibbs 자유 에너지(GFE), 내부 에너지(E), 압력(P), 부피(V), 절대 온도(T), 엔탈피(H)와의 연관식을 발표하였다. Gibbs 자유 에너지는 일정한 압력과 부피에서 일을 하는 데 이용할 수 있는 에너지이다. 등온 등압계에서는 Gibbs의 자유 에너지(GFE)는 계의 평형 상태를 결정하는 데 사용된다. 계가 일정한 압력과 온도하에 있을 때 Gibbs 자유 에너지는 최소이다. 물과 같은 단일상 물질이 상 변태가 생길 때 화학 성분의 변화는 일어나지 않으나, 물에서 얼음으로의 변태의 경우 엔트로피의 변화는 발생한다. 얼음도 하나의 상이며 물도 하나의 상이다. Gibbs의 자유 에너지(GFE)는 엔트로피의 변화량을 통해 등온–등압계에서 일을 할 수 있게 하는 에너지라 할 수 있다. 얼음이 물로 변할 때는 융해열이 얼음에 흡수되어 물이 된다. 즉, 흡수된 열에 의해 엔트로피는 증가된다(참조: $\Delta S = \dfrac{\Delta Q_R}{T}$, 여기서 ΔS는 엔트로피 변화, T는 절대 온도, ΔQ_R은 가역적 열 전달). 물은 얼음에 비해 무질서도가 크므로 더 높은 엔트로피를 갖는다. 얼음이 물로 융해되는 과정에서 증가한 엔트로피는 Gibbs 자유 에너지 GFE를 감소시킨다[참조: $GFE = E + PV - TS = H - TS$, 여기서 GFE는 Gibbs 자유 에너지, E는 내부 에너지(운동 에너지+위치 에너지 $= KE + PE$), P는 압력, T는 절대 온도, V는 부피, H는 엔탈피=내부 에너지+압력×부피].

일정한 온도와 압력하에 재료가 초기 Gibbs 에너지 G_0를 가진다. 원자들이 혼합하여 Gibbs 에너지가 G가 되면 Gibbs 자유 에너지 변화는 $\Delta G = G - G_0$가 되며 다음 식이 된다.

$$\Delta G = G - G_0 = \Delta E + P\Delta V - T\Delta S = \Delta H - T\Delta S$$

ΔG가 0이면 변화는 평형 조건에서 일어나고 가역적이다.

ΔG가 음수이면 변화는 자발적이나 가역적이 아니다. 변화가 자발적이라 함은 변화는 반드시 일어남을 의미하지만 변화 시간은 길 수 있다.

일정 온도와 압력하에서 원자가 혼합될 때에는 Gibbs 자유 에너지 변화에 음의 작용을 한다. 혼합은 엔트로피를 증가시키고 엔트로피는 Gibbs 자유 에너지 변화에서 $-T\Delta S$항으로 들어간다. 엔트로피가 클수록 Gibbs 자유 에너지는 작아진다. 그리고 최소 Gibbs 에너지는 평형 상태의 값이다. Gibbs 자유 에너지 변화에서 일정한 압력과 온도에서 혼합과 관련된 항은 $-T\Delta S$이다.

어떤 액체와 고체는 잘 혼합되지 않는데 그 이유는 무엇인가? 혼합에 의한 엔트로피의 변화는 크며 양일 수도 있고 음일 수도 있다. 만일 양수이면 $-T\Delta S$항이 지배한다. 혼합에 의한 전체 Gibbs 에너지 변화 ΔG가 양수이면 원자나 분자는 섞이지 않는다. 구리와 니켈은 화학적으로 비슷하고 격자 상수도 비슷하여 $1,000\,°C$에서 잘 섞인다. 혼합 시 엔탈피 변화 ΔH는 $T\Delta S$보다 작다. 반면 구리와 은은 서로 매우 다른 격자 상수를 가지고 있다. 큰 은 원자가 작은 구리 격자에 혼합될 때 $T\Delta S$보다 큰 ΔH값을 만들어 둘은 섞이지 않는다.

b) Gibbs의 상률(Gibbs' phase rule)

2개 이상의 상이 존재하는 불균일계에서 상들이 안정한 상태로 있을 때를 평형 상태 (equilibrium state)라 한다. 상률(phase rule)이란 계(system) 내에서 상(phase)이 평형을 유지하는 데 필요한 자유도를 규정하는 법칙이다. 자유도(degree of freedom)란 계에 존재하는 상의 수를 변화시키지 않고 독립적으로 변화시킬 수 있는 변수의 수를 말한다. 이들 변수에는 온도 압력, 조성 등이 있다.

H_2O의 상평형도를 통해 물, 얼음, 수증기는 불변점 혹은 삼중점(triple point)에서 평형 상태이며 물과 수증기가 상평형도의 선도를 따라 평형 상태임을 식으로 표현할 수 있다. Gibbs의 상률(phase rule)을 사용하여 자유도(degree of freedom; F), 상의 수 (number of phase; P), 성분 수(number of components; C)를 계산할 수 있다. Gibbs의 상률(phase rule)은 불균일계의 상태를 설명하는 기본 법칙이며 1878년 Gibbs가 처음으로 발표하였다. Gibbs의 상률을 수학적으로 표현하면 식 (2.9)와 같다.

$$P + F = C + 2 \quad 혹은 \quad F = C - P + 2 \tag{2.9}$$

즉, Gibbs의 상률은 평형 상태에서의 자유도 수 F, 계 내의 성분수 C, 평형 상태에 있는 상의 수 P 그리고 두 가지 상태 변수인 온도와 압력으로 나타낸 식이다.

평형 상태에서 계에 적용할 수 있는 자유도란 평형 상태를 유지하면서 각각 독립적으로 조정할 수 있는 변수들의 수를 말하며, 압력, 온도, 조성들이 해당된다. 대부분의 경우 압력은 1기압이다. 압력이 1기압으로 고정되고 온도와 조성비만 변화한다면 Gibbs의 상률은 식 (2.10)으로 주어진다.

$$P + F = C + 1 \quad \text{혹은} \quad F = C - P + 1 \tag{2.10}$$

H_2O 계에서 2상이 공존할 때 자유롭게 변화시킬 수 있는 변수(압력 P와 온도 T)를 검토해 보자. 성분은 하나이고 상의 수는 2이므로 식 (2.9)로부터 $F = 1 - 2 + 2 = 1$이다. 자유도 $F = 1$이 의미하는 것은 두 개의 상이 공존 유지하면서 변화시킬 수 있는 변수의 수는 1개(압력 P 혹은 온도 T)임을 의미한다. 하지만 2개의 변수 중 하나가 결정되면 다른 하나는 자동적으로 고정됨에 유의해야 한다. 그림 2.37의 물의 상태도를 보면 수증기와 물(액체)의 경계선(TL선), 물(액체)과 얼음(고체)의 경계선(TS선), 얼음(고체)과 수증기의 경계선(TO선)상에서는 2개의 상이 공존하므로 자유도는 $F = 1 - 2 + 2 = 1$이 된다. 다음은 1성분계인 H_2O계에서 세 가지 상이 평형을 이루는 삼중점을 살펴보자. 물의 상태도를 보면 물, 얼음, 수증기가 삼중점에서 평형 상태이다. 세 가지 상이 평형을 이루기 위해서는 Gibbs의 상률 식으로부터 자유도는 0임을 알 수 있다. 삼중점 T점에서의 자유도는 $F = 1 - 3 + 2 = 0$이 되어 변화시킬 수 있는 변수가 없다는 점을 의미한다. 즉, 온도와 압력 등의 변수가 고정된다. 평형 상태에서 자유도가 0일 때를 불변(invariant)이라 한다.

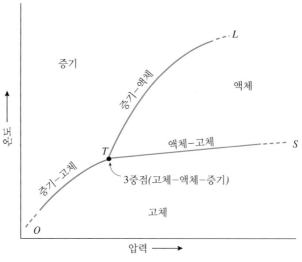

그림 2.37
물의 상태도

금속은 일반적으로 대기압 상태에서 취급되며 고체 및 액체의 평형 상태에서 대기압의 영향을 거의 받지 않으므로 압력 변수를 무시할 수 있다. 따라서 금속의 경우 자유도 식은 $F = C - P + 1$이다.

구리-니켈 합금 상태도의 예를 보자. 온도, 화학적 조성비, 압력 등이 열역학적 변수(자유도)들이며 Gibbs의 상률은 $P + F = C + 2$이다. 외부 압력은 1기압으로 고정되고 온도와 조성비만 변한다면 Gibbs의 상률은 $P + F = C + 1$이 된다. 조성과 관련 없는 변수는 온도 하나이다. 계의 성분은 구리와 니켈이므로 $C = 2$이다. 상태도의 윗부분은 액상으로 상이 하나뿐이기 때문에 $P = 1$이다. 이는 아랫부분도 동일하게 해당된다.

따라서 자유도 $F = C + 1 - P = 2 + 1 - 1 = 2$로부터 자유도 $F = 2$가 된다. 액상과 고상이 혼합된 경우는 $P = 2$이기 때문에 자유도 $F = 1$이 된다. 이 영역에서는 각 온도에 따라 각 상의 조성이 정해진다. 즉, 상의 조성이 온도에 따른 종속 변수가 되기 때문에 자유도는 1이 된다. 자유도 2의 의미는 액상을 유지하면서 독립적으로 바꿀 수 있는 변수가 2개라는 뜻이다. 이때 2개의 변수는 온도와 조성이다. 온도를 바꾸거나 즉 상태도의 위-아래 위치를 움직이거나 조성을 바꾸거나, 즉 상태도의 좌우를 움직여 액상을 유지할 수 있으므로 자유도는 2이다.

대부분의 1성분계 상태도들은 물의 상태도보다 훨씬 복잡한 압력-온도 관계를 나타낸다. 그림 2.38은 철에서의 압력-온도 평형 상태도이다.

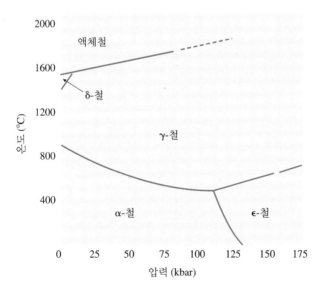

그림 2.38
철의 압력-평형 상태도

온도와 압력이 변수일 때 오직 액상만이 나타날 때

  a) H_2O의 자유도 F를 결정하라.

  b) 액상과 수증기 둘 다 나타낼 때 자유도를 결정하라.

풀이

  a) H_2O는 단일 성분이므로 $C=1$이다. 액상만 나타나면 상의 수 $P=1$이고 성분수 $C=1$을 $P+F=C+2$ 식에 각 해당 값을 대입하면 $1+F=1+2$가 된다.

     따라서 자유도 $F=2$가 된다.

  b) 액상과 기상이 둘 다 나타나면 상의 수 $P=2$이고 성분수 $C=1$이다. 식 $2+F=1+2$으로부터 자유도 $F=1$이 된다. 액상과 기상이 둘 다 나타나면 자유도는 1이다. 압력이 1기압으로 고정된다면 온도는 고정될 수 없다. 1기압에서 액상과 기상이 동시에 존재하기 위해서는 상평형도에 따라 온도는 100°C여야 한다.

예제 2-5

Gibbs의 상률을 이용하여

  a) 1300°C와 1기압에서 구리 원자비 50%, 니켈 원자비 50% 화합물의 자유도를 결정하라.

  b) 1000°C, 1기압에서 같은 화학 조성비의 화합물의 자유도를 결정하라.

풀이

  a) 성분수 C는 구리와 니켈의 2개의 성분을 가진다($C=2$). 그리고 1300°C에서의 상은 고상 α와 액상, 즉 $P=2$이다. 압력은 1기압이므로 $F=C+1-P$로부터 $F=2+1-2=1$, 즉 자유도는 1이다. 온도가 1300°C로 선택되면 자유도 1이 활용되고 2상 구역에서 상의 화학 조성비를 설정하는 것은 불가능하다.

  b) 1000°C에서는 오직 고상인 α상이 있다. 즉, $P=1$이다. 성분수 C는 구리와 니켈의 2개의 성분을 가진다($C=2$). 1기압이 정해져 있으므로 자유도 식은 $F=C+1-P$이다. 따라서 자유도는 $F=2+1-1=2$가 된다. 고상 α상의 단일상 구역에서 온도가 1000°C일 때 화학 조성비를 구리 원자비 50% 니켈 원자비 50%로 설정하는 것이 가능하다. 다른 어떤 화학 조성비에서도 단일상 구역 내에 존재한다.

2.6.3 농도 표시법과 평형 상태도의 구성

물질이 온도, 압력, 성분의 조성이 같은 조건에서 평형 상태에 있을 때 기체, 액체, 고체가 존재하는 구역을 곡선으로 구분하여 표시하는 방법을 평형 상태도라고 하였다.

금속은 이전에 설명한 바와 같이 대기압이 일정하므로 압력에 관한 항은 무시하고 온도와 조성에 대한 관계로만 표시된다. 즉, 금속계의 상태는 온도와 조성(양적인 성분)에 따라 달라진다. 금속계가 아닌 경우는 압력도 변수가 된다. 2원 합금계의 예를 들면, 상태 변수는 온도와 조성(농도)의 2가지밖에 없다. 합금의 경우 함유량의 비율을 중량 백분율(wt%)로 표시하는 경우가 흔하다. 1개의 계에서 성분 상호의 관계량 또는 그 비율을 백분율(농도)이라 한다. 2성분계의 백분율(농도) 표시법과 3성분계의 백분율(농도) 표시법이 있다.

a) 2성분계의 농도 표시법

2성분계의 농도 표시법은 다음과 같다. 2원 합금계에서 상태 변수는 온도와 조성의 2가지가 있다. 상태도에서는 x축에 성분 조성을 나타내고, y축에 온도를 표시한다. 그림 2.39와 같이 2가지 성분 A, B의 수직축에 온도를 취해 온도와 농도에 따라 변하는 것을 나타낸다. 예를 들면, 조성비는 60%, 40% 등으로, 성분은 구리-아연(Cu-Zn) 혹은 철-크롬(Fe-Cr) 등으로 표시한다. 성분 A의 농도를 x%, 성분 B의 농도를 y%라면 A, B 두 성분계의 농도 표시법은 다음과 같이 한다. A와 B를 합치면 100%가 된다. 즉 $x + y = 100\%$이다. 직선 AB에 수직한 축에 온도를 표시하면 2원 상태도가 된다. 즉 이원 합금의 모든 상태는 온도-농도 선도에 표시된다.

b) 3성분계의 농도 표시법

3성분계의 농도는 표시하는 점은 정삼각형 내의 점으로 표시한다. 예를 들면, A, B, C 삼원 합금의 임의의 성분을 P라고 하면 P는 정삼각형 A, B, C 내의 한 점으로 표시되나 P의 농도를 표시하는 방법은 2가지가 있다. 그림 2.40에는 Gibbs의 표시법(a)과 Roozeboom 표시법(b)이 있다. 정삼각형 3성분계에는 조성 표시가 평면에 이루어져야 하므로 온도 축은 세워서 공간 표시가 되도록 한다. 즉, 3성분계의 조성은 정삼각형 내의 한 점으로 표시된다. Gibbs의 표시법은 정삼각형의 높이를 100%로 하고 P점에서

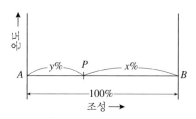

그림 2.39
2성분 농도 표시법

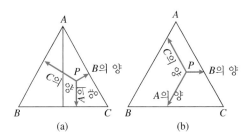

그림 2.40
3성분의 농도 표시법. (a) Gibbs의 표시법
(b) Roozeboom 표시법

각 변에 그은 수선의 길이를 표시한다. A점에서 길이 BC에 수직한 점까지의 길이가 100%가 된다. P점에서 AC 선분에 수직한 점까지의 길이 PB는 성분 B(%)를 의미하며 PA는 성분 A(%)를, PC는 C(%)를 의미한다. 반면 Roozeboom 표시법[그림 2.40(b)]은 정삼각형 한 변의 길이를 100%로 표시하는 방법이다. P점으로부터 각 변에 평행하게 그은 직선이 삼각형의 각 변을 자르는 길이가 각 성분의 조성%를 표시한다. 이 방법이 보다 널리 이용된다. P점에서 선분 AC와 평행하게 그었을 때 선분 AB와 만나는 점까지의 길이가 C의 양(%)이 되며 P점에서 선분 AB와 평행하게 그었을 때 선분 BC와 만나는 점까지의 길이가 A의 양(%)이 된다. P점에서 선분 BC와 평행하게 그었을 때 선분 AC와 만나는 점까지의 길이가 B의 양(%)이 된다.

2.6.4 기본 평형 상태도(equilibrium phase diagram)

어떤 계에서 어떤 농도와 온도에서 평형 상태에 있는 각 상의 종류와 구성 성분을 표시한 그림을 상태도 혹은 상평형도(phase diagram)라고 설명하였다. 이 그림은 서로 다른 상 간의 평형 관계도 표시하므로 평형 상태도(equilibrium phase diagram)라고도 부른다. 평형 상태도는 종류가 많고 모양이 각각 다르다. 하지만 몇몇 기본이 되는 반응으로 분류할 수 있다. 상태도를 통해 존재하는 상의 종류를 알 수 있으며 각 상의 조성과 상들의 구성비를 알 수 있다. 지구상의 원소가 다양하므로 수많은 2원계 합금이 존재할 수 있다. 이들 상태도를 분류하면 대략적으로 다음 4종의 형태로 분류할 수 있다.

a) 전율 고용체에서의 상평형도

1성분계와는 달리 대부분의 공업 재료는 적어도 두 가지 이상으로 구성되어 있다. 이 경우에는 조성이라는 변수가 추가되어 상태도는 보다 복잡해진다. 실제 압력은 이 경우 1기압으로 고정되므로 중요한 변수는 온도와 조성이다. 가장 간단한 이성분계를 전

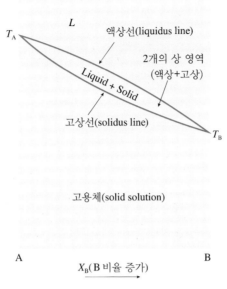

그림 2.41
이상적인 2원 전율 고용체의 상태도

율 고용체(isomorphous solid solution)주4)라 한다. 전율 고용체에서는 전체 조성 범위에서 액상과 고상에서 완전 고용될 수 있다. A-B계의 이상적 2원 전율 고용체의 상태도가 그림 2.41에 있다. 이 그림에서 단일상의 액상 영역(L)과 2상(고상+액상) 영역을 구분 짓는 상 경계를 액상선(liquidus line)이라 하고, 2상 영역(고상+액상)과 단일상의 고상영역(solid solution)을 구분하는 상경계를 고상선(solidus line)이라 한다.

수많은 2성분 재료들은 평형 상태에서 각기 다른 화학적 조성비를 가지는 2개의 상을 가진다. 예를 들면, 탄소강은 철과 탄소의 두 성분을 가지며 상온에서 2개의 상을 갖는다. 첫 번째 상은 α 철로 소수의 탄소 침입형 원자를 가지는 BCC 구조이며, 두 번째 상은 탄화철(시멘타이트)이다.

그림 2.42는 구리-니켈 합금의 2원 상태도를 나타낸다. 니켈 및 구리의 조성이 x축이고 y축은 온도이다. 금속 합금의 경우 고용체는 일반적으로 그리스 문자(α, β, γ) 등을 사용한다. 상경계를 분리하는 선에는 액상선(liquidus line)과 고상선(solidus line)이 있다. 액상선은 액체 L과 액체와 고체 상태의 혼합물인 $L+\alpha$ 영역을 분리하며, 고상선은 고체 α와 액체와 고체 상태의 혼합물인 $L+\alpha$ 영역을 분리하며 고상선 아래에서는 고체 α상만이 존재한다.

주4) 전율 고용체(isomorphous solid solution): 금과 은, 금과 백금, 구리와 니켈 등과 같이 어떤 비율로 혼합을 하더라도 단일상 고용체를 만드는 합금

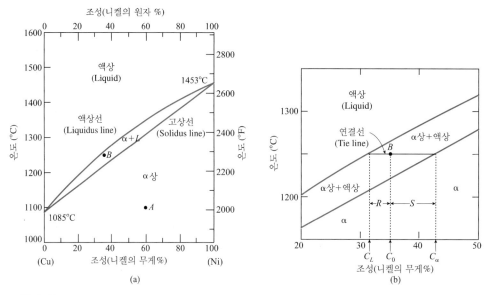

그림 2.42
(a) 구리-니켈 합금의 상태도 (b) 점 B에서의 조성과 상의 양을 결정하기 위한 상태도의 일부분

　구리-니켈 합금의 상태도에서 그래프 위쪽이 액상 영역인 L상이고 아래쪽 영역이 고상인 α상(solid solution)이다. α상과 L상 영역 사이에는 두 개의 상($\alpha + L$)이 함께 존재하는 혼합 영역이 존재한다. L상은 구리와 니켈로 이루어진 균질한 액체 용액이고 α상은 구리와 니켈 원자로 이루어진 FCC 구조를 갖는 치환형 고용체이다. 1080°C에서 구리와 니켈은 모든 조성에 걸쳐 고체 상태에서 녹는다. 고체에서 완전히 녹을 수 있는 이유는 구리와 니켈이 동일한 FCC 구조를 가지고 있고 원자 반지름의 크기가 비슷하고 원자가 전자수가 비슷하기 때문이다. 구리-니켈계는 두 성분이 완전한 액체 및 고체 용해도로 인해 동형(isomorphous)이라고 한다. 특성이 비슷한 원자들의 경우에만 전율 고용체를 형성할 수 있다. 예를 들어, 조성 60wt% 니켈 합금을 서서히 온도를 증가시킨다고 생각해 보자. 그림 2.42의 상태도를 살펴보자. 우선 고상선(solidus line)을 만나게 되면 액상으로 상변화가 시작되며 고상과 액상으로 공존하다가 액상선(liqidus line)을 만나면 완전한 액상이 된다. 온도가 높아진 합금을 냉각시키면 액상선에서 고체로의 상 변화가 시작되고 고상선(solidus line)을 만나면 완전한 고상이 된다. 전율 고용체를 가지는 합금에는 은-금(Ag-Au), 은-팔라듐(Ag-Pd), 구리-니켈(Cu-Ni) 등 종류가 매우 많다.

b) 2원 공정 상태도(eutectic phase diagram)

2개의 성분을 가지는 금속이 용해 상태에서는 균일한 용액이나 응고 후에는 금속 성분

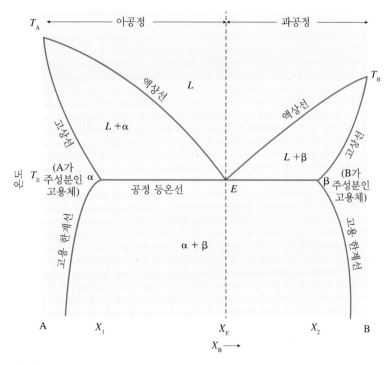

그림 2.43
공정 상태도와 관련 용어

의 결정이 분리되어 두 성분을 가지는 전율 고용체를 만들지 않고 기계적으로 혼합된 조직이 될 때, 이를 공정(eutectic)이라 하고 이 조직을 공정 조직이라 한다. 또한 이러한 형태도를 공정 상태도라 한다. 전형적인 2원 공정 상태도는 그림 2.43에 있다. 점 E 를 공정점이라 하며 공정점에서 조성은 X_E라 한다.

공정계에서는 이전의 전율 고용 상태도에서는 나타나지 않는 경계선이 존재하는데, 이를 고용 한계선(solvus boundary)이라 한다(그림 2.43). 액상 영역(L)과 2상 영역 ($L+\alpha$) 혹은 ($L+\beta$) 사이의 경계선을 액상선(liquidus line)이라 한다. 또한 2상 영역 ($L+\alpha$) 혹은 ($L+\beta$)과 고상 영역(α 혹은 β) 고용체 사이의 경계선을 고상선(solidus line)이라 한다(그림 2.43 참조).

2원 상태도에서 모든 등온선은 성분 A인 단일상 영역에서 시작하여 2가지 상 영역과 단일상 영역을 교대로 통과하고 최종적으로는 순수한 단일상인 영역 B에서 끝난다. 예를 들면, 공정 온도 아래의 임의의 등온선에서 단일상 α 영역에서 출발하여 2상인 $\alpha + \beta$ 영역을 거쳐 단일상 β 영역에 도달한다. 만약 성분 B의 용융점(T_B)과 공정 온도(T_E) 사이의 임의의 일정 온도선상에서는 단일상 α에서 시작하여 $L+\alpha$ 영역을 거

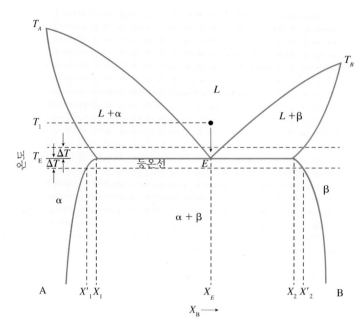

그림 2.44
2원 공정 상태도와 용융 응고 시 상태 변화

처 L인 액상 영역을 지나 $L+\beta$ 영역을 거쳐 최종적으로 고상인 β 영역에 도달한다. 공정 상태도는 공정점 E를 기준으로 구분한다. 조성 영역이 공정점 E의 왼쪽 영역인 경우 아공정(hypoeutectic)이라 하고 오른쪽의 영역을 과공정(hypereutectic)이라 한다.

그림 2.44에서는 2원 공정 합금 상태도(binary eutectic phase diagram)로 용융과 응고 시의 상태를 설명한다. 합금 조성 X_E에서 수직선과 온도 T_E의 공정 등온선(eutectic isotherm)과 교차점이 E이다. 이 점 바로 수직 위의 한 점에서의 온도가 T_1이라고 하면, 이 온도에서 합금 평형 상태를 유지하면서 서서히 냉각시키면 T_E에 도달한다. 이 점에서는 3상이 평형을 이룬다. 이때의 상은 액상과 조성이 X_1과 X_2인 2개의 고상이다. 이후 온도가 ΔT만큼 내려가면 액상은 없어지고 조성 $X_1{}'$인 α의 고상과 조성 $X_2{}'$인 β의 고상이 생긴다. 만약 온도가 ΔT만큼 올라가면 두 개의 고상은 없어지고 조성 X_E의 액상만이 존재한다.

공정 반응(eutectic reaction)은

$$\text{액체(Liquid)} \leftrightarrow \text{고체 1(Solid 1)} + \text{고체 2(Solid 2)}$$

혹은 다음과 같이 표현된다.

$$L \leftrightarrow \alpha + \beta$$

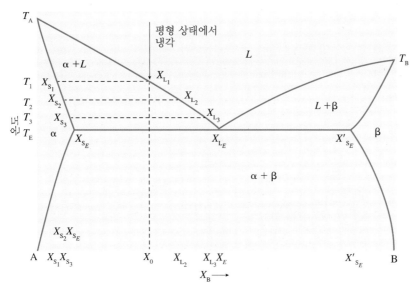

그림 2.45
합금 조성이 X_0인 상태에서의 응고 과정

　그림 2.45를 살펴보자. 공정 조성(X_E)에서 왼쪽으로 벗어난 합금의 평형 응고 과정
이다. 조성 X_0인 아공정 합금이 평형 조건에서 냉각되는 경우이다. 온도 T_1 이상의 온
도에서 시작하여 냉각된다. 온도가 T_1에 도달하면 처음으로 고상인 초정(proeutectic
혹은 primary phase)이 형성된다. 온도 T_1에서는 두 개의 상이 존재한다. 존재하는 두
개의 상은 조성 X_{S_1}의 고상과 조성 X_{L_1}인 액상이다. 각 상의 분율은 지렛대의 원리를
사용하여 구할 수 있다. 공정 온도(eutectic temperature, T_E)에서는 조성이 X_{S_E}, X'_{S_E}
인 두 개의 고상과 조성 X_{L_E}인 액상의 3상이 평형을 이룬다. 공정 온도(T_E) 아래에서
는 $\alpha + \beta$의 혼합상이 존재한다.

　그림 2.46은 실제 합금인 납+주석[그림 2.46(a)]과 구리+은[그림 2.46(b)]의 이원 공
정형 상태도의 예를 나타낸다. 이들 합금의 상태도는 전형적인 이성분 공정 상태도이다.

　납-주석의 상태도에서는 x축은 납의 조성을 나타내며 고상은 전율 고용체와는 달리
α와 β의 두 개의 상이 존재한다. 즉, 2성분이 완전히 섞이지 않음을 의미한다. 납이
많을 경우에는 β상이 존재하고 적을 때는 α상이 존재한다. α상은 납 내에 주석이 조
금 끼어 들어간 고용체이고 β상은 주석 내에 납이 조금 끼어 들어간 고용체이다. 상태
도의 양끝은 α상과 β상이고 그 중간에는 두 개의 상이 공존한다. 중요한 점(point)은
주석의 성분이 73.9인 점이다. 이 점에 해당하는 것을 공정점(eutectic point)이라 한다.
공정은 고용체가 어느 일정 온도에서 2개가 동시에 석출되는 형상이다. 계가 온도를

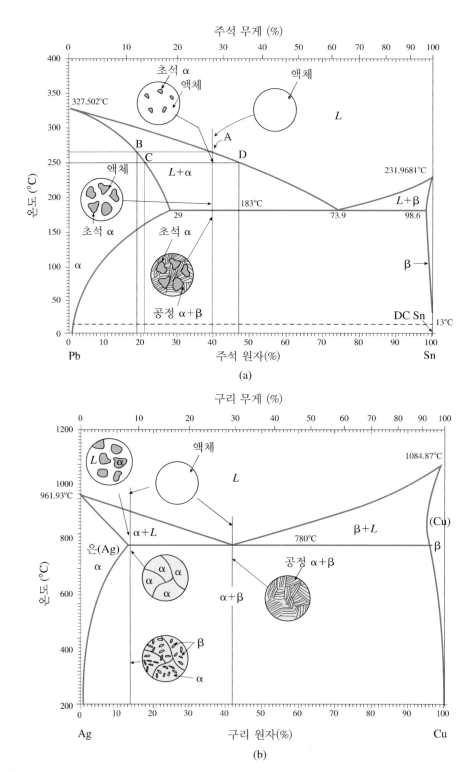

낮추면 $\alpha + \beta$의 두 개의 고상으로 바뀐다. 이 합금계에서는 하나의 액상이 두 개의 고상으로 변화하는 반응이 나타난다. 이 반응을 공정 반응(eutectic reaction)이라 하고 그때의 온도를 공정 온도(eutectic temperature), 그때의 조성을 공정 성분(eutectic composition)이라하고 또 그때의 결정을 공정정(eutectic cell)이라 한다. 은-구리의 상태도도 납-주석의 상태도와 비슷하다. 그림 2.46(a)에서 공정 조성 주석 73.9% 왼쪽의 조성 합금은 아공정(hypoeutectic) 합금이며, 오른쪽의 조성 합금은 과공정(hypereutectic) 합금이다. 예를 들어, 주석 원자비 40% 아공정 합금이 가열되면 183°C에서 용융되기 시작한다. 265°C(A점) 이상에서 완전한 액상(L)이 된다. 완전한 액상에서 합금이 냉각되면 A점 265°C에서 α상이 나타난다.

예제 2-6

그림 2.46(a)의 주석-납 합금에서 주석 원자비가 40%이고 납 원자비가 60%이다. 온도 250°C에서 a) 존재하는 상의 수와 b) 각 상의 화학 조성비, c) 각 상의 원자 분율을 결정하라.

풀이

a) 그림 2.46(a)의 온도 250°C에서 수평선과 주석 원자비 40%의 수직선의 교차점은 $\alpha + L$ 구역 내에 있으므로 α상과 L상인 두 개의 상이 나타난다.

b) 250°C에서 수평선을 그어 α선과 만나는 C점에서 아래로 수직선을 내리면 x축과 만나는 곳이 주석의 원자비 21%가 된다. 반면 $\alpha + L$선과 만나는 D점에서 수직으로 내리면 x축과 만나는 곳은 액상과 주석 원자비 47%가 된다.

c) α상의 원자 분율은 지렛대의 원리(그림 2.52 참조)에 의해

$$f^\alpha = \frac{C^L - C_0}{C^L - C^\alpha} = \frac{47 - 40}{47 - 21} = \frac{7}{26} = 0.27$$

액상의 원자 분율은 다음과 같다.

$$f^L = 1 - f^\alpha = 1 - 0.27 = 0.73$$

예제 2-7

그림 2.46(b)의 구리와 은의 합금에서 700°C의 온도에서 합금의 초기 화학 조성비가 구리 원자비 50%, 은 원자비 50%일 때 a) 존재하는 상의 수와 b) 각 상의 화학 조성비, c) 각 상의 원자 분율을 결정하라.

풀이

a) 그림 2.46(b)의 온도 700°C에서 수평선과 구리 원자비 50%의 수직선의 교차점은 $\alpha + \beta$

구역 내에 있으므로 두 개의 상이 나타난다.

b) 700℃의 대응선과 α선상의 고용선과 만나는 점에서 수직선을 내리면 구리 원자비 9%선에서 교차한다. 그리고 β상의 고용선과는 만나는 점에서 수직하게 선을 내리면 구리 원자비 96%점에서 교차한다. 이것이 α와 β의 조성비이다.

c) 지렛대의 원리를 사용하면 α상과 β상의 원자 분율을 각각 계산할 수 있다.

$$f^\alpha = \frac{C^\beta - C_0}{C^\beta - C^\alpha} = \frac{96-50}{96-9} = \frac{46}{87} = 0.53, \ f^\beta = 1 - f^\alpha = 1 - 0.53 = 0.47\text{이다.}$$

즉, 총 원자의 53%가 α상이고 총 원자의 47%가 β상이다.

c) 포정형 상태도(peritectic diagram)

포정 반응의 대표적인 형태는 그림 2.47(a)에 있다. 포정 반응을 보다 쉽게 설명하면 다음과 같다. 용융 상태에서 냉각하면 일정 온도에서 만들어진 고용체와 함께 공존하고 있던 용액이 서로 반응을 일으켜 새로운 다른 고용체를 만드는 반응 과정이다. 이 반응을 포정 반응(peritectic reaction)이라 한다. 이때 만들어진 고체를 포정이라 한다. 포정형 합금계에는 은-카드뮴(Ag-Cd), 은-백금(Ag-Pt), 은-주석(Ag-Sn), 철-금(Fe-Au) 등이 있다. 포정 온도에서의 반응은 다음과 같다.

액상 L＋고상 α ↔ 고상 β

포정 조성의 X_p인 합금의 응고 시는 그림 2.47(b)처럼 진행된다. 즉, $\alpha - L$ 아래로 서서히 냉각됨에 따라 초정 α가 만들어지며 냉각이 진행됨에 따라 그 크기와 수는 많아진다. 포정 온도에 도달하면 α 결정과 액상이 변태하여 β 결정으로 되는 반응($\alpha + \beta$)이 일어난다. 즉, 포정 조성인 합금은 포정 온도(T_p) 아래에서는 온도가 내려감에 따라 α가 β로부터 석출되며 상온에서는 β 기지 내에 α가 존재하는 조직이 된다.

그림 2.47(b)에서 만일 합금 조성이 X_1의 오른쪽에 위치하면 액상은 온도가 내려감에 따라 최종적으로 β로 변화한다. 조성이 포정 조성 X_p와 X_1 사이에 놓이면 포정 반응 완료 후에도 액상이 존재하지만 온도가 더 내려가면 최종적으로는 β상으로 변태한다. 만일 조성이 포정 조성 X_p와 X_2 사이에 놓이면 포정 반응 완료 후에는 포정 반응에 의해 형성된 β상과 초정 α가 공존하는 형태의 혼합상을 이룬다.

d) 편정형 상태도(monotectic diagram)

어떤 계에서는 성분들의 성질에 따라 액체 상태에서 혼합되지 않는 영역이 존재한다. 이 경우는 서로 용해되지 않는 두 개의 액상이 생긴다. 상온과 일반적인 압력하에서 물

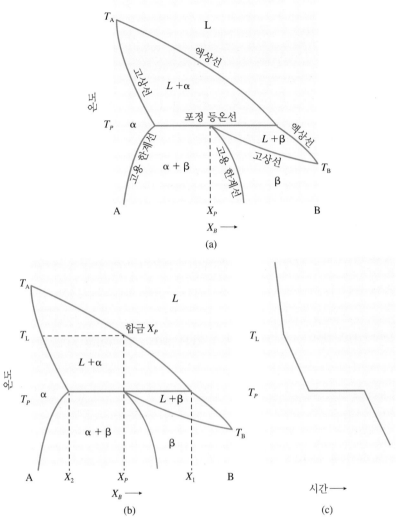

그림 2.47
포정계 합금의 상태도와 냉각 곡선

과 기름의 경우가 해당되며 금속과 세라믹에서도 생길 수 있다. 이는 편정 반응과 관련이 있다. 편정 반응의 특징은 2개의 액상이 공존하는 영역이 있다는 점이다. 편정 반응은 다음과 같이 표현된다.

액상 1(Liquid 1) ↔ 고상+액상 2(Liquid 2)

즉, 액상에서 고상과 다른 종류의 액상을 동시에 생성하는 반응을 편정 반응(monotectic reaction)이라 한다. 합금적인 측면에서는 이에 속하는 합금계는 많지 않다. 편정형의 경우는 합금이 액체 상태에서도 2종의 액체로 분리되므로 분리되지 않는 공정형, 포정

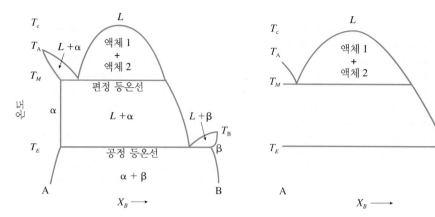

그림 2.48
편정 반응 상태도

형과는 다르다고 볼 수 있다. 구리-납(Cu-Pb), 크롬-구리(Cr-Cu), 은-니켈(Ag-Ni) 합금이 편정계를 가진다. 이러한 상태도들은 2원계, 3원계 상태도로 나눌 수 있다. 편정 반응 상태도는 그림 2.48에 나타나 있다. 그림으로부터 편정 등온선(monotectic isotherm) 이상에서는 2개의 상 영역이 존재한다. 하나는 $L+\alpha$ 영역이고 다른 하나는 L_1+L_2 이다. 편정 등온선으로부터 임계 온도 T_c까지는 2개의 액상이 존재한다. 임계 온도에서 두 액상은 동일한 조성으로 된다. 그리고 T_c 이상에서는 상 분리 밖의 모든 액상은 단일상의 액상이다.

e) 고상-고상 변태 상태도

액상이 포함된 불변 반응에는 공정($L \leftrightarrow \alpha+\beta$), 포정($L+\beta \leftrightarrow \alpha$), 편정 반응($L_1 \leftrightarrow L_2+\alpha$)이 있다. 이러한 반응들에서 액상을 고상으로 대체할 수 있으며 새로운 반응을 만들 수 있다.

그림 2.49와 같이 1개의 고상이 변태하여 2개의 다른 고상이 석출되는 반응을 공석 반응(eutectoid reaction)이라 하며, 반면 2개의 고상이 변태하여 1개의 다른 고상이 석출하는 반응을 포석 반응(peritectoid reaction)이라 한다. 이들 반응을 요약하면 다음과 같다.

$$\text{공석 반응(eutectoid reaction): } \gamma \leftrightarrow \alpha+\beta$$
$$\text{포석 반응(peritectoid reaction): } \gamma+\beta \leftrightarrow \alpha$$
$$\text{편석 반응(monotectoid reaction): } \alpha_1 \leftrightarrow \alpha_2+\beta$$

이들 3가지 반응이 모두 나타나는 중요 합금계 상태도는 Fe-Fe$_3$C 상태도이다(그림

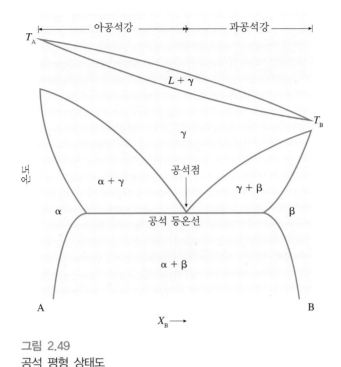

그림 2.49
공석 평형 상태도

2.50). 엄밀히 말하면 Fe–Fe₃C계는 평형계라 할 수 없다. 하지만 탄소보다는 못하지만 상대적으로 Fe_3C는 매우 안정한 상태이므로 실제로 이를 평형 상태도로 간주하여 널리 사용한다. 727°C에서는 공석(eutectoid) 반응이 일어나며 1148°C에서는 공정(eutectic) 반응이, 1495°C에서는 포정 반응이 일어난다. x축 탄소 성분 0.77%와 등온선 727°C가 만나는 점을 공석점(eutectoid point)이라 하고, x축 탄소 성분 4.30%와 등온선 1148°C 가 만나는 점을 공정점(eutectic point)이라 한다.

공석강에서 등온선 727°C 위에서는 단상인 γ철이며 오스테나이트 구조를 갖는다. 평형 조건에서 냉각시키면 오스테나이트는 α철(페라이트)과 Fe_3C(cementite)로 분해 되어 2상 혼합 조직이 된다. 이 혼합 조직을 펄라이트(pearlite)라 한다. 보다 자세한 탄 소 철-탄화물 평형 상태도(그림 2.50)는 5장 열처리에서 다룬다.

상평형도를 통해 알 수 있는 것

새로운 소재 개발 시, 예를 들면 가스터빈용 합금의 용융 온도를 결정할 때 상평형도를 이용한다. 상평형도를 이용하면 상과 각 화학 조성비와 평형 상태에서 상대적인 양을 결정할 수 있다.

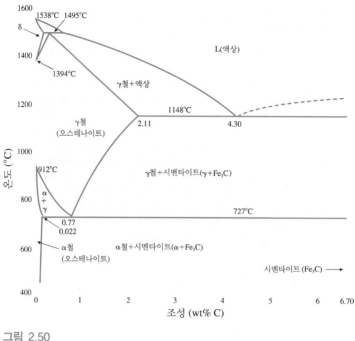

그림 2.50
Fe-Fe₃C 상태도

(a) 조성비

이전에 설명한 것과 같이 상평형도를 통해 각 상의 조성비를 알 수 있다. 구리-니켈 합금의 경우 각 상의 조성비를 알기 위해서는 단일상 영역일 경우, 예를 들면 60wt% 니켈이 α상으로 존재하면 고상인 α의 조성은 60wt% 니켈이다. 만일 여러 상이 혼합되어 있을 경우 우리가 원하는 온도와 조성을 상평형도에서 표시한다. 예를 들면, 액상과 고상이 함께 존재하는 $\alpha + L$상일 경우 우선 온도와 성분에 해당하는 점을 상태도에서 찍고 그 점을 지나는 가로 방향의 수평선을 긋는다. 이때 수평선을 공액선 혹은 연결선(tie line) 혹은 등온선(isotherm)이라 한다. 이후 공액선과 양쪽 상 경계 왼쪽의 액상선, 오른쪽의 고상선이 만나는 점, 즉 교차하는 점을 표시하고 각 교차점에서 x축 방향으로 수직으로 내린다. 이에 해당하는 성분이 각 상의 조성이 된다. 왼쪽의 액상선과 만나 수직으로 내린 선과 x축과 만나는 점을 C_{Ni}^{L}이라 하면 C_{Ni}^{L}은 액상의 성분이 되며, 반면 오른쪽의 고상선과 만난 점에서 수직으로 내린 선과 x축과 만나는 점을 C_{Ni}^{S}라 하면 C_{Ni}^{S}는 고상의 성분이 된다(그림 2.51).

(b) 지렛대의 원리(lever rule)

2상 영역에서 지렛대 원리를 쉽게 이해하기 위해 그림 2.52를 보자. 온도 T_1에서 조성

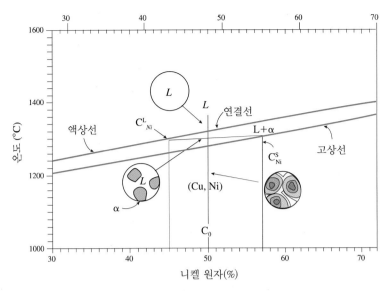

그림 2.51
구리–니켈의 상평형도

X_0인 합금 중 성분 B는 액상에서는 조성 X_L로, 고상에서는 X_S로 분포되어 있다. 상 내에 존재하는 성분 B의 질량은 상의 전체 질량에 상 내의 성분 B의 분율을 곱한 것과 같다. 고상 중의 성분 B의 질량은 $M_S X_S$이다. 질량은 보존되므로 합금에서 성분 B의 전체 질량은 액상과 고상에서의 성분 B의 각각의 질량 합과 같아야 한다.

$$M_0 X_0 = M_S X_S + M_L X_L$$

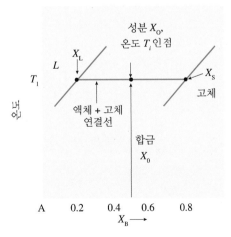

그림 2.52
2상 영역에서의 연결선과 지렛대의 원리

이 식에서 M_S는 고상의 질량이고, M_L은 액상의 질량이며, M_0는 전체 질량이다. 양변을 전체 질량으로 나누면 $X_0 = \left(\dfrac{M_S}{M_0}\right)X_S + \left(\dfrac{M_L}{M_0}\right)X_L$이 된다. 액상의 질량 분율 $\left(\dfrac{M_L}{M_0}\right)$을 f_L이라 하고, 고상의 질량 분율 $\left(\dfrac{M_S}{M_0}\right)$을 f_S라고 하면 전체 질량 $X_0 = f_S X_S + f_L X_L$이 된다. 그리고 $f_S + f_L = 1$이다. 그러므로 $X_0 = (1 - f_L)X_S + f_L X_L$이다.

이 식으로부터 합금 중의 액상의 분율은

$$f_L = \frac{X_S - X_0}{X_S - X_L}$$

이 되며 합금 중의 고상의 분율은

$$f_S = \frac{X_0 - X_L}{X_S - X_L}$$

이 된다.

예제 2-8

다음 그림은 전율 고용체 합금의 응고 과정을 설명한다. 평형 상태를 유지하면서 냉각한다. 합금 X_o에 대해 온도가 T_1에서 T_5까지의 각 온도에서의 고상과 액상의 조성과 질량 분율을 계산하라.

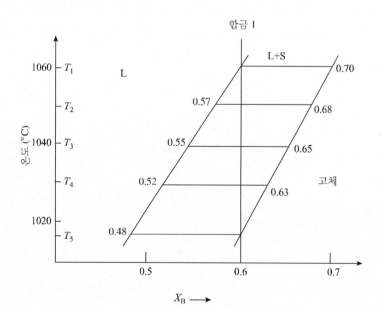

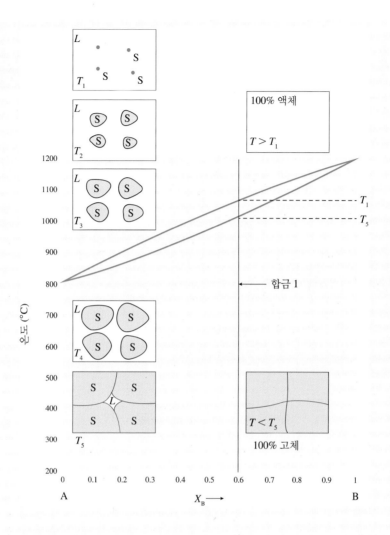

온도 T_1에서 응고를 시작한다. 액상의 조성 $X_{L_1}=0.6B$이고 형성되는 고상의 조성은 $X_{S_1}=0.7B$이다. 이때의 상태점은 상경계에 위치하므로 계는 100% 액상($f_{L_1}\simeq1$, $f_{S_1}\simeq0$)으로 존재한다. 온도가 T_2(1050℃)에서는 액상과 고상이 존재하는 2상 영역에 위치한다. 연결선(tie line)을 그리고 액상선과 고상선과의 교차점에서 수직선을 아래로 내려 그으면 고상과 액상의 성분을 x축으로부터 구할 수 있다. $X_{L_1}=0.57B$, $X_{S_1}=0.68B$가 된다.

온도 T_2(1050℃)에서의 질량 분율은 지렛대의 원리를 사용하여 계산한다.

액상의 분율은

$$f_{L_2}=\frac{X_{S_2}-X_0}{X_{S_2}-X_{L_2}}=\frac{0.68-0.6}{0.68-0.57}=0.73$$

고상의 분율은

$$f_{S_2} = \frac{X_0 - X_{L_2}}{X_{S_2} - X_{L_2}} = \frac{0.6 - 0.57}{0.68 - 0.57} = 0.27$$

혹은 $f_{S_2} = 1 - f_{L_2} = 1 - 0.73 = 0.27$로 구할 수도 있다.

온도 $T_3(1040℃)$에서는 $X_{L_3} = 0.55B$, $X_{S_3} = 0.65B$

액상의 분율은

$$f_{L_3} = \frac{X_{S_3} - X_3}{X_{S_3} - X_{L_3}} = \frac{0.65 - 0.6}{0.65 - 0.55} = 0.5$$

고상의 분율은

$$f_{S_3} = \frac{X_0 - X_{L_3}}{X_{S_3} - X_{L_3}} = \frac{0.6 - 0.55}{0.65 - 0.55} = 0.5$$

온도 $T_4(1030℃)$에서는 $X_{L_4} = 0.52B$, $X_{S_4} = 0.63B$

액상의 분율은

$$f_{L_4} = \frac{X_{S_4} - X_4}{X_{S_4} - X_{L_4}} = \frac{0.63 - 0.6}{0.63 - 0.52} = 0.27$$

고상의 분율은

$$f_{S_4} = \frac{X_0 - X_{L_4}}{X_{S_4} - X_{L_4}} = \frac{0.6 - 0.52}{0.63 - 0.52} = 0.73$$

온도 T_5에서는 $X_{L_5} = 0.48B$, $X_{S_5} = 0.6B$

액상의 분율은

$$f_{L_5} = \frac{X_{S_5} - X_0}{X_{S_5} - X_{L_5}} = \frac{0.6 - 0.6}{0.6 - 0.48} \simeq 0$$

고상의 분율은

$$f_{S_5} = \frac{X_0 - X_{L_5}}{X_{S_5} - X_{L_5}} = \frac{0.6 - 0.48}{0.6 - 0.48} \simeq 1$$

예제 2-9

그림 2.45에서 온도 T_1에서 존재하는 두 상에서의 분율을 계산하는 식을 구하라.

풀이

조성 X_{S_1}의 고상과 조성 X_{L_1}의 액상이다.

각상의 분율은 지렛대 법칙을 사용하여 구할 수 있다.

$$f_{S_1} = (X_{L_1} - X_0)/(X_{L_1} - X_{S_1}), \qquad f_{L_1} = (X_0 - X_{S_1})/(X_{L_1} - X_{S_1})$$

2.6.5 상태도의 이론

상태도상의 여러 곡선은 물질계와 자유 에너지 변화라는 점에서 열역학적 설명이 주어진다. 물질계의 자유 에너지(free energy)는 다음 식으로 표시된다.

$$F = E - TS$$

여기서 E는 내부 에너지이고 T는 절대 온도, S는 엔트로피이다.

  M 금속과 N 금속이 고용체를 만들 때는 결합 조합에 따라 상태가 다르다. 즉, $M-M$, $N-N$, $M-N$의 3가지로 생각할 수 있다. $M-M$, $N-N$ 결합은 순수한 금속 원자 결합이며, $M-N$은 두 가지 다른 금속을 합금하여 얻는 원자 결합이다. 각 원자의 결합 에너지와 그 수로부터 합금의 에너지를 계산할 수 있고, 이것은 한 금속의 농도 함수로 표시할 수 있다. M과 N 양 금속이 고용체를 만들 경우 순금속 중에 이종 원자가 혼합되어 들어가면 엔트로피(entropy)는 증가하게 된다. 이 엔트로피의 증가를 혼합 엔트로피라 하며 M과 N의 원자수가 반반일 때 최대가 된다. M과 N의 양 금속의 원자 분포 방식을 통계학적으로 계산할 수 있고, 엔트로피를 농도의 함수로 나타낼 수 있다. 따라서 자유 에너지는 농도의 함수로 표시할 수 있다. 그림 2.53은 M 금속과 N 금속의 고용체를 만들 때의 내부 에너지, 엔트로피, 그리고 자유 에너지의 변화를 나타낸다. 여기서 V_{MN}은 원자의 $M-N$쌍의 결합 에너지, V_{MM}는 원자의 $M-M$쌍의 결합 에너지, V_{NN}는 원자의 $N-N$쌍의 결합 에너지이다. 이러한 상대 결합 에너지의 크고 작음에 따라 내부 에너지는 변화하며, 자유 에너지 역시 이에 따라 변화한다.

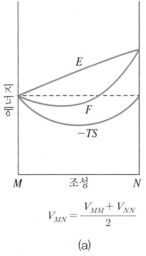

$$V_{MN} = \frac{V_{MM} + V_{NN}}{2}$$

(a)

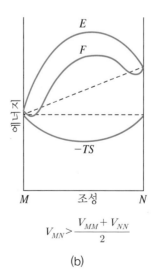

$$V_{MN} > \frac{V_{MM} + V_{NN}}{2}$$

(b)

그림 2.53
고용체 합금 조성에 따른 자유 에너지

2.6.6 비평형 상태

재료 혹은 재료 조합은 온도, 압력, 조성 등의 조건에 따라 평형 상태로 존재한다. 모든 상태도는 평형 상태도이다. 온도를 변화시키면 액체의 상이 고체의 상이 되든지, 혹은 그 반대가 되든지 상에 변화가 생긴다. 평형을 유지한다는 것은, 다시 말해 온도 강하에 의해 고체의 농도가 변화하는 것은 원자의 확산, 즉 원자 이동으로 인해 일어나므로 쉽게 발생하지 않는다. 따라서 고체의 농도가 온도 강하에 의해 평형을 유지하려면 온도 강하가 매우 느려야 한다. 하지만 실제 금속 제조 과정에서 이러한 느린 온도 강하는 현실적으로 기대할 수 없다. 즉, 평형 상태도 대로 금속을 제조한다는 것은 매우 어려우며, 금속 제조 시에서는 현실적으로 비평형 상태에서 모든 것이 이루어진다. 이러한 상태를 평형 상태로 바꾸기 위해 열처리 등을 한다. 이때의 농도 변화는 원자의 확산에 의해 이루어진다. 산화(oxidation) 부식 역시 이온이 가지고 있는 전기적 성질로 인한 대기 중의 산소 흡수로 발생한다. 금속이 산소와 결합하는 반응을 산화라 한다. 철이 대기 중에 놓이면 붉은 녹이 생긴다. 이를 산화 부식이라 한다. 금속의 응고 현상도 가장 작은 상, 즉 핵(nucleus)의 생성과 성장 과정을 통해 일어난다. 산화 부식은 금속 구조물의 강도 및 수명에 치명적인 영향을 미친다. 금속의 산화란 금속이 반응물의 원자나 분자와 결합하여 전자를 잃어버리는 과정으로, 저온에서는 확산 속도가 매우 느리므로 산화 과정은 계속되지 않지만 고온에서는 산화가 급속히 진행된다. 철의 산화는 대기 중에 있는 산소가 철(Fe) 속으로 확산되어 가는 현상으로, 철의 표면에 산화철(FeO)을 형성한다. 부식은 금속이 대기 중에 있을 때 대기 중의 습기로 인하여 부식(corrosion)이 발생한다. 산화(oxidation)와는 다른 과정이며 이 부식은 전기 화학적 반응으로, 양극과 음극이 존재함으로써 생기는 반응이다. 예를 들면, 철(Fe)이 공기 중에 노출되었을 때 쇠는 녹이 슨다. 이러한 현상을 부식이라 하며 대기 중의 산소가 습기와 Fe와의 전기 화학적 반응을 일으키게 한다. 이때 각종 하중하에 발생하는 변형 과정과 부식 현상이 동시에 일어날 때, 즉 부식 환경하에서 하중으로 인한 균열이 성장하는 것을 응력 부식 균열(stress corrosion cracking, SCC)이라 하며, 알루미늄 합금, 구리 합금, 마그네슘 합금, 탄소강, 스테인리스강이 부식이 일어나기 쉬운 환경에 노출되었을 때 발생한다. 제품 내로 산소가 확산해 들어가면 부식이 발생하며 수명이 크게 단축된다. 따라서 확산은 재료의 성질을 저하시켜 막대한 손실을 일으키기도 한다.

확산(diffusion)은 한 물질이 다른 물질에 침투하는 현상을 말한다. 가장 간단한 예는 원자가 한 위치에서 다른 위치로 무질서하게 움직이는 현상이 확산이다. 그러므로 확산은 원자 또는 이온이 개별적으로 움직이는 현상으로 열역학적 활성화 반응으로 일어난다. 이러한 형태의 확산은 기체, 액체 및 고체의 모든 재료 내에서 일어난다. 성능 향상을 위해 행하는 열처리 시에는 원자 확산의 경우를 수반한다. 어떤 경우는 확산 속도를 증가시킬 필요가 있고 어떤 경우는 확산 속도를 낮출 필요가 있다. 열처리 온도와 시간 냉각 속도 등을 수학적 확산을 이용하여 예측할 수 있으므로 중요하다고 할 수 있다. 고체 상태에서의 확산의 예를 들면, 뜨겁게 달구어진 철판 위에 탄소 원자층을 깔아 놓으면 탄소 원자는 철판 내부로 움직여 들어간다. 침탄 공정은 철강 표면 부위에 탄소 농도를 증가시켜 철 원자와 결합하여 우수한 내마모성을 가지는 탄화물 입자를 형성케 한다. Fick은 확산 계수 D를 사용 농도는 "시간에 따라 변화하지 않는다."라는 가정하에 다음과 같은 제1확산식을 제안하였다.

a) Fick의 제1법칙

단위 시간에 확산되는 용질량을 J라 하고 농도 구배를 $\dfrac{dc}{dx}$라고 하면 $J = -D\dfrac{dC}{dx}$이다. 여기서 D는 확산 계수(diffusion coefficient)라 한다. 두 면의 농도 차이는 $C_1 - C_2$이며 원자 간 점프 거리는 Δx이다.

b) Fick의 제2법칙

그러나 실제의 경우 농도는 시간에 따라 변화한다. 이를 고려한 Fick의 제2확산 법칙은 다음 식과 같다.

$$\left(\frac{dc}{dt}\right) = D\left(\frac{d^2c}{dx^2}\right)$$

이 식은 열 전달 식과 유사하다. Fick의 제2확산 법칙의 해는 다음 식과 같다.

$$C(x,t) = \frac{\beta}{2\sqrt{\pi Dt}}exp(-x^2/4Dt)$$

즉, 농도는 위치와 시간의 함수임을 알 수 있다. 농도 분포의 정확한 형태는 공정의 초기 조건과 경계 조건에 따라 달라진다.

비평형 상태는 이러한 확산 법칙에 의해 평형 상태로 변화한다.

제1법칙에서의 J는 일정하며, 제2법칙에서는 $\dfrac{dc}{dx} = 0$이므로 $\dfrac{dc}{dx} =$ 일정한 상수가 된다.

확산 계수 D의 물리적 의미를 고찰하기 위해 확산을 원자적 기구로 생각한다. 우선 용질 원자의 이동을 고려하자. 두 가지 경우를 고려하자(그림 2.54). 첫 번째는 작은 용질 원자가 격자 간에 침입한 상태(a)이고 이를 침입형 확산이라 한다. 두 번째는 같은 크기의 용질 원자가 치환형으로 고용된 상태(b)이고, 이를 공공 확산이라 한다. 이때

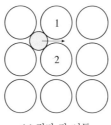

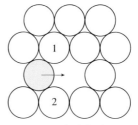

| (a) 격자 간 이동 | (b) 공공에 의한 이동 |

그림 2.54
용질 원자의 이동

용질은 원자 1과 2 사이를 통과하여야 하고, 활성화 에너지가 필요하다. 확산하기 위해서는 임의의 활성화 에너지 Q가 요구되며 확산 계수는 다음과 같이 표시된다.

$$D = D_0 \exp\left(-\frac{Q}{kT}\right)$$

여기서 k는 볼츠만 상수, D_0는 빈도 인자(frequency factor)이다.

예를 들면, 구리와 니켈을 고온에서 압착시키면 원자는 확산 과정에 의해 서로 섞인다. 확산은 개개의 원자나 분자의 이동이라 볼 수 있으며 확산 속도 계산 또한 중요하다. 산화, 표면 경화, 상 변환, 수소 가스 정제, 연료 전지 작동 등의 과정에서 확산은 매우 중요한 물리적 현상이다

2.7 요약

고체에 있어 원자와 분자들은 공유 결합, 이온 결합, 금속 결합과 같은 1차 결합으로 유지된다. 2차 결합에서 특히 수소 결합(hydrogen bond)은 거동에 영향을 미친다. 공유 결합은 강하고 방향성이 있어 변형에 잘 저항한다. 따라서 공유 결합 혹은 공유 결합과 이온 결합으로 되어 있는 세라믹 재료는 고강도를 유지하며, 많은 세라믹과 유리 재료는 취성(brittleness)을 나타낸다.

금속의 금속 결합은 방향성을 가지고 있지 않다. 따라서 보다 쉽게 변형된다.

폴리머 재료는 공유 결합으로 형성된 탄소 연결 분자로 구성되어 있다. 하지만 이들 탄소 연결 분자들 사이의 상대적인 미끄럼 운동으로 인해 쉽게 변형될 수 있다. 이들 상대적 미끄럼 운동은 2차 결합에만 의해 방지된다.

다양한 결정 구조들이 고체 재료에 존재한다. 금속에 있어 3가지 중요한 구조는

BCC, FCC, HCP 구조들이다.

세라믹 재료의 결정 구조는 단순한 조직들이지만 복잡한 형태를 이룬다. 한 가지 이상의 원자들을 수용하는 성분들이 필요하기 때문에 보다 복잡하다. 결정형 구조 재료 (금속, 세라믹)들은 작은 결정 입자(small crystal grain)의 덩어리로 이루어진다. 이 조직 구조에는 대개의 경우 수많은 공공(vacancies), 전위(dislocation) 등의 결함이 존재한다. 재료 내에서는 선 결함, 면 결함, 부피 결함이 발생하며, 이들 결함은 재료의 성질에 직접적인 영향을 미친다. 결정 내의 공공과 침입형 원자는 대표적인 점 결함이다. 결정 내에 존재하는 선 결함을 전위라고 한다. 전위의 존재로 인해 이론적 전단 응력 값보다 낮은 응력하에서도 소성 변형이 생긴다.

면 결함의 종류로는 자유 표면, 결정립계, 적층 결함 등이 있다. 결함과 관계된 부위는 정상적인 부위보다 높은 에너지를 수반하기 때문에 화학 반응이 선택적으로 잘 일어난다. 결함의 경계에서는 전자의 이동을 방해한다. 따라서 재료를 강화시키는 역할을 한다. 면 결함 중 결정립계가 가장 좋은 강화 효과를 보인다.

탄성 변형은 화학 결합의 스트레칭에 의해 야기된다. 탄성 변형은 하중이 제거되면 없어진다. 탄성 계수 E는 다이아몬드의 결합인 공유 결합과 같은 강한 결합이면 높은 값을 갖는다. 금속들은 공유 결합 고체의 높은 탄성 계수 값보다 10배 정도 낮은 탄성 계수 값을 갖는다. 폴리머는 금속보다 10배 이상 더 낮은 탄성 계수 값을 갖는데, 이는 사슬형 분자 고리 구조와 2차 결합의 영향 때문이다. 주어진 폴리머 재료의 경우 T_g 이상의 온도에서 탄성 계수 E값은 더욱 더 낮은 값을 갖게 되어 다이아몬드의 $1/10^6$ 정도이다.

완전 결정체의 화학 결합을 파손시키는 데 소요되는 대략적 이론적 인장 강도 값은 대개 탄성 계수 E값의 1/10 정도이다. 하지만 이와 같은 강도 값은 완벽한 단결정체나 미세한 와이어(wire)가 일정 방향으로 배열된 경우 가능하다. 실제 많은 재료의 경우 강도 값은 결함 등으로 인해 훨씬 낮은 값을 갖는다. 세라믹 재료의 경우 균열 혹은 기공등과 같은 결함으로 인해 취성 거동을 나타낸다.

금속의 경우 강도를 낮추는 일차적 결함은 전위이다. 전위는 가해지는 응력하에서 이동하여 항복을 유발시킨다. 적은 전위(a few dislocations)를 포함하는 큰 단결정체에서 항복은 매우 낮은 응력하에서, 즉 이론적인 응력 값보다 300배 이상 낮은 값에서 발생한다. 강도는 전위 운동을 방해하는 장애물들, 예를 들면 결정립 경계(grain boundary)나 단단한 2차상의 입자들, 합금 요소, 전위 얽힘(dislocation entanglements) 등이 존재하면 강도는 증가한다. 그 결과 금속 덩어리의 강도는 이론적 강도 값 $E/10$의 10분의

1인 $E/100$ 정도가 된다.

재료는 크립이라 불리우는 시간 의존적 변형하에 놓일 수 있다. 이러한 변형은 특히 온도가 용융점에 접근함에 따라 쉽게 일어난다. 물리적 메커니즘은 재료와 온도에 따라 변한다. 예를 들면, 금속과 세라믹 재료에 있어서는 공공(vacancies)의 확산(diffusion)과 폴리머 재료의 사슬형 분자(chain molecules)들의 미끄러짐(sliding) 등이 크립 메커니즘의 원인이라 할 수 있다. 이 장에서 소개된 재료의 구조와 변형 등에 대한 소개는 최소한으로 다루었으며, 보다 우수하고 자세한 내용을 다룬 많은 책들 중 일부가 이 장의 참고문헌에 소개되어 있다.

모든 재료는 상과 성분을 가진다. 어떤 계에서 어떤 농도와 온도에서 평형 상태에 있는 각 상의 종류와 구성 성분을 표시한 그림을 상태도(phase diagram)라고 한다. 이 그림은 서로 다른 상 간의 평형 관계도 표시하므로 평형 상태도(equilibrium phase diagram)라고도 부른다. 평형 상태도는 종류가 많고 모양이 각각 다르다. 하지만 몇몇 기본이 되는 반응으로 분류할 수 있다. 지구상의 원소가 다양하므로 다양한 2원계 합금이 존재할 수 있다. 이들 상태도를 종합하면 공정형 상태도, 고용체형 상태도, 포정형 상태도, 편정형 상태도의 4종의 형태로 분류할 수 있다.

성분 M, N이 액체 상태 혹은 고체 상태에서 완전히 서로 용해할 때에는 이전의 공정형과는 전혀 다른 상태도의 모습을 가진다. 고체에서 성분이 서로 다른 용해하는 합금을 고용체라 한다. 양 성분이 어떠한 비율로도 고용체를 만들 때 이를 전율 고용체라 한다. 그림 2.37은 가장 일반적인 경우의 전율 고용체의 상태도이며 액상선, 고상선이 각각 연속된 한 개의 곡선으로 이루어진다. 2원 전율 고용체라 함은 성분이 2개로 액상과 고상에서 서로 완전한 용해도를 보이는 계를 말한다. 즉, 2개의 성분이 액상에서도 완전히 섞이고 고상에서도 완전히 섞이는 계를 말한다. 고상 및 액상에서 완전히 섞인다는 것은 상 분리 없이 하나의 상으로 존재하는 것을 의미한다.

그림 2.42의 구리-니켈 합금의 상태도에서는 그래프 위쪽이 액상 영역인 L상이고, 아래쪽 영역이 고상인 α이다. α상과 L상 영역 사이에는 두 개의 상이 함께 존재하는 혼합 영역이 존재한다. L상은 구리와 니켈로 이루어진 균질한 액체 용액이고, α상은 FCC 결정 구조를 갖는 고용체이다. 고체에서 완전히 녹을 수 있는 이유는 구리와 니켈이 동일한 FCC 구조를 가지고 있고 원자 반지름의 크기가 비슷하고, 원자가 전자수가 비슷하기 때문이다. 특성이 비슷한 원자들의 경우에만 전율 고용체를 형성할 수 있다.

상평형도를 이용하면 상과 각 화학 조성비와 평형 상태에서 상대적인 양을 결정할 수 있다. 지렛대 법칙을 사용하면 고상의 혼합 상태에서 존재하는 두 상의 상대적인 양을 합금의 조성과 존재하는 상의 조성을 계산할 수 있다.

상태도상의 여러 곡선은 물질계와 자유 에너지 변화라는 점에서 열역학적 설명이 주어진다. 물질계의 자유 에너지는 다음 식으로 표시된다.

$$F = E - TS$$

여기서 E는 내부 에너지, T는 절대 온도이며 S는 엔트로피이다.

확산(diffusion)은 한 물질이 다른 물질에 침투하는 현상을 말한다. 그러므로 확산은 원자 또는 이온이 하나하나 움직이는 현상으로 열역학적 활성화 반응으로 일어난다. 구리나 니켈처럼 비슷한 크기의 원자가 고체 안으로 이동하는지는 공공 확산으로 설명되며 철 속 탄소의 존재는 침입 원자의 확산으로 설명된다. 구리와 니켈을 고온에서 압착시키면 원자는 확산 과정에 의해 서로 섞인다. 확산은 개개의 원자나 분자의 이동이라 볼 수 있으며, 확산 속도 계산 또한 중요하다. 산화, 표면 경화, 상 변환, 수소 가스 정제, 연료 전지 작동 등의 과정에서 확산은 매우 중요한 물리적 현상이다. 공공이나 침입형 같은 점 결함은 열역학적으로 안정하며 재료의 기계적, 화학적, 전기적 성질에 큰 영향을 미친다. 치환형 고용체 내에서의 원자 이동은 원자와 공공 간의 위치 교환을 통해 이루어지기 때문에 공공은 확산에 큰 영향을 미친다. 확산은 농도 기울기가 낮은 방향으로 진행된다. 정상 상태에서의 원자의 순 유속은 Fick의 제1법칙으로 나타낼 수 있으며 비정상 상태에서의 확산은 Fick의 제2법칙으로 나타낼 수 있다. 확산 계수는 물질 이동을 이해하기 위해 잘 알아야 한다. 확산 계수는 온도의 증가에 따라 지속적으로 증가한다.

용어 및 기호

2차(수소) 결합

BCC 구조(체심입방구조)

FCC 구조(면심입방구조)

Gibbs의 상률(Gibbs' phase rule)

HCP 구조(육방조밀구조)

SC 구조(단순입방구조)

격자면(lattice plane)

결정립계(grain boundary)

계(system)

고상선(solidus line)

액상선(liquidus line)

고용체(solid solution)

고용 한계선(solvus boundary)

공공(vacancy)

공석 반응(eutectoid reaction)

공석선(eutectoid line)

공석 온도(eutectoid temperature)

공석점(eutectoid point)

연결선 혹은 공액선(tie line)

공유 결합(coevalent bond)

공정 반응(eutectic reaction)

공정 온도(eutectic temperature)

공정점(eutectic point)

공정형 상태도(eutectic diagram)

금속 결합(metallic bond)

나선 전위(screw dislocation)

다이아몬드 육면체 구조
  (diamond cubic structure)

단위 셀(unit cell)

등온선(isotherm)

비결정질 혹은 무정형(amorphous)

상(phase)

상태도(phase diagram)

성분(component)

슬립면(slip plane)

슬립스텝(slip step)

용융 온도(melting temperature), T_m

유리 전이 온도(glass transition temperature), T_g

이론적 전단 강도(theoretical shear strength)

$$\tau_b \approx \frac{G}{10}$$

이론적 접합 강도(theoretical cohesive strength)

$$\sigma_b \approx \frac{G}{10}$$

이온 결합(ionic bond)

전율 고용 상태도(isomorphous phase diagram)

전율 고용체(isomorphous solid solution)

조성(composition)

지렛대 원리(lever rule)

치환형 고용체(substitutional solid solution)

치환형 불순물(substitutional impurity)

침입(interstitial)

침입형 고용체(interstitial solid solution)

침입형 불순물(interstitial impurity)

칼날 전위(edge dislocation)

편석 반응(monotectoid reaction)

편정 반응(monotectic reaction)

편정형 상태도(monotectic diagram)

평형 상태도(equilibrium phase diagram)

포석 반응(perictoid reaction)

포정 반응(peritectic reaction)

포정형 상태도(peritectic diagram)

확산(diffusion)

🔍 참고문헌

1. Mechanical Behavior of Materials, 4th edition, Pearson, E. Dowling

2. Material Science and Engineering Properties, Cengage Learning, Charles Gilmore

3. The Science and Design Engineering Materials, McGraw-Hill, James E. Schaffer 외 4인

4. Materials and Process in Manufacturing, 9th edition, Wiley, E. Paul Degarmo 외 3인

5. Fundamentals of Materials Science and Engineering, John Wiley & Sons Inc., William D. Callister

연습문제

2.1 1차 결합의 종류와 2차 결합을 나열하고 설명하라.

2.2 금속의 구조 중 BCC 구조, FCC 구조, HCP 구조를 설명하고 각각에 해당하는 대표적인 금속을 2개씩 열거하라.

2.3 나선 전위(screw dislocation)와 칼날 전위(edge dislocation)를 설명하라.

2.4 단위 셀(unit cell)과 격자면(lattice plane)을 설명하라.

2.5 상평형을 설명하라.

2.6 합금 시 만들어지는 다음 4가지 상태도를 설명하라.

공정형 상태도(eutectic phase diagram)　　전율 고용 상태도(isomorphous binary phase diagram)
포정형 상태도(peritectic phase diagram)　　편정형 상태도(monotectic phase diagram)

2.7 결정에서 결함의 종류를 나열하고 각 결함에 대해 설명하라.

2.8 표 2.3(b)에서 섬유 형태의 선형 폴리에틸렌의 탄성 계수 $E=160$ GPa이다. 이 경우 폴리머 연결 고리는 파이버축과 일치한다. 이 값은 전형적인 폴리머의 탄성 계수 $E=3$ GPa 보다 매우 크다. 이유를 설명하라.

2.9 표 2.3(b)에서 알루미나(Al_2O_3) 휘스커의 강도와 알루미나(Al_2O_3) 파이버의 강도를 비교하라. 또한 직경이 다른 텅스텐 와이어의 강도를 비교하라. 큰 차이점이 관찰되면 그 이유를 설명하라.

2.10 다음을 설명하라.

　a) 경계선 혹은 공액선(tie line) 혹은 등온선(isotherm line)

　b) 고용 한계선(solvus boundary)

　c) 고상선(solidus line)

　d) 액상선(liquidus line)

2.11 구리-니켈 합금의 경우 a) 존재하는 상들과 b) 각 상의 조성비를 알기 위한 과정, c) 상의 양 결정을 위한 과정을 상태도를 통해 설명하라.

2.12 계(system)와 상(phase)과 성분(component) 및 조성(composition)을 설명하라.

2.13 Gibbs의 상률(Gibbs' phase rule)을 설명하라.

2.14 공정 반응(eutectic reaction)에 대해 설명하라.

2.15 포정 반응(peritectoid reaction)에 대해 설명하라.

2.16 공석 반응(eutectoid reaction)에 대해 설명하라.

2.17 구리(Cu) 원자비 40%, 은(Ag) 원자비 60%의 공정 조성을 가지는 은 납땜재 합금이 증기 터빈의 열교환기 배관을 납땜하기 위해 사용되었다(그림 2.46(b)를 참조하라).

　a) 은 납땜재가 용융되기 시작하는 최소 온도를 구하라.

　b) 만약 액상의 유동성을 보장하기 위해 납땜재를 800°C까지 가열하였다면, 냉각 시에 납 땜재가 응고하기 시작하는 온도는 몇 도인가?

　c) 합금이 평형 상태를 갖기 위해 779°C로 냉각되고 유지되었다면 나타나는 상태와 조성

비, 각 상의 원자 분율은 얼마인가?

2.18 주석(Sn) 원자비 40%, 납(Pb) 원자비 60%인 주석-납 합금에서의 상평형도를 보고

    a) 184°C에서 나타나는 상과 상의 화학 조성비와 원자 분율을 구하라.

    b) 182°C에서 나타나는 상과 상의 화학 조성비와 원자 분율을 구하라.

    c) 공정 반응 중 형성된 공정 구조 $\alpha + \beta$상의 원자 분율을 구하라.

    d) 상온에서 α상과 β상의 분율을 구하라.

2.19 250°C에서 주석 원자비 40%, 납 원자비 60%의 합금에서

    a) 나타난 상은 무엇인가?

    b) 상들의 화학 조성비는 얼마인가?

    c) 각상의 원자 분율은 얼마인가?

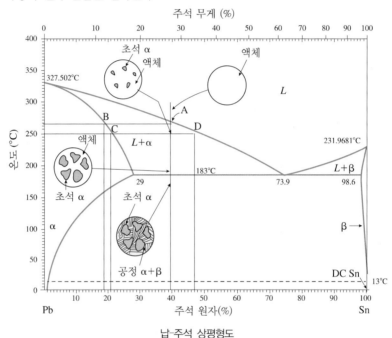

납-주석 상평형도

2.20 전율 고용체(isomorphous solid solution)를 설명하라.

2.21 다음 그림에서 합금 1, 2, 3, 4, 5에서의 각각의 고상과 액상의 분율을 구하라.

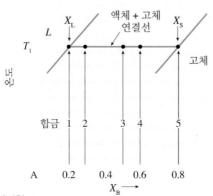

2.22 그림 2.26을 고려한다. 두 원자가 초기에는 무한거리로 분리되어 있다($x = \infty$). 그 점에서 시스템의 퍼텐셜 에너지는 $U = 0$이다. 두 원자 사이의 거리가 $x = x_1$이 되면 퍼텐셜 에너지는 전체 힘 P와 다음 식과 같이 연관되어 있다.

$$\frac{dU}{dx}\Big|_{x - x_1} = P$$

x에 따른 U의 변화를 스케치하라. $x = x_e$일 때는 어떤 현상이 발생하는가? 퍼텐셜 에너지의 용어로 $x = x_e$일 때의 중요성이 무엇인지를 설명하라.

2.23 HCP 구조를 가지는 결정질 금속이 BCC 구조를 가지고 있는 금속보다 일반적으로 더 취성인 이유를 설명하라.

2.24 단결정의 소성 메커니즘을 설명하라.

2.25 그림 2.51을 보고 답하라. 1300°C에서

　　a) 구리-니켈 합금의 초기 니켈 원자비가 50%일 때 액상과 고상 α 상에서의 구리와 니켈의 원자 분율을 계산하라.

　　b) 합금 초기의 니켈 원자비가 55%인 경우에 대해 액상과 고상 α 상에서의 구리와 니켈의 원자 분율을 계산하라.

2.26 그림 2.45에서 온도 T_2, T_E에서 존재하는 두 상에서의 분율을 계산하는 식을 구하라.

2.27 다음의 납-주석 상태도에서 150°C에서의 40wt%Sn-60wt%Pb 합금에 대해

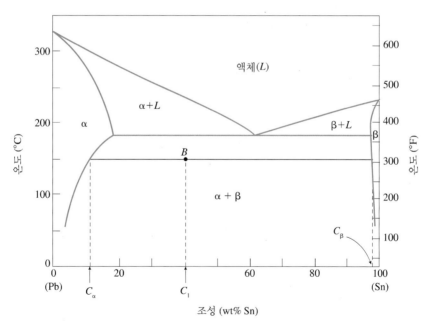

　　a) 어떠한 상들이 존재하는가?

　　b) 상들의 조성은 무엇인가?

　　c) 각 상들의 질량을 구하라.

2.28 그림 2.42에서 1100°C에서 무게비 60%니켈-40%구리 조성의 합금에서

a) 점 A에서 나타나는 상은?

b) 1250°C에서 무게비 35%니켈-65%구리 합금에서 점 B에서 나타나는 상은?

3장 기계 재료 실험

○ 목표
- 기계 재료 실험의 종류 및 방법을 익히며, 재료의 기계적 성질을 설계 시 활용하는 법을 배운다.
- 인장 시험, 피로 시험, 충격 시험, 3점 굽힘 시험으로부터 데이터를 구하는 법을 배우고 분석 활용하는 지식을 얻는다.

3.1 서론

공학용 재료로 사용하기 위해 재료를 선정할 때 1차적인 관심은 사용 재료의 물성치가 예상되는 환경 조건에 충분한가의 여부를 확인하는 일이다. 각 요소와 부품들의 다양한 요구 조건들이 1차적으로 결정되어야 하고 평가되어야 한다. 여기에는 기계적인 특성들(강도, 강성, 파괴 저항값, 진동이나 충격에 견딜 수 있는 능력)과 물리적인 특성(무게, 전기적 성질, 외형)과 사용 환경(극한 온도에서의 작동 능력 및 부식 저항)과 관련된 특성들을 포함한다. 적절한 공학 재료의 선정은 잘 확립된 설계 요구 조건과 일반 재료들이 다양한 실험 조건에서 어떻게 반응하는가를 잘 설명해주는 결과 값들과 비교하는 것에 기반을 둔다. 실험 데이터는 쉽게 구할 수 있지만 그 자료들을 적절하게 사용하는 것이 중요하다. 평가 값들 중 어떤 값이 중요하며, 실험값들이 어떻게 결정되었는지, 사용 시 어떤 제한 조건들이 있는지를 고려하는 것은 중요하다고 할 수 있다. 다

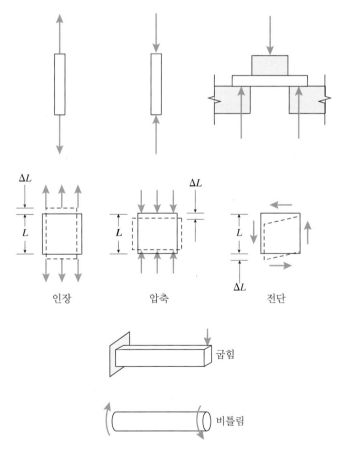

그림 3.1
인장, 압축, 전단 하중과 굽힘 및 비틀림 하중

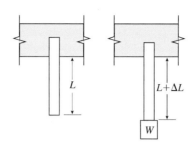

그림 3.2
인장 하중 시 늘어난 길이

양한 실험 과정과 절차, 제한점 등에 익숙해야 데이터를 특정 문제에 어떻게 사용할 수 있는지를 결정할 수 있다. 하중에는 인장, 압축, 전단 하중 등이 있는데 그림 3.1에 표시되어 있다. 인장 시 재료의 연신 결과는 그림 3.2와 같이 간단히 표시된다. 즉, 변형률은 $\epsilon = \dfrac{\Delta L}{L}$로 표시한다. 기계 재료에서 가장 기본이 되는 정보는 응력과 변형률 선도 (stress-strain curve, S-S 선도)를 이용하여 구하는데 다음에서 인장 시험을 통하여 구하는 법을 설명한다. 인장 시험의 응력–변형률 선도로부터 구할 수 있는 성질은 탄성 계수(E), 항복 강도(yield strength; σ_y), 극한 강도(ultimate strength; σ_u), 인장 파단 강도 (σ_f), 파단 시의 연신율, 재료 거동 시의 변형률 경화(strain hardening), 인장 인성치 (tensile toughness), 에너지 흡수 능력 등이다.

(3.2) 정적 시험

3.2.1 인장 시험

시간에 관계없이 일정한 힘이 재료에 작용할 때 이를 정적 하중이라고 말한다. 인장 하중은 여러 공학 적용에서 관찰되므로 이런 상황에서 재료의 거동을 특성화하는 것은 중요하다. 따라서 수많은 표준 실험이 공학 재료의 정적 물성치를 결정하기 위해 개발되고 있다. 실험 환경이 실제 환경과 매우 유사하다면 실험 결과를 사용하여 적절한 재료를 선정한다. 사용 환경이 다를 때에도 다양한 재료의 정량적인 평가와 재료 간의 비교를 위해 사용한다.

정적인 시험 중 가장 널리 사용되는 시험은 인장 시험이다. 인장 시험기(그림 3.3)에 표준 시편(그림 3.4)을 물려 인장 하중을 가한다. 표준 시편은 의미 있고 반복 재현되는 결과를 제공해야 한다. 인장 시편은 균일한 단축 인장력이 시편의 가운데에서 생기

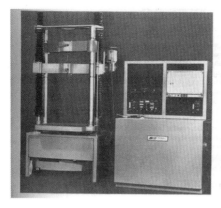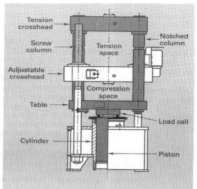

그림 3.3
(a) 유압 만능 시험기(인장 압축용) (b) 만능 시험기의 움직이는 작용도

도록, 반면에 시편을 잡고 있는 부분(grip)에서의 응력은 최소가 되도록 설계, 제작되어야 한다. 강도(strength)는 하중 W가 가해지면 인장 시험기는 이를 측정하고 동시에 하중에 의한 시편의 특정 부위 길이(gage length)의 늘어난 길이(ΔL)를 측정 기록할 수 있어야 한다. 하중과 늘어난 길이를 좌표에 기록하면 그림 3.5와 같은 곡선을 보여준다. 인장 시험에 대한 방법에는 미국에서는 ASTM E8-50, 독일은 DIN 50125 일본은 JIS B 0802, 한국은 KS B0801 및 KS B0802의 규정을 따른다.

한국에서 사용되는 인장 표준 시편은 1호에서 14호까지 다양한 형상과 치수를 가진다. 1호 시험편은 주로 강판, 평강 및 형강의 인장 시험에 사용된다. 두께는 원래 두께를 그대로 사용한다. 표준 길이 $L=50$ mm이고, 평행부 길이 $P=70$ mm 정도, 반경 $R=15$ mm 이상이며 폭은 $W=40$ mm 혹은 25 mm이다.

2호 시험편은 호칭 지름이 25 mm 이하인 강봉의 인장 시험에 사용된다.

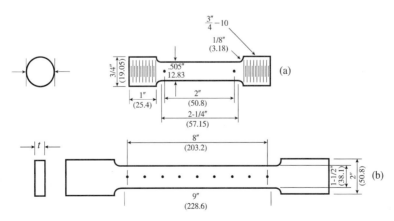

그림 3.4
표준 인장 시편

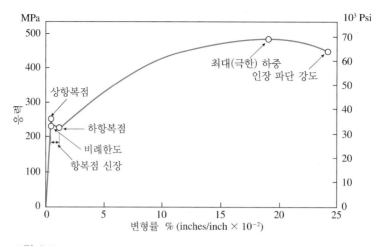

그림 3.5
공칭 응력–변형률 선도

a) 공칭 응력(engineering stress)과 공칭 변형률(engineering strain)

주어진 재료 특성에 따라 일반적인 반복 재현의 실험 결과를 얻으려면 시편의 형상과 크기에 따른 영향을 배제하여야 한다. 하중을 시편의 원래의 단면적으로 나누고 늘어난 길이를 원래의 게이지 길이로 나누어 그 결과를 그리면 그림 3.5와 같은 공칭 응력--변형률 곡선이 된다. 이 그림은 단순히 하중-변형률 곡선의 치수 효과를 배제하기 위해 양축의 스케일을 개조하여 그린 그림이다.

  그림 3.5를 보면 초기 반응은 선형적이다. 이 영역에서는 응력(stress)과 변형률(strain)이 서로 비례한다. 이러한 비례성이 중단되는 단계를 비례 한계(proportional limit)라 하며, 이 값 아래에서 재료의 변형률은 응력에 비례하는 선형적 관계를 갖는다. 이 구간에서의 관계는 Hook의 법칙(Hook's law)의 지배를 받는다. 선형적인 응력과 변형률 관계에서 비례 상수는 Young's modulus 혹은 탄성 계수 E로 알려져 있다.

  이러한 재료의 고유한 값은 매우 중요하다. 일정 응력까지 간 다음 하중을 제거하면 시편은 원래의 길이로 되돌아온다. 이런 반응을 탄성 거동(elastic behavior)이라 하며 이 영역에서 최고 높은 응력을 탄성 한계(elastic limit)라 한다. 탄성 한계를 넘은 변형은 원위치로의 회복이 안 되며 소성 변형(plastic deformation)으로 알려져 있다. 공칭 응력(engineering stress)과 공칭 변형률(engineering strain)은 식 (3.1)과 같다.

$$\sigma = \frac{P}{A_i}, \ \epsilon = \frac{\Delta L}{L_i} \tag{3.1}$$

여기서 P는 축 하중, A_i는 시편의 초기 면적, L_i는 시편의 초기 길이이다.

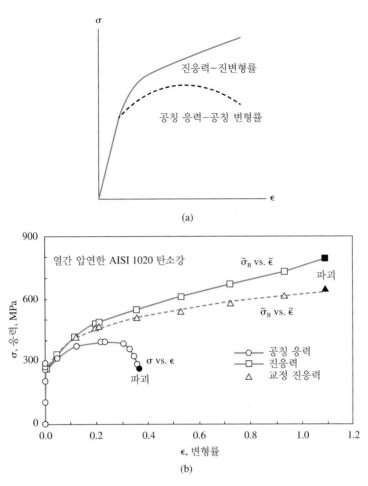

그림 3.6
인장 실험 시 응력-변형률 선도. (a) 공칭 응력-공칭 변형률, 진응력-진변형률 개략도 (b) AISI 1020 탄소강의 공칭 응력-공칭 변형률, 진응력-진변형률 선도

b) 진응력(true stress)과 진변형률(true strain)

인장 시험의 결과를 분석할 때 또는 어떤 다른 상황에서 진응력(true stress)과 진변형률(true strain)의 개념을 사용하여 해석하는 것은 매우 유용할 때가 있다. 공칭 응력(engineering stress)과 공칭 변형률(engineering strain)은 시편 치수의 변화가 작은 소변형률에 대해 가장 적합하다는 점에 주목해야 한다. 반면 진응력과 진변형률은 면적과 길이가 매우 크게 변화하는 경우 사용되며 고려해야 할 사항이 공칭 응력, 공칭 변형률과 다르다. 연성 재료를 가지고 인장 시험을 하는 경우 진응력과 진변형률을 도식화하면 공칭 응력-변형률 곡선과 확연히 다르다는 것을 볼 수 있다. 그림 3.6은 그 차이점

을 잘 보여준다. 진응력은 축 하중 P를 초기 면적 A_i가 아닌 시험 중 변화하는 순간의 단면적 A로 나눈 값이다(식 3.2(a)). 면적 A가 주어지면 진응력 $\tilde{\sigma}$를 하중 P 또는 공칭 응력 σ를 사용하여 계산할 수 있다. 이때 변형 전과 변형 후의 체적은 같다($A_i L_i = AL$)고 가정한다. 공칭 응력 σ와 진응력 $\tilde{\sigma}$ 사이의 관계식은 식 (3.2(b))와 같다.

$$\tilde{\sigma} = \frac{P}{A} \ \ (a) \qquad \tilde{\sigma} = \sigma \frac{A_i}{A} = \sigma \frac{L}{L_i} = \sigma(1+\epsilon) \ \ (b) \tag{3.2}$$

진응력-진변형률 선도를 설명하면 면적 A는 시험이 진행될수록 줄어들기 때문에, 진응력은 넥킹(necking)이 진행되는 동안 단면적이 급격히 감소하므로 응력의 큰 하락 없이 공칭 응력 위로 계속하여 상승하게 된다. 이와 같은 경향은 그림 3.6에서 명확히 보여준다. 예상한 바와 같이 극한 강도 이후에도 응력 하락은 없다.

진응력에 있어서, 길이 변화는 $\Delta L_1, \Delta L_2, \Delta L_3$ 등과 같이 미소 증가분으로 측정된다고 가정한다. 새로운 게이지 길이는 L_1, L_2, L_3 등과 같이 각각의 증가량에 따른 변형률을 계산하는 데 사용된다고 가정한다. 따라서 총 변형률은 식 (3.3)과 같다.

$$\tilde{\epsilon} = \frac{\Delta L_1}{L_1} + \frac{\Delta L_2}{L_2} + \frac{\Delta L_3}{L_3} + \cdots = \sum \frac{\Delta L_j}{L_j} \tag{3.3}$$

여기서 ΔL은 이들 ΔL_j의 총합이다. 만약 ΔL_j가 무한히 작아진다고 가정한다면, 즉 ΔL이 만약 매우 작은 미소 단위 단계로 측정된다면, 이것들을 더한 전체 값은 진변형률을 정의하는 적분값과 동일하게 된다[식 (3.4)].

$$\tilde{\epsilon} = \int_{L_i}^{L} \frac{dL}{L} = \ln \frac{L}{L_i} = \ln \frac{A_i}{A} \tag{3.4}$$

여기서 $L = L_i + \Delta L$은 최종 길이이다. $\epsilon = \Delta L / L_i$은 공칭 변형률이며, ϵ과 진변형률 $\tilde{\epsilon}$ 사이의 관계식은 식 (3.5)와 같다.

$$\tilde{\epsilon} = \ln \frac{L_i + \Delta L}{L_i} = \ln \left(1 + \frac{\Delta L}{L_i} \right) = \ln(1+\epsilon) \tag{3.5}$$

예제 3-1

2000 N의 인장력이 단면이 0.02 m × 0.001 m인 재료에 작용한다. 재료의 원래 길이는 0.25 m이다. 변형 후 길이는 1.75 m로 단면적은 0.009 m × 0.00046 m로 되었다.

a) 공칭 응력과 공칭 변형률을 구하라.

b) 진응력과 진변형률을 구하라.

c) 진푸아송비 및 공칭 푸아송비를 구하라.

풀이

a) 공칭 응력 $\sigma = \dfrac{P}{A_i} = \dfrac{2000\ \text{N}}{(0.02\ \text{m})(0.001\ \text{m})} = 1 \times 10^8\ \text{N/m}^2 = 100\ \text{MPa}$

공칭 변형률 $\epsilon = \dfrac{\Delta L}{L_i} = \dfrac{1.5\ \text{m}}{0.25\ \text{m}} = 6.0$

b) 진응력 $\tilde{\sigma} = \sigma(1+\epsilon) = 100\ \text{MPa}(1+6.0) = 700\ \text{MPa}$

진변형률 $\tilde{\epsilon} = \ln(1+\epsilon) = \ln(1+6) = 1.946$

c) 공칭 푸아송비 $\nu = -\dfrac{\epsilon_y}{\epsilon_x} = -\dfrac{-0.55}{6.0} = 0.09$이고,

여기서 세로 방향 변형률 $\epsilon_y = \dfrac{-(0.02\ \text{m} - 0.009\ \text{m})}{0.02\ \text{m}} = -0.55$이다.

진푸아송비는 $\nu_t = -\dfrac{\tilde{\epsilon}_y}{\tilde{\epsilon}_x} = -\dfrac{-0.8}{1.946} = 0.41$이고,

여기서 세로 방향 진변형률 $\tilde{\epsilon}_y = \ln \dfrac{w}{w_o} = \ln \dfrac{0.009\ \text{m}}{0.02\ \text{m}} = -0.8$이다.

c) 항복 응력과 회복력, 극한 강도, 단면 수축률

냉간 가공(cold working)된 탄소강의 응력-변형률 선도를 보면 초기 선형 탄성 부위를 가지는 재료에서의 비례 한도는 응력과 변형률 사이에서 선형 관계가 끝나고 소성 변형률이 시작되는 곳에서의 응력이다. 비례 한도의 값은 실험의 정밀도에 따라 변한다. 따라서 대부분의 공학용 측정에서는 비례 한도보다 항복 응력(yield stress)이 사용된다. 이때 항복 응력을 결정하기 위해 변형률 0.002에서 초기 응력-변형률 선도의 기울기와 평행한 선을 그리면 인장 응력-변형률 선도와 만나는 곳에서의 응력이 항복 응력이다. 이 방법을 항복 응력 결정 시 사용되는 0.2% 오프셋 항복 강도 결정 방법이라 부른다. 항복 응력은 재료의 파손 판별식 사용 시 기준이 되는 매우 중요한 기계적 성질 값이다.

그림 3.6(b)는 항복 후 큰 소성 변형을 한 후 파단되는 연성 금속(ductile metal)의 공칭 응력-변형률 선도이다. 공칭 응력(engineering stress)은 최대값에 도달한 후 파단 시까지 감소한다. 이때 최대 하중을 면적으로 나누면 이를 극한 강도 $\left(\sigma_u = \dfrac{P_{\max}}{A}\right)$라 한다. 넥킹(necking)은 극한 강도 이후 발생하며, 이후 길이가 급격히 늘어나면서 최종적으로 파단된다.

재료의 연성 여부를 결정하는 방법 중 하나는 파단 전과 파단 후의 단면적을 비교하는 것이다. 이를 퍼센트 단면적 수축률(%reduction of area, %RA)이라 정의하고 식 (3.6)에 대입하여 계산한다.

$$\% RA = 100\left(\frac{A_i - A_f}{A_i}\right)\% = 100\left(\frac{d_i^2 - d_f^2}{d_i^2}\right) \tag{3.6}$$

d) 회복력(resilience), 탄력(회복력) 계수(modulus of resilience)

재료의 회복력은 하중이 제거될 때 저장된 에너지를 돌려주는 능력과 관련된다. 탄력 혹은 회복력은 탄력(회복력) 계수 및 충격 회복력 두 종류로 회복력을 측정한다. 탄력 (회복력) 계수는 재료가 스프링용으로 사용 시, 그리고 충격 회복력은 재료가 충격 흡수 재로 사용 시 중요하다. 탄력(회복력) 계수는 재료가 흡수했다가 하중 제거 시 내놓는 체적당 최대 에너지이다. 이를 변형률 에너지 밀도(strain energy density)라고도 한다. 인 장 하중-변위 선도에서 단위 체적당 변형률 에너지는 다음 식으로 표시할 수 있다.

$$\frac{U}{V} = \int_0^{\epsilon_1} \sigma_x d\epsilon_x$$

여기서 ϵ_1은 신장량 x_1에 대응하는 변형률이다. 다시 말하면 단위 체적당 변형률 에 너지 $\frac{U}{V}$를 변형률 에너지 밀도(strain energy density)라 하며 $u = \int_0^{\epsilon_1} \sigma_x d\epsilon_x = \int_0^{\epsilon_1} E\epsilon_x d\epsilon_x$ $= \frac{E\epsilon_1^2}{2} = \frac{\sigma_1^2}{2E}$ 이다. 단위는 $\mathrm{J/m^3}$ 혹은 $\mathrm{kJ/m^3}$이다. σ_1을 σ_y라 하면 항복 응력까지의 탄성 변형률 에너지 밀도는 $u_y = \frac{1}{2}\sigma_y\epsilon_y = \frac{1}{2E}\sigma_y^2$이다. 이를 탄력 계수(modulus of resilience) 혹은 회복력 계수라 부른다. 단위는 $\mathrm{J/m^3}$이다. 회복력은 하중 제거 시 항복 응력으로 부터 회복되는 변형률 에너지 밀도이다. 높은 항복 응력 또는 작은 탄성 계수를 가지므 로 높은 회복력 계수를 가짐을 알 수 있다. 스프링에 사용되는 강은 높은 회복력을 가 지기 위해 높은 항복 응력을 가져야 한다. 그림 3.7에서 탄력 계수는 재료가 항복함이 없이 흡수할 수 있는 단위 체적당 에너지이다. 구조물이 영구 변형 없이 충격 하중을 견딜 수 있는 능력은 사용 재료의 탄력 계수에 의존한다.

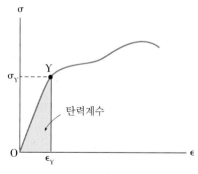

그림 3.7
탄력 계수

탄소강 AISI 1045강의 회복력을 계산하라. 탄성 계수 $E=211$ GPa이며, 항복 응력은 640 MPa 이다.

풀이

$$R = \frac{\sigma_y^2}{2E} = \frac{(640 \times 10^6 \, \text{Pa})^2}{2(211 \times 10^9 \, \text{Pa})} = (40.96 \times 10^{16})(2.37 \times 10^{-12}) \frac{\text{N} \cdot \text{m}}{\text{m}^3} = 97.1 \times 10^4 \frac{\text{J}}{\text{m}^3}$$

e) 변형률 경화(strain hardening)

소성 변형에 의해 재료의 강도가 증가하는 것을 말하며 가공 경화라고도 한다. 금속을 강화하는 주요 방법 중 하나가 변형률 경화이다. 구리로 된 무기와 공구는 청동이나 탄소강이 나오기 전 망치로 두들겨 변형률 경화를 시킨다. 저탄소강의 경우 항복 응력은 변형률 경화에 의해 증가된다. 재료에서 소성 변형률이 있으면 전체 변형률의 크기는 증가된다.

소성 변형을 가지는 재료에서의 진응력과 진변형률 관계는 비선형이므로 식 (3.7)로 표시할 수 있다.

$$\tilde{\sigma} = K\tilde{\epsilon}_p^n \qquad (3.7)$$

여기서 $\tilde{\epsilon}_p$는 소성 진변형률, K는 응력 단위를 가지는 상수, n은 변형률 경화 지수이다. 표 3.1은 일부 금속 합금 재료의 강도 계수(K)와 변형률 경화 지수값(n)을 나타낸다.

표 3.1 일부 금속 합금 재료의 강도 계수와 변형률 지수값

재료	변형율 경화지수 n	강도 계수 K(MPa)
티타늄(HCP)	0.05	1208
저탄소강(BCC)(풀림 열처리함)	0.26	530
4340강(BCC)(풀림 열처리함)	0.15	640
304 스테인리스강(FCC)	0.45	1275
알루미늄 1100-O(FCC)	0.20	180
알루미늄 합금 2024(FCC)(열처리함)	0.16	690
구리(FCC)(열처리함)	0.54	315
구리 합금(아연 30%)(FCC)(열처리함)	0.49	895
몰리브덴(BCC)	0.13	725

f) 인성(toughness)

인성은 재료의 인장 시험 시 시편을 파단시키는 데 필요한 단위 부피당 에너지이다. 인성 값은 파단점까지 응력-변형률 선도의 아래 면적을 적분해서 구한다. 파단까지의 높은 강도와 높은 연신율, 즉 변형률을 가지는 재료는 높은 인성값을 갖는다. 파단 시까지 매우 작은 변형률을 가지는 재료는 취성 재료라 할 수 있으며, 일반적으로 낮은 인성값을 가진다고 할 수 있다.

3.2.2 굽힘 시험(bending test 혹은 flexure test)

취성 재료는 시편이 그립(grip)부에서 부서지는 경향이 있기 때문에 표준 시편을 사용하여 인장 시험을 하는 데 많은 어려움이 따른다. 하지만 3점 굽힘 시험을 하면 이러한 문제점을 피할 수 있다. 만능 재료 시험기를 사용하여 압연 강재, 단조품, 주강품 등에 대해 굽힘 시편을 만들어 굽힘에 저항하는 정도를 시험한다. 3점 굽힘 시험[그림 3.8(a)]과 4점 굽힘 시험[그림 3.8(b)] 등이 있다.

이 경우 최대 굽힘 모멘트는 중간 부위에서 발생한다. 즉, 최대 굽힘 모멘트는 $M = \dfrac{PL}{4}$이고 이 식을 탄성 보 이론 식인 $\sigma = \dfrac{Mc}{I}$에 대입하면 $\sigma_{fb} = \dfrac{3L}{8tc^2}P_f$가 된다. 여기서 P_f는 굽힘 시험 시의 파단력, σ_{fb}는 계산된 굽힘 파단 응력이다. 세라믹과 같은 취성이 강한 재료에서는 인장 시험이 어려워 3점 굽힘 시험을 통해 탄성 계수 E를 결정한다. 3점 굽힘 시험에서 최대 처짐량 v는 고체역학으로부터 유도된다. 이 경우 처짐량은 $v = \dfrac{PL^3}{48EI}$이다. 이 식에서 굽힘 탄성 계수(flexure modulus) $E = \dfrac{PL^3}{32tc^3v_{max}}$

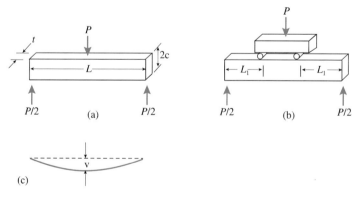

그림 3.8
굽힘 시험의 형상. (a) 3점 굽힘 시험 (b) 4점 굽힘 시험 (c) 최대 처짐량 v_{max}

를 유도할 수 있다. 3점 굽힘 시험에서 구한 탄성 계수 값은 인장 시험에서 구한 탄성 계수 값과 비교적 잘 일치한다.

3.2.3 경도 시험(hardness test)

일반적으로 재료의 경도는 재료의 화학적 결합과 관련된 기계적 특성으로, 압입체 혹은 누름자(indenter)에 대한 재료의 저항 정도이다. 재료의 소성 변형에 대한 저항성의 척도라 할 수 있다. 쉽게 표현하면 해변 모래를 손가락으로 누르면 모래의 단단한 정도를 알 수 있다. 경도 시험의 개략도는 그림 3.9에 있다.

경도 시험은 압입체(볼, 원추, 피라미드, 쐐기)가 만든 면적, 표면적, 깊이 혹은 체적 등이 측정되고, 가해진 하중 및 측정된 압입 자국으로부터 경도치를 계산한다. 경도 시험에서는 압입식과 긋기식(스크래치), 반발식 등이 있다. 압입식에는 브리넬(HB) 실험법, 로크웰(HR), 비커스(HV), 미세 비커스(micro Vickers) 방식, 누프(knoop) 방식 등이 있고, 반발식에는 쇼아 경도 실험법(HS)이 있다. 스크래치를 이용한 방법에는 모스(Mohs) 경도 시험법이 있다.

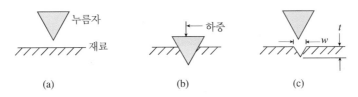

그림 3.9
(a) 압입 경도 시험 개략도 (b) 누름자의 하중 방향 (c) 깊이(t)와 너비 (w) 측정

a) 브리넬 경도 시험(Brinell hardness test; BHN)

브리넬 경도 시험법은 시편의 표면에 강국 압입자를 일정한 하중으로 눌러 오목 부분을 만들어 하중을 제거한 후의 영구 오목 부분의 지름과 오목 부분의 표면적을 구하여 계산한다. 큰 볼(ball)을 사용하여 상대적으로 큰 힘을 재료에 가하는 실험법이다. 강이나 주철의 경우 3,000 kg을 사용하며, 구리나 알루미늄 합금 같은 보다 부드러운 재료에서는 500 kg의 하중이 사용되기도 한다. 브리넬 경도 수는 HB 혹은 BHN으로 나타낸다.

사용되는 식은 다음과 같다.

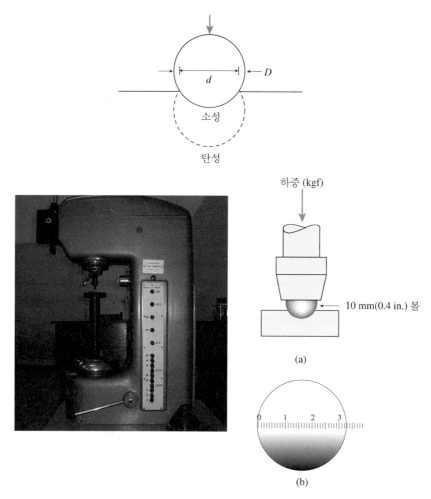

그림 3.10
브리넬 경도 실험

$$\mathrm{HB} = \frac{2P}{\pi D[D - \sqrt{D^2 - d^2}\,]} \tag{3.8}$$

여기서 P는 시험 하중(g 혹은 kg), D는 강구(압입자)의 지름(mm), d는 오목 부분, 즉 압입 자국의 지름(mm)이다. 표준 하중으로 500 kg과 3,000 kg이 있다.

여기서 사용된 형상은 다음 그림 3.10과 같다.

볼의 재질로는 탄소강, 크롬강, 초경합금(CW), 다이아몬드 등이 사용된다. 시험 하중을 가하는 시간은 30초를 표준으로 하며, 일반적으로 철 및 강의 경우에는 15초 동안 하중을 가한다. 오목 부분은 하중을 완전히 제거한 후 측정한다. 시험 하중과 강구의 지름은 재료의 종류 및 경도에 따라 정해진다. 표 3.2를 사용, 선택하여 시험한다.

표 3.2 강구의 지름, 하중 및 용도

강구의 지름	시험하중	기호	용도
5 mm	750 kg	H$_B$(5/750)	철강재 등
10 mm	500 kg	H$_B$(10/500)	동 합금, 알루미늄 합금
10 mm	1000 kg	H$_B$(10/1000)	동 합금, 알루미늄 합금
10 mm	3000 kg	H$_B$(10/3000)	철강재 등

탄소강의 브리넬 경도 BHN으로부터 인장 시험 없이 환산 차트를 이용하여 극한 인장 강도를 환산할 수 있다. 브리넬 경도 값에 3.45를 곱하면 인장 강도(MPa)를 구할 수 있다.

브리넬 경도 시험기는 유압식이 가장 널리 사용된다.

브리넬 경도는 표면 강화된 강과 어닐링된 알루미늄, 구리와 같이 연한 FCC 금속의 경도 측정에 널리 사용된다.

b) 비커스 경도 시험(Vickers hardness test; HV)

비커스 경도 측정법은 브리넬 실험법과 동일한 이론적 기반하에 있다. 압입자가 다이아몬드 포인터(diamond pointer)를 가지는 사각 형상의 피라미드 형태이다. 비커스 경도수는 HV로 나타낸다. 사용되는 식은 다음과 같다.

$$\mathrm{HV} = \frac{2P}{d^2} \sin\frac{\alpha}{2} \tag{3.9}$$

여기서 P는 시험 하중(kg), d는 오목 부분의 대각선 길이의 평균값(mm), α는 대면각으로 136°이다. 따라서 다음 간편식이 사용된다.

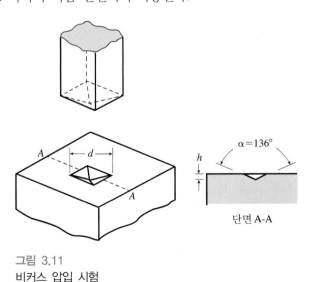

그림 3.11
비커스 압입 시험

$$HV = 1.854\frac{P}{d^2}$$

하중은 5~50 kg을 사용한다. 하중을 가하는 표준 시간은 30초이다. 여기서 사용된 형상은 그림 3.11과 같다.

c) 로크웰 경도 시험(Rockwell hardness test; HR)

로크웰 시험은 다이아몬드 포인터나 강철 볼(steel ball)을 누름자(indenter)로 사용한다. 다이아몬드 포인터는 Brale 누름자라 부르는데, 120°의 각도와 둥근 끝을 가진 cone 모양이다. 로크웰 경도 시험은 크기 대신에 압입 깊이를 측정하는 점에서 일반 경도 시험과는 다르다. 재료에 따라 스케일을 달리 사용하는데 C 스케일(HR_C)은 고강도강에, B 스케일(HR_B)은 저강도강에 쓰인다.

초기의 작은 힘을 minor load라고 부르는데, 이 힘이 깊이 측정을 위한 비교 위치를 확보하기 위해 혹은 표면을 관통시키기 위해 우선 1차적으로 사용된다.

10 kg의 minor 하중이 정규 실험에 사용된다. Major 하중을 사용하여 추가적인 관통을 측정한다. 이것은 그림 3.12에 나와 있는 h_2와 h_1의 차이로 설명할 수 있다.

$$HR = M - \frac{\Delta h}{0.002} \tag{3.10}$$

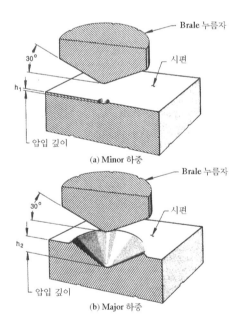

그림 3.12
로크웰 압입 실험

d) 쇼아 경도 시험(Shore hardness test; HS)

쇼아 경도 시험은 1907년 이래로 고무나 부드러운 플라스틱 재료의 경도 등을 알기 위해 사용되고 있다. 고무에 대해서는 4가지 기본 스케일을 사용하지만 O링 고무제품에서부터 매우 부드러운 스폰지, 폼 같은 재료까지의 다양한 재료에서 12가지의 다른 스케일을 사용한다. 쇼아 경도 시험에 사용되는 측정 기기는 durometer라고도 한다. 쇼아 경도 실험법은 ASTM D–2240, DIN 53 505, JIS K 6301에 있다. 경제적이며 비파괴적인 시험이라 시험 후 시험 부품을 재사용할 수 있으며 사용하기 빠르고 쉬운 이점을 가지고 있지만, 시험 표면이 커야 하고, 시편 표면에 압입자를 수직하게 유지해야 하는 어려움이 있다. 고전적인 쇼아 경도 시험기(Shore hardness tester)는 일정한 형상과 일정한 하중을 사용하여 선단에서 다이아몬드가 부착된 해머를 일정 높이 h_o(mm)에서 시편에 낙하시켰을 때 반발하여 올라간 높이를 h(mm)를 측정하여 환산한다.

$$HS = \frac{10000}{65} \times \frac{h}{h_o} \tag{3.11}$$

쇼아 스케일은 여러 가지가 있는데 이 중 D형 쇼아 경도 시험기에서 낙하 높이 h_o는 19 mm(3/4 in)이고 해머 무게는 36.2 g이며 반발하여 올라간 높이 h(mm)는 다이얼 게이지에 표시된다.

e) 누프 경도(Knoop hardness; HK)

다이아몬드로 만들어진 피라미드 형태의 누름자를 사용하여 다양한 하중을 가한 후 각종 하중에 대해 누름 자국의 깊이(t)와 너비(w)로부터 경도를 측정하는데, 부드러운 재질일수록 누름 자극이 깊다. 반면 단단한 재료일수록 누름 자국은 작다.

$$HK = \frac{14.2F}{l^2}$$

여기서 l은 피라미드 양 끝단 사이의 최대 길이이다.

(3.3) 동적 시험

많은 공학 재료들은 다양한 형태의 동적 하중하에 놓이게 된다. 예를 들면 1) 갑작스러운 충격 혹은 크기가 급격히 변하는 하중, 2) 반복되는 하중 가함과 하중 제거, 3) 하중 형태의 빈번한 변화, 예를 들면 인장에서 압축으로의 변화 등이 있다. 이러한 하중 환

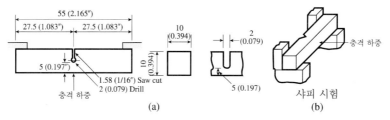

그림 3.13
충격 시편과 충격 하중 모드. (a) 표준 샤피 충격 시편 (b) 3점 굽힘 충격 하중
모드

경하에서는 동적 하중하에서 재료의 수행 능력을 특성화할 필요가 있다. 대부분의 동적 시험은 시편과 제어 가능 측정 기계를 사용하여 데이터를 획득한다. 따라서 재료가 사용되는 실제 상황을 정확히 나타낼 수 없다. 하지만 편의상 여러 재료의 비교 목적을 위해 동일한 실험을 사용한다.

3.3.1 충격 시험

급격히 변화하는 동적 하중 하에서 재료의 파손 저항을 측정하기 위해 여러 가지 실험 방법이 개발되었다. 이러한 시험 방법 중에서 흔히 사용되는 두 가지 시험법에는 굽힘 충격을 사용하는 경우[샤피(Charpy)와 아이조드(Izod) 시험법]와 인장 충격을 사용하는 방법이 있다.

샤피 및 아이조드의 경우 시편의 형상과 하중 모드는 그림 3.13, 그림 3.14와 같다.

아이조드 및 샤피 충격 시험을 하는 데 사용되는 일반적인 충격 시험 기계는 그림 3.15에 있다. 인장 충격 시험의 개략적인 형태는 그림 3.16과 같으며 시편 노치부를 없앤다. 시편에 낙하 하중 혹은 펜듈럼(pendulum) 형태 혹은 속도가 변하는 플라이 휠 하중을 사용해 단축 충격 하중을 가한다.

인장 시험에서 구하는 S-S 선도 곡선 아래의 면적으로부터 구한 인성만으로는 연성-취성 전이 온도(ductile to brittle transition temperature, DBTT)를 알 수 없다. 샤피 충

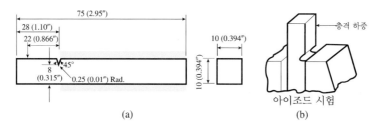

그림 3.14
(a) 아이조드 충격 시편 (b) 아이조드 시험에서 외팔보의 하중 모드

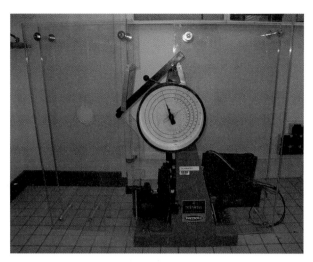

그림 3.15
동적 충격 샤피 및 아이조드 실험 장치

격시험은 이를 알기 위해 널리 사용되는 시험법이다. 일반적으로 페라이트강을 포함하는 BCC 금속은 파괴 시 흡수 에너지가 온도에 따라 크게 다르게 변한다. 이러한 현상을 연성-취성 천이라 한다. 고온에서는 연성 파손 거동을 보이고 저온에서는 취성 파손 거동을 보인다. 천이가 일어나는 온도 범위는 금속의 화학 조성과 미세 조직에 따라 다를 수 있다. 그림 3.17은 샤피 충격 실험 결과들이다. 그림 3.17(a)는 보통 탄소강에서 탄소 함유량이 DBTT에 미치는 영향을, 그림 3.17(b)는 중탄소강에서 합금 요소인 망간(Mn)이 DBTT에 미치는 영향을, 그림 3.17(c)는 FCC 금속, BCC 금속, 고강도 합금의 충격 시험 데이터를 비교하였다.

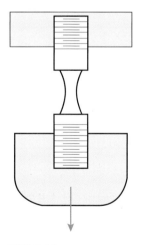

그림 3.16
인장 충격 시험 개략도

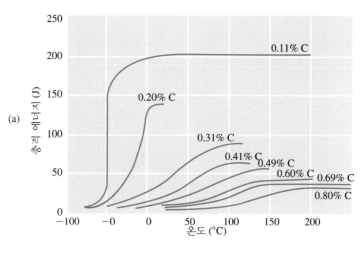

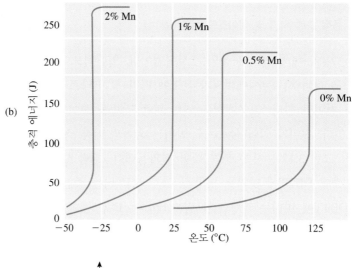

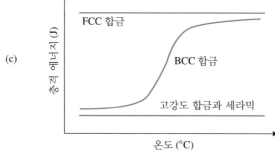

그림 3.17
샤피 충격 시험 결과. (a) 보통 탄소강에서 탄소 함유량이 DBTT에 미치는 영향 (b) 중탄소 강에서 합금 요소인 망간(Mn)이 DBTT에 미치는 영향 (c) FCC 금속, BCC 금속, 고강도 합금의 충격 시험 결과

표 3.3 각종 재료에서의 인장 강도 대 내구도와의 비

재료	비(ratio) $\left(\dfrac{\sigma_t}{s_e}\right)$
알루미늄	0.38
구리	0.33
마그네슘	0.38
중탄소강 AISI 1035강	0.46
저합금강 AISI 4140강	0.54
연철(wrought iron)	0.63

3.3.2 피로 및 내구 시험

재료는 반복 하중 작용 시 발생하는 최대 응력이 재료의 인장 극한 강도(ultimate strength)보다 작을지라도 반복 하중 환경 상태에 놓이면 파손이 발생할 수 있다. 이러한 현상을 피로(fatigue)라 한다. 피로 파괴는 파손 기구 중 가장 흔한 것으로, 구조물 파손의 약 80~90%가 피로에 의한 파손이라 생각된다. 금속 및 폴리머, 세라믹 재료에서 피로 파손이 발생한다. 대부분의 금속 재료들의 파손은 피로에 의한 파손이라 할 수 있다. 표 3.3은 각종 재료에서의 인장 강도(σ_t)와 피로 강도(내구 한도, fatigue strength; S_e)의 비를 나타낸다. 예를 들면, 알루미늄의 피로 한도 혹은 내구 한도는 인장 강도의 33%이다. 피로 한도 이하에서는 아무리 많은 횟수의 반복 하중을 가하더라도 피로 파괴가 발생하지 않는다. 나일론과 같은 폴리머나 알루미늄, 구리 등의 FCC 금속 재료들은 피로 한계가 명확하지 않을 수 있다. 이러한 재료들에서는 10^7 사이클에서 파괴가 일어나는 응력 진폭(변동 응력)을 실제적인 내구 한도(endurance limit)로 간주한다. 피로 하중을 사용하여 설계하는 방법에는 고주기 피로 설계(stress based life prediction)와 저주기 피로 설계(strain based life prediction) 그리고 파괴역학에 기초를 둔 설계 방법이 있다. 파괴역학적 설계 방법은 피로 하중 조건하에서 구조 요소가 얼마나 오래 견딜 수 있는가를 예측하기 위해 사용된다. 피로 하중이 10^4 사이클 이하인 경우를 저주기 피로(low cycle fatigue), 10^4 사이클 이상인 경우를 고주기 피로(high cycle fatigue)라 부른다.

다음은 피로 하중에 사용되는 용어들이다. 변동 응력$\left(\text{응력 진폭; } \sigma_a = \dfrac{\sigma_{\max} - \sigma_{\min}}{2}\right)$, 평균 응력 $\left(\sigma_m = \dfrac{\sigma_{\max} + \sigma_{\min}}{2}\right)$, 응력 범위($\Delta\sigma = \sigma_{\max} - \sigma_{\min}$), 응력비$\left(R = \dfrac{\sigma_{\min}}{\sigma_{\max}}\right)$이다(그림 3.18).

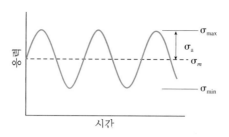

그림 3.18
피로 하중 시간에 따른 변동 하중

반복적인 사인(sine) 형태의 주기 하중은 실험 시 반복 재현의 결과를 얻기 위해 사용되는 가장 간단한 하중이다. 그림 3.19(a)는 인장 시 파단 강도가 480 MPa 이상을 요구하는 재료에 최대 변동 응력 값이 380 MPa의 반복 하중을 가할 시 시편은 대략 $100,000 (= 10^5)$사이클에서 파손된다. 만일 최대 변동 응력이 350 MPa의 반복 하중을 가할 시에는 피로 수명은 대략 1,000,000사이클로 늘어난다. 변동 최대 응력을 340 MPa 까지로 줄이면 재료는 피로 하중에 의해 파손되지 않는다. 가해지는 응력 사이클 수에 관계없이, 즉 무한대의 응력 사이클에도 파손이 일어나지 않으므로 이 사이클에 해당하는 응력을 피로 수명 혹은 내구 한도(endurance limit)라 부른다. 내구 한도는 설계 시 매우 중요한 재료의 설계 인자이다. 다음 곡선은 응력 대 사이클 수를 나타내는 곡선으로 이를 S-N 선도라 한다. 내구 한도에 큰 영향을 미치는 인자는 표면 균열 혹은 급격한 모서리 및 표면의 결함 등과 같은 인자들은 급격한 응력을 상승시키는, 즉 응력 집중 요인이다. 작동 온도 또한 피로 수명에 영향을 미친다. 다음 그림 3.19(b)는 Inconel 625(니켈-크롬-철 합금)의 온도에 따른 피로 강도에 미치는 영향을 보여준다.

이러한 실험 결과를 사용할 때에는 주의가 필요하다. 실험 결과들은 하중 사이클의 주파수에 따라 변할 수 있다. 느린 주파수를 사용한 경우에는 반복 하중 간에 더 긴 시간이 필요하며 빠른 주파수를 사용할 때에는 환경적인 영향이 다소 가려질 수 있기 때

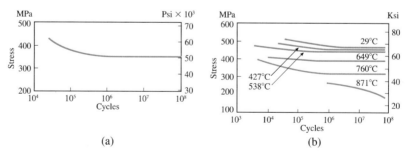

그림 3.19
(a) S-N 선도 (b) 다양한 온도에서의 Inconel 625 피로 강도

문에 실제 제품에 적용 시에는 주의를 요한다. 잔류 응력은 피로 거동을 변경시킬 수 있다. 숏피닝[주1] 이나 침탄[주2] 혹은 버니싱[주3]과 같은 과정을 거친 제품들은 제품의 표면이 압축 상태에 있으므로 피로균열을 발생시키기가 어려워 피로 수명이 증대되는 경우이다. 반면 용접이나 기계 가공 등을 하는 제품들은 표면이 압축 대신 인장하에 있기 때문에 제품의 피로 수명이 급격히 감소된다.

예제 3-3

단면적이 5 cm^{2}인 탄소강으로 이루어진 구조 요소가 있다. 이 구조물이 반복 하중 시 무한대의 수명을 가지기 위한 최대 허용 응력과 하중을 계산하라. 탄소강의 극한 강도는 $\sigma_{ult} = 800$ MPa 이다. 동일한 단면적을 가지는 알루미늄 합금에 대해서도 계산하라. 알루미늄 합금의 극한 강도는 280 MPa이다.

풀이

재료의 피로 한계는 탄소강의 경우 $S_e = 0.5\sigma_{ult} = 0.5(800) = 400$ MPa이다. 이를 기준으로 최대 하중을 계산하면 $S_e = \dfrac{P}{A}$ 이므로 최대 하중은

$$P = AS_e = 5(10^{-4}\,\text{m}^2) \times 400 \times 10^6\,\text{N/m}^2 = 200\,\text{kN}$$

이 된다. 이 범위에서는 무한대의 수명을 갖는다. 반면 FCC 구조를 가지는 알루미늄 합금에서는 무한대의 수명을 가지는 피로 한계는 없다. 10^7사이클을 기준으로 설계 시 적용하여 계산할 수 있다. 알루미늄 합금의 10^7에서의 피로 한도는 대략 극한 인장 강도의 30%로 가정하여 계산하면

$$S_e = 0.3\sigma_{ult} = 0.3(280) = 84\ \text{MPa}$$

이다. 이때의 최대 하중을 계산하면 $S_e = \dfrac{P}{A}$이므로 최대 하중은 다음과 같다.

$$P = AS_e = 5(10^{-4}\,\text{m}^2) \times 84 \times 10^6\,\text{N/m}^2 = 42\,\text{kN이 된다.}$$

주1) 숏피닝(shot peening): 금속의 표면에 강한 금속으로 된 입자화된 쇼트를 회전체의 원심력 등을 이용하여 고속으로 대상 금속의 표면에 투사하여 표면을 가공 경화시켜 내마모성과 피로 성능을 향상시키는 기계 가공 방법
주2) 침탄(carburization): 저탄소강의 표면에 탄소를 침투시켜 표면을 고탄소강 표면으로 만든 후 템퍼링의 열처리를 하여 표면층을 경화 시키는 방법. 침탄법에는 고체 침탄법과 액체 침탄법, 가스침탄법이 있다.
주3) 버니싱(burnishing): 다듬질 면을 원칙적으로 파괴하지 않고 다듬질하는 방법. 표준 공구를 다듬질 면에 강압하여 마찰시켜서 오목 볼록한 요철 면을 소성 변형시키면서 평활한 면으로 만드는 조작이다. 롤러를 밀어붙여서 반듯하게 고르는 작업을 한다.

3.4 요약

일반 재료의 실험에는 정적 실험과 동적 실험이 있다. 정적 시험은 정적 하중을 가하여 시험하는 것으로 인장, 압축, 전단, 비틀림 등의 강도 시험을 총칭하여 정적 시험이라 한다. 일반적으로 비교적 단시간 내에 시험을 완료할 수 있지만 크립 시험같이 긴 시간을 요하는 정적 시험도 있다. 동적 시험은 재료에 동적 하중을 가하면서 시험하는 것으로 동적 시험에는 충격 시험과 피로 시험이 있다. 경도 시험은 단단한 물체에 압입 자국 혹은 흠집을 주어 재료의 변형 저항 정도를 경도로 표시하는 시험이다. 일반 재료의 시험의 종류를 열거하면 인장 시험, 압축 시험, 굽힘 시험, 전단 시험, 비틀림 시험, 충격 시험, 피로 시험, 경도 시험, 크립 시험이 있다.

인장 시험은 만능 시험기를 사용하여 측정한다. 인장 시편을 시험기에 장착하고 인장력을 가해 응력-변형률 선도(S-S curve)를 구한다. 이 선도를 통하여 인장 강도, 항복 강도, 연신율, 탄성 계수, 파단 연신율, 극한 강도, 단면 수축률 등을 알 수 있어야 한다. 응력-변형률 선도에는 변형 전의 면적과 길이만을 사용하는 공칭 응력-공칭 변형률 선도(engineering stress-strain curve, 공칭 S-S 선도)와 진응력-진변형률 선도(true stress-stain curve)가 있다. 적절한 관계식을 사용하여 상호 전환할 수 있는데, 진응력 및 전환식은 $\tilde{\sigma} = \dfrac{P}{A}$, $\tilde{\sigma} = \sigma \dfrac{A_i}{A}$ 이고 진변형률 변환식은 $\tilde{\epsilon} = \ln(1 + \epsilon)$ 이다. 여기서 σ, ϵ 는 공칭 응력과 공칭 변형률, A는 변화하는 단면적, A_i는 변형 전 초기 단면적이다.

경도 측정법에는 압입식(indentation)과 긋기식(scratch), 반발식들이 있다. 압압 방식에는 비커스 경도(HV), 브리넬 경도(HB), 로크웰 경도(HRC) 측정법 등이 있다. 또한 미소 비커스 경도와 박판 등의 경도 측정에 사용되는 누프(Knoop) 방식이 있다. 반발 방식에는 쇼아 경도 측정 방식이 있다. 동적 시험 방법에는 충격 시험과 피로 시험이 있다. 충격 시험은 재료의 인성(toughness) 혹은 취성(brittleness)을 판단하기 위해 행하는 시험 방법이다. V자 형의 노치 시편에 1회의 충격 하중을 가해 파단시키는 데 필요한 에너지를 구하고 그 값의 대소에 따라 인성 혹은 취성의 정도를 판단하며, 샤피 시험법과 아이조드 시험법이 있다. 폴리머 재료의 충격 강도 비교 시험에 많이 사용된다. 피로 시험은 금속 재료에 반복 하중을 가하여 세로축에 응력과 가로축에 반복 사이클 수 N을 log 눈금으로 표시하여 같은 재료의 시편을 여러 개 만들어 응력을 변화시켜 각각의 응력에 대하여 파괴 시까지의 반복 사이클 수를 구한 것이다. 이 선도를 S − N 곡선이라 하며 이를 통하여 피로 한도를 알 수 있다. 금속 재료나 폴리머 재료에서는 x축에 피로 파괴 사이클(N)을 표시하고 y축에는 변동 응력(σ_a)을 나타내는, 응력과 피로 파괴 사이클 곡선(S – N 선도)을 작성해야 한다. 이때 $10^6 \sim 10^7$ 사이클 주변에서 일정하게 되는 수평선 부분이 나타나는데 이에 해당하는 응력을 피로 한계 혹은 피로 강도 또는 내구 한도라 부른다. 피로 시험 하중에는 인장 반복 하중, 굽힘 반복 하중, 비틀림 반복 하중이 있다.

각 나라마다 재료 시험 규격이 있다. 미국은 ASTM, 일본은 JIS 규격, 독일은 DIN 규격, 영국은 BS 규격, 한국은 KS 규격을 사용한다.

💡 용어 및 기호

S – N 선도(Young's modulus)
공칭 변형률(engineering strain)
공칭 응력(engineering stress)
굽힘 강도(flexure strength)
극한 강도(ultimate strength), σ_u
내구(피로) 한도(endurance limit)
누프 경도(Knoop hardness)
로크웰 경도(HRC)
변동 응력(alternating stress), σ_a
변형률 경화(strain hardening)
변형률 경화 지수(strain hardening exponent)
브리넬 경도(HB 또는 BHN)

비커스 경도(HV)
샤피 시험(Charpy test)
쇼아 경도(Shore hardness)
아이조드 시험(Izod test)
연성 취성 전이 온도(DBTT)
진변형률(true strain)
진응력(true stress)
탄성 계수(modulus of resilience), E
퍼센트 단면 수축률(%reduction of area)
평균 응력(mean stress), σ_m
피로 실험(fatigue test)
항복 응력(yield stress), σ_y

💡 참고문헌

1. Mechanical Behavior of Materials, 4th edition, Pearson, E. Dowling
2. Material Science and Engineering Properties, Cengage Learning, Charles Gilmore
3. The Science and Design Engineering Materials, McGraw-Hill, James E. Schaffer 외 4인
4. Materials and Process in Manufacturing, 9th edition, Wiley, E. Paul Degarmo 외 3인
5. Fundamentals of Materials Science and Engineering, John Wiley & Sons Inc., William D. Callister

3.1 응력의 단위와 변형률의 단위를 표시하라.

3.2 다음의 열간 압연(hot rolling)한 AISI 1020강의 인장 실험 결과로부터 공칭 응력-변형률 선도를 그려라. 또 진응력과 변형률을 환산하고 진응력-진변형률 선도를 그려라. 그리고 이 두 선도를 비교하라. 시편의 초기 직경은 9.11 mm이며 초기 게이지 길이는 $L_i = 50.8$ mm이다.

실험 데이터		
힘 P(kN)	공칭 변형률 ε	직경 d(mm)
0	0	9.11
6.67	0.00050	–
13.34	0.00102	–
19.13	0.00146	–
17.79	0.00230	–
17.21	0.00310	–
17.53	0.00500	–
17.44	0.00700	–
17.21	0.01000	–
20.77	0.0490	8.89
24.25	0.1250	–
25.71	0.2180	8.26
25.75	0.2340	–
25.04	0.3060	7.62
23.49	0.3300	6.99
21.35	0.3480	6.35
18.90	0.3600	5.72
17.39	0.3660	5.28

3.3 위 실험으로 구한 값을 이용하여 탄성 계수 E를 계산하라.

3.4 연강의 공칭 응력-변형률 선도를 그리고 0.2% offset 법을 사용하여 이 재료의 항복 강도를 구하라.

3.5 동적 하중 중 피로 하중에 대해 설명하라.

3.6 내구도(endurance limit)에 대해 설명하라.

3.7 피로 시험법을 설명하라.

3.8 경도 시험의 종류와 각 방법에 대해 설명하라.

3.9 Al2024의 인장 시편에 하중을 가했을 때 변형률이 2,000 $\mu\epsilon$이었다. 이때의 응력을 계산하고 이 재료의 항복 강도와 비교하라.

3.10 인장 강도와 항복 응력, 연신율, 단면 수축률을 수식을 사용하여 설명하라. 원단면적은 A_o, 파단 후의 단면적은 A_f, 최대 하중은 P_{max}이고 항복 하중 P_y, 파단시 하중 P_f, 원래의 표점 거리는 L_o, 연신된 길이는 L이다.

3.11 플라스틱 재료의 동적 충격 시험 방법을 설명하라.

3.12 저탄소강으로 만들어진 시편을 압축하였더니 단면 수축률이 20%, 최종 단면적이 160 mm^2이 되었다. 원래 변형 전의 단면적을 계산하라.

3.13 합금강의 브리넬 경도가 355이다. 하중 2,000 kg을 사용하여 측정하였을 때 압입자국 지름을 계산하고 극한 인장 강도를 구하라.

3.14 탄소강 AISI 1020의 S–S 선도를 보고 인성값과 탄력 계수를 구하라.

3.15 탄소강의 항복 응력이 207 MPa이다. 시험편의 직경이 0.01 m이고 시편의 길이 $L = 0.1 \text{ m}$이다. 1,000 N의 하중을 가하였을 때 변형량 $\Delta L = 6.077 \times 10^{-6} \text{ m}$이다.

    a) 이때 작용 응력을 계산하고 항복 응력의 크기와 비교하라.

    b) 탄성 계수를 계산하라.

3.16 시험편의 길이가 1 m이고 단면적은 $1 \text{ cm} \times 1 \text{ cm}$이다. 알루미늄의 탄성 계수 $E = 70$ GPa, 구리의 탄성 계수 $E = 122$ GPa이고 텅스텐의 탄성 계수 $E = 388$ GPa이다. 5,000 N의 하중이 가해졌을 때 각 시험편에 발생한 변형량을 구하라.

3.17 3점 굽힘 시험 시 직경 d인 원형 단면을 가지는 시편을 사용하였을 때 굽힘 강도(flexure strength) σ_{fb}와 굽힘 탄성 계수(E)를 구하는 식을 유도하라.

4장 금속 재료

목표

- 금속 재료 중 철 합금과 비철 합금에 대한 분류, 특성 및 내부 구조, 거동 및 공정 방법에 대한 일반적 지식을 얻는다.
- 금속 재료 중 철 합금과 비철 합금의 명칭 방법과 용도, 각종 성분 및 기계적 물성값과 관련하여 재료에 대한 이해를 한다.

4.1 서론

기계적 하중에 견디는 데 사용되는 재료를 일반적으로 공학 재료라 한다. 여기에 속하는 재료들을 크게 4가지로 분류하면 금속(metal)과 금속 합금(metal alloy) 재료, 비금속 재료(non metal)인 폴리머 및 고무(탄성 중합체), 세라믹과 유리 그리고 복합 재료가 있다. 복합 재료를 제외한 3가지 재료에 대해서는 이미 이전 장에서 구조와 변형 방식(deformation mechanism)적인 측면에서 논의하였다. 표 2.1에서는 공학 재료의 분류와 각각에 속한 재료들의 예를 제시하였으며, 그림 2.1에서 일반적인 특성들을 설명하였다. 4장에서는 분류된 재료 중 금속 재료에 대해 보다 자세히 다룬다. 금속 재료는 다양한 조건에서 구매할 수 있다. 이 두 가지 주요 조건은 가공용(wrought)과 주조용(cast) 재료이다. 가공용 합금 재료들은 압연(rolling), 압출(extrusion), 인발(drawing)과 같은 기계 성형 공정에 의해 최종적으로 제조된다. 주조용 재료는 주조 방법을 통해 최종 제품이 제조된다.

4장에서는 다양한 금속 재료들에 대해서 금속 분류와 관련된 주된 재료군에 대해 확인하고 공정 변수들에 대한 영향을 설명한다. 다양한 금속 재료의 이름을 부르는 데 사용되는 명칭 체계에 대해서도 설명한다.

금속과 합금 재료는 현재 다양한 분야에서 가장 널리 사용되는 재료이다. 철과 강은 다른 재료에 비해 경도 및 강성, 강도가 높으며 연성도 크고 열처리를 통해 이러한 물성값을 개선시킬 수 있는 재료이다. 철과 강은 철광석으로부터 직접 혹은 간접으로 생산되며 광석 중의 내재된 원소 혹은 제조 중에 흡수되는 각종 원소들로 구성된다. 이 중 대표적인 5대 원소는 탄소(C), 규소(Si), 망간(Mn), 인(P), 황(S)이며 이들 중에서 탄소는 철(Fe)에 미치는 영향이 가장 크며 탄소의 함유량에 따라 강의 성질이 달라진다. 철과 강을 분류할 때에는 제조법, 화학 성분, 열처리성, 가공성, 용접성, 기계적 물성값 등에 의해 분류한다. 탄소 함유량에 따라 C<0.03%에서는 순철(pure iron), C=0.03~1.7%에는 강(steel), C=2.0~6.67%에서는 주철(cast iron)이라 한다. 보통 탄소강(plain carbon steel)에서는 주요 합금 요소가 탄소이다. 강에서도 철 성분+탄소 함유량이 0.3% 이하를 저탄소강(low carbon steel)이라 하며 0.3~0.5%에서는 중탄소강(medium carbon steel), 0.5% 이상에서는 고탄소강(high carbon steel)이라 한다. 일반적으로 탄소강에 여러 합금 요소를 첨가하여 합금강(alloy steel)을 만든다.

4.2 금속 합금과 제조 공정

금속 합금에서 알루미늄, 구리, 니켈, 오스테나이트계의 스테인리스강은 면심입방격자(FCC)를 가지며 α철은 체심입방격자(BCC)를, 티타늄, 마그네슘과 같은 금속은 조밀육방격자(HCP)를 가진다. 또한 각종 금속 종류에 따라 다양한 표기 방법을 사용한다. 각종 금속을 표시하기 위해 알루미늄협회(AA)에서 사용하는 표기법, 미국 철강협회(AISI), 미국 재료시험학회(ASTM), 미국 자동차협회(SAE), UNS 등에서 사용하는 번호 표기법을 사용한다. 일본과 유럽에서는 각종 금속 재료에 대해 미국과는 각기 다른 표기법을 사용하며, 한국도 다른 표기법을 사용한다.

주기율표상의 100가지가 넘는 요소 중 80%가 금속과 관련되어 있다. 궁극적으로 이들 재료들을 기계적 강도가 요구되는 공학용 금속 재료로 사용하기 위해서는, 획득 가능 여부 및 사용 용도에 적합한 성질들을 가지고 있는가의 여부를 판단해야 한다. 가장 널리 사용되고 있는 공학용 금속은 철(iron)인데, 철 합금(ferrous alloy) 재료인 다양한 강의 주요 구성 성분이다. 광범위하게 사용되는 비철 재료는 알루미늄, 구리, 티타늄, 마그네슘, 니켈, 코발트 등이 있다. 또 다른 곳에 널리 사용되는 일반적인 금속 재료들에는 저강도 주조품(casting)이나 납 조인트 부위들과 같이 낮은 응력을 받는 곳에서 사용되는 아연(Zn), 납(Pb), 주석(Sn), 은(Ag)과 같은 재료들이 있다. 몰리브덴(Mo: molybdenum), 나이오븀(Nb: niobium), 티타늄(Ti), 텅스텐(W), 지르코늄(Zr) 등은 내화성(refractory metal) 재료로서 철의 용융점(1536°C)보다 조금 혹은 매우 높다. 이 재료들은 상대적으로 적은 양으로 고온, 고강도가 필요한 특수한 곳에 사용되는 금속들이라 할 수 있다. 공학용으로 사용되는 일부 금속의 사용처와 물성치가 표 4.1에 수록되어 있다.

금속 합금은 2가지 이상 용융된 화학적 요소의 조합이며 한 가지 혹은 그 이상의 금속으로 구성된 덩어리 재료이다. 다양한 금속, 비금속의 화학적 요소들이 기본 금속들과 합금하는 데 사용된다. 그들 중 널리 사용되는 합금 재료들에는 붕소(B), 탄소(C), 망간(Mn), 규소(Si), 바나듐(V), 크롬(Cr), 마그네슘(Mg), 니켈(Ni), 구리(Cu), 몰리브덴(Mo), 주석(Sn: tin) 등의 금속들이 있다.

다양한 금속과 합금하는 데 사용되는 합금 성분과 양은 강도 및 연성(ductility), 온도 저항, 부식 저항 및 다른 성질에 영향을 미친다. 주어진 합금 성분에서의 기계적 성질은 제조 공정에 따라 크게 영향을 받는다. 이러한 공정들은 열처리(heat treatment), 변형(deformation), 주조(casting) 등의 공정을 포함한다. 열처리 공정은 금속 또는 합금을 특정한 시간 일정에 따라 가열하고, 일정 온도로 유지시키고, 바람직한 물리 화학적 변

표 4.1 공학용 금속 및 합금의 사용 용도와 물성치

금속	용융점 T_m(°C)	밀도 (g/cm³)	탄성 계수 E(GPa)	극한 강도 σ_u(MPa)	사용처
철(Fe)	1538	7.87	212	200~2500	기계, 구조물, 차량 부품, 공구, 가장 널리 사용되는 공학용 금속
알루미늄(Al)	660	2.70	70	140~550	항공기, 경량 구조 및 부품
티타늄(Ti)	1670	4.51	120	340~1200	항공 구조물 및 엔진
구리(Cu)	1085	8.93	130	340~1200	전기 반도체, 부식 저항부품, 밸브, 파이프, 청동 합금, 황동 합금
마그네슘(Mg)	650	1.74	45	340~1200	고속 기계 부품, 항공 부품
니켈(Ni)	1455	8.90	210	340~1400	제트 엔진 부품, 강의 합금
코발트(Co)	1495	8.83	211	650~2000	제트 엔진 부품, 마모 저항 코팅, 수술용 임플란트
텅스텐(W)	3422	19.3	411	120~650	전구 필라멘트 자이로스코프 플라이 휠, 전극
납(Pb)	328	11.3	16	12~80	부식 저항 파이프, 주석과 합금

화를 위해 냉각시키는 과정이다. 변형 공정(deformation)은 재료의 두께나 형태를 바꾸기 위해 재료에 힘을 가하는 과정이다. 예를 들면, 단조(forging), 압연(rolling), 압출 성형(extruding), 인발(drawing), 스탬핑(stamping) 등이 있고 그림 4.1에 표시되어 있다. 주조(casting)는 금속을 녹인 쇳물을 원하는 형상의 형틀(mold)에 부어 넣고 이후 고상화시키는 과정이다. 열처리와 변형 혹은 주조(casting) 과정은 복합적으로 사용될 수 있다. 특수한 합금 성분들이 첨가되기도 하는데, 그 이유는 첨가 성분들이 제조 공정에 유익한 방식으로 영향을 미치기 때문이다.

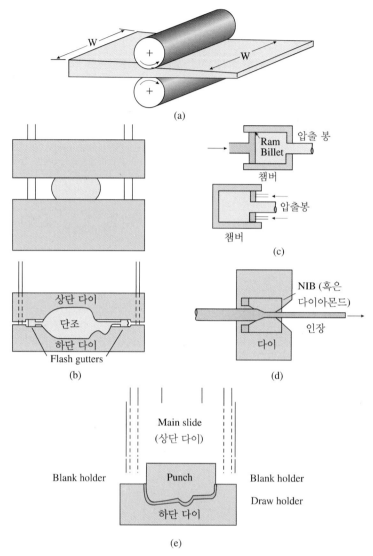

그림 4.1
유용한 형상으로 금속을 성형하는 방법. (a) 압연(rolling) (b) 압축을 사용하는 자유와 밀폐 단조(forging) (c) 직접 압출과 간접 압출(extrusion) (d) 인발(drawing) (e) 스탬핑(stamping)

    금속의 가공에는 열간 가공(hot working)과 냉간 가공(cold working)이 있다. 냉간 가공은 구리, 알루미늄, 저탄소강과 같은 연성의 재료들을 재결정 온도 이하 혹은 용융 온도의 절반 이하의 온도에서 가공되는 경우를 지칭한다. 반면 재결정 온도 이상 혹은 절대 용융 온도의 50% 이상에서 가공될 시에는 열간 가공이라 한다. 열간 가공을 하는 금속은 너무 강한 금속이라 냉간 가공이 어렵거나 큰 변형이 필요한 경우 행한다. 열간 가공의 경우 변형하는 동안 재결정을 경험한다. 이런 종류의 금속에는 니켈, 구리, 황동, γ철 등이 있다. 일반적으로 이들은 FCC 구조를 가지는 금속들이다. 열간 가공을 하는 동안 금속은 재결정되거나 회복되어 가공 경화(work hardening)는 되지 않지만 소성 변형에 의해 가공 경화된다. 열간 가공의 결과 강도나 연성의 증가는 없다. 하지만 냉간 가공의 경우 금속에 가공 경화를 일으키며 연성을 감소시킨다. 강도의 증가나 작은 변형이 필요할 때에는 냉간 가공한다. 자동차 차체의 강판은 냉간 압연(cold rolling)하여 항복 강도가 10배 정도 증가된다. 티타늄이나 고강도 저합금강인 HSLA강(high strength low alloy steel)은 냉간 가공이 매우 어렵다. 또한 냉간 가공은 잔류 응력을 증가시킨다. 잔류응력은 냉간 가공 후 내부에 존재하는 응력이다. 냉간 가공 후에는 재료가 단단해져 연하게 할 필요가 있다. 이때 연성을 회복시키고 재료를 연하게 하는 조작법을 어닐링(annealing)이라 한다.

마지막 공정 단계인 변형 공정하에 있는 금속들은 가공 금속(wrought metal)으로 부른다. 이것들은 주조 금속(cast metal)군과는 구별된다. 바람직한 내온성, 내부식성, 적당한 강도, 연성 등의 성질을 얻기 위해서 세밀한 합금 과정이 선택된다.

소성 변형(plastic deformation)은 전위 운동(dislocation movement)에 의해 발생되며 금속이나 합금 재료의 항복은 전위 운동을 방해하는 물질들을 생성시킬 때 증가된다는 사실을 기억해야 한다. 전위 운동을 방해하는 요소들에는 전위의 얽힘(tangles of dislocation), 입자 경계(결정립계)(grain boundary), 불순 원소에 의해 변형된 결정 구조 (distorting crystal structure) 혹은 결정 구조 내에 퍼져 있는 작은 입자들이 있다.

4.3 철과 강(irons and steels)

철강 재료는 금속 재료 중에서 가장 널리 사용되는 기계 재료이다. 철강은 다른 금속 재료에 비해 기계적 성질이 우수하고 열처리를 통해 강도, 경도, 연성 등을 개선시킬 수 있다.

철강 재료는 크게 나누면 순철(pure iron), 탄소강(carbon steel), 특수강(special steel) 혹은 합금강(alloy steel), 주철(cast iron) 등으로 구분할 수 있다. 순철의 주성분은 보통 철(Fe)이며 탄소 함유량이 매우 작다. 탄소강은 보통 철(Fe)에 탄소(C)가 2% 이하인 경우이며 특수강은 탄소강에 제3성분을 가해 합금하여 특수한 성질을 가진 합금강이다. 주철은 탄소가 대략 2% 이상인 재료이다. 일반적으로 현장에서 사용되는 철이라 함은 선철(pig iron), 연철(가공철, wrought iron), 주철(cast iron), 강(steel)이 있다. 선철은 광석에서 직접 제조한 철이고 선철을 이용하여 주조 재료로 사용될 때는 주철이라 한다. 선철 중에는 탄소(C), 규소(Si), 망간(Mn), 인(P), 황(S) 등의 5대 원소가 함유되어 있다. 선철을 용해하여 산화제를 첨가하여 산화 정련을 하면 불순물들이 CO, SiO_2, MnO, P_2O_5 등으로 산화한다. 또한 S는 CaS로 제거되어 가단성과 인성을 가지는 강이 된다.

강을 제조하는 제강법에는 전로 제강법, 평로 제강법, 도가니 제강법 등이 있다. 제강로에서 정련된 액체의 강(용강)을 탈산시킨 후, 주형에 주입하여 응고한 강을 강괴(ingot)라 한다. 탈산 정도에 따라 림드강(rimmed steel), 킬드강(killed steel), 세미킬드강(semi-killed steel), 캡드강(capped steel)으로 분류한다.

a) 림드강: 노 내에서 페로망간(Fe-Mn)으로 불완전하게 탈산시킨 강이다. 이 강괴는 탈산 및 가스 처리가 불충분한 상태로 과잉 산소와 탄소가 반응하여 표면에 기포가 발생한다. 0.3% 이하의 저탄소강으로 사용한다.

b) 킬드강: Fe-Mn, 페로실리콘, 알루미늄으로 완전 탈산시킨 강이며 기포와 편석이 작고 중앙 상부에 수축공이 생긴다. 탄소 함유량은 0.3% 이상으로 고급강으로 사용한다.

c) 세미킬드강: 킬드강과 림드강의 중간 정도이다. 페로망간, 페로실리콘으로 탈산시킨 강이며 적은 양의 기포와 수축공이 존재한다. 0.15~0.3%C 이하의 저탄소강으로 사용한다

d) 캡드강: 림드강을 변형시키고 내부의 편석을 적게 만든 강으로, 내부 결함은 적으나 표면 결함이 많다.

철이 기반인 합금은 철 합금(ferrous alloy)이라 부르는데, 주철(cast iron)과 강(steel)과 합금강이 포함되며 구조용 금속으로 널리 사용되고 있다. 강은 주로 순수한 철과 약간의 탄소나 망간(manganese), 또는 부가적인 합금 원소를 함유한다. 그러나 강은 잉곳철(ingot iron)로 불리는 순철(pure iron)과는 구별되며, 또한 2% 이상의 탄소와 1~3%의 규소(Si)를 함유하는 주철(cast iron)과도 구별된다. 일반적으로 강철을 탄소 함유량에 따라 분류하면 0.03% 미만의 탄소를 포함한 철을 순철(pure iron)이라 하며 2% 미만의 철을 강 그 이상의 탄소를 함유한 철을 주철로 분류한다. 탄소강에 니켈, 크롬, 몰리브덴, 텅스텐, 알루미늄 등의 원소를 한 가지 이상 첨가한 강을 합금강(alloy steel) 혹은 특수강(special steel)이라 한다. 철 금속(ferrous metal)과 철 합금(ferrous alloy)의 큰 분류와 요약은 표 4.2와 같다.

순철(pure iron)은 일반적으로 성분 요소 중 철 성분이 99.9% 이상인 철을 말한다. 순철은 가열 시 770, 910, 1400°C 부근에서 성질이 변하고 고온으로부터 냉각 시에도

표 4.2 일반적인 철 계열 금속 합금의 분류도

성질이 변하는 동소 변태(allotropic transformation)가 발생한다. 예를 들면, 온도 변화에 따라 상온에서 BCC 구조를 가지는 α철은 910℃ 이상에서는 FCC 구조를 가지는 $\gamma-Fe$이 되며 1400℃에서는 BCC 구조를 가지는 δ철이 된다. 이때의 해당 온도를 변태점(변태 온도)이라 한다. 금속 재료 중 철 합금(ferrous alloy)에서는 주철(cast iron)과 보통 탄소강(plain carbon steel) 및 합금강(alloy steel)으로 분류할 수 있다. 주철에는 보통 주철, 고급 주철, 합금 주철, 가단 주철, 칠드 주철, 구상 흑연 주철(ductile cast iron) 등으로 분류한다. 이 중 보통 주철에는 회주철(gray cast iron)과 백주철(white cast iron)이 있고, 가단 주철(malleable cast iron)에는 백심 가단 주철, 흑심 가단 주철(graphite iron), 펄라이트 가단 주철 등이 있다. 탄소강에는 탄소량의 함유량에 따라 고탄소강, 중탄소강, 저탄소강 등이 있다. 합금강에는 저합금강, 고강도 저합금강(HSLA; high strength low alloy), 마레이징강, TRIP강, 공구강, 스테인리스강(고합금강) 등이 있다. 저탄소강을 연강(mild steel), 중탄소강을 경강이라고도 부른다. 고탄소강 중 탄소 함유량이 0.6~1.5% 이상인 탄소강을 공구용 탄소강이라 부른다.

철(iron)과 강(steel)은 표 4.3에 표시된 바와 같이 합금 조성 및 여러 가지 성질들에 의해 다양한 등급으로 분류된다. 또한 표 4.4에서는 전형적인 철과 강의 예 및 이들의 합금 성분이 표시되어 있다. 철(iron)은 금속 상태로는 거의 발견되지 않으며, 광석(ore)으로 알려진 광물질의 혼합물에서 발견된다. 이 광석은 철 산화물과 다른 불순물로 구성되어 있다. 고열로에서 다른 불순물의 산화물은 일반적으로 제거된다. 쇳물(molten iron)에 인(P: phosphorous)과 망간(Mn)을 첨가하여 규소(Si) 산화물과 황산화물(sulfur oxide)을 줄인다. 여러 공정을 거쳐 만들어진 선철(pig iron)은 탄소(C) 3.0~4.5%, 망간(Mn) 0.15~2%, 인(P) 0.1~2%, 규소(Si) 1.0~3.0%, 유황(S) 0.05~0.1%의 성분을 가진다.

표 4.3 일반적으로 사용되는 철과 강의 용도 및 강화 기구

등급	특징	사용 용도	강화 원인
주철 (cast iron)	2% 이상의 탄소와 1~3% 실리콘	파이프, 밸브, 기어, 엔진블럭	자유에 영향을 받는 페라이트-펄라이트 구조
일반 탄소강 (plain carbon steel)	주요 합금 요소는 1%까지의 탄소	구조용 및 기계 부품	저탄소: 페라이트-펄라이트 구조 중·고탄소: 퀜칭, 템퍼링
저합금강	합금 요소가 전체 5%까지	고강도 구조 및 기계 부분	저탄소: 입자정제, 석출, 고용체 중·고탄소: 퀜칭, 템퍼링
스테인리스강	10% 크롬: 부식 안 됨	부식 저항용 파이프, 너트 및 볼트	15% 미만의 크롬과 저니켈(low Ni): 퀜칭과 템퍼링 그 외: 냉간 가공, 석출
공구강	고경도와 마모 저항을 위해 열처리 가능	커터, 드릴 비트, 다이	퀜칭과 템퍼링 등

선철(pig iron)을 최종 형상에 부어 넣으면 이를 주철(cast iron)이라 분류한다. 강은 용융 상태의 선철(pig iron) 내의 탄소, 규소, 망간, 인, 유황의 성분 양을 감소시키는 산화 과정(oxidation process)이 필수적이다. 1856년 켈라-베세머(Kelly-Bessemer)가 이 과정을 개발한 이래 기업체에서 상용화하였다. 공학용으로 사용되는 철은 연철(wrought iron), 선철(pig iron), 강철(steel), 주철(cast iron) 등으로 많이 표시된다. 연철은 탄소 함유량이 0~0.2%인 철을 말하고, 무게비 2% 정도의 슬래그를 포함하며 주철과 구별한다. 선철은 철광석에서 직접 제조되는 철을 말하며 탄소 함유량이 1.7% 이상, 고로 용광로에서 제철할 때 생기는 무쇠이다. 선철과 강철의 차이점은 선철은 탄소가 많고 인성, 가단 성질이 약하다. 주철은 탄소 함유량이 2% 이상이다.

그림 4.2는 합금 첨가 요소에 따른 기계적 물성치의 차이점들이 도시되어 있다. 그림 4.2에서 보듯이 순철(pure iron)은 아주 약하지만, 적은 양의 탄소를 첨가함으로써 현저하게 강해질 수 있다. 그리고 나이오븀(Nb), 바나듐(V), 구리(Cu), 또는 니켈(Ni), 코발트(Co) 등의 다른 원소들을 첨가함으로써 입자 정제(particle refinement), 석출(precipitation), 고용체(solid solution) 강화 등의 강화 효과에 의해서 보다 더 강해질 수 있다. 만약, 담금질(quenching)이나 뜨임(tempering) 열처리를 보다 효과적으로 수행하기 위해 충분한 탄소를 첨가하면, 상당한 강도의 증가가 가능하다. 표 4.3은 일반적으로 사용되는 철과

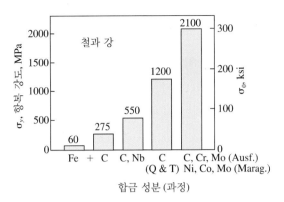

그림 4.2
철과 강에서 항복 강도(y축)와 합금 성분(x축)의 영향

강의 용도 및 강화 기구를 간단히 설명한다.

표 4.4에서는 일반적인 강과 철의 주요 성분과 미국에서 사용되는 분류 기호를 표시한다.

표 4.4 일반적인 철과 강의 일부 예시

품목	분류 기호	UNS 번호	주요 합금 원소 및 무게%							
			C	Cr	Mn	Mo	Ni	Si	V	기타
구상 흑연 주철	ASTM A395	F32800	3.5	–	–	–	–	2.0	–	–
저탄소강	AISI 1020	G10200	0.2	–	0.45	–	–	0.2	–	–
중탄소강	AISI 1045	G10450	0.45	–	0.75	–	–	0.2	–	–
고탄소강	AISI 1095	G10950	0.95	–	0.4	–	–	0.2	–	–
저합금강	AISI 4340	G43400	0.4	0.8	0.7	0.25	1.8	0.2	–	–
HSLA강	ASTM A-588A	K11430	0.15	0.5	1.1	–	–	0.2	0.15	0.3Cu
마르텐사이트 스테인리스강	AISI 403	S40300	0.15	12	1.0	–	0.6	0.5	–	–
텅스텐 고속도 공구강	AISI T1	T12001	0.75	0.38	0.25	–	0.2	0.3	1.1	18W
18니켈 마레이징강	ASTM A538-C	K93120	0.01	–	–	5	18	–	–	9Co 0.7Ti

4.3.1 철과 강의 명칭 시스템

미국의 여러 협회에서는 다양한 철과 강 종류에 대한 명칭 시스템(naming system)과 규격(specification)들을 개발해오고 있다. 여기에는 합금 구성 성분들을 표시하고 종종 기계적 성질들도 포함한다. 협회에는 미국 철강협회(AISI)와 자동차엔지니어협회(SAE), 미국 재료 및 시험협회(ASTM) 등이 있으며 최근에 SAE와 ASTM이 협조하여 새롭게 통일된 기호 시스템 UNS(Unified Numbering System)를 만들었다. 이 시스템에는 철과 강 재료뿐만 아니라 다른 금속 합금 재료들도 포함되어 있다. 보다 자세한 정보를 얻기 위해서는 다양한 명칭 체계(naming system)를 소개한 Metal Handbook: Desk edition(Davis, 1988)과 UNS 체계(SAE, 2004)에 기초를 한 최근의 출판물을 참조하기 바란다.

각종 강철에 대한 자료는 AISI·SAE 두 단체가 협조 조율하여 작성했으므로 거의 동일하다. 미국에서 사용되는 일반 탄소강과 저합금강(low alloy steel)의 일부 자세한 종류들은 표 4.5에서 볼 수 있다. 이 경우에 대개 4자리가 있음을 주목하자. 처음 두 자리는 탄소를 제외한 다른 합금 성분을 지정하고 두 번째 두 자리는 탄소의 백분율을 나타낸다.

예를 들면, AISI 1340(혹은 SAE 1340)은 0.40%의 탄소에 유일한 다른 합금 요소인 1.75%의 망간이 첨가됨을 표시한다(합금의 백분율은 무게에 기초한다).

UNS 체계는 다섯 숫자와 문자를 가지고 있다. 이 문자는 합금의 범주를 표시하는데, 예를 들면 F는 주철, G는 탄소강과 저합금강, K는 다양한 특수강, S는 스테인리스강, T는 공구강을 의미한다.

탄소강과 저합금강에서는 숫자 대부분의 경우 끝에 0을 붙이는 점을 제외하고는 AISI와 SAE에서 사용되는 것과 동일하다. 그러므로 AISI 1340과 UNS G13400은 동일한 강 재료이다.

한국에서의 철과 강의 명칭 시스템 및 미국 시스템과의 비교
한국에서의 탄소강과 합금강, 주철의 호칭은 다음과 같다.

- 기계 구조용 탄소강재: SM 10C, SM 12C, SM 15C, ⋯ SM 38C, SM 50C 등
- 강판용 탄소강재: SCP 1, SCP 2, SCP 3
- 선재용 탄소강 중 연강 선재: SWRM 6, SWRM 8
- 선재용 탄소강 중 경강 선재: HSWR 27, HSWR 37
- 선재용 탄소강 중 피아노 선재: PWR 62A, PWR 62B, PWR 67A, PWR 67B, PWR 72A, PWR 72B 등

표 4.5 일반 탄소강과 저합금강에 대한 AISI-SAE 표기법에 의한 요약

명칭	대략적인 합금 성분(%)	명칭	대략적인 합금 성분(%)
탄소강		니켈-몰리브덴강	
10XX	보통 탄소강	46XX	Ni 0.85 혹은 1.82; Mo 0.25
11XX	resulfurized	48XX	Ni 3.50; Mo 0.25
12XX	resulfurized and rephosphorized		
망간강		크롬강	
13XX	Mn 1.75	50XX(X)	Cr 0.27~0.65
15XX	Mn 1.00~1.65	51XX(X)	Cr 0.80~1.65
니켈강		52XXX	Cr 1.45
2XXX			
몰리브덴강		크롬-바나듐강	
40XX	Mo 0.25	61XX	Cr 0.6~0.95;V 0.15
크롬-몰리브덴강		실리콘-망간강	
41XX	Cr 0.5~0.95; Mo 0.12~0.3	92XX	Si 1.40 혹은 2.00 Mn 0.70~0.87; Cr 0~0.70
니켈-크롬-몰리브덴강		보론강	
43XX	Ni 1.82; Cr 0.50 혹은 0.80; Mo 0.25		
47XX	Ni 1.45; Cr 0.45; Mo 0.25 혹은 0.35		
81XX	Ni 0.30; Cr 0.40; Mo 0.12		
86XX	Ni 0.55; Cr 0.50; Mo 0.20	YYBXX	B 0.0005~0.003
87XX	Ni 0.55; Cr 0.50; Mo 0.25		
94XX	Ni 0.45; Cr 0.40; Mo 0.12		

탄소 함유량의 백분율은 "XX" 혹은 "XXX"로 대체된다. 예를 들면, AISI 1045는 0.45%의 탄소를 가지며, 52100은 1%의 탄소를 가진다. "YY"는 추가적인 합금 성분을 표시하기 위해 두 자리 숫자로 대체된다.

- 탄소 공구강: STC 1, STC 2, STC 3, …, STC 7 등
- 고속도 공구강 강재(high speed tool steel): SKH 2, SKH 3, SKH 4, SKH 10 등
- 스프링강(spring steel)은 SPS 1, SPS 2, SPS 3, …, SPS 9 등
- 일반 구조용 압연재강(rolled steels for general structure): SS330, SS400, SS490, SS540 등
- 냉간 압연 강판 및 강대(reduced carbon steel sheets and strip): SPCC, SPCD, SPCE, SPCF, SPCG(인장 강도 크기에 따라 분류)
- 용접 구조용 압연 강재(rolled steels for welded structure): SM400A, SM490A, SM490YA, SM520B, SM570 등
- 크롬강: SCr415, SCr420, SCr430 등
- 망간강: SMn 420, SMn 433, SMn 443 등
- 망간-크롬강: SMnC 420, SMnC 443 등
- 크롬-몰리브덴강: SCM으로 표시, SCM 415H, 418H, 420H, 435H, 440H, 822H
- 니켈-크롬(Ni-Cr)강: SNC 236, SNC 415, SNC 815
- 니켈-크롬-몰리브덴(Ni-Cr-Mo)강: SNCM 220, SNCM 240, SNCM 415, SNCM 420, SNCM 431
- 크롬-몰리브덴(Cr-Mo)강: SCM 415, SCM 420, SCM 421 등
- 탄소강 주강품: SC 360, SC 410, SC 450, SC 480
- 회주철: GC 100, GC 150, GC 200, GC 250, GC 300, GC 350

미국에서 부르는 보통 탄소강(plain carbon steel)은 AISI 1020, AISI 1030, AISI 1040, AISI 1050이다. AISI 1020은 탄소 함유량이 0.2%, AISI 1030은 탄소 함유량이 0.3%, AISI 1040은 탄소 함유량이 0.4%, AISI 1050은 탄소 함유량 0.5%이다.

탄소강에 합금 요소가 첨가되면 합금강(alloy steel)이 되는데, 미국에서는 합금강을 AISI 4030, AISI 4330, AISI 8630, AISI 4140, AISI 4340 등으로 호칭한다. AISI 4130, AISI 4330, AISI 8630 합금강은 모두 탄소를 0.3% 포함하는 합금강이고, AISI 4140, AISI 4340는 탄소 함유량이 0.4%이다. 즉, 끝의 2자리 숫자는 탄소량을 표시한다. AISI 4140 합금강은 몰리브덴(Mo)+크롬(Cr) 합금강으로 탄소 함유량이 0.4%이다. AISI 4340 합금강은 몰리브덴(Mo)+크롬(Cr)+니켈(Ni) 합금강으로 탄소 함유량이 0.4%이다. AISI 8630 역시 니켈+크롬+몰리브덴의 합금강으로 탄소 함유량이 0.3% 이다. 자세한 것은 표 4.5를 참조한다.

4.3.2 주철(cast iron)

다양한 형태의 주철은 2천년 이상 사용되어 왔고 상대적으로 저렴하기 때문에 계속해서 유용한 재료로 사용되고 있다. 또한 주철은 일반적으로 강보다 낮은 온도에서 용해된다. 즉, 용융점이 낮고 용해가 쉬워 주물용 재료로 적합하다. 주물이 잘되고 응고 시에 수축도 작다. 또한 가격이 저렴하여 경제적이고 부식에 대한 저항성도 양호하다. 하지만 용접성이 불량하고, 취성이 강하고, 인성이 불량한 단점이 있다. 그리고 흑연의 크기, 형상, 분포 등에 의해 다양한 기계적 성질을 가지게 된다. 기계적 특성은 인장 강도에 비해 압축 강도가 좋고 진동 시 흡수 능력이 강보다 좋다고 할 수 있다. 철은 철광석(ore) 혹은 주조용 선철, 고철 조각(스크랩, scrap)에서 추출하여 고도한 정제를 하지 않고 형틀에 쇳물을 녹여 부음으로써 필요한 형상을 만든다. 예전에는 철을 녹일 수 있는 고온의 노가 없었다. 이로 인하여 현대 산업화 이전에는 가공철(wrought iron)을 많이 사용, 가열하여 유용한 형태로 단조하였으며 용해하는 공정은 없었다. 여러 종류의 주철이 존재하는데 모든 주철은 탄소 함유량이 매우 높다. 대개는 탄소(C) 무게비로 2~4% 그리고 실리콘(규소, Si)이 1~3% 포함되어 있다. 무게비 2wt% 이상의 탄소가 함유되면 온도가 상승해도 고용체(solid solution) 상태를 유지시켜 준다. 대부분 주철에서 초과되는 탄소량은 흑연(graphite) 형태로 존재한다. 탄소(C)는 흑연과 탄화철인 Fe_3C (cementite)로 존재하는데 형상과 분포 상태에 따라 기계적 성질을 달리한다. 또한 규소(Si)는 탄소에 큰 작용력을 가지고 있으며 주철에 큰 영향을 미친다. 보통 주철에서는 펄라이트 조직, 페라이트+펄라이트의 혼합 조직 내에 그림 4.3의 (d), (e)와 같은 형태의 흑연이 존재한다. 탄소+규소(C+Si)의 양이 많으면 흑연은 거칠어져 강도는 감소된다. 펄라이트 조직 내에 흑연량이 적고 조밀하게 분포되는 조직[그림 4.3(b), (c)]은 강도가 크고 우수한 성질의 고급 주철이 된다. 그림 4.3(a)는 조직 전체에 미세한 흑연이 분포되어 펄라이트 부분이 적은 경우로 강도가 저하되기 때문에 보통 주철과 구별이 어렵다. 주철은 흑연의 형상에 따라 편상(flake), 구상(spheroidal), 괴상(lump) 등으로 분류하며, 흑연이 철 속에 들어가면 전체적으로 취성이 생긴다. 흑연의 형상과 양, 분포 상태는 주물의 성질에 크게 영향을 미친다. 열처리를 통해 탄화철인 시멘타이트(cementite)를 흑연(graphite)과 페라이트(ferrite)로 변환시킬 수 있다.

4.3.2.1 주철의 분류

주철을 분류하는 가장 일반적인 방법은 파면의 광택에 의해 분류하는 것이다. 일반적으로 백주철(white cast iron), 반주철(mottled cast iron), 회주철(gray cast iron)의 3종으

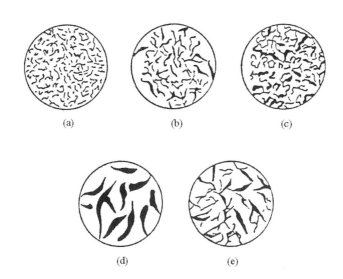

그림 4.3
다양한 흑연의 형태

로 구분한다. 백주철은 파면이 백색이고 흑연(graphite)이 없고 탄소가 시멘타이트 (Fe₃C) 상태로 된 것을 말한다. 경도와 내마모성이 크므로 롤러, 파쇄기 등에 사용된다. 반면 회주철은 탄소의 일부가 유리되어 흑연화된 주철을 말하고, 철과 탄소와 규소가 주성분이며, 파면이 회색으로 보인다. 주조성, 절삭성이 양호하며 공작 기계 베드, 농기 구 등에 사용된다. 회주철은 인장 강도를 기준으로 분류 호칭한다. 반주철은 백주철과 회주철의 중간 상태를 말하며 흑연과 시멘타이트(Fe₃C)가 혼합된 상태의 철이다. 일반 적으로 주철은 회주철이 많으며 이것을 보통 주철이라 부른다. 회주철 중에는 흑연의 형태에 따라 편상 흑연 주철, 공정 흑연 주철, 구상 흑연 주철, CV 흑연 주철 등이 있 다. 보통 주철의 형태는 편상 흑연 주철이다. 미국 ASTM에서는 편상 흑연 주철을 흑 연의 형태에 따라 A, B, C, D, E형으로 분류한다. 성분상으로 볼 때에는 고탄소 주철, 고규소 주철, 고망간 주철, 고크롬 주철, 고니켈 주철 등이 있다. 조직상으로 볼 때는 펄라이트 주철, 베이나이트(bainite) 주철, 바늘 모양(acicular) 주철 등이 있다. 주철은 Fe–C 상태도에서 2.0~6.67% 탄소를 가지는 철–탄소(Fe–C) 합금이지만 보통 탄소의 범 위는 2.5~4.0%이다. 탄소 함유량에 따라 아공정 주철, 공정 주철, 과공정 주철로 분류 하기도 한다.

일반적으로 주철을 분류하면 보통 주철, 고급 주철, 특수 주철로 구분하기도 한다. 보통 주철은 고급 주철에 비해 인장 강도가 낮으며 회주철, 반주철, 백주철이 있다. 고 급 주철은 합금 주철이라고도 하며 미하나이트 주철, 니켈 주철, 크롬 주철, 니켈-크롬 주철, 애시큘러 주철 등이 있다. 특수 주철에는 가단 주철, 구상 흑연 주철, 칠드 주철 등이 있다.

4.3.2.2 주철의 성분 및 성질

주철은 경도가 높고 취성이 강하여 단조하기가 어려워 주물 가공을 주로 하게 된다. 이 때 주물 가공성을 좋게 하기 위해 규소(Si: silicon)를 첨가한다. 회주철(gray cast iron)은 그림 4.4(a)와 같이 얇고 긴 조각 편상 형태(flake)의 흑연(graphite)을 포함하고 있다. 이 편상 형태는 인장 하중(응력)하에서 균열(crack)로 변화되기 쉽다. 따라서 회주철은 상대적으로 인장 하중 상태에서는 약하고 취성의 성질을 가지고 있다. 압축 하중 상태에서는 인장 상태보다는 상대적으로 강도가 높고 연성의 성질을 가지고 있다. 회주철은 가장 흔한 주철이므로 일반적으로 보통 주철이라 함은 회주철을 말한다. 보통 주철은 흑연의 분포 상태 및 모양에 따라 다르다. 보통 주철에서 흑연은 편상이고, 주철 생산량 중 대다수를 차지하고 있으며 가장 쉽게 제작할 수 있다. 성분 중 규소(Si)는 흑연화 촉진 원소이며, 망간(Mn)은 탈황, 탈산 작용을 한다. 주철 중에 포함된 인(P)은 페라이트 조직 중에 고용되나 대부분은 3정 공정물인 스테타이트(stetite)로 존재한다. 인(P)은 용융점을 낮추며 주철의 유동성을 좋게 하지만 시멘타이트의 생성을 많게 해 단단해지고 취성이 생긴다. 황(S)은 흑연화 방해 요소로 고온 취성을 일으킨다. 주철 중 망간이 소량이면 철과 결합해 FeS가 되어 백주철화를 촉진한다. 주철 중 탄소의 함유량이 많을수록 용융점은 낮아진다.

a) 보통 주철

일반적으로 회주철과 백주철을 일반 주철이라 칭한다.

회주철(gray cast iron)

회주철은 인장 강도에 비해 압축 강도가 우수하며 내마모성이 좋아 기어나 자동차의 실린더 재료로 사용되기도 한다. 회주철은 편상 흑연 주철이므로 외력을 가할 때 편상 흑연을 따라 균열이 발생하기 쉬운 결점이 있으므로, 따라서 취성이 있고 강도가 작은 결점이 있다. 회주철 중에는 흑연의 형태에 따라 편상 흑연, 공정 흑연, 구상 흑연, CV 흑연 등으로 구분한다. 주철의 조직에 가장 영향을 주는 원소는 탄소(C)와 규소(Si)이다. 보통 주철인 회주철의 성분은 표 4.6과 같다.

탄소는 2가지 형태가 있다. 탄소 형태를 결정하는 요소로는 냉각 속도, 규소량, 망간

표 4.6 보통 주철인 회주철의 주요 성분과 기계적 성질(KS D 4301)

성분	C	Si	Mn	P	S
조성비(%)	3.0~3.6	1.0~2.0	0.5~1.0	0.3~1.0	0.06~0.13
기호	인장 강도(MPa)		압축 강도(MPa)	브리넬 경도(H_B)	
GC10	98~147		392~588	131~163	
GC15	147~196		539~735	156~183	
GC20	196~245		686~882	174~197	

양 등이 있는데 이러한 인자를 잘 조절하여 탄소의 형태와 형태의 양을 조절해야 한다. 이는 주철의 기계적 성질을 결정하기 때문에 중요하다고 할 수 있다. 보통 주철의 인장 강도는 흑연의 형태, 크기, 분포 등에 의해 많은 차이가 있으며 보통 150~195 MPa이다. 보통 주철은 조직에 따라 기계적 성질이 달라지므로 좋은 주물을 만들려면 흑연의 상태에 유의해야 한다. 보통 주철의 기호는 GC10, GC20 등을 사용한다. 미국에서는 SAE-ASTM 혹은 UNS 규격으로 회주철을 표시한다. SAE-ASTM(UNS)로 표시되는 J431-G1800(F10004) 회주철은 극한 강도가 118 MPa, J431-G3000(F10006)은 극한강도가 207 MPa 이상의 회주철을 나타내며 J431-G4000(F10006)은 극한 강도가 276 MPa 이상인 회주철을 지칭한다. 미국 규격의 회주철의 기계적 성질은 다음과 같다.

G1800의 밀도는 7.3 g/cm^3, 탄성 계수는 66~97 Gpa, 인장 강도는 최저가 124 MPa, G3000의 밀도는 7.3 g/cm^3, 탄성 계수는 90~113 Gpa, 인장 강도는 최저가 207 MPa, G4000의 밀도는 7.3 g/cm^3, 탄성 계수는 110~138 Gpa, 인장 강도는 최저가 276 MPa 이며 푸아송비 ν는 모두 0.26이다. 열팽창 계수는 모두 11.4×10^{-6}/°C이다.

백주철(white cast iron)

백주철은 용융된 물질을 급격히 냉각시킬 때 형성된다. 이 용융 물질이 급격히 냉각되지 않을 때는 회주철(gray cast iron)이 된다. 과도한 탄소량은 소위 시멘타이트(cementite)로 불리우는 다량의 Fe$_3$C 성분을 포함하는 다상 네트워크(multi network) 형태로 존재한다. 이와 같은 매우 단단한 취성의 상(phase)으로 인해 백주철의 덩어리 재료 역시 단단하고 취성이 있게 된다.

b) 고급 주철

고급 주철이라 하면 보통 인장 강도가 295 MPa 이상인 것을 말하며 흑연의 분포, 형태

표 4.7 고급 주철의 종류와 기계적 성질(KS D 4301)

기호	인장 강도(MPa)	압축 강도(MPa)	브리넬 경도(H_B)
GC25	245~294	833~980	187~217
GC30	294~343	931~1078	197~235
GC35	343 이상	1029~1176	207~241

등이 주요 인자이다. 고급 주철은 보통 주철보다 강도 및 인성 내마모성, 내열, 내식성 등이 부여된 주철이다. 고급 주철은 탄소 2.5~3.2%, 규소가 1.0~2.0% 정도로 내마모성과 내열성이 우수한 합금 주철이다. 우수한 성질은 기지 조직의 개선을 통해서도 이룰 수 있다. 고급 주철의 제조법에는 미한공법(Meehan Process), 란쯔법(Lanz process), 에멜법(Emmel process)이 있다. 고급 주철의 종류와 기계적 성질은 표 4.7에 표시한다. 고급 주철의 기호는 GC 25, GC 30, GC 35 등을 사용한다.

고급 주철에는 미하나이트(Meehanite) 주철이 있는데 G. F. Meehan이 1926년 주철에 저탄소 저규소 주철을 접종하여 흑연을 석출시킨 소량 흑연 주철이었다. 접종 주철을 공업화하기 위해 용해로로 큐폴라(cupola)가 사용되었다.

미하나이트 주철

탄소와 규소의 낮은 용탕을 레이들 내에서 흑연을 정출시킨 후 페로실리콘(Fe-Si) 혹은 칼슘실리콘(Ca-Si)을 첨가하는 미한공법을 사용하여 제작하는 주철이다.

미하나이트(Meehanite) 주철은 펄라이트의 양이 많고 흑연이 적다. 페로실리콘이나 칼슘실리콘을 첨가하는 법을 접종 처리(inculation)라 한다.

주물의 두께 차이에 대해서도 내외부가 동시에 응고하므로 흑연 조직이 비교적 균일하다. 이는 주물의 두께 차이가 있더라도, 즉 두꺼워도 조직 변화가 적고 인장 강도, 경도에 대해서도 질량 효과의 영향이 보통 주철에 비하여 적다. 미하나이트 주철은 주로 큐폴라(cupola)를 사용하여 고온 용해를 한다. 균일 용해를 위해 특수 장치를 사용한다. 용해 온도는 1525~1550°C이다. 미하나이트용 특수 시편을 사용하여 불량 여부를 판단한다. 철 스크랩(steel scrap)을 다량 사용하며 칼슘실리콘 혹은 페로실리콘(Ca-Si, Fe-Si)과 같은 접종제를 사용한다. 두께는 가능한 한 균일하게 한다. 이 방법은 현재 주물 공장에서 널리 사용한다. 일반용(G) 미하나이트 주철의 경우가 표 4.8에 나타나 있다. 표 4.8에서 GM, GA는 흑연이 가장 적고 GE로 갈수록 흑연의 양이 많아진다. 내열용(H), 내마모용(W), 내식용(C) 등이 있으며 자동차에서는 실린더 라이너나 클러치 압력판 등에 사용된다.

표 4.8 일반용 미하나이트 주철의 기계적 성질

종별	인장 강도 (MPa)	탄성 계수 (GPa)	압축 강도 (MPa)	피로 강도 (내구 한도) (MPa)
GM	380	155	1400	175
GA	351	140	1200	154
GB	316	127	1125	33
GC	281	120	1055	122
GD	242	102	914	105
GE	211	85	843	96

합금 주철

합금 주철에는 고크롬 주철, 고니켈 주철, 고실리콘 주철 등이 있으며 고크롬 주철은 크롬을 12~28% 함유하며 크롬 성분을 많이 함유할수록 내마모용 내식용으로 사용된다. 고온 강도와 경도가 우수하여 펌프, 교반 날개 등에 사용된다. 산화 분위기에서 내식성이 좋다. 고니켈 주철은 14% 이상의 니켈을 함유한 오스테나이트 주철이다. 연성이 크고 기계적 성질이 우수하다. 일반적으로 니켈 첨가 시 인장 강도와 경도가 증가한다. 각종 산에 잘 견디는 주철은 규소를 14% 정도 함유한 합금 주철로, 산이 많은 환경에 사용되는 펌프, 교반기 등에 사용된다.

c) 특수 주철

특수 주철 중 구상 흑연 주철과 가단 주철에 대해 설명한다.

구상 흑연 주철

구상(혹) 모양의 주철(nodular iron)로 알려져 있는 구상 흑연 주철(ductile cast iron, nodular graphite cast iron, spheroidal graphite cast iron)은 그림 4.4의 오른쪽과 같이 구상 모양 형태의 흑연을 포함한다. 이 주철은 영국의 Morrough와 Willius가 세륨(Ce)을 첨가하여 주조만으로 제조에 성공하였다. 구상 흑연 주철은 기존의 주철이 충격에 약하다는 통념을 깬 새로운 주철의 일종이다. 초기에는 마그네슘(Mg), 칼슘(Ca) 등을 사용하여 제조하였다. 불순물을 조심스럽게 조절하고 소량의 마그네슘과 구상 모양을 형성시키는 데 도움을 주는 요소를 첨가함으로써 제조할 수 있다. 조직 속의 구상 모양의 흑연으로 인해 구상 흑연 주철은 인장 시 회주철보다 상당한 강도와 연신율을 가지고 있다.

표 4.9 구상 흑연 주철의 종류와 기계적 성질(KS D 4302)

가공 방법	인장 강도 (MPa)	항복 강도 (MPa)	연신율 (%)	브리넬 경도 (H_B)	충격치 (J/cm^2)
주조 (casting)	490~686	392~588	1~6	220~280	0.4~1.4
풀림 (annealing)	490~686	343~411	10~20	140~180	1.8~3.5

	인장 강도(MPa)	압축 강도(MPa)	경도(H_B)
GCD40	252 이상	392 이상	201 이하
GCD45	284 이상	441 이상	143~217
GCD50	323 이상	490 이상	170~241
GCD60	372 이상	588 이상	192~269
GCD70	421 이상	686 이상	229~302
GCD80	480 이상	784 이상	248~352

미국에서는 연성 주철(ductile cast iron), 일본에서는 노듈러 주철(nodular cast iron)이라 부르며 영국에서는 구상 흑연 주철(spheroidal graphite cast iron)이라고도 한다.

구상 흑연 주철의 흑연 형상은 구상이며 주조 시와 열처리 풀림(annealing) 시의 기계적 성질은 표 4.9와 같다. 일반적으로 구조용 강이나 주철보다 인장 강도가 양호하다. 이는 흑연이 구상화되기 때문이다. 구상 흑연 주철은 조직에 따라 페라이트형, 펄라이트

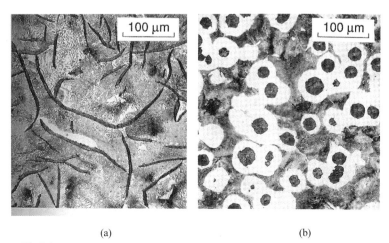

(a)   (b)

그림 4.4
회주철의 미세 구조(a)와 구상 흑연 주철(b). (a)의 흑연 플레이크는 두꺼운 검정 밴드이고 (b)의 구상 흑연(graphite nodule)은 검정 형상이다. (a)의 회주철에서 미세한 선은 순강(mild steel)의 펄라이트(pearlite) 구조와 유사하다.

형, 시멘타이트형으로 분류된다. 페라이트형은 페라이트가 석출한 것으로 탄소와 규소가 많을 때 생기며, 마그네슘의 양이 적당하고 냉각 속도가 느리고 풀림을 할 경우, 접종이 양호한 경우 생기며 연신율은 6~20%이고 브리넬 경도가 $H_B = 150~240$이 된다. 반면 펄라이트형은 바탕이 펄라이트이고 강인하고 인장 강도가 대략 600~700 MPa이며 연신율은 2% 정도, 브리넬 경도는 $H_B = 150~240$이 된다. 시멘타이트형은 시멘타이트가 석출한 것으로 마그네슘의 첨가량이 많을 때, 탄소와 규소가 적을 때, 냉각 속도가 빠를 때, 접종이 부족할 때 생긴다. 경도는 브리넬 경도로 $H_B = 220$ 정도이다.

구상 흑연 주철은 기계 부품 및 주철관으로 널리 사용되고 있다. 구상 흑연의 생성 이론과 성장 이론에 대해서는 다양한 연구가 이루어지고 있다.

미국 SAE-ASTM(UNS) 규격에서의 구상 흑연 주철(ductile cast iron)은 Grade 60-40 -18(F32800)의 경우 밀도는 7.1 g/cm^{3}이며 탄성 계수 169 GPa, 어닐링된 경우 인장 강도는 414 MPa, 항복 강도 276 MPa, 파단 연신율이 18%이고 푸아송비 $\nu = 0.29$인 재료이며, Grade 80-55-06에서는 밀도는 7.1 g/cm^{3}이며 탄성 계수 168 GPa이고 주조된 경우 인장 강도는 552 MPa, 항복 강도 379 MPa, 파단 연신율이 6%인 재료이다. Grade 120-90-06에서는 밀도는 7.1 g/cm^{3}이며 탄성 계수 164 GPa, 기름 담금질 후 템퍼링 열처리한 경우 인장 강도는 827 MPa, 항복 강도 621 MPa, 파단 연신율이 2%이고 푸아송비 $\nu = 0.28$인 재료이다.

가단 주철(malleable cast iron)

가단 주철은 백주철이 되도록 주조한 후 탄소를 제거하는 탈탄 혹은 흑연화 처리를 한 연성이 우수한 주철이다. 즉, 구상 흑연 주철과 유사한 성질을 얻기 위해 백주철을 특수 열처리하여 가단성, 즉 상당한 연성을 가지도록 한 주철의 일종이다. 절삭성이 좋으며 파면의 상태로 백심 가단 주철(WMC, white malleable cast iron)과 흑심 가단 주철(BMC, black malleable cast iron)로 구분한다. 조직에 따라서는 펄라이트 가단 주철(PMC, pearlite malleable cast iron), 베이나이트 가단 주철(bainite malleable cast iron) 등으로 구분한다. 백심 가단 주철(유럽 가단 주철)은 열처리로 탈탄시키며 흑심 가단 주철(미국 가단 주철)은 흑연화시킨다. 추가로 다양한 합금 요소들이 내화용이나 내부식성과 같은 바람직한 성질 혹은 가공성을 개선시키기 위해 특수 목적의 주철에 사용된다. 가단 주철은 일반적으로 인장 및 충격 강도가 좋으나 제조비가 비싼 단점이 있다.

표 4.10은 가단 주철 화학적 조성의 예이다. 백심 가단 주철은 황(S) 성분이 흑심 가단 주철보다 높음을 알 수 있다.

표 4.11은 가단 주철의 종류별 국산 기호 및 기계적 성질을 나타낸다.

표 4.10 가단 주철 구성 성분과 기계적 성질

종류	C (%)	Si (%)	Mn (%)	P (%)	S (%)	인장 강도 (MPa)	연신율 (%)
백심 가단 주철	2.8~3.5	0.4~0.8	0.2~0.4	0.15>	0.20>	330~540	3~8
흑심 가단 주철	2.3~2.8	0.5~1.1	0.2~0.4	0.20>	0.06>	270~360	5~14

표 4.11 가단 주철의 기계적 성질(KS D 4303, 4304, 4305)

가단 주철	종류	기호	인장 시험		
			인장 강도(MPa)	내구 한도 (MPa)	연신율 (%)
흑심 가단	1종	BMC 28	275 이상	167 이상	5 이상
	2종	BMC 32	314 이상	186 이상	8 이상
	3종	BMC 35	343 이상	206 이상	10 이상
	4종	BMC 37	(363) 이상	216 이상	14 이상
펄라이트 가단 (KS D 4304-1981)	1종	PMC 45	441 이상	265 이상	6 이상
	2종	PMC 50	490 이상	304 이상	4 이상
	3종	PMC 55	539 이상	343 이상	3 이상
	4종	PMC 60	588 이상	392 이상	3 이상
	5종	PMC 70	686 이상	510 이상	2 이상
백심 가단 (KS D 4305-1981)	1종	WMC 34	314 이상	–	8 이상
	2종	WMC 38	353 이상	–	14 이상
	3종	WMC 45	441 이상	265 이상	6 이상
	4종	WMC 50	490 이상	304 이상	4 이상
	5종	WMC 55	539 이상	343 이상	3 이상

미국 SAE-ASTM(UNS) 규격에서의 가단 주철은 32510(F22200)의 경우 극한 강도 345 MPa, 항복 강도 224 MPa, 파단 연신율이 10%인 재료이며, 50005(F23530)는 극한 강도 483 MPa, 항복 강도 345 MPa, 파단 연신율 5%인 재료이다.

칠드 주철(chilled casting)

주조 시 주형에 chiller를 넣으면 급격히 냉각이 되어 표면은 백선화가 생기며 경도가 높아진다. 반면 내부는 외부에 비해 서서히 냉각되어 연하게 되어 인성이 강한 주물이 된다. 백선화 부위는 취성이 있고 내부는 인성이 강한 회주철이다. Chill의 깊이는 냉각속도, 화학 성분의 영향을 받는다. 주로 내마모성, 고내열성이 요구되는 압연기의 롤러, 철도용 바퀴에 사용된다. 금형 이용시 금형 접촉 부분만이 급랭되어 경화되는 주철이라 할 수 있다.

4.3.2.3 주철의 명칭

KS 규격에서는 주철을 1~6종류로 규정하고 있으며 보통 주철은 1, 2, 3종이 해당된다. KS 규격 1종은 GC100으로, 일본 규격 JIS에서는 FC100으로 표시한다. 2종은 GC150, 일본 규격 JIS에서는 FC150, 3종은 GC200, 일본 규격 JIS에서는 FC200으로 호칭한다.

주철의 종류별 명칭으로 미국에서는 가단 주철의 경우 M3210, M4504, M5003, M5503, M7002, M8501 등이 있다. 국내에서는 흑심 가단 주철을 BMC 2, 8, 32, 35, 37로, 펄라이트 가단 주철은 PMC 45, 50, 55, 60, 70으로, 백색 가단 주철은 WMC 34, 38 등으로 표기한다.

가단 주철 중 흑심 가단 주철은 KS D 4303-1980에 있으며, 강도 연신율에 따라 1종(BMC 28), 2종(BMC 32), 3종(BMC 35), 4종(BMC 37)으로 나눈다. 펄라이트 가단 주철은 KS D 4304-1981에 있으며 강도 연신율에 따라 1종(PMC 45), 2종(PMC 50), 3종(PMC 55), 4종(PMC 60), 5종(PMC 70)으로 나눈다. 백심 가단 주철은 KS D 4305-1981에 있다. 강도 연신율에 따라 1종(WMC 38), 2종(WMC 38), 3종(WMC 45), 4종(WMC 50), 5종(WMC 55)으로 나눈다. 구상 흑연 주철은 KS 규격에서는 1종을 DC40으로, 2종을 DC45로, 3종을 DC55로, 4종을 DC70으로 나타낸다.

4.3.3 주강(cast steel)

주강(cast steel)은 평로(平爐), 전로(轉爐), 전기로, 도가니로 등에서 용해한 강(鋼)을 주형에 주입하여 소정의 형상이나 크기로 성형한 것으로 탄소의 함유량은 주철보다 적은 0.1~0.5% 정도이다. 주물로 사용되는 강 재료에는 저탄소강, 스테인리스강, 저합금강 등이 있다. 주철로는 충분한 강도를 얻을 수 없고, 기계 부품 등 단조품으로는 만들기 어려운 복잡한 형태의 제품을 제조하는 데 쓰인다. 특수한 용도에 사용할 목적으로 탄소 외에 다른 금속을 가한 것을 합금 주강이라 한다. 주철보다 연신율이 좋으며, 인장 강도도 크다.

주강은 보통 주강인 탄소강 주강과 합금 주강으로 분류된다.

4.3.3.1 탄소강 주강(casting carbon steel)

탄소강 주강은 보통 주강이라고도 하며 1종부터 5종까지가 있다 1종은 인장 강도가 363 MPa=37 kg/mm^2 이상으로 SC37로 표기되며, 2종은 인장 강도 363 MPa=42 kg/mm^2 이상으로 SC42, 3종은 인장 강도가 451 MPa=46 kg/mm^2 이상으로 SC46, 4종은 인장 강도가 480 MPa=49 kg/mm^2 이상으로 SC49, 5종은 인장 강도가 540 MPa= 55 kg/mm^2 이상으로 SC55로 표기된다. 저탄소강 주강은 자동차 부품으로 사용되며 용접 구조물의 경우 침탄 처리를 통해 내마모성을 증가시킨다. 중탄소강은 구조용 주물에 널리 사용되며 고탄소강은 내마모성이 요구되는 곳에 사용된다.

4.3.3.2 합금 주강

합금 원소로는 실리콘, 망간, 크롬, 니켈, 코발트, 바나듐, 텅스텐 등을 사용한다. 고강도, 고온에 사용 시, 높은 부식 저항이 요구되는 경우, 저온 고충격치를 필요로 하는 경우 등에 따라 첨가 원소를 달리한다. 대표적인 합금 주강으로는 망간강 주강, 실리콘-망간강 주강, 크롬-몰리브덴강 주강, 니켈-크롬-몰리브덴강 주강 등이 있다. 고온 고압용으로 사용되는 합금 주강에는 SCPH1, SCPH2, SCPH23, SCPH32 등이 있다.

4.3.3.3 주강 명칭

탄소강 주강의 호칭은 SC로 표기하며 SC37, SC42, SC46, SC49, SC55가 있다. 합금 주강의 경우 저망간강 주강품은 SCMn 1A, SCMn 2A 등으로, 망간-크롬강 주강품은 SCMnCr 2A, 3A, 4A 등으로, 실리콘-망간강 주강품은 SCSiMn 2A 등으로 표기한다.

4.3.4 탄소강(carbon steel)

탄소강은 철과 탄소의 단순한 합금으로 선철(pig iron)을 고철, 석회 등과 함께 전기로에서 용해 정련시켜 철(Fe)에 2.0% 이하의 탄소를 포함시킨 재료이다. 탄소강의 성질은 기본적으로 탄소량에 의해 결정되며 탄소량이 일정해도 가공 상태나 열처리 조건에 따라 성질은 변할 수 있다. 탄소가 철 중에서 화합하면 시멘타이트(Fe$_3$C)라는 탄화물이 형성된다. 이 탄화물은 매우 단단한 조직이다. 미국 AISI 정의에 따르면 최대 탄소 2%, 규소 0.6%, 구리 0.6%, 망간 1.65%까지 함유한 재료를 강(steel)이라 지칭한다. 탄소강은 일반 구조용 압연 강재, 기계 구조용 탄소강, 선재 탄소 공구강 등의 압연 강재 외에 주강품, 단조품으로서 광범위하게 사용된다. 탄소강의 기계적 성질은 탄소 함유량의 영향을 강하게 받아 탄소량의 증가와 함께 강도(strength)와 경도(hardness)는 상승하지만 연성(ductility)과 인성(toughness)은 저하한다. 즉, 탄소 함유량이 적은 저탄소강에서는 강도와 경도가 중탄소강과 고탄소강에 비해 상대적으로 약하지만 연성과 인성은 우수하다. 반면 탄소 함유량이 많은 고탄소강에서는 강도와 경도가 저탄소강과 중탄소강에 비해 상대적으로 강하지만 연성과 인성은 약하다. 탄소강의 가공은 재결정 온도를 기준으로 냉간 가공과 열간 가공을 사용한다.

4.3.4.1 탄소강의 분류

탄소강은 탄소량에 따라 저탄소강(0.3%<C), 중탄소강(0.3%<C<0.6%), 고탄소강(C>0.6%)으로 나눈다. 고탄소강 중 탄소가 0.77% 이상의 탄소강을 공구강(tool steel)이라 부른다. 탄소 혹은 철-탄소(Fe-C) 상태도에 의한 분류법으로 순철, 아공석강, 공석강, 과공석강으로 나누기도 한다. 아공석강(hypoeutectoid steel)은 탄소량이 0.008~0.8% 이하인 강을 말하며, 공석강(eutectoid steel)은 0.8%, 과공석강(hypereutectoid steel)은 0.8~2.0%의 탄소를 포함한 강을 말한다. 이러한 분류법을 금속 조직학적 분류법이라고 한다. 또 탄소량에 따라 Armco iron(순철), 극연강, 연강, 반연강, 반경강, 경강, 최경강, 고탄소 공구강으로 분류하기도 한다. 극연강은 탄소 함유량이 0.2% 미만, 연강은 0.2~0.3%의 저탄소강에 해당되며, 반경강은 0.3~0.4%이며 경강은 0.4~0.5%, 최경강은 0.5~0.6%이며 중탄소강에 속한다. 이를 정리하면 표 4.12와 같다.

표 4.12 탄소강의 분류 및 기계적 성질

구분	탄소 함유량 (%)	기계적 성질		
		인장 강도 (MPa)	연신율 (%)	경도 (H_B)
특별 극연강	0.08 이하	320~360	30~40	80~100
극연강	0.08~0.12	360~420	30~40	65~120
연강	0.12~0.2	380~480	24~36	100~130
반연강	0.12~0.2	380~480	24~36	100~130
반경강	0.3~0.4	500~600	17~30	140~170
경강	0.4~0.5	580~700	14~26	160~200
최경강	0.5~0.6	650~980	11~20	180~320

4.3.4.2 탄소강의 주요 성분 요소

보통 탄소강(plain carbon steel)은 속성을 조정하는 합금 요소로 1% 미만의 탄소를 포함한다. 탄소강은 제한된 양의 망간(Mn; 보통은 바람직하지 못함)과 소량의 황(S: sulfur)과 인(P: phosphorus)과 같은 불순물을 포함한다. 철강의 5대 성분이라 함은 탄소(C), 규소(Si), 망간(Mn), 황(S), 인(P)을 말한다. 철강에 포함된 각 원소의 영향을 설명하면 다음과 같다.

- C: 탄소(C)는 강의 강도를 향상시키는 가장 중요한 인자이다. 오스테나이트에 고용되어 담금질(quenching) 시 마르텐사이트 조직을 형성시킨다. 철(Fe), 크롬(Cr), 몰리브덴(Mo), 바나듐(V) 등과 함께 탄화물을 형성하여 강도 및 경도를 향상시킨다.
- Si: 규소(Si)는 보통 강 중에 대략 0.3~0.5% 정도 함유되어 있으며 페라이트 중에 고용되어 강의 인장 강도, 항복 강도, 경도 등을 크게 하지만 연신율 및 충격치를 감소시킨다. 또한 결정을 조대화시키고 용접성을 불량하게 한다.
- Mn: 망간(Mn)은 보통 0.3~0.5% 정도 포함하며, 일부는 페라이트 중에 고용되며 일부는 황(S)과 결합하여 MnS로 존재한다. MnS는 연성이 좋아 소성 가공 시 가공방향으로 길게 늘어난다. 망간은 소성을 증가시키고 주조성을 좋게 한다. 또한 결정의 성장을 방지하고 표면 연성을 저지한다. 탄소량이 적은 강 중에 망간을 첨가하면 펄라이트 조직이 미세화되어 페라이트를 고용 강화시키므로 연신율 및 단면 수축률을 감소시키지 않고 인장 강도, 항복 강도, 충격치 등을 증가시킨다. 이런 목적으로 망간을 첨가할 때는 2% 이내이다.
- P: 인(P)은 보통 0.06% 이하로 제한한다. 인이 많으면 Fe_3P(steadite)가 형성되어 결정 경계에 석출한다. 인이 적으면 강 중에 고용되고 경도 및 강도가 다소 증가되나 연신율이 감소한다. 철 중의 인은 상온 취성(cold shortness)의 원인이 된다. 인이 철 중에 0.06% 이하이고 균일하게 분포되어 있다면 별로 해롭지 않으나 편석되어 충격치를 감소시키는 경향을 갖고 있으므로 소량으로 제한한다. 인(P)에 의한 해로운 점은 탄소량이 많을수록 두드러진다. 공구강에서는 0.025% 이하로, 연강에서는 0.06% 이하로 제한한다. 상온에서 혹은 그 이하 온도에서 화합물이 결정립계에 석출하여 강의 충격치를 저하시키는 현상을 상온 취성이라 한다.
- S: 황(S)은 대부분 FeS 혹은 MnS로 존재하는데 MnS는 슬래그로 제거된다. 유황이 들어가면 고온 취성 혹은 적열 취성(red shortness)의 원인이 된다. 즉, S가 0.02%만 있어도 인장 강도, 충격 강도를 감소시키며 FeS를 만들어 입계에 분포하게 된다. 융점이 낮으므로 고온에 약해 단조 및 압연 시에 강재 파괴의 원인이 된

다. 이를 고온 혹은 적온 취성이라 한다. 공구강에는 유황이 0.03% 이하가 되어야 하며 연강에서는 0.06% 이하가 되어야 한다.

- Cu: 구리(Cu)는 강 중에 0.3% 이하로 한다. 구리는 용융점이 낮고 압연 시에 균열이 발생하는 원인이 되기 쉽다. 인장 강도 및 경도를 증가시키고 부식 저항을 다소 크게 하지만 압연 균열의 원인이 되므로 0.25% 이하로 구리의 양을 제한한다. 니켈이 존재하면 구리의 해를 감소시키나 주석(Sn)이 존재하면 구리의 해가 커진다.

관련된 주요 현상을 요약하면 다음과 같다.

- 상온 취성(cold shortness): 상온에서 혹은 그 이하 온도에서 화합물이 결정립계에 석출하여 강의 충격치를 저하시키는 현상을 상온 취성이라 한다.
- 적열 취성 혹은 고온 취성(red shortness): 황(S)은 0.02%만 있어도 인장 강도, 충격 강도를 감소시키며, FeS를 만들어 입계(grain boundary)에 분포하게 된다. 융점이 낮으므로 고온에 약해 단조 및 압연 시에 강재 파괴의 원인이 된다. 이를 고온 혹은 적열 취성이라 한다.
- 청열 취성(blue shortness): 연강 혹은 저탄소강은 인장 강도가 200~300°C에서 가장 크며 충격치는 이 온도 구간에서 가장 작다. 연강은 이 온도 구간에서 취약하다 할 수 있다. 이를 청열 취성이라 부른다. 이 온도 구간에서 가공하는 것은 좋지 않다.

4.3.4.3 탄소강의 성질

좀 더 구체적 용어로 사용되는 저탄소강(low carbon steel)과 연강(mild steel)은 AISI 1020강과 같이 0.25% 미만의 탄소량을 표시하기 위해 사용된다. 탄소강은 상대적으로 저강도이지만 연성(ductility)은 매우 우수하다. 탄소강의 구조는 소위 α철 혹은 페라이트(ferrite)라 불리우는 BCC 철과 펄라이트(pearlite)의 조합이다. 펄라이트는 그림 4.5(a)에서 보듯이 페라이트와 시멘타이트(Fe_3C) 2개 상(two phase)의 층상 구조(layered structure)이다(그림 4.6). 탄소강에는 빌딩과 다리에 사용되는 구조강(structural steel)과 자동차 몸체의 판금(sheet metal)에 사용되는 종류가 있다. 연강 혹은 저탄소강은 인장 강도가 200~300°C에서 가장 크며 충격치는 이 온도 범위 내에서 가장 작다. 즉, 연강은 이 온도에서 취약하다고 할 수 있다. 이를 청열 취성(blue shortness)이라 부른다. 따라서 이 온도 범위에서 가공하는 것은 좋지 않다.

중탄소강(medium carbon steel)은 탄소 함유량이 0.3~0.5% 정도이고 고탄소강(high carbon steel)은 탄소 함유량이 0.6~1.0%이거나 그 이상인데, 저탄소강보다 많은 탄소를 포함하므로 저탄소강보다 높은 강도를 가지고 있다. 뜨임(tempering)이나 담금질

표 4.13 탄소의 함량이 풀림 열처리한 보통 탄소강(plain carbon steel)의 강도에 미치는 영향

탄소강의 종류	탄소량(%)	최저 강도(MPa)
AISI 1020	0.2	414
AISI 1030	0.3	448
AISI 1040	0.4	517
AISI 1050	0.5	621

(quenching) 같은 열처리 과정에 의해 혹은 더 많은 탄소 성분을 포함시킬 수 있으므로 강도를 증가시킬 수 있다. 그러나 높은 강도는 연성(ductility)의 손실로 이어져 취성 거동을 동반한다. 중탄소강(medium carbon steel)은 기계나 차량의 축이나 다른 구성 부품으로 널리 사용되고 있다.

반면에 고탄소강(high carbon steel)은 고경도(high hardness)가 요구되는 곳이나 낮은 연성이 문제가 되지 않는 곳에 제한적으로 사용되고 있다. 고탄소강은 절삭 공구나 스프링 등에 사용되고 있다. 표 4.13에서는 미국 규격(AISI)을 사용한 보통 탄소강에서 탄소의 함유량에 따라 강도에 미치는 영향을 나타낸다.

4.3.4.4 탄소강의 분류

탄소강은 일반 구조용과 기계 구조용으로 나누어진다. 일반 구조용은 탄소가 0.3% 이하의 저탄소 림드강(rimmed steel), 세미킬드강(semi-killed steel)으로서, 대부분 열간압연(hot rolled) 상태에서 건축, 교량, 차량, 선박 등의 구조용재로 사용된다. 강판, 봉강, 형강의 형태로서 제작되며 인장 강도는 350~500 MPa, 연신율은 13~30% 정도이며 가격이 비교적 싸다. 사용되는 강괴(ingot steel)는 탈산의 정도에 따라 림드강(rimmed steel), 세미킬드강(semi-killed steel), 킬드강(killed steel)으로 나누며, 림드강은 노 내에서 페로망간(Fe-Mn)으로 불완전하게 탈산시킨 강이다. 림드강은 킬드강에 비해 기계적 성질은 낮지만 연성과 용접성이 양호하고 탄소 함유량이 0.3% 이하인 저탄소강에 사용된다. 킬드강은 완전하게 탈산시킨 강이며 탄소 함유량이 0.3% 이상으로 고급 강으로 사용된다. 세미킬드강은 킬드강과 림드강의 중간이며, 페로망간(Fe-Mn), 페로실리콘(Fe-Si)으로 탈산시킨 강으로 기포와 수축공이 적고 탄소 함유량이 0.15~0.35%이다.

자동차에서는 냉간 압연 강판(cold rolled steel plate)과 열간 압연 강판(hot rolled steel plate), 기계 구조용 탄소강, 일반 구조용 탄소강으로 나누어 사용한다. 건축, 토목, 교량, 철도 차량 등의 구조물에 사용되는 봉, 관, 형강, 판 등의 강을 일반 구조용 탄소강이라 하고, 자동차 항공기 등의 기계 부품에 사용되는 강을 기계 구조용 탄소강이라

표 4.14 일반 구조용 탄소강의 성분과 기계적 성질(일본 JIS 규격)

종류	기호	화학 성분(wt%)				기계적 성질		
		C (탄소)	Mn (망간)	P (인)	S (황)	항복 강도* (MPa)	인장 강도 (MPa)	연신율 (%)
1종	SS 34	-	-			>206	333~431	>(21~30)
2종	SS 41	-	-	<0.05	<0.05	>245	402~510	>(17~24)
3종	SS 50		-	>284	490~608	>(15~21)		
4종	SS 55	<0.05	<0.05	<0.05	<0.05	>402	>539	>(13~17)

* 항복 강도는 두께 16 mm 이하의 경우임

한다. 냉간 압연 강판은 림드 강괴를 열간 압연하여 hot coil을 만든 후 냉간 압연하여 제조한다. 프레스 성형이 좋고 표면이 아름답기 때문에 주로 차량의 몸체용(판 두께 0.6~1.2 mm)으로 사용된다. 국내에서는 현대제철에서 주로 생산한다. 이렇게 냉간 압연하여 제조된 탄소강 강판 종류는 SCP1, SCP2, SCP3으로 분류된다. 열간 압연 강판은 림드 강괴를 열간 압연하여 제조하며, 프레스 성형성과 강도가 요구되는 부품에 사용된다. 종류로는 1종 SHP32, 2종 SHP38, 3종 SHP41, 4종 SHP45 등이 있다. 여기서 숫자 32, 38, 41, 45는 인장 강도(kg/mm²)를 나타낸다. 자동차의 경우 브라켓류, 휠, 디스크, 엑셀하우징, 범퍼, 브레이크 슈, 서스펜션 암, 프레임 등에 사용된다. 표 4.14는 일본에서 사용되는 일반 구조용 압연 강재의 성분과 기계적 성질을 표시한다(JIS 규격). 일반 구조용 탄소강 압연 강재는 엔진 마운팅, 플라이휠 커버, 도어 로크 피니언, 윈도 레귤레이터 기어 등에 사용된다.

KS D 3503 규격에서는 일반 구조용 강재를 SS 330, SS 400, SS 490, SS 540, SS 590으로 구분한다. SS 330은 인장 강도가 330~430 MPa, SS 400은 330~430 MPa, SS 490은 330~430 MPa이다. SS 540은 인장 강도가 540 MPa 이상, SS 590은 540 MPa 이상이다.

기계 구조용 탄소강은 탄소량이 0.6~0.8%이다. 일반 구조용 탄소강에 비해 동일 탄소에서 강도 및 인성이 높고 종류가 다양하며 다양한 열처리에 의해 필요한 강도와 인성을 얻을 수 있다. 기계 구조용 탄소강은 자동차의 차축, 크랭크 축, 치차, 볼트, 너트, 키, 핀 등의 주요 기계 부품에 널리 사용된다.

강은 담금질(quenching)과 풀림(annealing) 열처리 과정을 행한다. 처음에는 약 850°C로 가열한다. 이 온도에서 탄소는 고용체(solid solution) 상태로 γ철이나 오스테나이트로 알려진 FCC 상으로 변하게 된다. 철에서 과포화된 탄소 용액(supersaturated solution of carbon)은 열처리 중 담금질(quenching)이라고 불리우는 급속한 냉각 과정에 의하여

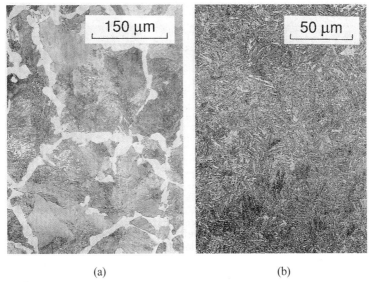

(a)   (b)

그림 4.5
강의 미세 구조. 노멀라이즈된 AISI 1045강(a)에서의 페라이트-펄라이트 구
조; 여기서 밝은 영역은 페라이트이고 줄이 있는 영역은 펄라이트이다. 담금
질되고 풀림 열처리된 AISI 4340 합금강의 구조(b)

형성된다. 담금질은 뜨거워진 금속을 물이나 기름 혹은 소금물에 급격히 담그는 과정
이다. 담금질 후에는 마르텐사이트(martensite)라고 불리우는 구조가 생겨 존재한다. 마
르텐사이트는 탄소 원자에 의해 틈이 있는 뒤틀린 BCC 격자를 가지고 있다. 마르텐사
이트는 평행한 얇은 결정(parallel thin crystal; laths)이 집단으로 혹은 무작위로 섞인 얇
은 판으로 존재하며 오스테나이트 영역에 둘러싸여 있다.

담금질된 철은 두 개의 상(two phase), 즉 찌그러진 결정 구조와 고전위 밀도(high
dislocation density)의 존재로 인해 매우 단단하고 취성이 있다. 재료의 유용한 성질을
얻기 위해서는 저온에서 두 번째 단계의 뜨임(tempering) 열처리를 하여야 한다. 이 과
정은 마르텐사이트의 일부 탄소를 제거하고 흩어져 있는 Fe_3C 입자들을 형성시킨다.

뜨임 열처리(tempering)는 강도는 낮추지만 연성은 향상시킨다. 높은 뜨임 온도일수
록 효과는 보다 더 크며, 탄소 함유량과 여러 종류의 강에 따라 변한다. 담금질(quenching)
하고 풀림 처리(annealing)된 강의 미세 구조는 그림 4.5(b)에 나타나 있다. 탄소강의 Fe
-C 상태도 및 열처리에 관해서는 5장에서 보다 자세히 다룬다.

4.3.4.5 탄소강의 기본 조직

탄소강에는 다음과 같은 기본 조직이 있다.

표 4.15 탄소강 기본 조직의 기계적 성질

성질	페라이트	펄라이트	시멘타이트
인장 강도(MPa)	281	821	343 이하
브리넬 경도(H_B)	90	200	700
연신율(%)	40	15	0

a) 페라이트(ferrite): 탄소량이 극히 적고 순철이 만들어지는 조직으로, 유연하고 상온에서는 강자성체이고 전기 전도도가 높다. 인장 강도는 비교적 작고 연성이 크다.

b) 펄라이트(pearlite): 탄소를 0.8% 함유한 강을 723°C로부터 서냉하면 나타나는 조직으로, 성질은 페라이트에 비해 훨씬 강하고 높으며 담금질에 의해 현저히 경화된다. 그림 4.6은 탄소를 0.9%인 탄소강의 직경을 1000배 확대한 펄라이트 구조이다.

c) 오스테나이트(austenite): 최대 탄소 함유량이 2.0%인 강을 900°C의 공기 온도 상태로 하면 나타나는 조직으로 비자성체이다.

d) 시멘타이트(cementite): 탄소 함유량이 2.0% 이상인 탄소철 Fe_3C의 조직으로 경도가 매우 높고 연성은 거의 없다. 상온에서 강자성체이며 담금질해도 변화하지 않으며 모든 조직 중 경도가 가장 높다.

그림 4.7은 0.3%인 탄소강에서 온도 즉 열의 영향에 따른 조직의 변화를 나타낸다. 표 4.15는 탄소강 주요 조직의 인장 강도, 브리넬 경도, 연신율을 표시한다.

4.3.4.6 탄소강의 명칭과 기계적 성질

국내에서는 일반 구조용 압연 강재 탄소강을 SS 330, SS 400, SS 540, SS 590 등으로

150 μm

그림 4.6
0.9% 탄소강의 펄라이트 구조

부른다. 보통 기계 탄소강을 SM재라고도 하며 SM 10C, SM 20C, SM 30C, SM 40C, SM 50C 등으로 부른다. 배관용 탄소 강관은 SSP로, 기계 구조용 탄소강관은 규격 번호 KS D 3517이며 STKM 11A, STKM 13A, STKM 12A, 12B, 12C, STKM 18A, 18B, 18C 등으로 표시한다. 용접 구조용 압연 강재를 SM 400A, SM 400B, SM 400C 등으로 표시한다.

AISI 1020, AISI 1030, AISI 1050 등의 보통 탄소강의 밀도는 $\rho = 7.85$ g/cm^3, 탄성 계수 $E = 207$ GPa, 푸아송 비 $\nu = 0.3$이며, 열간 압연된 AISI 1020 탄소강의 경우 최소 항복 강도는 210 MPa, 최소 인장 강도는 380 MPa, 최소 연신율은 25%이다. 냉간 인발(cold drawn)된 경우 최소 항복 강도는 350 MPa, 최소 인장 강도는 420 MPa, 최소 연신율은 15%이다. 870°C에서 풀림 처리한 경우 항복 강도는 295 MPa, 인장 강도는 395 MPa이며 파단 연신율은 36.5%이다. 925°C에서 노멀라이징 처리한 경우 항복 강도는 345 MPa, 인장 강도는 440 MPa이며 파단 연신율은 38.5%이다.

열간 압연된 AISI 1040 탄소강의 경우 최소 항복 강도는 290 MPa, 최소 인장 강도는 520 MPa이며, 최소 연신율은 18%이다. 냉간 인발(cold drawn)된 경우 최소 항복 강도는 490 MPa, 최소 인장 강도는 590 MPa이며, 최소 연신율은 12%이다. 785°C에서 풀림 처리한 경우 항복 강도는 355 MPa, 인장 강도는 520 MPa이며 파단 연신율은 30.2%이다. 900°C에서 노멀라이징 처리한 경우 항복 강도는 375 MPa, 인장 강도는 590 MPa이며 파단 연신율은 28%이다.

구조용 압연 강재 SS34의 경우 첫 번째 S는 강(steel)을, 두 번째 S는 압연 강재를, 마지막 숫자 34는 인장 강도 34 kg/mm^{2}를 의미한다. 냉간 압연 강판은 SCP1, SCP2, SCP3으로 호칭한다. 열간 압연 강판은 일본 JIS 규격에서는 SAPH 32, SAPH 41, SAPH 45 등으로 부르는 반면 KS 규격에서는 SHP 32, SHP 35, SHP 41, SHP 45라 부른다. 여기서 숫자 32, 38, 41, 45는 인장 강도(kg/mm^2)를 말한다.

4.3.5 저합금강(low alloy steels)

탄소강에 하나 혹은 여러 종류의 합금 원소를 첨가하여 기계적 성질을 개선하여 여러 목적에 적합하도록 한 강을 특수강(special steel) 혹은 합금강(alloy steel)이라 한다. 합금강 혹은 특수강의 탄소 함유량은 대략 0.25~0.55% 정도이다. 때로는 단순히 합금강이라 불리우는 저합금강에는 다양한 특성을 부여하기 위해 또는 공정 시 반응 과정을 개선시키기 위해 전체적으로 5% 미만의 합금 요소들이 첨가된다. 주요 합금 요소로는 Ni, Cr, Mn, Mo, W, Si, Ti, Co, V 등이 있다. 합금 요소의 첨가량에 따라 저합금강과

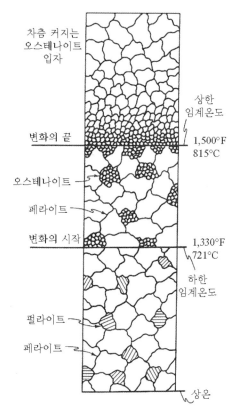

차츰 커지는
오스테나이트
입자

상한
임계온도

변화의 끝

1,500°F
815°C

오스테나이트

페라이트

변화의 시작

1,330°F
721°C

하한
임계온도

펄라이트

페라이트

상온

그림 4.7
열(온도)에 따른 0.3% 탄소강의 조직 변화

고합금강으로 나누는데, 저합금강은 강도와 인성을 부여한 구조용 합금강이 이에 속한다. 반면 고합금강은 내마모성, 내열성, 내한성, 내식성 등의 특수한 성질을 가지며 공구강, 내열강, 내마멸강, 내식강 등이 이에 속한다.

합금 효과에 대한 예로서 유황(S: sulfur)은 기계 가공성(machine ability)을 개선시키고 몰리브덴(Mo)과 바나듐(V)은 입자(grain)들을 더 미세화시킨다.

AISI 4340강에서는 사용되는 합금 요소들의 결합으로 인해 강도와 인성치(toughness)가 개선되며, 따라서 균열(crack)이나 날카로운 결함으로 인한 파손에 잘 견디게 해준다.

일부 기본 합금강에 첨가되는 기본 합금 요소들과 이들의 효과는 표 4.16에 주어져 있다.

동일한 강에서 담금질(quenching) 동안 생기는 야금학적 변화는 상대적으로 매우 느린 비율로 진행되는데 담금질이나 뜨임(tempering) 열처리는 100 mm 정도 두께의 구성 요소에서 가장 효과적이다. AISI 1040과 같은 일반 탄소강들은 매우 급속한 담금질

표 4.16 합금 시 각종 첨가 원소의 특성

원소명	특성
니켈(Ni)	인성 증가
크롬(Cr)	내식성 증가
몰리브덴(Mo)	취성 방지
몰리브덴(Mo), 텅스텐(W)	고온에서 인장 강도 및 강도 유지
규소(실리콘, Si)	전자적 성능 개선
티타늄(Ti), 알루미늄(Al), 텅스텐(W), 지르코늄(Zr)	결정 입자 조절

이 요구되며 약 5 mm 표면 내에서만 열처리가 가능하다는 사실에 주목해야 한다.

AISI-SAE에서 지정한 표준 규격과 다른 다양한 특수 목적 합금강들이 존재한다. 이들 중 많은 재료들이 ASTM(1997년 기준) 규격에 수록되어 있는데 합금 성분과 기계적 성질에 대한 요구 사항들이 나타나 있다.

이들 중 일부는 고강도 저합금강(high strength low alloy, HSLA steel)으로 분류되는데 이 합금은 적은 양의 탄소를 함유하고 페라이트-펄라이트(ferritic-pearlitic) 구조를 지니고 있으며 작은 양의 합금으로 저탄소강보다 높은 강도를 지닌다.

예를 들면, 빌딩이나 교량을 건설하는 데 사용되는 구조강은 미국 규격으로 ASTM A242, A2441, A572, A588 같은 구조용 강이 사용된다.

주의해야 할 점은, 여기서 "고강도강"이라는 말이 사용되었지만 잘못 오해를 불러올 수도 있다. 그 이유는 저탄소강만큼의 강도는 가지지만 담금질되고 열처리된 강들처럼 강도는 높지 않기 때문이다. ASTM A302, A517, A533과 같이 압력 용기에 사용되는 저합금강들은 추가적인 특수 목적용 강 그룹을 구성한다. 기계 구조용 합금강에는 다음과 같은 합금강들이 있다.

4.3.5.1 크롬강(SCr)

탄소 함유량이 0.28~0.48%인 중탄소강에 크롬(Cr)을 0.9~1.2% 첨가한 합금으로, 합금 원소 크롬(Cr)의 영향으로 강도가 증가되며 첨가량에 따라 내열 내식성, 내마모성이 향상된다. 구조용 강에는 Ni, Mn, Mo, V 등을 첨가하고, 공구강에는 W, V, Co 등을 첨가한다. 자동차에서는 기어류, 고장력 볼트, 키, 축류 등에 사용된다. 크롬강의 열처리는 830~880°C에서 담금질하여 기름에서 냉각한 후 580~680°C에서 뜨임 열처리를 하고 물에서 냉각 처리를 한다.

표 4.17 크롬강의 성분과 기계적 성질 JIS 규격(KS D 3707 혹은 3867)

기호	화학적 성분(%)		기계적 성질	
	C	Cr	인장 강도(MPa)	브리넬 경도(H_B)
SCr 415	0.13~0.18	0.9~1.2	785 이상	217~302
SCr 420	0.18~0.23	0.9~1.2	834 이상	235~321
SCr 430	0.28~0.33	0.9~1.2	785 이상	229~293
SCr 435	0.33~0.38	0.9~1.2	883 이상	255~321
SCr 440	0.38~0.43	0.9~1.2	932 이상	269~331
SCr 445	0.43~0.48	0.9~1.2	981 이상	285~352

KS 규격에서는 SCr415H, 420H, 430H, 445H, 440H 등으로 표시한다.

표 4.17은 크롬강 강재의 성분과 기계적 성질을 표시한다.

4.3.5.2 크롬-몰리브덴강(SCM)

크롬강에 몰리브덴을 0.15~0.35% 첨가한 합금이다. 몰리브덴은 고온에서의 강도를 높이는 특성이 있다. 용접성과 크립 저항이 좋다. 체인 등에 사용되며 자동차에서는 크랭크 샤프트, 너클 암, 기어류 등에 사용된다. SCM 430~SCM 445는 고장력 볼트, 너트, 대형 축류에 사용된다. 미국에서는 AISI 4140이 주된 크롬-몰리브덴강이며 밀도는 7.85 g/cm³, 탄성 계수 $E = 207$ GPa, 푸아송비 $\nu = 0.3$이다. 815°C에서 풀림 처리한 경우 항복 강도는 417 MPa, 인장 강도는 655 MPa이며 연신율은 25.7%이다. 870°C에서 노멀라이징한 경우 항복 강도는 655 MPa, 인장 강도는 1020 MPa이며 연신율은 17.7%이다. 기름으로 담금질한 후 315°C 뜨임(tempering)한 경우 항복 강도는 1570 MPa, 인장 강도는 1720 MPa이며 연신율은 11.5%이다.

표 4.18은 크롬-몰리브덴강의 성분과 기계적 성질을 표시한다.

4.3.5.3 니켈-크롬강(SNC)

니켈-철 합금 중 탄소를 포함한 것을 니켈강이라 하며 1% 정도의 크롬(Cr)을 넣은 것을 니켈-크롬강이라 한다. 초기의 특수강으로 많이 사용되었으나 최근에는 크롬-몰리브덴강(SCM)과 크롬-니켈-몰리브덴강(SCNM)의 사용 증가로 사용량이 줄어들고 있다. 니켈-크롬강의 강한 인성은 크롬과 니켈에 의해 이루어진다. 니켈은 강에 인성을 부여하며 내식 내산성을 향상시키는 합금 요소이다. 크롬은 강도를 증가시키고 결정

표 4.18 크롬-몰리브덴강의 조성과 기계적 성질(KS D 3711)

기호	화학적 성분(%)				기계적 성질	
	C	Mn	Cr	Mo	인장 강도 (MPa)	브리넬 경도 (H_B)
SCM 430	0.27~0.37	0.3~0.6	0.9~1.2	0.15~0.3	834 이상	255~321
SCM 432	0.28~0.33	0.6~0.85	1.0~1.5	0.15~0.3	883 이상	241~302
SCM 435	0.33~0.38	0.6~0.85	1.0~1.5	0.15~0.3	932 이상	269~331
SCM 440	0.38~0.43	0.6~0.85	1.0~1.5	0.15~0.3	981 이상	285~352
SCM 445	0.43~0.48	0.6~0.85	0.9~1.2	0.15~0.3	1030 이상	302~363
SCM 415	0.13~0.18	0.6~0.85	0.9~1.2	0.15~0.3	834 이상	235~321
SCM 418	0.16~0.21	0.6~0.85	0.9~1.2	0.15~0.3	883 이상	248~331
SCM 420	0.18~0.23	0.6~0.85	0.9~1.2	0.15~0.3	932 이상	262~352
SCM 421	0.17~0.23	0.7~1.0	0.9~1.2	0.15~0.3	981 이상	285~375
SCM 822	0.2~0.25	0.6~0.85	0.9~1.2	0.35~0.45	1030 이상	302~415

입자를 미세화한다. 케이스 하드닝용과 피스톤 기어, 캠 샤프트, 볼트 너트 류, 크랭크 축 등에 사용된다.

국내에서는 규격 번호 KS D 3708의 등급 SNC 236, SNC 631, SNC 836, SNC 415, SNC 815 등이 있다. 일본 JIS 규격에서도 SNC 236, 415, 631 등을 사용한다. 표 4.19는 니켈-크롬강의 조성비와 기계적 성질을 표시한다. 미국에서는 AISI 3XXX로 표시한다.

순수 Ni-Fe 합금은 전자기 재료에 이용된다. 니켈-철 합금에는 3개의 고용체가 있으

표 4.19 니켈-크롬강의 조성비와 기계적 성질(KS D 3708)

기호	화학적 성분(%)				기계적 성질		
	C	Mn	Ni	Cr	인장 강도 (MPa)	브리넬 경도 (H_B)	연신율 (%)
SNC 236	0.32~0.4	0.5~0.8	1.0~1.5	0.5~0.9	736 이상	217~277	22 이상
SNC 631	0.27~0.35	0.35~0.65	2.5~3.0	0.6~1.0	834 이상	248~302	18 이상
SNC 836	0.32~0.4	0.35~0.65	3.0~3.5	0.7~1.0	932 이상	269~321	15 이상
SNC 415	0.12~0.18	0.35~0.65	2.0~2.5	0.2~0.5	785 이상	235~341	17 이상
SNC 815	0.12~0.18	0.35~0.65	3.0~3.5	0.7~1.0	981 이상	285~388	12 이상

참고로 이전에 사용한 구기호는 SNC 1, SNC 2, SNC 3이다. SNC 415의 구기호는 SNC 210이며 SNC 815의 구기호는 SNC 220이다.

며 α 상과 δ 상은 체심입방격자(FCC), γ 상은 면심입방격자(BCC)를 가진다. 이 합금 중 유명한 실용 합금에는 36% Ni 합금과 42~46% 합금(platinite), 자성 재료용 니켈 합금이 있다. 36% 니켈 합금에는 인바(Invar)가 있으며 인바(Invar)에 코발트를 첨가한 초인바(superinvar), 12% 크롬을 넣어 개량한 엘린바(elinvar)가 있다.

내식용 니켈 합금에는 니켈에 몰리브덴(Mo)을 넣어 염산에 대한 내식성을 개선한 합금이 있으며 니켈-크롬 합금과 Ni-Mo-Cr 합금, Ni-Cr-Fe-Mo 합금 등의 내식성 니켈 합금 등이 있다.

내열성 니켈 합금에는 니켈(80%)-크롬(20%) 합금과 Ni(60%)-Cr(16%)-Fe(24%) 합금이 있다.

4.3.5.4 니켈-크롬-몰리브덴강(SNCM)

인성이 가장 강한 합금강은 니켈-크롬강에 몰리브덴을 0.15~0.7% 첨가한 것이며 합금 원소의 적절한 조합과 첨가량을 증가시켜 담금질 열처리 시의 효과를 향상시킨다. 강인성과 담금질성이 좋으므로 기어류, 엑셀샤프트 등과 같은 주요 기계 부품의 재료로 사용된다. KS 규격 KS D 3709에서 SNCM 1은 일본 규격 SNCM 431과 동일한 재료이다. 이 재료 규격은 크랭크 샤프트에 주로 사용된다. KS 규격 SNCM 2는 일본의 SNCM 625에 해당되는데 대형 축류 등에 사용된다. 미국에서는 AISI 43XX, 47XX, 81XX, 86XX 등으로 표시한다. AISI 4340강은 대표적인 니켈-크롬-몰리브덴강이다. 이 재료의 밀도는 7.85 g/cm^3, 탄성 계수 $E = 207$ GPa, 푸아송비 $\nu = 0.3$이다. 810°C에서 풀림 처리한 경우 항복 강도는 472 MPa, 인장 강도는 745 MPa이며 연신율은 22%이다. 870°C에서 노멀라이징한 경우 항복 강도는 862 MPa, 인장 강도는 1280 MPa이며 연신율은 12.2%이다. 기름에 담금질한 후 315°C에서 뜨임(tempering) 처리한 경우 항복 강도는 1620 MPa, 인장 강도는 1760 MPa이며 연신율은 12%이다.

표 4.20은 일본에서 표기되는 니켈-크롬-몰리브덴강과 이에 상응하는 국내 규격의 성분 및 기계적 성질을 표시한다. 괄호 안의 기호는 이에 상응하는 한국 KS 규격이다.

4.3.5.5 망간강(SMn), 망간-크롬강(SMnC)

탄소강에 망간(Mn)이 더해지면 내식성과 내마모성이 좋아진다. 철과 망간은 모든 비율에서 고용체를 만들 수 있다. 망간강은 탄소강에 망간을 0.7% 이상 함유하는 것으로 니켈, 몰리브덴 대신에 담금질성이 좋은 망간(Mn)을 첨가한다. 저망간(Mn 1~2%; 펄라이트 조직)과 고망간(Mn 9~14%; 오스테나이트 조직)으로 구분한다. 저망간강은 용접

표 4.20 니켈-크롬-몰리브덴강의 성분 및 기계적 성질 JIS 규격(KS D 3709)

기호	화학적 성분(%)					기계적 성질	
	C	Mn	Ni	Cr	Mo	인장 강도 (MPa)	경도 (H_B)
SNCM 431 (SNCM 1)*	0.27~0.35	0.6~0.9	1.6~2.0	0.6~1.0	0.15~0.3	834 이상	248~302
SNCM 625 (SNCM 2)	0.2~0.3	0.35~0.6	3.0~3.5	1.0~1.5	0.15~0.3	932 이상	269~321
SNCM 630 (SNCM 5)	0.25~0.35	0.35~0.6	2.5~3.5	2.5~3.5	0.5~0.7	1081 이상	302~352
SNCM 240 (SNCM 6)	0.38~0.43	0.7~1.0	0.4~0.7	0.4~0.65	0.15~0.3	883 이상	255~311
SNCM 439 (SNCM 8)	0.36~0.43	0.6~0.9	1.6~2.0	0.6~1.0	0.15~0.3	981 이상	293~352
SNCM 447 (SNCM 9)	0.44~0.5	0.6~0.9	1.6~2.0	0.6~1.0	0.15~0.3	1030 이상	302~368
SNCM 220 (SNCM 21)	0.17~0.23	0.6~0.9	0.4~0.7	0.4~0.65	0.15~0.3	834 이상	248~341
SNCM 415 (SNCM 22)	0.12~0.18	0.4~0.7	1.6~2.0	0.4~0.65	0.15~0.3	883 이상	255~341
SNCM 420 (SNCM 23)	0.17~0.23	0.4~0.7	1.6~2.0	0.4~0.65	0.15~0.3	981 이상	293~375
SNCM 616 (SNCM 26)	0.13~0.2	0.8~1.2	2.8~3.2	1.4~1.8	0.4~0.6	1177 이상	341~415
SNCM 815 (SNCM 25)	0.12~0.18	0.3~0.6	4.0~4.5	0.7~1.0	0.15~0.3	110 이상	311~375

*KS D 3709에 의하면 1은 일본의 SNCM 431에, SNCM 2는 일본의 SNCM 625에, SNCM 5는 일본의 SNCM 630에 해당한다.

성이 좋고 내마모성이 있어 다양하게 사용된다. 반면 고망간강은 압연(rolled) 상태로 사용되기 때문에 열처리에 따라 인성은 증가하지만 경도는 높지 않다. 듀콜(ducol)강은 저망간 펄라이트 조직으로 1~2%의 망간과 0.2~1.0%의 탄소를 가진다. 고망간강은 하드필드(hardfield)강이라 하고, 오스테나이트 조직으로 10~14%의 망간을 가지며 경도가 높아 내마모성이 요구되는 곳에 사용된다.

망간-크롬강은 망간강에 크롬을 첨가하여 담금질을 향상시켜 열간 가공성이 우수하다. 반면 고온에서의 인성은 망간강보다 낮다. 표 4.21에서는 망간강과 망간강-크롬강

표 4.21 기계 구조용 망간강과 망간강-크롬강의 기계적 성질

기호	화학적 성분(%)			기계적 성질	
	C	Mn	Cr	인장 강도 (MPa)	브리넬 경도 (H$_B$)
SMn 420	0.17~0.23	1.2~1.5	–	687 이상	201~311
SMn 433	0.3~0.36	1.2~1.5	–	687 이상	201~277
SMn 438	0.35~0.41	1.35~1.65	–	736 이상	212~285
SMn 443	0.4~0.46	1.35~1.65	–	785 이상	229~302
SMnC 420	0.17~0.23	1.2~1.5	0.35~0.7	834 이상	235~321
SMnC 443	0.4~0.46	1.35~1.65	0.3~0.7	932 이상	269~321

의 화학적 성분과 기계적 성질이 표시되어 있다.

4.3.5.6 고니켈강

불변강(non-deforming steel)이라고도 하며 온도 변화에 따른 탄성 계수, 열팽창 계수가 거의 변하지 않는다. 종류에는 인바, 초인바, 엘린바가 있다.

a) 인바(invar)

니켈(Ni) 36%, 망간(Mn) 0.4%, 철(Fe) 64%를 함유한 철-니켈 계열 합금으로 연회색이다. 열팽창 계수가 0.97×10^{-8}으로 보통강의 $\frac{1}{12}$ 정도이며 바이메탈 재료로 사용된다. Alloy-36 등으로 부른다.

b) 초인바(super invar)

인바보다도 열팽창률이 적은 Ni 30~32%, Co 4~6%, Fe 50~70% 정도의 철-니켈 합금으로, 상온에서의 열팽창 계수가 0에 가깝다.

c) 엘린바(elinvar)

Ni 30%, Cr 12%의 철-니켈-크롬 합금은 상온에서 탄성 계수의 변화가 적다. 이 합금을 개량한 Ni 10~16%, Cr 10~11%, Co 26~58% 합금을 코엘린바(coelinvar)라고 한다.

4.3.6 마레이징강(maraging steel)

18% 니켈(Ni)강의 마르텐사이트를 시효 경화(aging hardening) 처리하여 금속 간 화합

물을 석출(析出)시켜 고력화(高力化)한 강으로서, 마레이징(maraging)이란 단어는 마르텐사이트의 시효 처리(martensite aging)를 뜻한다. 즉, 마르텐사이트(martensite)와 에이징(aging)을 합성하여 마레이징이라고 하며, 로켓 등의 발달에 따라 강인한 재료가 필요하게 되어 미국에서 개발되었다.

오늘날 초강력강으로서는 저합금강계(低合金鋼系; AISI 4340, 니켈-크롬-몰리브덴강), 중합금강계(5% 크롬을 함유한 합금 공구강), 고합금강계(석출 경화형 스테인리스강, 마레이징강)가 있으나, 이 중에서 강도·인성이 모두 우수한 것이 마레이징강이다. 18~25% 니켈을 함유하며 인장 강도 1750~2100 MPa이고 가공성이 풍부하다. 일반적으로 저탄소강에 코발트, 몰리브덴, 티타늄 등의 합금 요소를 첨가하여 만든다.

마레이징강에는 18니켈-8코발트-5몰리브덴강(18% 니켈강), 20니켈-1.5티타늄-0.45나이오븀강(20% 니켈강), 25니켈-1.5티타늄-0.45나이오븀강(25% 니켈강)의 세 종류가 있는데, 이 중에서 18% 니켈강이 가장 널리 사용되고 있으며, 값은 비싸지만 노치 인성, 고온 강도, 탄성률 등이 우수한 특징이 있다. 마레이징강은 상온에서뿐만 아니라 500°C 정도의 고온에서도 강도가 우수하기 때문에 로켓 케이스, 제트기관 부품, 항공기 기체 부품, 초고압 화학 공업용 부품, 열간 가공용 다이(die), 형재(型材) 등에 사용된다. 단, 이 강재는 값이 비싸다는 단점이 있다.

4.3.7 스테인리스강(stainless steels)

일반적으로 저탄소강에 4~6%의 크롬(Cr)을 첨가하면 부식에 강한 성질을 얻는다. 최소 10%의 크롬을 포함하는 강을 스테인리스강이라고 한다. 이 재료는 강한 부식 저항력을 가지고 있기 때문에 녹슬지 않는다. 1913년 H. Barry가 발견한 이후 현재에 이르기까지 화학 공업용을 비롯한 일용품에 널리 사용되고 있다. 현재 사용되고 있는 스테인리스강 계열로는 크게 분류하면 크롬이 13%인 것과 18%인 페라이트계 스테인리스강(ferrite stainless steel), 고크롬(17~20%)과 니켈(7~10%) 합금강인 18-8형 오스테나이트계 스테인리스강(austenite stainless steel)의 2대 계열이 있다. 즉, 크롬계와 크롬-니켈(Cr-Ni)계가 있다. 니켈을 첨가하면 내식성 외에 용접성, 인성 등이 향상된다.

스테인리스강은 내식성을 중요시하는 일반 스테인리스강과 고온 강도를 중요시하는 스테인리스강이 있다. 크롬강이 내식성을 갖는 이유는 Cr_2O_3 산화 피막을 강 표면에 형성시켜 재료 내부를 보호하기 때문이다. 일본 규격인 SUS 중에서는 오스테나이트계가 가장 널리 사용되고 있다. 오스테나이트계 스테인리스강은 비자성이고 부식에 강하며 자동차용 관련 부품과 주방용 등에 사용된다. 한국 규격의 STS 304, STS 306, 일본 규격의 SUS 301, 302, 303, 304 등이 오스테나이트 계열에 속한다. 페라이트계는 크롬을 13~18% 함유하며 한국 규격 STS 430과 일본의 SUS 405, 429, 430, 434 등이 대표적인 페라이트계이다. 페라이트의 안정화 성분은 크롬이다. 더 높은 강도를 필요로 하는 경우는 마르텐사이트계 스테인리스강을 사용한다. 마르텐사이트계는 크롬을 12~18% 함유하며 탄소 함유량이 0.18~1.2%인 재료에 열처리하여 기계적 성질을 향상시킨 것이다. 마르텐사이트계에서 크롬 성분의 역할은 고온에서는 FCC 구조를 가지게 하며 낮은 온도에서는 BCC 구조를 가지게 한다. 이 계열은 내식성도 우수하며 자동차용 축류, 밸브류, 내열 부품에 사용된다. 국내 STS 410과 일본의 SUS 403, 410, 416, 420 등은 마르텐사이트계 스테인리스강이다. 일본 JIS 규격에 의한 스테인리스 화학 성분과 용도는 표 4.22와 같다.

표 4.22 일본 규격 스테인리스강의 화학 성분과 용도

종류	기호	화학 성분(%)				용도
		C	Ni	Cr	Mo	
1종	SUS 1	<0.12	–	12~14	–	식탁용 기구, 가정용 기구, 내산용
2종	SUS 2	0.12~0.1	–	11.5~13.5	–	증기 터빈 날개, 기계 구조용
3종	SUS 3	0.25~0.4		12~14	–	의료 기구, 칼
4종	SUS 4	<0.12		16.0~18		내산소용
5종	SUS 5	<0.20	8~11	17.0~19		내식용 강재, 강관, 식기용구
6종	SUS 6	<0.12	8~11	18.0~20		내식용 강재, 강관, 식기용구
7종	SUS 7	<0.04	8~11	18.0~20		내식용 강재, 강관, 식기용구
8종	SUS 8	<0.08	9~12	18.0~20		내식용 강재, 강관, 요업, 화학용 상자
9종	SUS 9	<0.08	8~11	17~19	–	내식용 강재, 강관, 내부식 기구
11종	SUS 11	<0.10	10~14	17~19	1.75~2.75	내식용 강판, 강관, 내황산용
12종	SUS 12	<0.08	10~14	17~19	1.75~2.75	내식용 강판, 강관, 내황산용

종류	기호	화학 성분(%)				용도
		C	Ni	Cr	Mo	
13종	SUS 13	<0.04	12~16	17~19	1.75~2.75	내식용 강판, 강관, 내황산용
14종	SUS 14	<0.10	10~14	17~19	1.2~2.75	내식용 강판, 강관, 내황산용
15종	SUS 15	<0.08	10~14	17~19	1.2~2.75	내식용 강판, 강관, 내황산용
16종	SUS 16	<0.04	12~16	17~19	1.2~2.75	내식용 강판, 강관, 내황산용
17종	SUS 17	0.08~0.18	–	12~13.5	0.3~0.6	증기 터빈 날개, 기계 구조용

일본 JIS 규격 스테인리스강의 종류별 열처리 및 기계적 성질은 다음 표 4.23과 같다.

표 4.23 일본 규격 스테인리스강의 열처리 및 기계적 성질

열처리(°C)		기계적 성질			경도	
담금질 (quenching)	뜨임 (tempering)	인장 강도 (kg/mm^2)	연신율 (%)	단면 수축률 (%)	브리넬	로크웰
SUS 1	약 1000 유냉	700~750 급랭	>55	>25	>55	>210
SUS 2	950~980 유냉	700~780 급랭	>60	>25	>55	>170
SUS 3	920~960 유냉	600~700 급랭	>75	>12	>30	>200
SUS 4	약 1100 유냉	600~700 급랭	>55	>25	>45	>14
SUS 5	약 1100 급랭	–	>60	>25	>60	135~185
SUS 6	약 1100 급랭	–	>58	>55	>60	135~185
SUS 7	약 1100 급랭	–	>55	>55	>60	135~185
SUS 8	약 1100 급랭	–	>52	>55	>60	135~185
SUS 9	약 1100 급랭	–	>55	>55	>60	135~185
SUS 11	약 1100 급랭	–	>58	>50	>60	135~185
SUS 12	약 1100 급랭	–	>55	>50	>60	135~185
SUS 13	약 1100 급랭	–	>52	>50	>60	135~185
SUS 14	약 1100 급랭	–	>58	>50	>60	135~185
SUS 15	약 1100 급랭	–	>55	>50	>60	135~185
SUS 16	약 1100 급랭	–	>52	>50	>60	135~185
SUS 17	950~980 유냉	730~780 급랭	>70	>24	>60	135~185

한국에서 사용되는 스테인리스강의 규격(KS D 3706)은 오스테나이트계에는 STS 201, STS 301, STS 304, STS 304L, STS 316, STS 321이 있다. 페라이트계에는 STS 405, STS 429, STS 430, STS 434가 있다. 마르텐사이트계에는 STS 403, STS 410, STS 420J1, STS 420J2 등이 있다. 또한 석출 경화계로는 STS 631이 있다. 이 중 오스테나이트계 스테인리스강의 종류, 성분 및 기계적 성질은 표 4.24에 있다.

오스테나이트-페라이트계로는 STS 329가 있다. 석출 경화계 스테인리스강은 시효 경화(age hardening) 처리를 통해 항복 강도 $\sigma_y = 1790$ MPa, 인장 강도 $\sigma_f = 1825$ MPa, 연신율 2%까지 얻을 수 있다. 하지만 가격은 매우 비싼 단점이 있어 절대적으로 필요시 사용하여야 한다.

미국에서 사용되는 스테인리스강의 규격 번호를 알 필요가 있다. 이 재료는 별개의 AISI 지정 시스템을 가지고 있는데 AISI 316, AISI 403 같은 3자리 숫자를 사용한다. 첫 번째 숫자는 스테인리스강의 특정 그룹을 말한다. 위 두 재료와 일치하는 UNS 규격은 S 31600과 S 40300과 같이 동일한 숫자를 사용, 총 5개의 숫자로 구성된다. 400 계열의 스테인리스강은 크롬 외에도 적은 양의 금속 합금 요소와 다양한 탄소 함유량을 가진다. 크롬 양이 403, 410, 422계열처럼 15% 이하이면 대부분의 경우 스테인리스강은 마르텐사이트 구조를 가지도록 담금질과 뜨임 열처리를 한다. 따라서 마르텐사이틱(martensitic) 스테인리스강이라 부른다. 이 재료는 공구나 증기 터빈 날(blade)에 사용된

표 4.24 오스테나이트계 스테인리스강의 종류와 기계적 성질(KS D 3706)

기호	화학 성분(%)								인장 강도 (MPa)	연신율 (%)	경도 (H_B)
	C	Si	Mn	P	S	Cr	Ni	Mo			
STS 201	0.15 이하	1.0 이하	5.5~7.5 이하	0.06 이하	0.03 이하	16~18	6.5~7.5	–	637 이상	30 이상	241 이하
STS 301	0.15 이하	1.0 이하	2.0 이하	0.045 이하	0.03 이하	16~18	6.0~8.0	–	520 이상	40 이상	187 이하
STS 304	0.08 이하	0.75 이하	2.0 이하	0.045 이하	0.03 이하	18~20	8.0~10.5	–	520 이상	40 이상	187 이하
STS 304L	0.15 이하	1.0 이하	2.0 이하	0.045 이하	0.03 이하	18~20	9~13	–	520 이상	40 이상	187 이하
STS 316	0.15 이하	1.0 이하	2.0 이하	0.045 이하	0.03 이하	16~18	10~14	2.0~3.0	481 이상	40 이상	187 이하
STS 321	0.08 이하	1.0 이하	2.0 이하	0.045 이하	0.03 이하	17~19	9~13	–	520 이상	40 이상	187 이하

다. 그러나 크롬 성분이 17~25% 정도로 높다면 페라이틱(ferritic) 스테인리스강이 되는데 이러한 강 재료는 냉간 가공(cold work)에 의해서만 적당히 강화된다. 이 재료들은 강한 강도가 요구되기보다는 강한 부식성이 요구되는 건축 소재와 같은 곳에 사용된다.

304, 310, 316, 347과 같은 300계열의 스테인리스강은 17~25%의 크롬 외에 10~20%의 니켈을 포함한다. 니켈은 부식력을 더욱 강화시키고 그 결과 면심입방 결정 구조(FCC)로 되어 더욱 낮은 온도에서 안정된다. 이러한 재료를 오스테나이틱(austenitic) 스테인리스강이라 부른다. 이 재료는 일반적으로 어닐링이나 냉간 가공에 의해 강화되고 뛰어난 연성(ductility)과 인성치 값(toughness)을 갖고 있으며 너트, 볼트, 압력 용기, 자동차 및 항공 부품과 배관 등에 사용된다. 니켈은 오스테나이트의 안정화 성분(stabilizer)이다.

또 다른 그룹은 석출 경화 스테인리스강(precipitation-hardening stainless steel)이다. 이 재료는 이름에서 알 수 있듯이 석출 경화에 의해 강화된 재료들이다. 이 재료는 온도 증가에도 강도 저하를 가지지 않으며 내식성을 가지는 재료이다. 열 교환 튜브와 터빈 날(turbine blade)에서와 같이 높은 부식 저항과 고온에 견딜 수 있으며 높은 응력이 요구되는 곳에 사용된다. 예를 들면, 17-4 PH 스테인리스강(UNS S 17400)은 17%의 크롬과 4%의 니켈을 포함하고 또한 4%의 구리와 다른 미소 성분들이 있다. KS 규격의 대표적인 석출 경화형 스테인리스강에는 STS 631이 있고 스프링의 선으로 사용된다. 석출 경화형 스테인리스강 STS 631의 항복 강도는 382 MPa 이상, 인장 강도는 1030 MPa 이상이 되며 연신율도 20% 이상, 브리넬 강도는 190 이하이다. 성분과 기계적 성질은 표 4.25에 있다.

듀플렉스강(duplex stainless steel)은 18~25%의 크롬과 4~7%의 니켈, 최대 4%까지의 몰리브덴을 포함한다. 1000~1500°C 온도에서 고온 가공 후 물에 담금질하여 제작한다. 이때 조직의 반은 페라이트이고 반은 오스테나이트이다. 이 조직은 단일 오스테나이트나 페라이트급보다 높은 항복 강도와 부식 응력 저항(corrosion stress cracking) 값을 갖는다.

표 4.25 석출 경화형 스테인리스강의 성분과 기계적 성질(KS D 3706)

기호	화학 성분 (%)	인장 강도 (MPa)	연신율 (%)	경도(H_B)						
				C	Si	Mn	P	S	Cr	Ni
STS 631	0.09 이하	1.0 이하	0.09 이하	0.09 이하	0.09 이하	16~18	6.5~7.5	1030 이상	20 이하	190 이하

표 4.26 스테인리스강의 분류에 따른 미세 조직과 첨가 성분

계열	합금 성분	미세 구조 조직
200	크롬, 니켈, 망간 혹은 질소	오스테나이틱
300	크롬과 니켈	오스테나이틱
400	크롬과 탄소 가능	페라이틱 혹은 마르텐사이틱
500	낮은 크롬(<12%), 탄소 가능	마르텐사이틱

스테인리스강을 미국 AISI에 의해 분류하면 다음과 같이 분류할 수 있으며 그에 따른 첨가 성분과 미세 구조 조직은 표 4.26과 같다.

크롬(Cr)은 페라이트를 안정화한다. 즉, 크롬을 첨가하면 할수록 페라이트가 안정화된 구조를 이루는 온도 범위가 증가된다. 니켈은 오스테나이트를 안정화한다. 충분한 양의 니켈과 크롬을 첨가하면 오스테나이트가 상온에서 안정화되는 스테인리스강을 생산할 수 있다.

미국 규격 304계열의 스테인리스강은 18-8강(크롬 18%-8% 니켈)으로 알려져 있다. 304계열 스테인리스강을 냉간 압연 가공 시에는 항복 강도 805 MPa, 인장 강도 965 MPa, 연신율 11%를 얻을 수 있으며, 물에 담금질하면 항복 강도 260 MPa, 인장 강도 620 MPa 연신율 68%를 얻을 수 있다.

미국 규격 304계열의 스테인리스강은 18-8강(크롬18%-8%니켈)으로 알려져 있다. 304의 경우 밀도 $\rho = 8.0$ g/cm^3, 탄성 계수 $E = 193 \sim 197$ GPa이며 파단 연신율은 70%이다. 304계열 스테인리스강을 냉간 가공(1/4 hard) 시에는 최소 항복 강도 515 MPa, 최소 인장 강도 860 MPa, 최소 연신율 10%를 얻을 수 있으며, 열간 가공 후 풀림 처리한 경우는 최소 항복 강도 205 MPa, 최소 인장 강도 515 MPa, 최소 연신율 40%를 얻을 수 있다.

316의 경우 밀도 $\rho = 8.0$ g/cm^3, 탄성 계수 $E = 193$ GPa이며 열간 마감(hot finished) 후 풀림 처리한 경우 최소 항복 강도는 205 MPa, 최소 인장 강도는 515 MPa, 최소 연신율 40%이다. 냉간 인발 후 풀림 처리한 경우는 최소 항복 강도는 310 MPa, 최소 인장 강도는 620 MPa, 최소 연신율 30%이다.

405의 경우 밀도 $\rho = 7.8$ g/cm^3, 탄성 계수 $E = 200$ GPa이며 풀림 처리한 경우 항복 강도는 170 MPa, 인장 강도는 415 MPa, 파단 연신율 20%이다.

17-7PH 스테인리스강의 경우 냉간 압연한 경우 최소 항복 강도는 최소 1210 MPa, 최소 인장 강도는 1380 MPa이며, 최소 연신율은 1%이다.

4.3.8 공구강(tool steels)

일반적으로 경화되며 뜨임 열처리할 수 있는 탄소강이나 합금강을 공구강이라 칭한다. 즉, 금속 재료나 비금속 재료를 가공 성형하기 위해 사용되는 합금강 재료이다. 공구강은 절삭용 공구강과 성형용 공구강이 있으며 강종별 공구강에는 탄소 공구강, 합금 공구강, 고속도 공구강, 초경합금 공구강이 있다. 합금 공구강에는 절삭용 합금 공구강, 내충격용 합금 공구강, 냉간 금형용 합금 공구강, 열간 금형용 합금 공구강이 있다. 합금 공구강이라 함은 망간, 규소, 니켈, 크롬, 몰리브덴, 텅스텐, 바나듐 등의 원소를 하나 이상 첨가한 강을 말한다. 고속도 공구강은 고온 경도, 내마모성 및 인성을 가지고 있는 강으로 바이트, 드릴 등과 같은 절삭 공구, 열간 프레스에 사용한다. 미국에서 상업적으로 획득 가능한 AISI 공구강은 70여 종류나 된다. 공구강은 높은 탄소 성분을 가지며 고강도의 철 합금으로 특수하게 합금되고 가공되어 고경도와 마모 특성이 요구되는 기계류의 특수 부품 및 절삭 공구에 사용된다. 대부분 소량의 크롬(Cr) 성분을 포함하며 1~2% 내의 탄소량을 가진다. 이때 크롬은 담금질 효과를 향상시킨다. 합금 공구강 중 일부는 상당량의 몰리브덴(Mo)과 텅스텐(W) 성분을 가진다. 공구강은 고탄소강과 크롬을 첨가하여 냉간 가공(cold working)한다. 재질은 담금질이나 뜨임(tempering)과 같은 열처리를 통해 강화된다. 미국 AISI-SAE 표기법은 문자 뒤에 하나 혹은 두 개의 숫자로 구성된다. 예를 들면, 공구강 M1, M2는 5~10%의 몰리브덴 기반에 소량의 바나듐과 텅스텐을 포함하고 T1, T2 공구강 등은 텅스텐 기반에 18%의 상당한 양의 텅스텐을 포함한다. 냉간 가공을 사용하고 많은 탄소 및 크롬 성분이 들어간 공구강은 D로 표시되며 10~18%의 크롬을 포함하며 열처리가 적절하게 되었을 시 최대 온도 425°C에서도 경도를 유지한다. 충격에 잘 견디게 설계된 공구강은 S로 표시되고, 고온 충격, 상온 충격에 사용되기 위해 개발되었으며 탄소의 함유량은 대략 0.5%로 낮으며 적절한 인성치를 보장한다. 열간 가공 공구강은 H로 표시된다. 최대 온도 760°C까지 경도와 강도 유지가 필요한 곳에 사용된다. H계열의 공구강 중 H1~H11은 크롬 기반이며, H20~H39는 텅스텐 기반, H40~H59는 몰리브덴 기반의 공구강이다. 특히 공구강 H11은 0.4% 탄소, 5% 크롬 그리고 적당량의 다른 구성 요소를 포함하는데 높은 응력하에서 다양하게 사용된다. 두께 방향 150 mm까지 강화될 수 있으며 2,100 MPa 정도 이상의 높은 항복 강도 외에도 적당한 연신율 및 인성치를 가진다. 이러한 성질은 오스포밍(ausforming)[주1] 제작 과정을 사용 달성할 수

주1) 오스포밍(ausforming): 강을 오스테나이트 상태로 가열하고 항온 변태 곡선의 코 PP'의 밑의 온도까지 급랭하고 M_s 점에 달할 때까지 사이에 압연 등의 가공으로 담금질하는 열처리. 가공 변형과 열처리를 동시에 하는 방법으로 조직은 조밀한 마르텐사이트로 되고 기계적 성질은 좋다 (그림 4.8).

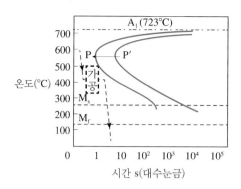

그림 4.8
시간과 온도에 따른 오스포밍 곡선

있는데 이 과정은 오스테나이트 결정 구조(FCC)가 존재하는 범위 내에서 높은 온도로 강을 변형시키는 것을 포함한다. 매우 높은 전위 밀도 및 아주 미세한 석출물이 나오며 담금질(quenching)과 뜨임(tempering) 열처리로 인해 강화된 마르텐사이트 조직에 이들 석출물들이 결합하여 추가적인 강화 효과를 제공한다.

KS 규격에서는 탄소 공구강은 STC로, 합금 공구강은 STS로 구분한다. 국내 STC 3 에 해당하는 탄소 공구강은 일본 규격에서는 SK3으로 호칭하는데 동일한 소재이다. 열간 가공된 합금 공구강 SKD 11은 미국 규격에서는 AISI D2에 해당한다. 한국(KS D 3753)에서는 크롬강을 열간 가공한 합금 공구강 STD 61이 있다. 이 소재는 미국 규격에서는 AISI H13에, 일본 규격에서는 JIS SKD 61에 해당하며, 독일 규격 DIN1-2344에 해당한다. 미국 AISI-SAE에서는 플라스틱 몰드용 공구강은 AISI P로 표시한다. 냉간 가공된 고탄소 고크롬 공구강은 AISI D를 사용한다. 내충격용 합금 공구강은 AISI S를 사용한다. 열간 가공된 공구강은 AISI H를 사용한다.

일반적으로 국내(KS D 3753)에서의 합금 공구강의 종류별 호칭은 절삭용 합금 공구 강에서는 STS 11, STS 2, STS 21, STS 5, STS 51을 사용하며 내충격용 합금 공구강으로는 STS 4, STS 41, STS 43, STS 44를 사용한다. 냉간 금형용 합금 공구강으로는 STS 3, STS 31, STS 93, STS 95, STD 1, STD 11, STD 12를 사용하며, 열간 금형용 합금 공구강으로는 STD 4, STD 5, STD 6, STD 61, STD 62, STF 3, STF 4, STF 7, STF 8이 있다.

미국에서 오스포밍(ausforming)된 H11은 가장 강한 강인 동시에 적절한 연성과 인성을 동시에 가진 재료이다. 이름이 다른 다양한 특수 고강도강들이 있다. 예를 들면, M300의 경우 이 공구강은 AISI 4340강을 1.6% 규소(Si)와 소량의 바나듐(V)으로 변형시킨 특수강이고 D-6a는 항공용으로 많이 사용되는 강이다. 이전에 설명한 마레이징강(maraging steel)은 18% 니켈과 다른 합금 원소로 이루어진 강이며 마르텐사이트 구조와 석출 경화로 인해 고강도와 인성치를 가지고 있다.

4.3.9 고속도강(high speed steels)

고속도강(high speed steel)은 1898년 Taylor가 발명한 재료로 고속 절삭성이 우수한 강 재료이다. 텅스텐(W), 크롬(Cr), 바나듐(V) 외에 코발트(Co), 몰리브덴(Mo)을 다량 함유한 고합금강이며 절삭 공구의 대표이다. 즉, 공구강 중에 합금 원소를 가장 많이 함유한 강이다. 바이트, 드릴과 같은 절삭 공구, 열간 프레스에 사용한다. 원소의 영향을 살펴보면 텅스텐(W)은 고속도강에서 가장 중요한 원소이며 텅스텐 양이 많아지면 일반적으로 내마모성은 증가하나 인성은 감소한다. 몰리브덴(Mo)은 텅스텐의 작용과 비슷하고 1% 이하가 좋으며 다량 함유 시 조직을 크게 하고 단조(forging), 담금질 (quenching)이 어렵다. 크롬(Cr)은 4%가 적당하고 연화를 어렵게 하며 점성이 증가된다. 바나듐(V)은 강에 충분한 인성을 부여한다. 탄소는 탄화물 입자를 크게 하고 절삭 내구성을 부여한다. 탄소가 부족하면 2차 경화 온도가 낮고, 탄소가 과하면 융점이 낮으며 소입 온도가 높아 공정점이 생겨 취약해진다. 고속도강(high speed steel)의 종류별 호칭(KS D 3522)은 SKH 2, SKH 3, SKH 4, SKH 10, SKH 51, SKH 52, SKH 53, SKH 54, SKH 55, SKH 56, SKH 57, SKH 58, SKH 59 등을 사용한다. 텅스텐계의 대표적인 강은 SKH 2이며 1250°C 근방에서 담금 열처리하고 550~590°C 근처에서 뜨임 열처리하여 2차 경화시킨다. AISI-SAE에서는 고속도강을 공구강의 한 종류로 나타내며, 텅스텐 기반의 경우 T를 사용하고 몰리브덴 기반인 경우에는 M을 사용한다. 그중 T1은 18-4-1로 알려져있다. 이 재료는 0.7% 탄소강에 18% 텅스텐, 4% 크롬, 1% 바나듐이 첨가되어 있다. 충격 저항과 마모 저항이 좋아 절삭용 재료로 광범위하게 사용된다. M2 재료 역시 고속 절삭용으로 사용된다.

4.3.10 스프링강

스프링강은 높은 탄성 한도, 피로 한도, 크립 저항, 인성 외에 진동 시 하중 등에 잘 견딜 수 있어야 한다. 또한 반복 사용 중에 영구 변형을 일으키지 않아야 한다. 열간 스프링강 SUP 3, SUP 4는 탄소 함유량이 0.75~1.10%이며 SUP 6, SUP 7은 Si-Mn(실리콘-망간)강으로 자동차 판스프링으로 사용된다. 열처리를 하면 탄성 한도가 높아진다. SUP 9는 Cr-Mn(크롬-망간)강, SUP 10은 Cr-V(크롬-바나듐)강이며 충격 특성이 좋아

표 4.27 일본 규격 스프링강의 열처리 및 기계적 물성치

종류	기호	담금질 (℃)	뜨임 (℃)	인장 강도 (MPa)	연신율 (%)
3종	SUP 3	830~860 유냉	450~500	1079 이상	8 이상
4종	SUP 4	830~860 유냉	450~500	1128 이상	7 이상
6종	SUP 6	830~860 유냉	480~530	1226 이상	9 이상
7종	SUP 7	830~860 유냉	490~540	1226 이상	9 이상
9종	SUP 9	830~860 유냉	460~510	1226 이상	9 이상
10종	SUP 10	840~870 유냉	470~540	1226 이상	0 이상
11종	SUP 11	830~860 유냉	460~510	1226 이상	9 이상

코일 스프링, 토션바(torsion bar) 스프링 등의 비틀림을 크게 받는 부분에 사용되고 있다. 국내에서는 3종에서 11종까지의 SUP3~SUP11이 있다. 표 4.27은 스프링강재에 따른 열처리 및 기계적 물성값을 나타낸다. 일본에서는 스프링강의 표기법으로 SUP를 사용하지만 국내에서는 SPS를 사용한다.

냉간 가공된 스프링강은 소형 스프링에 사용된다. 피아노선, 경강선, 오일 템퍼선을 사용한다. 이 중에서 피아노선과 경강선이 널리 사용되며 경강선은 탄소 함유량이 0.5~0.8%의 탄소강을 말하며, 피아노선은 탄소 함유량이 0.65~0.95%이다. 강선에 대해 담금질, 뜨임의 열처리를 연속적으로 하여 강도를 높인 재료를 오일 템퍼선이라 한다. 밸브 스프링과 같은 소형 코일 스프링은 피아노선을 사용하여 적절한 열처리를 거쳐 제작된다. 오일 템퍼선에는 SWO의 기호를 사용하며, 피아노선은 SWRS, 경강선은 SWRH 기호를 사용한다.

4.3.11 초경합금강

경도가 우수한 산화물, 질화물, 탄화물을 사용하여 절삭 공구로 사용한다. 탄화물인 텅스텐 카바이드(WC)를 주성분으로 하고 결합재인 Co를 혼합하여 소결시킨 공구 재료를 초경합금이라 한다. 티타늄 카바이드(TiC)를 주성분으로 하고 결합재인 Mo 혹은 Ni을 혼합하여 소결시킨 재료를 서멧(cermet)이라 한다. 고온 저항과 내마모성이 우수하여 절삭 공구, 내마모성, 내식, 내열용으로 사용되는 스텔라이트(stellite)라고 하는 주조 경질 합금이 있다.

4.3.12 초강력강(ultra high strength steel)

초강력강은 니켈, 크롬, 몰리브덴, 바나듐을 첨가하여 강화한 합금강으로, 고강도를 얻기 위해 불순물을 최대한 낮추고 열처리 조작을 통해 조직을 제어한 초강도 합금강이다. 합금 함유량에 따라 저합금계(5% 미만)와 중합금계(5~10%), 고합금계(10% 이상)로 나눈다. 마레이징강은 마르텐사이트 조직을 시효 석출에 의해 강화한 강으로 철-니켈 합금에 코발트, 몰리브덴, 티타늄, 알루미늄 등을 첨가하여 금속 간 화합물의 석출 강화를 한 강이다. 인장 강도가 1300 MPa에서부터 2400 MPa 정도로 높고 인성이 우수하여 기계 구조용, 압력 용기, 항공 우주용으로 사용된다.

(4.4) 금속 재료의 강화 방법

철, 구리, 알루미늄 등의 순도 높은 금속의 항복 강도는 기계 구조물에 사용되기에는 매우 낮을 수 있다. 하지만 재료의 적절한 가공과 화학 조성 변화 등을 통해 이러한 재료들의 항복 강도를 높일 수 있다. 예를 들어, 열처리된 보통 알루미늄(plain aluminum)의 인장 항복 강도는 3.4 MPa 정도이지만 항공기용 알루미늄 합금의 경우는 500 MPa 이상이다. 금속 재료를 강화시키는 방법은 여러 가지가 있다. 결정 구조를 가지는 금속이 용융점보다 매우 낮은 온도에서 소성 변형이 일어나는 이유는 전위에 의한 운동 때문이다. 철, 구리, 알루미늄과 같은 전위 밀도가 낮고 순도가 높은 단결정 금속에서는 전위 운동을 방해하는 요소가 없어 전위 운동이 용이하다. 이러한 쉬운 전위 이동은 금속의 항복 강도를 낮춘다. 모든 종류의 금속은 응고 과정 시 전위를 포함한다. 높은 항복 강도를 갖는 금속을 만들기 위해서는 금속 내부에 전위 운동을 방해하는 요소들을 포함시켜야 한다.

금속을 강화하는 데 사용되는 몇몇 기본적인 방법과 전위 운동을 방해하는 요소들이 표 4.28에 설명되어 있다.

금속 및 금속 합금의 강도를 증가시키는 메커니즘으로는 다음 6가지가 있으며 이를 요약하면 다음과 같다.

1. 고용체 강화(solid solution strengthening): 고용체 강화는 기본 금속에 다른 원자들이 고용체 내에서 분해하여 대체 용액[substitutional solution; 원래의 결정격자(crystal lattice) 내부를 새로운 원자가 차지하는] 혹은 틈새가 있는 용액[interstitial solution; 기본 격자 내 원자들 사이의 구멍으로 새 원자가 끼어 들어가는]으로 만드는 과정

표 4.28 금속과 합금의 강화 방법

방법	전위 운동을 방해하는 특징
냉간 가공(cold work)	높은 전위 밀도(dislocation density)로 인해 얽히게 만듦
입자 미세화(grain refinement)	입자 경계면에서의 불규칙성과 결정 방향의 변화
고용체 강화(solid solution strengthening)	결정립을 변형케 하는 침입형 혹은 치환형 불순물
석출 경화(precipitation hardening)	냉각 시 용액으로부터 단단한 미세 입자 형태의 석출물
여러 개의 상(multiple phase)	상 경계(phase boundaries)에서의 결정 구조의 불연속
담금질 및 뜨임 열처리	마르텐사이트의 다상 구조와 BCC 철에서의 Fe_3C(시멘타이트, 탄화철) 석출물

이다. 강화 효과는 용해된 용질(dissolved solute)의 양과 관련 원자의 크기 차이에 따라 다르다.

2. 가공 혹은 변형률 경화(strain hardening)[주2]: 가공 경화는 냉간 가공 시 소성 변형으로 강도가 증가한다. 냉간 가공(cold work)은 재료의 재결정 온도 이하의 온도에서 재료의 변형 경화를 일으키는 공정들의 총칭이다. 비싼 합금 성분을 추가하지 않고 일반적인 금속 변형 공정만으로 가능하므로 금속의 강도를 증가시키는 가장 경제적 방법이다.

3. 결정립계(grain boundary) 강화 혹은 입자 크기 미세화(grain size refinement): 입자 경계가 전위를 방해하는 장벽으로 작용하므로 동일 금속의 경우 작은 입자를 가지는 금속이 큰 입자를 가지는 금속보다 더 강하다. 따라서 입자 크기를 미세화하면 높은 온도에서를 제외하면 강도를 증가시킬 수 있다. 높은 온도하에서는 입자 경계 확산이 지배하는 크립에 의해 파손된다. 입자 크기를 조절하는 것은 강도 및 연신율 증가를 동시에 이룰 수 있는 몇 안 되는 방법 중 하나이다.

4. 석출 경화(precipitation hardening): 석출물은 기존과 다른 새로운 상을 형성하는 것이다.

주2) 가공 혹은 변형률 경화(strain hardening): 금속이 소성 변형되었을 때 금속의 항복 강도가 증가되는 현상으로 소성 변형 시 금속 내의 전위 밀도가 증가한다. 소성 시의 전위(dislocation)는 금속의 표면, 결정립계, 균열과 같은 금속 구조 내의 결함에 의해 만들어진다. 인장 변형 시와 전단 변형 시의 항복 강도는 전위의 밀도와 선형적인 증가 관계가 있다. 가공 경화의 예는 항복 강도가 70 MPa인 강판이 냉간 압연(cold rolling) 후 항복 강도가 700 MPa로 증가한 경우이다. 단조(forging) 시와 스탬핑(stamping) 시, 인발(drawing) 시에도 재료의 가공 경화 현상을 관찰할 수 있다.

금속의 경우 기존 금속보다 작은 크기의 입자를 가지는 두 번째 새로운 상이 형성되며, 이로 인하여 금속의 항복 강도는 증가하게 된다. 즉, 석출 경화는 금속의 강도를 매우 강화시키는 방법이다. 탄소강에서 탄화철인 Fe₃C 입자들은 석출물이며, 이러한 석출물을 형성하기 위해 용체화 처리(solution treatment), 담금질(quenching), 시효(aging) 등의 복잡한 과정이 필요하다. 담금질은 석출물이 결정립에 균일하게 분포하도록 한다. 석출 경화의 경우 고온 환경에서 석출 입자와 모재가 평형 상태로 존재한다.

5. 분산 강화(dispersion hardening): 기본 재료에서 분산된 2차 상(second phase)의 입자로부터 얻어지는 강도는 분산 경화로 알려져 있다. 효과적이기 위해서는 분산된 입자가 기지(matrix) 재료보다 강해야 한다. 입자의 강화와 전위 운동을 방해하는 추가적인 접합 표면들을 통해 강화가 일어난다.

6. 상 변화(phase transformation): 합금에서는 높은 온도에서 단일상(single phase)을 형성하도록 가열하고 다음에 저온에서 하나 이상의 상으로 전환시키기 위해 냉각시키는 방법이다. 이러한 특성을 이용하여 강도를 증가시키기 위해서 냉각을 급속하게 하며 그때 만들어지는 상은 대개 비평형의 특성이 있다. 이들 각각의 방법에 대해서는 다음에서 보다 자세히 설명한다.

4.4.1 냉간 가공(cold working)과 풀림(annealing)

냉간 가공은 상대적으로 상온과 같은 낮은 온도에서 금속을 기계적으로 변형시키는 과정인데 주로 압연(rolling) 또는 인발(drawing) 가공법을 사용하여 변형시킨다. 냉간 가공은 과밀한 전위 배열(dense array of dislocation)을 일으켜 일반적으로 결정 구조를 무질서하게 만든다. 그 결과 항복 강도는 증가되고 연성(ductility)은 감소한다. 냉간 가공 시 강화 효과가 발생하는데 그 이유는 수많은 전위(dislocation)로 인해 과밀한 엉킴이 생겨 다음 변형 시의 장애물로 작용하기 때문이다. 따라서 잘 제어된 냉간 가공은 여러 성질들을 변화시키는 데 적절하게 사용된다. 예를 들면, 구리(copper) 및 구리 합금에 대해 적용할 수 있다. 냉간 가공된 금속을 풀림 처리하면 결정립의 모양이나 결정의 방향은 변화가 없지만 가공으로 인한 결정 내부의 변형 에너지와 항복 강도는 감소한다. 이와 같은 현상을 회복주3)(recovery)이라 한다. 냉간 가공의 영향은 새로운 결정

주3) 회복(recovery): 냉간 가공에 의해 재료 내에 축적된 에너지의 일부가 제거되는 과정이다. 열처리 시 변화된 미세 구조 및 성질은 적절한 열처리 등을 통해 가공 전의 상태로 복귀시킬 수 있는데 높은 온도에서 나타나는 복귀 과정 중의 하나가 회복이다. 이 과정 중에는 높은 온도에서 활발해진 원자 확산으로 인해 전위의 활동이 활발해 지고 내부의 변형률 에너지가 제거된다. 전위의 수는 감소하고 낮은 변형률 에너지를 갖는 배열로 바뀌어 진다.

이 형성될 정도의 고온의 열을 금속에 가하면 일부 내지 완전히 반전될 수 있다. 그러한 과정을 풀림 처리(annealing)라 한다. 즉, 풀림 처리는 재료의 가공 경화와 반대되는 개념이다. 가공 경화된 금속에 풀림처리를 하면 금속 재료는 일정 시간 열을 받아 온도는 상승하고 강도는 감소한다. 이 과정을 냉간 가공에 이어서 행하면 재결정주4)된 입자의 크기는 처음에는 매우 작다. 이 단계에서 재료를 냉각시키면 소위 입자 정제(grain refinement)에 의해 강화 효과가 생기는 상황이 발생하게 된다. 이는 결정립계(grain boundary)들이 전위 운동을 방해하기 때문이다. 풀림(annealing) 시간을 오래하거나 혹은 고온에서 풀림 처리를 하면 입자들이 큰 크기로 합치기 때문에 그 결과 강도의 손실이 발생하지만 반면 연성의 증가를 가져온다. 냉간 가공과 풀림에 의한 미세 구조의 변화는 그림 4.9에 있다. 재결정에서의 핵 생성 및 성장과 결정립 성장은 그림 4.10에 있다.

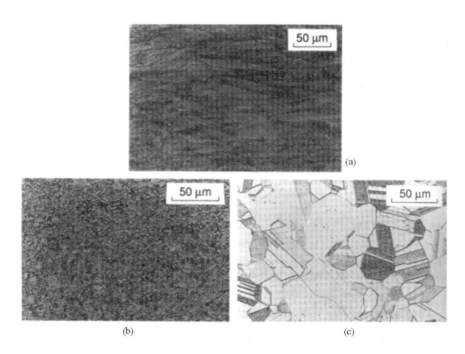

그림 4.9
3가지 조건에서의 구리 합금(70% 구리 30% 아연)의 미세구조. (a) 냉간 가공 시 (b) 375°C에서 1시간 풀림 처리 시 (C) 500°C에서 1시간 풀림 처리 시

주4) 재결정(recrystallization): 냉간 가공된 금속의 결정은 회복 단계를 거쳐 재결정이 생기고 결정립은 성장한다. 그림 4.10은 재결정에서 핵 생성과 결정립 성장 과정을 나타낸다. 초기 결정립(a)은 냉간 가공으로 변형을 일으키게 되고 소성 변형된 금속을 가열하면 내부에 새로운 결정립의 핵이 생기며(b) 핵이 성장(c)하여 전체가 변형이 없는 결정립(d)으로 바뀐다. 이와 같은 과정을 재결정이라고 하며 이때의 온도를 재결정 온도라 한다. 재결정 온도는 특정 시간에서 재결정이 일어나는 온도로 1시간 내의 시간이 필요하다.

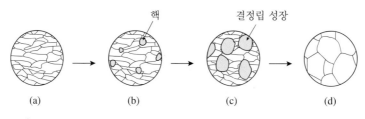

그림 4.10
재결정에서의 핵생성 성장과 결정립 성장

핵

결정립 성장

(a)　　　(b)　　　(c)　　　(d)

변형률 경화(가공 경화)의 예를 들면 항복 강도가 70 MPa인 강판이 냉간 압연(cold rolling) 후에 항복 강도가 700 MPa까지 증가하는 경우가 있다. 냉간 압연(cold rolling) 시 변형 경화가 발생하는 온도에서 금속판의 두께는 감소한다. 냉간 단조(cold forging), 형단조(stamping), 인발(drawing) 공정에서도 변형률 경화가 발생한다. 냉간 가공(cold work)은 재결정 온도 이하에서 재료의 가공 경화를 일으키는 공정들을 총칭하는 것이다.

4.4.2 고용체 강화(solid solution strengthening)

고용체 강화는 고용체를 형성하는 합금에 의해 금속을 강하고 단단하게 하는 것으로 불순물 원자들이 전위 운동을 제한하므로 강화 효과가 생긴다. 즉, 고용체 강화는 불순물 원자들이 결정 격자(crystal lattice)를 구부러뜨림으로써 발생하며, 따라서 전위 운동(dislocation movement)을 더욱 어렵게 만든다. 합금 요소의 원자들이 질서 있는 방식으로 결정 구조(crystal structure)로 혼합되면 이들을 주성분으로 하는 고용체가 형성된다는 점에 주목해야 한다. 고용체는 치환형 또는 침입형 원자가 모재에 삽입되면서 형성된다. 강화를 제공하는 원자들은 침입형(interstitial) 혹은 치환형(substitutional)의 격자 형태로 위치한다. 금속 안의 수소(hydrogen), 붕소(boron), 탄소(carbon), 질소(nitrogen), 그리고 산소(oxygen)와 같은 주성분의 원자들보다 훨씬 작은 크기의 원자들은 보통 침입형 합금을 형성한다.

　치환형 합금은 둘 혹은 그 이상의 금속들의 조합으로 이루어진다고 할 수 있는데, 특히 원자들의 크기가 비슷하고, 선택된 결정 구조들이 동일하다면 그러하다.

　예상컨대, 치환된 불순물의 원자의 크기가 주성분 원자 크기와 다르다면 영향은 더욱 크다. 그림 4.11은 합금 요소들의 다양한 %가 구리의 항복 강도에 미치는 영향을 나타낸다. 구리 합금의 경우 아연과 니켈의 원자 크기는 구리의 원자 크기와 크게 다르지 않다. 따라서 강화 효과는 작다. 그러나 베릴륨(beryllium) 같은 작은 원자와 주석(tin) 같은 큰 원자는 큰 효과를 나타낸다.

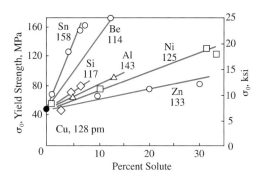

그림 4.11
구리의 항복 강도에 대한 합금 효과. 원자 크기는
피코미터(10^{-12} m)로 주어진다. 항복 강도는 1%의
변형률에 해당하는 강도이다.

4.4.3 석출 경화와 다양한 상의 효과(precipitation hardening and other multiple phase effects)

주어진 금속에서 특정 불순물의 용해도(solubility)는 두 구성 요소가 상이한 화학적 물리적 성질을 가지고 있다면 용해도의 한계(limitation)가 있다. 하지만 이렇게 제한된 용해도는 대개의 경우 온도가 증가함에 따라 증가, 개선된다. 이러한 상황에서는 석출 경화(precipitation hardening)로 인해 재료 강화의 효과를 가져 오기도 한다.

석출 경화는 과포화된 고용체로부터 석출한 매우 작고 균일하게 분산된 입자들로 인하여 금속 합금이 단단하고 강해지는 것으로 때때로 시효 경화라고도 한다. 즉, 석출 열처리란 과포화된 고용체로부터 새로운 상을 석출하기 위한 열처리이다.

금속이 상대적으로 높은 온도로 유지되어 있을 때 고용체(solid solution) 상태로 존재하는 불순물을 생각해 보자. 또한 그 존재하는 양이 상온에서 용해도의 제한을 초과한다고 가정하자. 온도를 낮추는 즉시 불순물은 용해 상태를 벗어나 침전물이 되는 경향을 보인다. 때때로 그 과정에서 화학적 혼합물(chemical compound)을 형성한다.

이런 변화는 주변 금속과는 다른 화학적 구성 조직으로서 두 번째 상(second phase)을 구성한다고 말한다. 만약 두 번째 상이 변형에 잘 저항하는 단단한 결정 구조(crystal structure)를 가지고 있고, 또한 균일하게 잘 분포할 수 있는 아주 작은 입자 상태로 존재한다면 항복 강도는 현저히 증가한다. 예를 들어, 4% 정도의 구리 성분을 포함하는 알루미늄 합금은 $CuAl_2$ 성분의 석출물을 형성하여 강화 효과를 가진다. 그림 4.12에서는 이를 달성하는 방법이 설명되어 있다. 냉각을 서서히 하면 불순물의 원자들이 비교적 긴 거리를 이동하고 석출물은 입자 경계(grain boundary)를 따라 형성된다.

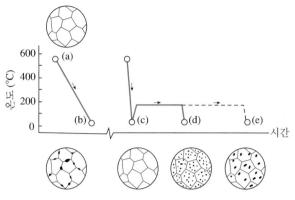

그림 4.12

4% 구리를 포함하는 알루미늄 합금의 석출 경화. 고용체(a)로부터 서서히 냉각하면 입자 경계 석출물을 얻는다(b). 과포화 용액(c)을 얻기 위해서는 급격한 냉각을 하고 다음에 적당한 온도로 시효(aging)시키면 입자 내에 미세한 석출물(d)을 얻는다. 하지만 과도한 시효(overaging)는 거친 석출물(e)을 만든다.

하지만 급속 냉각을 통해 과포화된 용액(supersaturated solution)을 만든 후 일정 시간 동안 중간 온도까지 재가열하면 매우 큰 이점을 얻을 수 있다.

중간 온도에서 불순물의 운동이 감소되면 침전물은 꽤 균일하게 분산된 작은 입자들을 형성한다. 하지만 중간 온도가 너무 높거나 혹은 유지 시간(holding time)이 너무 길면 입자들이 더 큰 입자로 합쳐져 일부 이점이 소실되어, 멀리 떨어진 입자들이 전위 운동(dislocation movement)을 효과적으로 방해하지 못한다. 그러므로 주어진 온도에서 최대 효과를 낼 수 있는 석출(aging, 시효) 시간이 필요하다. 유사한 방식으로 석출 경화가 발생한 상업용 알루미늄 합금에서의 석출 시간과 항복 강도 결과에 대한 경향이 그림 4.13에 나타나 있다.

이전에 논의한 대로 석출 입자들(precipitate particles)의 경우, 합금이 화학적 성분이 다른 하나 이상의 구역들에서 산재되어 존재한다면 여러 개의 상(multiple phase)이 존재한다고 말할 수 있다. 다른 여러 상에서는 바늘과 유사하거나(needlelike) 혹은 층을 이루는(layered) 아주 작은 미세 구조 특성을 포함하거나 하나 이상 형태(type)의 결정 입자(crystal grain)를 포함한다.

예를 들면, 티타늄 합금은 α(알파, HCP)와 β(베타, BCC) 결정 구조 조직을 포함하는 두 개의 상(two phase) 구조이다. 여러 개의 상들은 강도를 증가시킨다. 그 이유는 결정 구조 내의 상 경계(phase boundary)에서의 불연속들로 인해 전위 운동이 더욱 어렵고 또한 하나 하나의 상들은 변형에 저항하기 때문이다. 티타늄에 관해 언급된 두 개

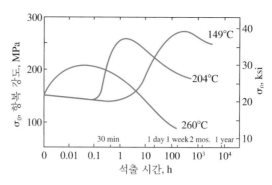

그림 4.13
알루미늄 6061의 항복 강도에 석출(시효) 시간 및 온
도가 미치는 영향

의 상 구조(two phase structure), 즉 알파, 베타 구조는 가장 강한 티타늄 합금의 이유
를 설명한다. 또한 담금질(quenching)과 템퍼링(tempering)에 의한 강 재료의 열처리 공
정 과정은 다음의 열처리 장에서 논의한다. 열처리의 이점들은 여러 개 상으로 인해 얻
어지는 결과라 할 수 있다.

4.4.4 분산 강화(dispersion strengthening)

금속 내부에 단단한 물질의 입자가 침투하게 되면 금속은 분산 강화된다. 분산 강화란
모재가 힘을 받고 있을 때 모재 내에 균일하게 분산된 매우 미세(0.1 µm)하고 단단한
입자에 의해 재료를 강화시키는 방법이다. 고온의 가스터빈에 사용되는 니켈-토리아
(ThO$_2$)의 경우가 그러하다(그림 4.14). 니켈이 모재이며 보강재인 토리아는 흰색의 입
자들이다. 이와 비슷한 예로 탄화물 절삭 공구와 치과 드릴에 사용되는 코발트-텅스텐

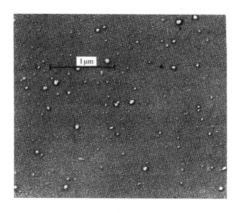

그림 4.14
니켈-토리아의 SEM 사진

탄화물이 있다. 코발트-텅스텐 탄화물의 경우 연성 금속인 코발트는 모재가 되며 단단한 분산 입자인 탄화 텅스텐(WC)은 보강 재료라 할 수 있다. 분산 강화된 재료의 강도는 혼합 법칙의 지배를 받는다. 설계 시 인장 강도를 예측할 때 혼합 법칙을 사용한다. 보강재의 체적비를 v_r이라 하고 모재의 체적률을 v_m이라 하면 $v_r + v_m = 1$이 된다. 모재의 강도를 σ_m, 단단한 입자 분산 보강재의 강도를 σ_r이라 하면 혼합 법칙은 $\sigma_o = \sigma_r v_r + \sigma_m v_m$이 된다. 여기서 σ_o는 모재에 분산된 입자가 강화된 최종 재료의 강도이다.

4.4.5 결정립 미세화에 의한 강화(grain refinement strengthening)

다결정 금속에서는 결정립(grain)의 크기나 평균 결정립 지름이 기계적 성질을 좌우한다. 결정립이 만나는 경계면인 결정립계(grain boundary)는 전위 운동에 장애물로 작용한다. 강에서 결정립이 작으면 우수한 기계적 성질을 가진다는 사실은 잘 알려져 왔다. 최근 재료 과학자들은 100 mm 크기의 결정립을 가지는 재료의 개발을 위해 노력하고 있다. 더 작은 크기의 결정립을 가지는 금속의 항복 강도는 더 큰 크기의 결정립을 가지는 금속보다 높다. 결정립의 크기가 작으면 작을수록 단위 부피당 더 많은 결정립계를 보유하기 때문이다. 결정립계 강화는 금속의 강도를 높이는 저렴한 방법이므로 널리 사용된다. 액체 상태의 금속을 상온에서 급속히 냉각시키면 매우 작은 결정립을 얻을 수 있고, 결정립계가 전위 운동을 방해하여 재료의 항복 강도를 높인다는 사실은 잘 알려져 있다.

4.4.6 열처리

다양한 열처리 과정을 통해 금속 재료를 강화시키는 방법은 가장 일반적인 방법으로, 일반적인 열처리 방법에는 불림, 풀림, 담금질, 뜨임 등이 있으며 5장에서 설명한다.

4.5 비철 금속과 합금(nonferrous metals and alloys)

4.5.1 서론

철 이외의 모든 금속 재료를 비철 금속(nonferrous metal) 재료라 하며 종류가 매우 다양하다. 중요한 비철 금속을 살펴보면 알루미늄(Al)과 알루미늄 기반 합금, 구리(Cu)와

표 4.29 비철 금속/합금 특성에 의한 분류

경량 비철 금속	고온용 비철 금속	부식 저항 비철 금속	기타 비철 금속
알루미늄	티타늄	구리	아연
마그네슘	초합금(superalloy)	알루미늄	납
티타늄	내화용 금속	티타늄	주석
베릴륨		니켈	기타

구리 기반 합금, 니켈(Ni)과 니켈 기반 합금, 티타늄(Ti)과 티타늄 기반 합금, 코발트(Co)와 코발트 기반 합금, 아연(Zn)과 아연 기반 합금(베어링용 합금), 납(Pb)과 그 합금, 주석(Sn)과 주석 기반 합금 등이 있다. 표 4.29에는 이들 비철 금속과 합금을 물성치의 장점에 의해 여러 군으로 분류하였다.

4.5.2 알루미늄(Al) 및 알루미늄 합금

알루미늄(Al)은 110년 정도 사용되고 있지만 지구 원소 가운데 산소, 질소 다음으로 많은 원소이며 철강 다음으로 널리 사용되고 있는 비철 금속 재료이다. 강철인 탄소강의 비중이 7.85인데 비해 알루미늄의 비중은 2.7로서 가볍다. 즉, 동일 체적의 경우 무게가 강철보다 1/3 정도 가볍다. 내식성과 가공성(machinability)이 좋으며 전기, 열전도도가 높고 색도 아름다워 용도가 다양하다. 구리(Cu), 규소(Si), 아연(Zn), 망간(Mn), 니켈(Ni) 등의 원소를 첨가하여 강도가 높은 알루미늄 합금, 부식에 강한 알루미늄 합금을 만들 수 있다. 알루미늄은 표면에 생기는 산화 피막의 보호 작용으로 인해 내식(耐蝕)성이 우수하다. 즉, 공기 중에서 알루미늄 합금의 표면에 Al_2O_3가 형성되어 모재를 산화로부터 보호하기 때문에 공기에 대한 부식 저항력이 있어 알루미늄 창문과 섀시 등에 사용된다. 하지만 바닷물에서는 그렇지 않다. 우수한 열전도성과 전기 전도성으로 인해 열교환기와 전기 전도체에 많이 사용된다. 하지만 단위 무게당 가격이 타 금속에 비해 비싼 단점이 있기도 하다. 예를 들면, 대부분 구조용으로 사용하는 경우에는 순수 알루미늄 대신 알루미늄 합금을 사용한다. 알루미늄은 탄소강에 비해 10배 정도 비싸다. 하지만 알루미늄은 FCC 구조를 가지기 때문에 강철보다 쉽게 소성 변형이 일어난다.

알루미늄 합금은 다양한 조건 상태로 구매할 수 있다. 주요 조건은 제조 방식에 따라 크게는 가공(wrought) 합금과 주조(casting) 합금으로 구분할 수 있다. 여기서 가공이라 함은 압연(rolling), 압출(extrusion), 인발(drawing)과 같은 기계적 변형 공정에 의해 제조된 것을 말한다. 가공 혹은 세공 알루미늄(wrought aluminum) 합금은 무게가 가볍고, 낮은 항복 강도, 좋은 파괴 저항 및 높은 연성과 변형률 저항(strain hardening), 전도성이 좋으며 부식 저항도 좋은 이점이 있기 때문이다. 반면 주조 알루미늄(cast aluminum) 합금은 용융 온도(660°C)가 낮고, 용액의 흐름이 좋으며 고상 구조물 시 물성값이 좋다. 알루미늄 합금은 일반적으로 강철보다는 강도가 약하지만 특수 알루미늄 합금은 고장력 저합금강(HSLA)급에 해당하는 높은 인장 강도를 가진다. 무게 대비 강도 측면에서 강철 및 다른 구조용 금속보다 우수하다. 하지만 마모(wear), 크립(creep), 피로(fatigue) 측면에서는 우수하지 못하다. 따라서 선택 시에는 가격, 무게, 부식 저항, 관리 유지 보수 비용, 전기 전도성 등의 요인들을 고려해 선정하여야 한다.

알루미늄 합금에는 주조 Al 합금과 가공 Al 합금, 고강도 Al 합금, 내식성 Al 합금으로 분류할 수 있다. 주조용 Al 합금에는 Al-Cu 합금과 Al-Cu-Si계 합금, 알루미늄-규소(Al-Si) 합금, 알루미늄-마그네슘(Al-Mg) 합금, 다이캐스팅(die casting)용 Al 합금, Al-Cu-Ni-Mg 합금 등이 있다. 특히 알루미늄-규소 합금은 유동성이 좋고 응고 시 수축성이 작으며 열간 취성이 적고, 내식성이 좋고, 기계적 성질이 우수하여 주물용 합금으로 널리 사용된다.

가공 Al 합금에는 듀랄루민계(Al-Cu-Mg계, Al-Zn-Mg계)인 고강도 알루미늄 합금계와 내식성 합금계(Al-Mn계, Al-Mg계, Al-Mg-Si계)가 있다. 합금 성분에 따라 사용되는 구분을 위해 Alco 및 AA(Aluminum Association)에서 사용하는 명칭기호들이 사용된다.

a) 가공 알루미늄 합금(wrought aluminium alloy)

압연(rolling)이나 인발(extrusion)에 의해 생산된 가공(wrought) 형태의 알루미늄 합금은 명칭(명명 시스템)에 있어 4가지 숫자를 가지고 있다. 표 4.30에 표시된 대로 첫째 숫자는 주된 합금 요소를 표시하고 그 다음 숫자는 특수 합금을 표시하는데 사용된다. 가공(wrought) 합금의 UNS 숫자는 네 자리 숫자 앞의 A9를 제외하고는 유사하다. 4자리 숫자 다음에는 열처리와 같은 공정을 나타내는 코드가 있다. 예를 들면, 2024 − T4와 같은 경우인데 표 4.30에 자세히 언급되어 있다. 알루미늄 합금의 경우 다음의 공정 처리법 기호를 알아두면 편리하다. F는 제조된 상태 그대로의 재료, Hxy는 변형률 경화(strain hardening)된 경우, O는 풀림 열처리와 재결정된 경우, T는 용체 열처리(solution heat treatment)와 시효 경화(age hardening)를 한 경우다. 냉간 가공(cold working)을 포함하는 코드에 대해 예를 들면 Hxy의 경우, $x = 1$인 경우는 변형률 경화가 생기고(냉간 가공 시 변형률 경화 발생), $x = 2$는 변형률 경화와 부분적인 풀림 열처리의

표 4.30 가공(wrought) 알루미늄 및 합금 재료의 명칭 시스템

계열	주요 첨가 요소	자주 사용되는 다른 첨가요소	열처리 가능 여부
1XXX	없음	없음	불가
2XXX	구리(Cu)	Mg, Mn, Si	가능
3XXX	망간(Mn)	Mg, Cu	불가
4XXX	규소(Si)	없음	가능
5XXX	마그네슘(Mg)	Mn, Cr	불가
6XXX	마그네슘(Mg), 규소(Si)	Cu, Mn	가능
7XXX	아연(Zn)	Mg, Cu, Cr	가능

가공법 표시	가공법	일반적인 TX* 처리	
-F	제조한 그대로의 상태	-T3	용체 열처리와 냉간 가공 후 자연적으로 시효
-O	풀림(annealing)	-T4	용체 열처리 후 자연적으로 시효
-H1X	냉간 가공(cold working)	-T51	스트레칭에 의한 응력 완화
-H2X	냉간 가공 후 부분 풀림	-T5	인위적 시효
-H3X	냉간 가공 후 안정화	-T6	용체 열처리 후 인위적으로 시효
		-T7	용체 열처리 후 안정화
-TX	용체 열처리 후 시효	-T8	용체 열처리 후 냉간 가공, 인위적 시효
-T1	열간 가공 후 냉각, 자연시효(주위온도에서)	-T9	용체화 열처리, 인위적인 시효 다음 냉간 가공
-T2	열간 가공 후 풀림 처리(주조 시에만 적용)	-W	용체화 열처리

* TX는 고온에서 합금의 고용체를 만들기 위해 용액 열처리 과정을 포함하는 공정 코드이다.

경우이다. $x = 3$은 변형률 경화와 안정화된 경우이다. 두 번째 y는 변형 경화의 상대적인 양을 나타낸다. $y = 2$는 1/4 변형 경화, $y = 4$는 1/2 변형 경화, $y = 8$은 완전 경화, $y = 9$는 경화가 초과된 경우이다. 예를 들면, 냉간 가공만 한 경우는 H1X로 표시하고, 냉간 가공에 이어 부분적인 풀림 열처리를 한 경우는 H2X 혹은 열처리를 한 후 안정화시킨 경우는 H3X로 표시한다. 두 번째 숫자는 냉간 가공의 정도를 표시하는데 HX8은 강도 측면에서 최대 효과를 가지는 표시 숫자이며 HX2, HX4, HX6은 최대 강도 효과 대비 각각 1/4, 1/2, 3/4을 표시한다. 일반적인 알루미늄 합금 성분의 화학적 성분 조성비는 표 4.31에 있다. 알루미늄 협회(AA)에서는 99% 이상의 순수 알루미늄의 경우는 1XXX로 표시되고 2XXX의 경우는 구리(Cu)가 주요 첨가 합금 요소이며, 3XXX의 경우는 망간(Mn)이, 4XXX의 경우는 규소(Si), 5XXX의 경우는 마그네슘

표 4.31 가공(wrought) 알루미늄 합금(%)의 조성비

번호	UNS 번호	주요 합금 성분wt%					
		Cu	Cr	Mg	Mn	Si	기타
1100-O	A91100	0.12	–	–	–	–	–
2014-T6	A92014	4.4	–	0.5	0.8	0.8	–
2014-T4	A92024	4.4	–	1.5	0.6	–	–
2219-T851	A92219	6.3	–	–	0.3	–	0.1 V, 0.18 Zr
3003-H14	A93003	0.12	–	–	1.2	–	–
4032-T6	A94032	0.9	–	1.0	–	12.2	0.9 Ni
5052-H38	A95052	–	0.25	2.5	–	–	–
6061-T6	A96061	0.28	0.2	1.0	–	0.6	–
7075-T651	A97075	1.6	0.23	2.5	–	–	5.6 Zn

(Mg), 6XXX의 경우는 마그네슘(Mg)과 규소(Si), 7XXX의 경우는 아연(Zn)이, 8XXX의 경우는 기타 성분이 주성분이다. 표 4.31은 일반적인 가공 알루미늄 종류에 따른 화학적 조성을 나타낸다. 사용처를 보면 1100계열은 열처리를 할 수 없으며 식품 및 약품 저장 기기와 열교환기에 사용된다. 2014계열은 열처리가 가능하며 항공기, 기어와 축, 볼트, 미사일 부품, 피스톤, 체결 장치, 기어 등의 각종 기계 부품에 널리 사용된다. 3003계열은 열처리할 수 없으며 요리용 도구, 압력 용기, 배관 등에 사용된다. 4032계열은 열처리가 가능하며 주브레이크 실린더, 전달 밸브, 베어링, 단조 피스톤 등에 사용된다. 5052계열은 열처리를 할 수 없으며 항공기 연료 라인, 연료 탱크, 리벳, 와이어 등에 사용된다. 6061계열은 열처리가 가능하며 항공기 피팅류, 선박 피팅류 및 장비, 브레이크 피스톤, 철도 차량, 파이프 라인 등에 사용된다. 7075계열은 열처리가 가능하며 응력을 많이 받는 항공기 구조 등에 사용된다.

TX 형태를 갖는 프로세싱 코드는 고온에서 합금 성분의 고용체(solid solution)를 만들기 위해 용체 열처리(solution heat treatment)를 포함한다. 이 작업은 냉간 가공 후 할 수도 있고 혹은 하지 않을 수도 있으나 재료 자체는 석출 경화가 발생하는 동안 시효 처리(aging)되어야 한다. 자연적인 시효 처리(naturally aged) 과정은 상온에서 하고 반면 인위적인 시효 처리(artificially aged)는 2단계 열처리를 포함한다.

합금 성분은 프로세싱 과정의 반응을 결정한다. 1XXX, 3XXX, 5XXX계열은 석출 경화 열처리 과정에 반응하지 않는다. 이들 합금은 고용체 효과로부터 일부 강도 증가 효과를 달성하고 풀림 처리 다음의 냉간 가공에 의해 강화된다. 최고의 강도를 가질 수

표 4.32 가공 알루미늄 합금의 기계적 성질

합금 계열	항복 강도 σ_y(MPa)	극한 인장 강도σ_u(MPa)	파손까지의 변형률 ϵ_f(%)	탄성 계수 E(GPa)	브리넬 경도 (H$_B$)
1100-O	34	90	45	68.9	23
1100-H14	115	125	20	68.9	32
1100-H18	150	165	15	68.9	44
2014-O	97	185	18	70	45
2014-T4	290	425	20	72	105
2014-T6	415	480	13	73	135
2024-O	76	185	22	73.1	47
2024-T4	325	470	19	72	120
6061-O	55	125	30	68.9	30
6061-T6	275	310	17	70	95
7075-O	105	230	16	71.7	60
7075-T6	505	570	11	72	150

있는 합금들은 석출 경화에 반응하는 합금들인데 2XXX, 6XXX, 7XXX계열들이 이에 속하고 합금량에 따라 영향을 받는다. 예를 들면, 2024 합금은 자연적인 시효 처리 (natural aging)에 의해 석출 경화되지만 7075계열이나 이와 유사한 합금들은 인위적인 시효 처리(artificial aging)를 요구한다.

표 4.32는 일반적인 알루미늄 소재의 기계적 성질을 나타낸다.

b) 주조 알루미늄 합금(aluminum casting alloys)

최근 자동차의 무게를 줄이기 위해 대형 주조품에 주조용 알루미늄 합금이 사용되고 있다. 실린더 헤드, 크랭크 케이스, 변속기 케이스, 워터 펌프 보디 등의 하우징에 사용된다.

알루미늄은 용융점이 낮으므로 주조하기에 적합하지만 순수 알루미늄은 고온에서 크랙킹을 유발할 수 있고 높은 수축성으로 인해 주조에는 거의 사용하지 않는다. 따라서 합금 요소를 첨가하여 강도를 증가시키고 주조성을 향상시켜 주조한다. 구리와 철, 아연, 규소, 마그네슘 등은 주요 알루미늄 주조 합금 요소이다. 실루민 합금은 규소 함유량이 10~13%인 알루미늄 주조 합금이다. 실루민은 복잡한 형상의 주물에 적합하며 내식성도 우수하다. 주조(cast) 형태로 제작되는 알루미늄 합금은 이전의 알루미늄 명칭 시스템과 유사하지만 별도의 명칭 시스템을 가지고 있다. 일반적으로 알루미늄 주

표 4.33 일부 주조 알루미늄 합금의 성분 및 기계적 성질

합금 기호	가공법 (casting type)	주요 성분(%)						열처리	항복 강도 σ_y (MPa)	연신율 ϵ_f(%)
		Cu	Si	Mg	Zn	Fe	기타			
1xx	99.0% 이상 알루미늄									
201	샌드캐스팅							T4	215	20
201	샌드캐스팅							T6	435	7.0
208	샌드캐스팅	4.0	3.0	1.0	1.2			F	97	2.5
295	샌드캐스팅	4.5	1.0	1.0				T4	110	8.5
295	샌드캐스팅	4.5	1.0	1.0				T6	165	5.0
355	샌드캐스팅	1.3	5.0					T6	175	3.0
355	영구 금형 주조							T6	190	4.0
356	샌드캐스팅		7.0	0.3				T6	165	3.5
356	영구 금형 주조							T6	185	5.0
A390	샌드캐스팅	3.5	8.5	3.0	2.0			F	180	<1.0
A390	샌드캐스팅	3.5	8.5	3.0	2.0			T6	280	<1.0
A390	영구 금형	3.5	8.5	3.0	2.0			F	200	<1.0
A390	영구 금형	3.5	8.5	3.0	2.0			T6	310	<1.0
520	샌드캐스팅							T4	180	16
443			5.3					O, F	48.3	3.0

조품은 3자리 숫자이고 소수점을 포함 4자리 숫자를 가지는데, 예를 들면 356.0-T6가 이에 속한다. 동일한 UNS 숫자는 4자리 수 앞에 A0를 가지며 소수점을 가지고 있지 않고 A03560으로 표시된다. 예를 들면, 99% 순수 알루미늄의 경우 1XX.X,로 표시하며 주성분이 구리(Cu)인 경우 2XX.X로 표시한다. 3XX.X인 경우 규소와 구리 혹은 마그네슘이 주성분이고, 규소가 주성분인 경우 4XX.X, 마그네슘(Mg)이 주성분인 경우 5XX.X, 아연(Zn)이 주성분인 경우 7XX.X, 주석(Sn)이 주성분인 경우 8XX.X로 표시한다. 예를 들면, 356T6은 T6 열처리한 알루미늄 주조 합금으로 샌드 캐스터 혹은 다이 캐스터로 제작한다.

표 4.33는 일부 알루미늄 주조 합금의 기호와 성분과 기계적 성질을 표시한다. 이 중 295계열의 주조 알루미늄 합금은 플라이휠, 뒷 차축의 하우징, 자동차의 크랭크 케이스

표 4.34 엔진 피스톤에 사용되는 알루미늄 합금의 화학 성분(wt%)

합금	Si	Fe	Cu	Mn	Mg	Cr	Zn
A2618	0.17	1.14	1.79	0.00	1.15	0.00	0.00
SC100	10.7	0.20	3.10	0.29	0.60	0.01	0.01
A4032	11.3	0.80	0.85	0.04	1.10	0.10	0.25
ACA8A	11.9	0.16	1.01	0.01	1.11	0.00	0.00

표 4.35 엔진 피스톤에 사용되는 알루미늄 합금의 기계적 성질

합금	탄성 계수 (GPa)	항복 강도 (MPa)	극한 강도 (MPa)	파단 연신율 (%)	열팽창 계수 (10^{-6}/K)
A2618	73.7	420	480	15.5	25.9
SC100	78	368	413	11	21.1
A4032	79	315	380	8	19.2
ACA8A	80	310	335	1	20.7

등에 사용되며 356계열은 항공기 펌프 부품, 자동차 변속 케이스, 수냉식 실린더 블록 등에 사용된다. 443계열은 선박 피팅용, 박판 주조, 금형 주조 등에 사용된다.

c) 피스톤용 알루미늄 합금

알루미늄 주조품은 엔진 피스톤에 많이 사용된다. 알루미늄 주조품이지만 엔진 피스톤용으로 이를 달리 표현한다. 엔진 피스톤에 사용되는 특수용 알루미늄 합금 재료는 알루미늄 12wt%에 규소를 적당히 첨가하여 사용한다. 사용되는 알루미늄 합금 종류와 명칭은 표 4.34와 같고 기계적 성질은 표 4.35와 같다.

d) 알루미늄/리튬 합금

항공용으로 무게가 가볍고 고강도 고강성을 가지는 알루미늄 합금을 찾을 때에는 알루미늄-리튬 합금이 선택될 수 있다. 최대 4%의 리튬 첨가 시 무게가 3% 감소하는 반면 강성은 6% 증가된다. 알루미늄-리튬 합금은 가공 혹은 주조 형태로 구할 수 있으며 일반 알루미늄 합금처럼 제조된다. 기계 가공이 용이하며 용접 가능한 재료이다.

e) 알루미늄 + 구리 합금

그림 4.15는 알루미늄-구리(Al-Cu) 합금의 전형적인 상태도를 나타낸다. 공정 온도에서 알루미늄은 5.7% 구리를 고용한다. 온도가 내려감에 따라 용해도는 감소하여

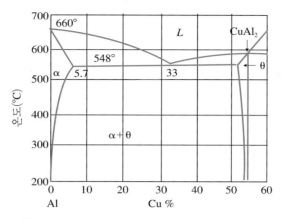

그림 4.15
알루미늄—구리 합금 상태도

400°C 부근에서는 1.5%, 200°C 부근에서는 0.5% 구리를 고용한다. 따라서 4% 구리 합금을 400°C까지 가열한 후 급랭시키면 과포화 상태의 고용체를 상온에서 얻을 수 있는데, 과포화 상태는 매우 불안정하므로 제2상을 석출하려는 경향이 크며 시간이 경과함에 따라 경도, 강도가 증가한다. 이러한 현상을 상시 혹은 자연 시효(natural aging)라 한다. 상온보다 높은 온도 100~150°C로 가열하면 이러한 현상은 속히 진행되는데 이를 인공 시효(artificial aging)라 한다.

4.5.3 티타늄(Ti) 및 티타늄 합금(Titanium alloys)

티타늄은 주기율표에서 22번 원소이며 Ti로 표시된다. 은백색의 비철 합금 금속으로 가볍고, 내열, 내식 강도가 강하며 비자성 물질이다. 타 금속과 비교할 때 내 부식성이 가장 좋은 금속이라 할 수 있으며, 또한 낮은 열전도성을 가지고 있다. 티타늄의 밀도는 알루미늄보다 상당히 크지만 강과 비교하면 강의 밀도의 55~66% 정도이다. 따라서 강의 무게보다는 가볍고 알루미늄보다는 무겁다고 할 수 있다. 그리고 용융점 역시 강보다 높고 알루미늄보다는 상당히 높다. 500°C의 고온에서도 기계적 성질이 잘 변하지 않는 강점이 있다. 순수한 티타늄 금속의 항복 강도는 415 MPa이지만 합금 요소의 첨가와 열처리를 통해 1300 MPa까지 향상시킬 수 있다. 항공 산업에 사용될 때 무게 대 강도 비는 매우 중요하다. 구조물 설계 시에는 재료 선정을 할 때 무게 대 강성(E/ρ) 혹은 무게 대 강도 비(σ_y/ρ)를 고려한다. 이런 측면에서 높은 강도의 티타늄은 강도가 높은 강철과 종종 비교가 된다. 즉, 무게 대비 강도가 강철보다 매우 우수하므로 강도가 중요한 경량 구조물에 널리 사용된다. 이러한 좋은 무게 대비 강도의 우수한 특성과 부식 저항성으로 인해 티타늄은 재료가 개발된 1940년 이후 많은 곳에서 널리 사용되고 있다. 티타늄은 가공 경화율이 매우 큰 금속이므로 기계적 성질은 냉간 가공도에 의해 크게 변화한다. 티타늄의 성질을 개선하기 위해 다양한 합금 원소가 사용된다. 주요 합금 원소로는 Al, Sn, Mn, Fe, Cr, Mo, V이 있다. 일반적으로 30여 종류의 티타늄 합금이 사용되고 있는데 이들을 합금 성분의 무게비로 표시함으로써 이들 재료들을 구별할 수 있다. 예를 들면, Ti-6Al-4V 혹은 Ti-10V-2Fe-3Al 등으로 표시하여 구별한다. 티타늄 합금은 미세 구조에 따라 일반적으로 3종류의 군으로 분류된다. 이를 3가지 종류로 분류하면 알파(α)계열 티타늄 합금, 베타(β)계열 티타늄 합금 그리고 알파-베타($\alpha + \beta$)계열의 티타늄 합금으로 분류할 수 있다. 이들은 상온에서 안정화된 상들이다. 순수 티타늄은 상온에서 조밀육방격자(HCP) α상으로 존재한다. 그러나 890~1668°C까지는 체심입방격자(BCC) 구조의 β상이다. α합금은 상용 순수 티타늄과 알루미늄 및 소량의 β상 안정화 원소가 포함된 티타늄 합금이다. β상 안정화 원소에는 바나듐, 철, 몰리브덴 등이 있다. 이와 같은 원소들이 상당량 티타늄과 합해지면 합금은 $\alpha + \beta$의 두 가지 상이 존재하게 된다. $\alpha + \beta$상의 티타늄 합금의 예는 Ti-6Al-4V가 있다. 원소 Al은 α상의 안정화된 원소로서 α상에 집중된다. 반면 β상의 안정화된 원소 V은 β상에 집중된다.

β합금은 바나듐, 철, 크롬, 몰리브덴과 같은 BCC β상의 안정화된 요소를 가지는 합금이다. 알파 결정 구조(HCP)는 순수 티타늄일 때 상온에서 안정적이지만 크롬(Cr), 바나듐(V) 등과 같은 합금 원소가 첨가되면 베타 구조가 안정적으로 되거나, 혼합 구조가 된다. 소량의 몰리브덴이나 니켈을 첨가하면 부식 저항이 향상되고 알루미늄, 주석(Sn: tin), 지르코늄 등을 첨가하면 α상의 크립 저항을 개선시켜 준다. α합금은 열처리에 반응하지 않고, 고용체(solid solution) 효과에 의해 강화된다. 반면 다른 합금들은 열처리에 의해 강화될 수 있다. 즉, $\alpha + \beta$ 합금에서는 풀림 처리 조건 및 시효 처리를 통해 또는 결정립 미세화를 통해 효과적으로 강화할 수 있다.

강철에서와 같이 담금질(quenching) 후 마르텐사이트로의 변형이 발생하지만 그 효과는 미미하다. 석출 경화와 복잡하고 다양한 상으로 인한 효과는 α 및 $\alpha + \beta$합금의 주된 강화 방법이다. 실용화되고 있는 티타늄 합금의 대표적인 것들이 표 4.36에 나타나 있다.

제조 과정으로는 주조, 단조, 압연, 인발 혹은 용접 방법을 사용한다. 티타늄은 강이나 알루미늄보다 매우 비싸기 때문에 무게 대비 강도, 강성을 요하는 구조물이나 부식 저항이 요구되는 곳, 높은 온도에서도 기계적 성질을 유지할 수 있는 부품이나 구조물에 사용된다. 표기법은 일반적으로 합금의 구성 요소에 의해 지정된다. 예를 들면, 6%

표 4.36 티타늄 합금과 기계적 성질

합금	명칭 부호	극한 강도 σ_u(MPa)	항복 강도 σ_y(MPa)	연신율 ϵ_f(%)	샤피 충격 에너지(J)
순수 상업용 α-Ti	Ti35A	241	172	24	15-54
순수 상업용 α-Ti	Ti50A	345	276	20	15-54
순수 상업용 α-Ti	Ti65A	448	379	18	15-54
α합금	Ti-0.2Pd	345	276	–	–
$\alpha+\beta$합금	Ti-6Al-4V	896~1103[*]	827~1034[*]	10-7	14-27
β합금	Ti-3Al-13V-11Cr	931~1296[*]	896~1207[*]	16-6	7-20

[*] 기계적 값은 열처리에 따라 다를 수 있다(Machine Design, 1981 Material Reference Issue, Vol. 53, No. 6).

알루미늄 및 4%의 바나듐이 추가된 티타늄 합금은 Ti-64로 알려져 있다. ASTM규격에서는 등급에 따라 표시하는데 1~4등급까지는 순수 상용 티타늄(CP Ti)이며 등급의 증가에 따라 강도가 커진다. 5등급은 Ti-6%Al-4%V 합금이다. 이 재료는 팬 및 압축기 블레이드, 디스크, 링 등에 사용된다. 6등급은 Ti-5%Al-2.5%Sn으로 표시한다. 6등급은 가스터빈 엔진 케이스 및 링, 화학 공정 장비에 사용된다.

무독성의 경우 인공뼈, 치근 등에 사용하며 우수한 내부식성으로 인해 열교환기로 사용되고 우수한 탄성으로 인해 골프채의 클럽 헤드, 용수철 등에 사용된다. 티타늄 제품의 공급업체에서는 봉(rod), 판재(plate), 튜브(tube), 디스크(disk), 링(ring), 와이어(wire) 형태로 판매한다. 이때 중국, 일본 공급업체에서는 TA1, TA4, TA9, TC4 등의 규격을 사용한다.

4.5.4 구리(Cu) 및 구리 합금

구리 혹은 동은 6,000년 이상 사용되어 온 중요 비철 금속이다. 구리는 밀도가 8.96×10^3 kg/m^{3}이며 비중은 8.9이다. 동은 FCC 구조를 가지고 철과 함께 많이 사용되고 있으며, 순수한 동은 전기, 전자 산업에서는 핵심 비철 금속(nonferrous alloy)이라 할 수 있다. 은(Ag) 다음으로 전기 전도도가 높고 열전도도 또한 높다. 부식 저항성이 우수하며, 낮지만 적당한 강도와 높은 연성으로 인해 가공하기 쉬우므로 판재, 봉재, 선재, 파이프, 막대 등으로 가공하여 차량, 조선, 기계, 기기 등에 널리 사용된다. 동의 물리적 성질은 비자성체이며 공기 중에서는 표면이 산화되어 암적색이다. 용융점은 1085°C 정도로 비교적 낮아 주조, 가공하기 쉽다.

동 중에는 P, As, Mn, Al, Fe, Sb, Zn 등의 불순물이 있고 이러한 불순물들은 전기 전도도를 저하시킨다. 동은 냉간 가공(cold working)으로 적당한 강도를 얻을 수 있다. 동을 분류하면 전기동, 정련동, 탈산동, 무탈산동이 있다. 전기동은 전기 분해에 의해 만들어진 것이며, 정련동은 전기동을 용융 정제하여 동 중의 산소를 0.02~0.04% 정도로 한 것이다. 산소 성분을 0.01%로 낮춘 것을 탈산동이라 하며 무산소동(無酸素銅; oxygen free high conductivity copper, OFHC)은 산소를 0.002~0.001% 이하로 낮춘 것이다. 무산소동은 동 순도 99.99% 이상, 산소 함유량 10 ppm 이하, 전기 전도도 101% IACS(Interrnational Annealed Copper Standard) 이상의 고품위 순동으로서 전자레인지의 마그네트론, 고속전동기용 정류자, 동축케이블용(coaxial cable), 압착단자 등의 필수 소재이다.

풀림 상태 순수 동의 인장 강도는 대략 200 MPa 정도이며 연신율은 60% 정도이다. 냉간 가공(cold working) 후의 인장 강도는 450 MPa 정도로 상승되며 반면 연신율은 5% 정도 감소한다. 동은 상대적으로 낮은 강도와 높은 연성으로 인해 큰 변형이 필요한 성형 작업 시 매우 바람직한 소재이기도 하다. 반면 철보다 무거운 단점이 있다.

동 합금은 높은 전기적 전도성, 부식 방지, 친화성을 가진 결과로 다양한 곳에 사용된다. 동은 쉽게 다른 금속과 합금이 되며 또한 동 합금은 사용하기 편한 모양으로 가공이 용이하다. 강도는 다른 금속보다 일반적으로 낮지만 공업용 금속으로 유용하게 사용된다.

동 합금에는 황동(brass)과 청동(bronze), 알루미늄 청동, 규소 청동, 인청동 등이 있다. 황동은 기본적으로 구리와 아연(Zn: zinc)의 합금이며 청동은 기본적으로 구리와 주석(Sn: tin)의 합금이다. 양은은 니켈과 아연을 함유한 동 합금이다. 대부분의 동 합금은 고용 강화된 상태이다. 또한 쉽게 변형률 경화(strain hardening)하며 결정립 미세화(fine grain size)로 강화될 수 있다. 또한 가공된 구리 합금의 항복 강도는 변형률 경화에 의해 4배까지 증가될 수 있다. 카트리지 황동(cartridge brass)은 박판 튜브 형태로 크게 소형 변형시킬 수 있다. 구리-베릴륨(1.9wt%) 합금은 석출 경화된다. 이 합금의 경우 열처리를 하면 순수 구리에 비해 항복 강도는 약 15배까지, 탄성 계수는 15% 정도까지 증가된다.

구리 합금도 가공 합금(wrought alloy)과 주조 합금(casting alloy)으로 구별한다. 구리 합금의 표시법은 미국 UNS 표시법에 따르면 모두 C로 시작되며 이어서 5개의 숫자가 따라온다. C10100~C79900까지는 가공 구리 합금을 표시한다. 예를 들면, 99% 이상의 순동은 C10100~C15760 사이에 있다. 구리-아연 합금인 황동은 번호 C20500 ~C29800에 속한다. 알루미늄 청동(aluminum bronze)은 C60600~C64400에 속한다.

인청동(phosphor bronze)은 C50100~C52900, 구리-베릴륨(베릴륨 황동) 동 합금은 C17000~C17700, 규소 청동(silicon bronze)은 C64700~C66100에 속한다. 구리-니켈 합금은 C70100~C72950로 분류한다.

주조 구리 합금(cast copper alloy)은 C80100~C81200로 표시한다. 예를 들면, 99% 이상의 순수 구리 주조품은 C80100~C81200, 주조된 규소 황동과 청동은 C87300~C87900, 주조된 납-구리 합금은 C98200~C98840 사이에 있다.

용도를 살펴보면 가공(세공) 구리 합금 중 베릴륨 구리 합금인 C17200은 스프링, 벨로즈, 발사핀, 부싱, 밸브, 다이어프램 등에 사용된다. C26000은 아연(Zn)이 30%인 카트리지 황동으로, 탄약 케이스, 배관 악세서리, 리벳, 라디에이터 코어 등에 사용된다. 구리-니켈 구리 합금인 C71500은 구리에 니켈이 31%, 철이 0.6% 첨가된 동 합금인데 콘덴서, 콘덴서판, 증류기 배관, 증발기 및 열 교환기 관에 사용된다.

일반적으로 구리 합금에 사용되는 공정 과정은 다음과 같이 표시된다.

- 풀림 처리한 경우: O
- 재료가 생산된 상태: M
- 냉간 가공: H
- 열처리한 경우: T

a) 황동(brass)

구리 합금은 일반적으로 황동으로 알려져 있다. 황동(yellow bronze)은 구리-아연(Cu-Zn)의 2원 합금으로 30 혹은 40%의 아연(Zn: zinc)이 포함된다. 이들 비율에 따라 73황동, 64황동이라 부르기도 한다. 황동은 일반적으로 황색의 색깔을 가진다. 첨가되는 아연의 양에 따라 기계적 성질이 변하는데 아연(Zn)이 30%인 경우의 합금은 α(FCC)상이고 연신율이 크다. 아연(Zn)이 35%인 경우의 합금에서는 β(BCC)상이 나타나 2개의 상 합금이 되어 연신율은 줄어드나 반면 인장 강도는 증가한다. 아연이 40%인 경우에는 최대 인장 강도를 가진다.

황동형 합금에는 구리-티타늄(Cu-Ti), 구리-카드뮴(Cu-Cd) 등의 합금이 이에 속한다. 황동은 아연 함유량에 따라 다음과 같은 종류들이 있다.

실용 황동 중 95Cu-5Zn 합금(gliding metal)은 순동같이 연하고 화폐, 메달에 사용된다. 90Cu-10Zn(commercial brass)은 딥드로잉(deep drawing), 메달, 배지 등에 사용되며

청동과 색깔이 비슷하여 청동 대용으로 사용되기도 한다. 85Cu-15Zn(red brass)은 연하고 내식성이 좋으므로 소켓 등에 사용된다. 80Cu-20Zn(low brass)는 연성이 좋고 색깔이 아름다우므로 장식용 금속 잡화 등에 사용된다. 5~20%대의 저아연 합금을 총칭하여 tombac이라 하고 색깔이 금색에 가까워 모조용 금으로 사용하며 금박 대용으로 사용된다.

70Cu-30Zn(cartridge brass)은 대표적인 가공용 황동으로 판, 봉, 관, 선 등으로 사용된다. 가공 시 타 금속 성분이 혼입되지 않도록 주의해야 한다. 65Cu-35Zn(yellow brass)는 α상의 합금으로 판, 봉, 선, 관에 사용되며 자동차용 방열 부품, 탄피 등에 사용된다. 60Cu-40Zn(Muntz metal)은 $\alpha + \beta$상의 합금으로 상온에서 강도가 좋다. 아연의 양이 많아 황동 중 가격이 가장 싸지만 내식성이 좋지 않다.

주물용으로 10~40% 사용하여 황동 주물로 사용한다. 아연을 포함하므로 용탕의 유동성이 좋아 복잡 정밀한 주물을 얻을 수 있다.

보통의 황동에 다른 원소를 가해 색깔, 내마모성, 내식성, 기계적 성질을 개선한 황동을 특수 황동이라 부른다. 첨가되는 합금 원소로는 Sn, Al, Si, Mn, Pb 등이 있다. 주석 황동, 쾌삭 황동, 알루미늄 황동, 규소 황동 등이 있다. 황동에 주석을 넣으면 주석 포함 황동이라 하며, 이 중에서 잘 알려진 Naval brass는 6:4 비율로 황동에 주석을 넣은 것이다. 판, 봉으로 가공되어 복수기판, 용접봉, 밸브 기둥 등에 사용된다.

납을 포함한 황동은 납(Pb)을 6:4 비율로 황동계에 첨가하는 것으로 절삭성이 좋아진다. 쾌삭 황동 혹은 hard brass라 부르며 정밀 절삭 가공을 요하는 기어, 나사 등에 이용된다. 첨가 합금 요소에 따라 알루미늄 포함 황동, 규소를 포함한 황동, 고강도 황동 등을 만들 수 있다.

b) 청동(bronze)

청동은 구리-주석(Sn: tin)의 합금으로 주석이 4~20% 함유된 합금이다. 일반적으로 10% 정도의 주석을 가진 합금을 청동이라 부른다. 넓은 의미로 황동(brass) 이외의 모든 동 합금을 청동(bronze)이라 말한다. 좁은 의미에서는 구리-주석(Cu-Sn) 합금을 말하며 이것을 주석 청동(tin bronze)이라고도 부른다. 주석 청동은 오래전부터 가구, 장신구, 무기의 포금, 불상, 종 등의 미술용 제품에 사용되었다. 황동(brass)보다 내식성이 좋고 내마모성도 좋아 10% 이내의 주석을 사용하여 각종 기계 주물 용품, 미술 공예품에 사용한다.

청동은 (1) 일반 가공용 청동과 (2) 주물용 청동 그리고 (3) 특수 청동으로 분류할 수 있다. 특수 청동은 구리-주석계 합금에 P, Pb, Ni, Al, Si, Mn 등을 첨가하여 재질을 개선한 합금이다. 특수 청동에는 인청동(tin bronze), 납청동 혹은 연청동(lead bronze), 니켈 청동(nickel bronze) 등이 있다. 대표적인 청동형 합금에는 Cu-Al(알루미늄), Cu-Si(규소), Cu-Mn(망간), Cu-Be(베릴륨) 등이 있다. 이들 중 알루미늄 청동은 구리(Cu)에 약 12% 이하의 알루미늄을 함유한 합금으로, 청동에 비해 경도, 강도, 인성, 내마모성, 피로 강도 등의 기계적 성질과 내식성, 내열성이 우수하여 항공기, 자동차 등의 부품으로 사용된다. 알루미늄 청동은 단조 및 압연이 가능하고 단조 후 인장 강도는 686 MPa 이상, 연신율 15% 이상, 브리넬 경도 170 이상이다. 주물용, 가공용 알루미늄 청동이 있다.

규소 청동은 탈탄을 목적으로 청동에 소량의 규소를 첨가한 합금이다. 규소는 4.7% 까지는 구리 중에 고용되어 인장 강도를 증가시키며, 내식성, 내열성이 높고 강도가 좋아 압력 용기로 사용된다. 베릴륨(beryllium)을 첨가하면 석출 경화가 발생해 가장 강한 강도의 구리 합금을 만든다. 2~3%의 베릴륨을 첨가한 합금으로 내열성, 내식성, 피로 한도가 좋아 베어링 메탈, 고급 스프링에 사용된다. 망간-구리 합금은 구리에 5~15%의 망간을 첨가한 합금으로 기계적 성질과 내식성이 좋아 선박, 광산용 기계 부품, 밸브 등에 사용한다.

c) 구리-니켈 합금

구리와 니켈은 합금 시 완전 용해도를 보이며, 특징은 높은 전도도, 고온에서의 강도, 바닷물 등에 대한 높은 부식 저항을 가진 소재이다. 큐프로니켈(cupronickel)은 2~30%의 니켈을 포함하는 동 합금으로 백동이라 불리운다. 소성 가공성과 내식성이 뛰어나 기관용, 열기관용으로 사용되며, 25%의 니켈이 함유된 백동은 화폐의 동전으로 사용된다.

45% 니켈을 포함하는 constantan과 67% 니켈을 포함하는 Monel이 있다.

d) 기타 구리 합금

구리-베릴륨 합금(Cu-Be)

일반적으로 2% 미만의 베릴륨을 포함하는데 최고의 강도를 얻기 위해 시효 경화 열처리된다. 가격이 비싸다는 단점이 있으나 가장 강한 강도의 구리 합금이다.

청동-알루미늄 합금(aluminum bronze alloy)

청동-알루미늄 합금은 우수한 부식 저항과 고강도를 동시에 가지고 있는 소재이다. 경제적인 면에서 스테인리스강 혹은 니켈 기반 합금의 대체 물질로 선택, 사용되기도 한다. 가공용 합금은 고용체 강화 혹은 냉간 가공(cold work)으로 강화될 수 있다. 8% 미만의 알루미늄 합금을 가지는 경우 연성이 강하며 9% 이상의 알루미늄 합금 시에는

표 4.37 구리 합금의 기계적 성질

구리 합금 종류 (가공 구리 합금)	가공 처리법	항복 강도 σ_y(MPa)	파단 연신율 ϵ_f(%)	탄성 계수 E(GPa)	성분
베릴륨	TF00	890	3 ~ 10	131	
카트리지 황동	H00	275	48	110	
카트리지 황동	H04	435	8	110	
인청동	OS050	130	64	110	
인청동	H04	515	10	110	
구리-니켈	H02	485	15	150	
알루미늄 규소 청동		241~469	22~32		91Cu-7Al-2 Si
규소 청동		152~414	13~60		97Cu-3Si
망간 청동 (주조 구리 합금)		207~414	19~33		
납황동	M01	83~90	35	76	
알루미늄 황동	M01	205	12	110	
알루미늄 황동	TQ50	241~372	8~18	110	

TF00은 경화가 1/8이 될 때까지 냉간 가공 이후 석출 경화, OS050은 입자 크기가 0.05 mm로 풀림 처리, H00은 경화가 1/8이 될 때까지 냉간 가공, H02은 경화가 1/2이 될 때까지 냉간 가공, H04는 냉간 가공 완전 가공 경화, M01은 모래 주조, TQ50는 담금 경화와 뜨임과 풀림 처리를 의미한다.

연성은 저하되지만 반면에 경도는 강의 경도에 접근한다. 알루미늄 성분비와 다양한 열처리를 통해 인장 강도 범위를 415~1000 MPa까지 할 수 있다. 해양 하드웨어, 파워 축, 슬리브 베어링, 펌프, 다양한 유체 적용 밸브 등에 사용된다. 그 외에도 청동-규소 합금(silicone bronze alloy) 등이 있다.

몇몇 가공 구리 합금과 주조 구리 합금의 기계적 성질은 표 4.37에 있다.

4.5.5 니켈(Ni) 및 니켈 기반 합금

니켈은 FCC 구조를 가지는 은백색의 금속으로 밀도는 8.908×10^3 kg/cm³이며, 비중은 8.9, 용융점은 1455°C이다. 상온에서는 강자성체이지만 360°C에서 자기 변태점이 있고 이 온도 이상에서는 강자성이 없어진다. 니켈판, 니켈선, 니켈관으로 식품 기계, 화학기계, 전자관 등에 사용된다. 니켈 기반 합금은 고온에서 뛰어난 강도와 높은 부식 저항성을 가진다. 따라서 -240~1093°C 온도 범위에서 특별한 부식 저항과 강도와 인성치를 요구하는 곳에 사용된다.

니켈과 듀란니켈 합금(Duranickel alloy)은 94%의 니켈을 포함한다. 특히 Monel은 일련의 구리-니켈 합금을 대변한다. 보통은 67%의 니켈과 30%의 구리로 구성된다. 이 재료는 높은 부식 저항으로 인해 오랜 기간 동안 화학 및 식용 산업에서 널리 사용되고 있다. 니켈 합금으로는 니켈-구리(Ni-Cu) 합금, 니켈-철(Ni-Fe) 합금, 내식(耐蝕)성 니켈 합금 등이 있다.

니켈 기반 합금은 전기 저항과 가열 요소에 많이 사용된다. 주로 니켈-크롬 합금이 사용되는데 이 재료는 니크롬(Nichrome)으로 알려져 있다. 일반적으로 니켈 기반 재료는 주조하기가 어려워 단조 및 열간 가공된다. 용접성은 무난하다고 볼 수 있다.

초고온에서 좋은 기계적 성질을 제공하기 위해 니켈 기반 합금을 사용하여 설계할 때에는 이 재료는 특별히 초합금(superalloy)으로 분류된다.

a) 니켈-구리(Ni-Cu) 합금

실용 합금으로 10~30% 니켈 합금(cupro-nickel), 40~50% 니켈 합금(constantan, copel), 60~70% 니켈 합금(Monel metal)이 있다. Monel은 67%의 니켈과 30%의 구리로 이루어졌으며 대략 인장 강도가 500~1200 MPa이며 연신율은 2~50%이다. 소량의 첨가 요소에 따라 3종류의 등급(grade)으로 나눈다. K-Monel은 알루미늄을 3% 정도 첨가한 니켈 합금이며 석출 경화시키면 인장 강도가 500~1200 MPa 정도로 상승된다. H-Monel은 규소를 3% 첨가시킨 니켈 합금이고 S-Monel은 규소를 4% 첨가시킨 니켈 합금이다. 10~30% 니켈 합금(cupronickel)은 내식성이 좋고 연성도 우수하여 열교환기 재료로서 많이 사용된다. 40~50% 니켈 합금(constantan)은 전기 저항이 크고 온도 계수가 낮아 통신기재, 스트레인 게이지, 열전대 등에 사용된다. 60~70% 니켈 합금(Monel metal)은 내식성과 내마모성이 우수하여 터빈 블레이드, 펌프 임펠러 등에 사용된다. 절삭성을 향상시키기 위해 S가 0.35% 들어간 R-Monel이 있으며 Al이 들어간 K-Monel, K-Monel에 탄소가 들어간 KR-Monel 등이 있다.

b) 니켈-철 합금

불변강으로서 니켈-철 합금은 전자기기 재료에 사용되며 종류로는 인바(Invar), 슈퍼인바(Super Invar), 엘린바(Elinvar), 플레티나이트 등이 있다. 고니켈강으로 온도 변화에 따라 열팽창 계수, 탄성 계수 등이 변하지 않는다. 불변강인 인바는 니켈 36%, 철 63%, 망간 0.4%, 탄소 0.2%이며 내식성도 우수하다. 바이메탈 재료로 사용된다. 이 재료는 철 합금 재료이다.

표 4.38 니켈 합금의 기계적 성질

합금	형태	극한 강도 σ_u(MPa)	항복 강도 σ_y(MPa)	연신율 ϵ_f(%)	탄성 계수 E (GPa)	샤피 강도 (J)
가공 니켈	냉간 인발 풀림 처리 바	379~552	103~207	55~40	–	309
듀란니켈 301	냉간 인발 풀림 처리 바	621~827	207~414	55~35	–	–
듀란니켈 301	냉간 인발 시효 처리 바	1172~1448	862~1207	25~15	–	–
Monel 400	풀림 처리 바 483~621	173~345	60~35	–	–	293
Monel 400	압연 처리 바 552~758	276~690	60~30	–	–	297
Hastelloy	주조 상태 바	924	462	52	–	–
Udimet HX	sheet	786	359	43	–	–
Inconel 600	풀림 처리 바	662	283	45	–	244
Inconel 600	풀림 처리 바	965	490	50	–	66

모든 물성치는 상온에서 측정된 값이다(Machine Design, 1981 Material Reference Issue, Vol. 53, No. 6).

c) 니켈-크롬 합금

니켈에 크롬을 첨가하면 내식성, 내열성이 좋아지며 고온에서 강도, 경도의 저하가 크지 않다, 전기 저항이 커 열전대, 전기 저항선으로 사용된다. 종류로는 니크롬, 내식용 니켈 합금 등이 있다.

일부 니켈 합금의 기계적 성질은 표 4.38에 수록되어 있다.

4.5.6 마그네슘(Mg) 및 마그네슘 기반 합금

마그네슘은 낮은 밀도 1.7×10^3 kg/m³를 가지며 비중은 1.74로 실용 금속 중 가장 가볍고 알루미늄과 비슷한 651°C의 용융 온도를 가진다. 알루미늄 합금보다는 30% 정도 가볍고 강보다는 75% 정도 더 가볍다. 조밀육방격자 구조를 가진다. 전기 전도도는 Cu, Al보다 낮고 강도는 작지만 절삭성은 아주 우수하다. 상온에서의 성형(forming)은 힘들지만 전통적인 방법을 사용, 250~500°C 사이에서 가열한 후 성형한다. 알칼리에는 견디나 산이나 열에는 침식된다. 순수 상태에서는 알루미늄과 같이 강도는 약하며 공학용으로 사용하기 위해서는 합금으로 사용한다. 100℃를 초과하는 온도에서는 강도가 급격히 저하되므로 고온 조건하에서 사용은 고려하지 않는다. 이 은백색의 금속은 주로 주조 형태로 생산되지만 압출, 단조, 압연 등으로도 생산된다. 마그네슘 합금에는 주물용 마그네슘 합금과 가공용 마그네슘 합금이 있다. 합금 요소들은 일반적으로 알루미늄 혹은 망간, 아연, 지르코늄과 같은 전체 합금 성분의 10%를 초과하지 않는다. 주물용 마그네슘 합금에는 Mg-Al계와 Mg-Zn계가 있다. 이외에도 희토류 원소 혹은 토륨(Th)을 첨가한 크립 특성이 좋은 내열성 마그네슘 합금이 있다. 이것은 제트 엔진 등에 사용된다. 가공용 마그네슘 합금에는 Mg-Mn, MG-Al-Zn, Mg-Zn-Zr, Mg-Th 등이 있다.

강화법은 알루미늄과 비슷하다. 최대 330 MPa의 인장 강도를 가지는 다른 상업용 소재와 비교하여 볼 때 무게 대비 강도는 상대적으로 높은 편이다. 최고 강도는 강도 무게비(σ_u/ρ)와 비교하여 알루미늄의 60% 정도이다. 높은 에너지 흡수율을 가지므로 진동 소음용 감쇠에 좋은 재료이다.

일반적인 마그네슘 합금들의 푸아송비는 $\nu = 0.35$이며 탄성 계수 $E = 45$ GPa이다. 주조된 AZ91D-F의 항복 강도는 97~150 MPa 정도이며 압연된 AZ31B-O의 경우는 220 MPa이다.

미국에서 사용되는 마그네슘 합금의 명칭 부여는 알루미늄과 비슷하지만 구체적 사항은 다르다. 특수 합금을 나타내기 위해서는 AZ91-T6처럼 우선 문자와 숫자의 조합을 사용한 다음, 공정 명칭(process designation)을 붙인다. 일반적으로 강이나 알루미늄 같이 잘 규정화되어 있지 않다. ASTM-B93 규격에 따르면 A는 알루미늄, F는 철, M은 망간, C는 구리, N은 니켈, P는 납, Z는 아연, B은 베릴륨, K는 지르코늄, H는 토륨, R은 크롬, L은 리튬을 나타내며, 이는 첨가 성분을 나타낸다. 알루미늄, 아연, 지르코늄, 토륨 등이 석출 경화를 증진시키기 위해 사용되는 원소이고 망간은 부식 저항을 개선시키며, 주석은 주조성을 향상시킨다. 그중에서도 알루미늄은 가장 일반적인 합금 요소이다. 표 4.39에서 AM60A는 마그네슘에 두 가지 요소, 즉 알루미늄(A)과 망간(M)으로 이루어진 합금이며 대략 알루미늄 6%, 망간이 0.5% 미만이다. 또 다른 예로 AZ31B-H24는 3%의 알루미늄과 1%의 아연이 섞인 마그네슘 합금인데 변형률 경화가 된 마그네슘 합금임을 의미한다. 표 4.39는 일반적인 마그네슘 합금의 성분과 기계적 성질을 나타낸다. 성분적으로는 AZ31B-O 경우는 Al 3%, Zn 1.0%, Mn>0.2%이며 단조 및 압출바, 봉 튜브에 사용된다. 주철 합금인 ZK61A-T6의 경우는 Zn 6%, Zr 0.8%이며 높은 응력을 받는 항공우주 부품 및 균일 단면을 가지는 항공 주조물에 사용된다.

표 4.39 가공 및 주조 마그네슘 합금의 성분 및 기계적 성질

합금 부호	극한 강도 σ_u(MPa)	항복 강도 σ_y(MPa)	연신율 ϵ_f(%)	탄성 계수 E(GPa)	밀도 (g/cm³)	파괴 인성치 (MPa $\sqrt{m}$)
가공 합금(wrought alloy)						
AZ31B-O	255	150	21	45	1.77	28(압출 시)
AZ31B-H26	275	190	10	45	–	–
AZ80A-F	330	230	11	45	–	–
AZ80A-T6	340	250	5	45	–	–
HK31A-O	200	125	30	45	–	–
주조 합금(cast alloy)						
AS41A-F	214	138	6~15	45	–	–
AZ91D-F	230	150	3	44.8	1.81	–
ZK61A-T6	310	195	10	45	–	–

F: 제조 상태, O: 풀림 처리(annealed), H26: 변형률 경화(strain hardening), T6: 인위적 시효 (artificially aged). 모든 물성치는 상온에서 측정된 값이다(Machine Design, 1981, Material Reference Issue, Vol. 53, No. 6).

AS41A-F는 Al 9%, Mn>0.13%, Zn 0.67%이며 자동차 구조 다이캐스팅 부품으로 사용된다.

4.5.7 저융점 금속

저융점 금속이란 250℃ 이하의 융점을 가지는 금속으로, 융점이 낮은 대표적인 금속으로는 주석(Sn: tin), 아연(Zn: zinc), 납(Pb: lead) 등이 있다. 융점이 낮아 주로 다이캐스팅 합금, 베어링, 활자 등의 특수한 용도에 사용된다. 이러한 금속을 합금시키면 더욱 융점이 낮은 합금을 만들 수 있다. 융점이 낮은 합금은 비스무트(Bi) 성분을 다량 포함한다. 대표적인 저융점 합금으로는 아연 합금과 주석 합금이 있다.

a) 아연(Zn) 및 아연 합금

아연은 적당한 강도를 가지며 상대적으로 가격이 비싸지 않은 비철 금속이다. 아연 금속의 50% 이상은 철과 강의 아연 도금(galvanizing)에 사용된다. 이 과정에서 철 기반

표 4.40 아연 주조합금의 기계적 성질

합금 부호 (ASTM)	극한 강도 σ_u(MPa)	항복 강도 σ_y(MPa)	연신율 ϵ_f(%)	탄성 계수 E(GPa)	샤피 강도 (J)	브리넬 경도 (H_B)
AG40A	283	–	–	10	58	82
AC41A	324	–	–	7	65	91
ZA-12	–	–	–	–		
모래 캐스팅	276~310	207	1~3			105~120
영구 금형	276~310	207	1~3			105~125
다이캐스팅	393	317	2			110~125

재료가 다양한 과정(hot dipping[주5] 혹은 전해 도금[주6])을 통해 아연층으로 코팅된다. 아연은 비철 금속에서 Al, Cu 등과 함께 널리 사용된다. 합금 재료로 구리와 함께 황동 및 다이캐스팅 용재로 사용된다. 다이캐스팅을 사용하여 자동차 부품, 빌딩 자재, 사무용 기기 부품을 생산한다. 아연의 밀도는 7.133 g/cm³이고 융점은 327.4℃이다. 아연 합금으로는 다이캐스팅용 아연(Zn) 합금, 금형용 아연(Zn) 합금, 가공용 아연(Zn) 합금 등이 있다. 일반적인 아연 다이 주조 합금은 표 4.40과 같다.

b) 주석(Sn) 및 주석 합금

주석은 영어로 tin이라 하며 주석의 밀도는 11.36 g/cm³이고 융점은 2270℃이다. 주석 합금으로는 땜납(soft solder), 브리타니아 금속, 경석 등이 있다. 땜납은 주석의 함유량에 따라 15종류(KS D 6204-1977)로 분류된다. 부드러운 땜납은 납-주석 합금이다. Tin-babbit으로 알려진 최고의 베어링 소재는 84%의 주석과 8%의 구리, 8%의 안티몬으로 구성된다.

c) 납(Pb) 및 납 합금

납과 납 기반 합금의 현저한 특성은 강도와 강성을 가지는 동시에 고밀도인 비철 금속이라 할 수 있다. 저장용 전지, 소리 흡수용 차단재, 복사 흡수제, 케이블의 피막(cladding)에 사용되는 금속이다. 순납(純鉛)은 너무 연하여 공업 재료로서 사용할 경우에는 안티몬(Sb) 또는 알루미늄 실리게이트(As)을 첨가하여 단단하게 하는 것이 보통

주5) 핫디핑(hot dipping): 용융 도금이라 하며 다른 종류의 금속·합금의 층을 만드는 도금이다. 도금하고자 하는 금속 용융액 속에 금속 제품을 담가 표면에 용융액을 부착하게 한 후 꺼냄으로써 만든다.
주6) 전해 도금(electrolytic plating): 도금법의 한 종류로 전기 분해 원리를 이용하여 금속의 표면에 다른 금속의 얇은 막을 입히는 방식이다.

이다. 납(Pb)에 주석(Sn) 및 안티몬(Sb)을 가한 것은 베어링 합금으로 사용되어 왔다. 주석 합금과 같이 우수하지는 않지만 값이 싸므로 널리 쓰이고 있다. 또 납에 소량의 알칼리 금속(Ca 등)을 첨가한 것이 베어링 합금으로 사용되고 있다. 기타 납은 가용 합금, 활자 합금, 땜납 등과 같은 합금 재료로 되며, 또 황동의 피삭성을 증가시키는 데 2% 이하를 첨가할 수 있다.

납산 축전지(lead-acid battery)는 전형적인 납 합금이다. 납의 밀도는 11.36 g/cm^3이고 융점은 327.4°C이다. 합금 시 많이 사용되는 경우는 납-주석 형태이다. 납 합금으로는 Pb-As 합금, Pb-Ca 합금, Pb-Sb 합금, 활자 합금(type metal) 등이 있으며 활자 합금으로는 Pb-As 합금이 주로 사용된다. 경도를 요할 때에는 소량의 구리를 첨가한다.

4.5.8 초합금(superalloy) 및 내화 금속과 금속 간 화합물

4.5.8.1 초합금

초합금은 고온에서 사용하기 위해 니켈 혹은 철을 기반으로 개발된 금속 합금이다. 니켈은 초합금의 기초 금속이다.

일반적으로 티타늄과 티타늄 합금이 대략 최대 535°C까지 사용되었다. 초합금(superalloy)은 특수한 내열 합금으로 온도가 550°C가 넘는 곳에 사용된다. 제트엔진, 가스터빈, 로켓, 원자력 분야에 사용하기 위해서는 1100°C와 같은 고온에서 고강도, 높은 크립 저항, 산화 및 부식 저항, 피로 저항이 요구된다. 여기에 사용되는 재료를 초합금(super alloy)으로 분류한다. 초합금의 주요 구성 성분은 코발트(Co) 혹은 니켈(Ni) 혹은 철과 니켈의 합성이다. 특히 니켈은 고온의 가스터빈에 사용되는 초합금의 기본 요소이다. 합금 요소의 성분율(%)은 매우 크다. 예를 들면, 니켈 기반 합금 Udimet 500은 합금 성분 중 48%의 니켈과 19% 크롬, 19%의 코발트를 포함하며, 코발트 기반합금 Haynes 188은 37% 코발트(Co), 22% 크롬(Cr), 22% 니켈(Ni), 14% 텅스텐(W)을 가지며 양쪽 다 적은 양의 기타 요소들을 포함한다. 일반적인 초합금을 나타내기 위해 비표준적인 문자와 숫자가 조합된 상용 명칭이 사용된다. 이전에 언급한 2가지 재료(Udimet 500, Haynes 188) 외에도 Waspaloy, MAR-M302, A286, Inconel 718 등이 있다. 이 재료들은 널리 사용되는 또 다른 니켈 기반 초합금 재료이다.

니켈, 코발트는 철보다 낮은 용융 온도를 가졌음에도 초합금 시 강 재료들과 비교해 볼 때 내식, 내산, 크립(creep) 등의 성질이 보다 우수하다.

많은 초합금은 저합금강과 스테인리스강의 사용 온도 범위를 훨씬 넘는 750°C 이상에서도 사용할 수 있으며 매우 높은 강도를 가지고 있다. 니켈, 크롬, 코발트는 상대적

표 4.41 몇몇 초합금의 기계적 성질

명칭-UNS	밀도 (g/cm³)	극한 강도 σ_u(MPa)	항복 강도 σ_y(MPa)	파단 연신율 ϵ_f(%)
인코넬 718 (650°C)	8.19	1375 1100	1100 980	25 18
인코넬 6000 (538°C)	8.1	1295 1295	1285 1285	4 6
와스팔리 (650°C)	8.19	1276 1115	897 690	23 34
PWA 1480-SC (980°C)	8.7	1140 685	895 495	4 20

으로 희귀하여 고가인 단점이 있다. 초합금은 가공(wrought; 세공)용 상태로 니켈 기반, 코발트 기반 합금 등의 형태로 주조 생산된다. 강화는 1차적으로 고용체 효과나 열처리에 의해 이루어지며 그 결과 금속 탄화물(metal carbides)과 금속 간 화합물(intermetallic compounds)이 석출된다. 미래의 제트엔진의 배출 온도는 1425°C를 초과하리라 예측된다. TD-니켈 소재는 니켈 합금으로 2%의 분산된 산화토륨을 포함한다. 이 소재는 1100°C의 고온에서도 사용된다.

초합금을 이용 부품을 생산할 때에는 초합금이 매우 높은 용융점을 가졌지만 주조법을 사용하기도 한다. 정밀 주조법을 사용하여 단결정(SC) 터빈 블레이드를 생산한다. 일부 초합금의 기계적 특성은 표 4.41에 나타나 있다.

4.5.8.2 내화 금속(refractory metal)

내화용 금속은 매우 높은 용융 온도를 가지는 금속으로, 나이오븀(2468°C), 몰리브덴(2468°C), 탄탈럼(2996°C), 텅스텐(3410°C) 등이 있다. 대부분 무게가 강보다 무겁다. 내화용 금속의 기계적 성질은 표 4.42와 같다.

표 4.42 몇몇 내화용 금속의 기계적 성질

금속	용융점 (°C)	밀도 (g/cm³)	상온			상승 온도(1000°C)	
			항복 강도 (MPa)	인장 강도 (MPa)	연신율 (%)	항복 강도 (MPa)	인장 강도 (MPa)
몰리브덴	2619	10.22	544	816	10	204	340
나이오븀	2470	8.57	136	306	25	54	116
탄탈럼	3000	16.6	238	340	35	163.2	184
텅스텐	3410	19.25	1496	2040	3	102	449

몰리브덴의 상온에서의 탄성 계수 $E = 320$ GPa, 푸아송비 $\nu = 0.32$이고 탄탈럼의 상온에서의 탄성 계수는 $E = 185$ GPa, 푸아송비 $\nu = 0.35$이다. 텅스텐의 상온에서의 탄성 계수 $E = 400$ GPa, 푸아송비 $\nu = 0.28$이다.

4.5.8.3 금속 간 화합물(intermetallic compounds)

금속 간 화합물이란 금속과 금속 사이의 친화력이 클 때 2종 이상의 금속 원소가 간단한 원자비로 결합하여 성분 금속과는 전혀 다른 성질을 가지는 독립된 화합물이다. 즉, 고유한 화학식을 갖는 두 금속의 화합물이다. 약 300여 종의 금속 간 화합물이 있다. 금속 간 화합물은 일반적으로 견고하지만 취성이 강하고 연성이 부족하다. 금속 간 화합물로는 Fe_3C, Cu_4Sn, $MgZn_2$, $TiAl$, $TiAl_3$, $ZrAl_3$ 등이 있다. 표시는 일반적으로 A_mB_n으로 한다. 용도로는 터빈 날개와 유인 항공우주 비행체 등에 사용된다.

4.6 금속 재료의 명칭 방법

이전에 각종 금속 재료의 호칭 등에 대해 논의하였다. 일본과 한국에서 사용되는 일반적인 재료 기호를 정리하면 일반적으로 3가지 기호로 구성되어 있다. 설계 혹은 제작 시 각종 재료를 확인하고 부를 때 다음과 같은 기호 규칙을 알면 편리하다. 일본에서는 금속 재료를 부를 때 3가지 기호를 사용하여 표시한다. 예를 들면, S45C는 기계 구조용 탄소강을 의미한다. 첫 번째 기호 S는 강(steel)을, 45는 탄소 함유량이 0.45%임을, C는 탄소(carbon)를 의미한다. 또 탄소강 중 일반 구조용 압연 강재인 SS41의 첫 번째 S는 강을, 두 번째 기호 S는 일반 구조용 압연재를, 숫자 41은 최저 인장 강도 $\sigma = 41$ kg/mm^{2}를 의미한다. 일반적으로 첫 번째 자리의 기호는 영문자, 원소 기호, 로마 문자 등을 사용하며 재질을 표시한다. 두 번째 자리의 기호는 영문자 혹은 로마 문자를 사용하며 판, 봉, 관, 선 등의 형상별 종류나 제품명을 표시한다. 세 번째 자리의 기호나 숫자는 최저 인장 강도를 표시하며 어떤 경우는 제조 방법, 형상 등을 표시하기도 한다. 예를 들면, SNCM 1의 경우 첫 번째 기호 S는 강(steel)을 의미하며 두 번째 NCM은 니켈-크롬-몰리브덴 합금을 의미하며 마지막 1은 1종을 의미한다. 주철의 경우 FCC 15는 첫 번째 기호 F는 철(Fe)을 의미하며 두 번째 CC는 주조품, 세 번째 숫자 15는 최저 인장 강도 $\sigma = 15$ kg/mm^{2}를 의미한다.

이를 요약하면 다음과 같다.

(1) 첫 번째 자리의 기호는 영문 혹은 로마 문자의 두 문자 또는 원소 기호를 사용한다. 첫 번째 기호의 의미는 재질을 의미한다. MS는 연강(mild steel), MgA는 마그네슘 합금, NBS는 네이벌 황동(brass), PB는 인청동, Zn은 아연(zinc), SM은 기계 구조용강, Br은 청동(bronze), Bs는 황동(brass), HMn은 고망간, NiCu는 니켈-구리 합금, Al은 알루미늄, Cu는 구리, F는 철, S는 강을 의미한다.

(2) 두 번째 자리의 기호는 영문 혹은 로마 문자를 사용하여 봉재, 관, 판재, 선 등의 형상별 종류나 용도를 표시한 기호를 조합하여 제품명을 나타낸다. B는 비철 금속 봉, BC는 청동 주조품(bronze casting), BsC는 황동 주조품(brass casting), C는 주조품, CD는 구상 흑연 주철품(casting iron), CM은 가단 주철품, CH는 내열강 주강품, CP는 냉간 압연 연강판, F는 단조품(forging), DC는 다이캐스팅(die casting), K는 공구강, KD는 합금 공구강, KH는 고속도강, NC는 니켈-크롬강, NCM은 니켈-크롬-몰리브덴강, NS는 스테인리스강, P는 비철 금속 판재, S는 일반구조용 압연재, SC는 냉간 성형 형강, PW는 피아노선, T는 파이프를 나타낸다.

(3) 세 번째 자리의 기호는 형상의 기호에 따라 A는 형강, B는 봉관, CP 냉간 압연판(cold rolling plate), HP는 열간 압연판(hot rolling plate), P는 강판, W는 동선, WR은 선재를 의미한다. 또한 제조 방식에 따라 −R은 림드강, −K는 킬드강, −A는 전기 용접 강관, −B는 단접강관, E는 전기용접 강관, −E-H는 열간 전기 저항 용접강관을 의미한다. 1은 1종을, A는 A종 또는 A호를 의미하며, 2A는 2종 A급을 의미하며 41은 최저 인장 강도를 일반적으로 의미한다.

예를 들면, BC는 청동 주조품 1종, SKD는 합금 공구강, SKH는 고속도강, FC20는 철 주조품을 나타내며 최저 인장 강도가 20 kg/mm^{2}를 의미한다. 니켈-크롬-몰리브덴 강 5종을 기호로 나타내면 SNCM5로 표시한다.

주의 1)

재료 종류 기호 이외에 형상이나 제조 방법 등을 기호화하는 경우에는 종류에 따라 계속하여 다음의 부호 또는 기호를 붙여 표시한다. 예를 들면, SM 58 Q는 용접 구조용 압연 강재 5종으로 뜨임(tempering) 처리를 한 재료를 의미하고, STB 35-S-H는 열간 이음매 없는 관으로 보일러 열교환기용 탄소 강관 3종을 의미한다.

주의 2)

동일 재료에 대해 미국, 일본, 영국, 독일, 중국 등에서 호칭하는 기호가 다르다. 각종 금속 재료에 대해 세계 각국에서 부르는 호칭을 알고 있으면 현장에서 매우 편리할 수 있다. 예를 들면, 스테인리스강을 일본에서는 SUS를 사용하여 표시하나 한국에서는 STS를 사용하여 표시한다. 반면 미국에서는 AISI 200, 300, 400계열로 표시한다.

(4.7) 요약

금속에는 철 합금과 비철 합금이 있다. 철 합금에는 주철(cast iron)과 강(steel)으로 나눈다. 주철에는 일반적인 분류법에 따르면 보통 주철과 고급 주철 및 특수 주철이 있다. 고급 주철에는 미하나이트 주철이 있으며 특수 주철에는 간단 주철, 림드 주철, 구상 흑연 주철이 있다. 또한 파단면의 색에 따라 회주철, 백주철, 반주철로 분류할 수도 있다. 탄소 함유량에 따라서 아공정 주철, 공정 주철, 과공정 주철로 분류하기도 한다. 구상 흑연 주철은 미국에서는 ductile cast iron으로 부르며 일본에서는 nodular graphite cast iron이라 부른다.

탄소강은 선철을 고철, 석회 등과 함께 전기로에서 용해, 정련시켜 만드는데 철(Fe)에 2.0% 이하의 탄소가 함유된 금속 재료를 탄소강(carbon steel)이라 한다. 탄소 함유량이 전혀 없는 순철과 보통 탄소강(plain carbon steel)을 탄소 함유량에 따라 저탄소강(C < 0.2%), 중탄소강(0.2% < C < 0.6%), 고탄소강(C > 0.6%)으로 나눌 수 있다. 탄소강 중 탄소 이외에 5가지 주요 원소가 포함되어 있다. 망간(Mn), 인(P), 규소(Si), 황(S), 구리(Cu)가 있다. 이 원소들이 강에 미치는 영향을 살펴보면 인은 인화철(Fe_3P; steadite)의 화합물을 형성하기 쉬우며, 결정 입자(crystal grain)을 크게 조밀화(coarse)시켜 여리게 만들고 인장 강도는 증가시키나 연신율과 충격 강도는 저하시킨다. 상온에서 혹은 그 이하 온도에서 화합물이 석출하여 강의 충격값을 저하시켜 상온 취성(cold shortness)의 원인이 된다. 강 중에 잔류하는 실리콘은 페라이트 중에 고용되어 강의 인장 강도, 탄성 한계, 경도 등을 증가시키는 반면 연신율, 충격값 등은 저하시키고, 결정을 조대화(coarsing)시켜 용접성을 나쁘게 한다. 구리는 극소량이 철 중에 고용되어 인장 강도, 탄성 한도를 높이고 부식에 대한 저항을 좋게 한다. 구리는 용융점이 낮으므로 강재를 압연할 때 균열의 원인이 된다. 망간(Mn)은 탈산제로 첨가되므로 항상 0.2~0.8% 정도 존재한다. 그중 일부는 페라이트 중에 고용되나 일부는 황(S)과 결합하여 MnS로 존재한다. 망간은 결정 성장을 방해하며 표면 소성을 저지한다. 탄소량이 적은 탄소강에 MnS를 첨가하면 연신율, 단면 수축률을 감소시키지 않고 인장 강도 항복점, 충격치 등을 증가시키며 주조성을 개선시킨다.

황의 대부분은 FeS, MnS로 존재한다. MnS는 용융점이 높으므로 용강 중에 먼저 응고되어 위에 뜨기 때문에 제거된다. 하지만 MnS를 만들고 남은 S는 FeS를 만들게 된다. S는 인장 강도, 충격 강도를 저하시키며 경계에 분포된 FeS는 고온에 약해 단조 및 압연 시 강재 파괴의 원인이 된다. 이를 고온 취성 혹은 적열 취성(red shortness)이라 부른다.

탄소강의 조직은 탄소량이 거의 없는 순철이 만드는 페라이트(ferrite) 조직과 펄라이트(pearlite), 오스테나이트(austenite), 시멘타이트(cementite) 조직이 있다. 시멘타이트 조직은 탄소량을 2.0% 이상 함유한 강의 조직으로 탄화철(Fe_3C)의 조직이다. 경도가 매우 높고 연성이 없다. 상온에서 강자성이며 담금질해도 경화하지 않으며 가장 경도가 높다. 오스테나이트 조직은 탄소량이 최대 2.0% 함유한 강을 900°C 상태로 하면 나타나는 조직으로 비자성체이다. 펄라이트 조직은 탄소량을 0.8% 포함한 강을 723°C로부터 서서히 냉각시키면 나타나는 조직으로, 페라이트에 비해 훨씬 강하고 경도가 높고 담금질에 의해 경화한다.

강은 탄소의 함유량이 많아지면 페라이트가 감소하여 시멘타이트가 증가된다. 탄소강의 화학적 성질로는 탄소 함유량이 0.2% 이하에서는 산에 대한 내식성이 있지만 탄소 함유량 0.2% 이상에서는 부식되기 쉽다. 초강도가 요구되는 경우 강에서 마레이징 등급의 강을 선택 사용한다. 마레이징 합금강(maraging steel)은 15~25%의 니켈과 코발트, 몰리브덴, 티타늄을 저탄소강에 첨가하여 만든다.

탄소강에 여러 합금 요소를 첨가하면 합금강이 된다. 보통 탄소강과 합금강의 차이는 다소 임의적일 수 있다. 그 이유는 양쪽 모두 탄소, 망간, 규소 요소를 함유하기 때문이다. 또한 구리와 붕소도 첨가 요소이다. 일반적으로 1.65% 이상의 망간, 0.6% 이상의 규소를 가진 경우나 0.6% 이상의 구리를 가진 강을 합금강이라 칭한다. 합금강은 저합금강, 고합금강으로 분류할 수도 있다. 주요 합금 요소로는 알루미늄, 비스무트, 붕소, 구리, 규소, 망간, 니켈, 크롬, 몰리브덴, 바나듐 등이 있다. 이들 합금 요소들이 첨가되어 니켈강, 니켈-크롬강, 니켈-크롬-몰리브덴강으로 분류된다.

스테인리스강은 일반 탄소강과 저합금강으로부터 내부식성을 개선하기 위해 개발되었다. 스테인리스강은 저탄소강에 크롬을 4~6% 정도 첨가한 합금강이며 부식 저항에 특히 우수하여 화학 관련 산업용으로 많이 사용된다. 가공용 스테인리스강은 오스테나이트 계열, 페라이트 계열, 마르텐사이트 계열 혹은 석출 경화시킨 스테인리스강들이 있다. 강도 증가가 필요하면 마르텐사이트계 스테인리스강을 고려해야 한다. 오스테나이트계 스테인리스강은 비자성이며 염산, 소금을 제외한 모든 환경에서 사용되는 고부식 저항 재료이다. 듀플렉스강(duplex stainless steel)은 18~25%의 크롬과 4~7% 정도의 니켈과 최대 4% 몰리브덴을 첨가한 후 열간 가공 온도(1000~1050°C)에서 페라이트 반, 오스테나이트 반의 미소 조직을 얻기 위해 물에 담금질하여 제조한다. 산화크롬은 재료를 보호하는 요소인데 이를 형성하기 위해서는 일반적으로 크롬을 11% 이상 첨가해야 한다. 크롬이 첨가된 스테인리스강은 BBC 페라이트 결정 구조를 갖는다. 만일 9% 정도의 니켈이 스테인리스강에 첨가되면 스테인리스강은 상온에서 오스테나이트계 FCC를 가질 수 있다. 주조 스테인리스강은 큰 열저항이 필요한 곳이거나 부식 저항용으로 분류된다.

비철 합금에는 알루미늄, 마그네슘, 티타늄, 구리 합금 등이 있다.

알루미늄의 장점은 낮은 밀도로 가볍고 상대적으로 높은 비강도, 공기 중에서 우수한 내식성을 갖지만 바닷물에서는 그러하지 못하다. 또한 높은 열, 전기 전도도를 가지고 있으며 660℃의 낮은 용융점을 가지기 때문에 주조하기가 쉽다. 알루미늄은 FCC 결정 구조를 가져 낮은 온도에서도 연성이 유지되므로 극저온 환경에서도 사용될 수 있다.

마그네슘은 낮은 밀도 1.7×10^3 kg/m^{3}를 가지며 비중은 1.74로 실용 금속 중 가장 가볍고 알루미늄과 비슷한 651℃의 용융 온도를 가진다. 알루미늄 합금보다는 30% 정도 가볍고 강보다는 75% 정도 더 가볍다. 조밀육방격자(HCP) 구조를 가지며 은백색의 마그네슘 금속은 주로 주조 형태로 생산되지만, 압출, 단조, 압연 등으로도 생산된다. 마그네슘 합금에는 주조용 마그네슘 합금과 가공용 마그네슘 합금이 있다. 합금 요소들은 일반적으로 알루미늄 혹은 망간, 아연, 지르코늄과 같은 전체 합금 성분의 10%를 초과하지 않는다.

구리는 매우 우수한 연성을 가진 재료로 순순한 상태에서도 강도가 높은 편이다. 구리 합금에는 청동과 황동이 있다. 상업용 구리와 구리 합금은 카트리지 황동으로 알려져 있다. 1085℃의 상대적으로 낮은 융점을 가져 주조품으로 만들 수 있다. FCC 구조를 가지며 낮은 온도에서도 연성을 지닌다. 구리 합금은 변형률 경화(strain hardening)되며 고용체 강화된다. 구리-베릴륨 합금은 석출 경화된다. 공기와 바닷물에서도 내부식성이 좋다. 구리 합금은 높은 열, 전기 전도도를 가지고 열교환기에 널리 사용된다.

티타늄 합금은 가혹한 환경에서 매우 우수한 내부식성을 갖는 금속이다. 강보다 낮은 밀도를 가지며 높은 강도를 가져 우수한 비강도를 갖는다. 용융점 또한 높다. 표면에 형성되는 TiO$_2$으로 인해 뛰어난 내부식성을 갖는다. 이러한 성질로 인해 의약용 임플란트에 널리 사용된다. 순수 티타늄은 조밀육방구조 α상으로 존재한다. 그러나 890~1668℃ 온도 범위에서는 BCC의 β상이다. 상업용 티타늄 합금은 α, near-α, $\alpha + \beta$, β 상의 네 가지가 있다. α 합금에는 상업용 순수 티타늄과 알루미늄 및 소량의 β상의 안정화 원소가 함유된 티타늄 합금이 있다. 5% 이상의 알루미늄이 함유된 티타늄 합금은 용접은 할 수 없지만 열처리는 할 수 있다. 바나듐, 철, 몰리브덴과 같은 β상의 안정화 원소들이 티타늄과 합쳐지면 합금은 $\alpha + \beta$상이 된다. $\alpha + \beta$상은 용체화(solid solution treatment) 및 시효 처리를 할 수 있다. 초음파 비행체의 골격 및 가스 터빈에 사용된다.

설계 혹은 제작 시 각종 재료를 확인하고 부를 때 다음과 같은 기호 규칙을 알면 편리하다. 한국과 일본에서 많이 사용하는 방법을 중심으로 설명하면 다음과 같다. 일본에서는 금속 재료를 부를 때 3가지 기호를 사용하여 표시한다. 예를 들면, S45C는 기계 구조용 탄소강을 의미한다. 첫 번째 기호 S는 강(steel)을 의미하고, 45는 탄소 함유량이 0.45%임을 의미하며, C(carbon)는 탄소를 의미한다. 반면 미국에서는 탄소강을 AISI 1045를 사용하여 표시한다. 스테인리스강을 일본에서는 SUS를 사용하여 표시하나 한국에서는 STS를 사용하여 표시한다.

🔆 용어 및 기호

Tin-babbit 합금
가단 주철(malleable cast iron)
결정립 미세화 강화
고강도 저합금강(HSLA, high stregth low alloy
    steel)
고온 취성
고용체 강화(solid solution strengthening)
고탄소강(high carbon steel)
고합금강(high alloy steel)
공석강(eutectoid steel)
과공석강(hypereutectoid steel)
구리 합금(copper alloy)
구상 흑연 주철(ductile cast iron
    혹은 nodular cast iron)
납 합금
내화 금속(refractory metal)
니켈-크롬강
니켈-크롬-몰리브덴강
니켈 합금
듀플렉스강(duplex steel)
림드강(rimmed steel)
마그네슘 합금(magnesium alloys)
마레이징강(maraging steel)
미하나이트 주철(Meehanite cast iron)
백주철(white cast iron)

변태점
변형률(가공) 경화(strain hardening)
불변강(non-deforming steel)
상온 취성(cold shortness)
서멧(cermet)
석출 경화(percipitation strengthening)
선철(pig iron)
세미킬드강(semi killed steel)
스테인리스강
스텔라이트(stellite)
시멘타이트(cementite)
아공석강(hypoeutectoid steel)
아연 합금(zinc alloy)
알루미늄 합금(aluminum alloy)
엘린바(elinvar)
연철(wrought iron)
오스테나이트(austenite)
오스포밍(ausforming)
인바(invar)
저탄소강(low carbon steel)
저합금강(low alloy steel)
적열 취성(red shortness)
주강(cast steel)
주석 합금(zinc based alloy)
주철(cast iron)

중탄소강(medium carbon steel) 킬드강(killed steel)
청동(bronze) 티타늄 합금
청열취성(blue shortness) 펄라이트(pearlite)
초인바(super invar) 페라이트(ferrite)
초합금(superalloy) 황동(brass)
캡드강(capped steel) 회주철(gray cast iron)
크롬강(crome steel)

참고문헌

1. Mechanical Behavior of Materials, 4th edition, Pearson, E. Dowling
2. Material Science and Engineering Properties, Cengage Learning, Charles Gilmore
3. The Science and Design Engineering Materials, McGraw-Hill, James E. Schaffer 외 4인
4. Materials and Process in Manufacturing, 9th edition, Wiley, E. Paul Degarmo 외 3인
5. Fundamentals of Materials science and Engineering, John Wiley & Sons Inc., William D. Callister
6. Fundamentals of Machine Components Design, 3rd edition, John Wiley & Sons Inc., Robert C. Juvinall 외 1인
7. Design of Machine Elements, 6th edition, Prentice Hall, M. E. Spotts

연습문제

4.1 냉간 가공(cold work)과 열간 가공(hot work)을 설명하라.
4.2 풀림(annealing)을 설명하라.
4.3 철 합금과 비철 합금을 분류하고 각각에 해당하는 종류를 들어라.
4.4 순철과 연강, 반경강, 경강, 저탄소강, 중탄소강, 고탄소강을 설명하라.
4.5 특수강, 합금강, 공구강을 설명하라.
4.6 미하나이트 주철(manite cast iron)에 대해 설명하라.
4.7 마레이징강(Maraging steel)을 설명하라.
4.8 다음 재료는 어떤 재료를 나타내는지 설명하라.
　　a) SM 32C b) SS41 c) SNC d) SKD e) SKH f) FC g) A 316

4.9 니켈-크롬-몰리브덴강의 5종을 재료 기호로 나타내라.

4.10 탄소강의 기본 조직에 대해 설명하라.

4.11 탄소강의 5대 합금 요소를 나열하고 각 원소의 영향을 설명하라.

4.12 미국 AISI-SAE 표기법에서

    a) 열간 가공된 공구강은 알파벳 무엇으로 표기되는가?

    b) 고속용 절삭 공구로서 텅스텐을 주성분으로 하는 공구강의 알파벳은 무엇으로 표기되는가?

    c) 고크롬 공구강은 알파벳 무엇으로 표기되는가?

4.13 초합금의 한계 온도를 넘어 사용 시에는 어떤 종류의 금속 혹은 합금이 사용되어야 하는가?

4.14 강의 합금 시 사용되는 다음 첨가 원소의 영향을 간단히 설명하라.

    a) Cr b) Mn c) Mo d) Ni

4.15 피스톤용 알루미늄 합금을 조사하여 기계적 성질을 표시하라.

4.16 청동과 황동의 성분과 기계적 성질에 대해 설명하라.

4.17 납 합금에 대해 설명하라.

4.18 Tin-babbit 합금에 대해 설명하라.

4.19 가공용 알루미늄 합금과 주조용 알루미늄 합금을 설명하라.

4.20 일반 시효와 시효 경화를 설명하라.

4.21 듀플렉스 스테인리스강(duplex stainless steel)을 설명하라.

4.22 Monel 합금을 설명하라.

4.23 탄소강에서 a) 망간과 b) 니켈이 기계적 성질에 미치는 영향에 대해 설명하라.

4.24 탄소강에서 황이 기계적 성질에 미치는 영향에 대해 설명하라.

4.25 특수 주강의 종류를 들고 설명하라.

4.26 주철 중 접종에 대해 설명하라.

4.27 연성 주철(ductile cast iron)에 대해 설명하라.

4.28 가단 주철에 대해 설명하라.

4.29 일반 주철과 고급 주철에 대해 설명하라.

4.30 듀랄루민의 조성과 열처리 방법을 설명하라.

4.31 구리 합금의 종류와 첨가 요소와 기계적 특성을 설명하라.

4.32 알루미늄 합금의 종류를 표시하고 특성을 설명하라.

4.33 자연 시효(natural aging)와 인공 시효(artificial aging), 용체화 처리(solution treatment)를 설명하라.

4.34 선철(pig iron)을 설명하라.

4.35 저탄소강, 중탄소강, 고탄소강 각각에 대해 탄소 함유량에 따른 강도, 경도, 연성, 인성치의 영향을 설명하라.

4.36 a) martensitic stainless steel, b) austenitic stainless steel, c) ferritic stainless steel을 설명하라.

4.37 스테인리스강은 니켈과 크롬의 함량에 따라 조직이 달라 일반적으로 4가지로 분류된다. 이 4가지 종류에 대해 특징과 용도에 대해 설명하라.

4.38 불변강, 인바, 초인바, 엘린바를 설명하라.

4.39 금속에서의(강화 기구–기계적 성질)인 상관 관계를 설명하라.

    a) 고용체 강화–항복 강도

    b) 냉간 가공–연성

    c) 결정립 미세화–탄성 계수

4.40 다음과 같은 용도에 가장 적합한 재료를 선택하고 그 이유를 설명하라.

    알루미늄 합금, SiC(구조용 세라믹), 강 A(탄소 0.8%), 강 B(탄소 0.05%, 망간 2%)

    a) 액체 질소 저장용 압력 용기

    b) 눈썰매의 지지대 구조물

    c) 충격 위험은 없으나 고온에서 강성을 유지해야 할 재료

4.41 온도 변화에도 탄성 계수가 거의 변하지 않는 30%Ni-12%Cr 합금으로 정밀 저울 등의 스프링 및 기타 정밀 계기의 재료로 불변강인 재료는 (　　)이다.

4.42 펄라이트 조직을 설명하라.

4.43 특수강과 탄소강의 차이는 무엇인가?

5장 열처리

○ 목표

- 강의 열처리 기초를 배운다.
- 상태도의 기본적 의미와 농도 표시법을 배운다.
- Fe-Fe₃C의 상태도와 상을 배운다.
- 탄소강의 변태와 서냉 시 조직 변화를 배운다.
- 단순화된 평형 상태도와 열처리와의 상관관계를 배운다.
- 금속의 열처리 방법(풀림, annealing), 노멀라이징(normalizing), 담금질 (quenching), 뜨임(tempering)을 배운다.
- 비철 합금의 강화법을 배운다.

5.1 서론

금속 재료에 대하여 가열, 유지, 냉각 및 여러 조작을 통하여 금속 재료의 여러 가지 필요한 성질로 변화시키는 처리 과정을 열처리(heat treatment)라 하며 기계 제작 공정 중 매우 중요한 공정이다. 특히 금속 재료 중 철강 재료는 다른 금속 재료에 비해 열처리 효과가 크고, 종류, 성분, 제조 방법에 따라 성질을 달리할 수 있으므로 적절한 열처리를 통하여 다양한 기계적 특성을 얻을 수 있다. 따라서 부가 가치를 높일 수 있어 공업적으로 매우 중요하다고 할 수 있다. 열처리의 목적은 원하는 기계적 성질을 얻을 수 있고, 가공성을 개선시킬 수 있으며 제조 공정에서 열처리를 행하여 다양한 성질을 얻을 수도 있다. 금속의 성질에 영향을 미치는 인자는 매우 많다. 따라서 이들 인자들을 변화시키면 금속의 성질도 변하게 할 수 있다. 표 5.1은 순철과 0.2% 탄소강 및 0.8% 탄소강을 서서히 냉각(서냉)시킨 후의 항복 강도의 비교를 나타낸다. 여기서 탄소량이 증가함에 따라 항복 강도가 4배 증가함을 알 수 있다. 이와 같이 서냉시켰을 때 탄소량이 증가함에 따라 강도가 높아지는 이유는 시멘타이트(cementite; Fe_3C), 즉 철탄화물의 양이 증가하기 때문이다. 이 철탄화물은 매우 단단하기 때문에 강철 속에 존재하게 되면 강도 및 경도를 향상시킨다.

기본 열처리에는 다음과 같은 방법들이 있다.

1) 담금질(quenching): 급랭시켜 재질을 경화한다.
2) 뜨임(tempering): 담금질한 것에 인성을 부여한다.
3) 풀림(annealing): 재질을 연하게 하고 균일하게 한다.
4) 노멀라이징(normalizing): 불림이라고도 한다. 소재를 일정 온도에서 가열 후 공기 냉각하여 표준화한다.

이와 같은 열처리 과정은 가공하려는 재료 및 온도에 따라 다르다. 또한 강철 재료의 열처리와 비철 합금 재료의 열처리는 다르다. 예를 들면, '동 합금을 담금 열처리

표 5.1 순철과 탄소강의 항복 강도 변화

탄소량(wt%)	항복 강도(psi)	연신율(%)
0(순철)	15,000	62
0.2	32,000	35
0.8	65,000	14

(quenching)하였더니 경화가 안되는데 그 이유가 무엇입니까?'라는 질문을 하는 경우도 있다. '고합금 공구강은 공기 중에서 냉각(공냉)시키면 경화되는데 탄소강은 경화되지 않는데 그 이유는 무엇인가?'와 같은 질문에 답을 할 수 있는 기본 열처리 지식을 5장에서 배운다.

열처리 시 최종적인 미세 조직과 성질을 결정해 주는 기본 열처리 변수에는 가열 온도, 유지 시간, 냉각 속도 등이 있다. 이러한 변수를 결정해 주는 자료로 매우 중요한 것이 평형 상태도(equilibrium phase diagram)이다. 상태도란 여러 합금을 조성에 따라 고온의 용융 상태로부터 응고되어 상온에 이르기까지의 변화를 나타낸 그림이다. 즉, 합금의 성분 비율과 온도에 따른 상태를 나타내는 그림으로 x축에는 조성(%), y축에는 온도(°C)로 표시된다. x축의 성분 비율을 나타낼 시 중량 비율(wt%)이 주로 사용된다. 금속의 열처리를 한마디로 요약하면 "필요한 기계적 성질을 얻기 위해 금속 내부의 미세 조직을 변화시키는 가열 및 냉각 조작"이라 할 수 있다. 미세 조직의 변화를 수반하지 않는 가열 및 냉각 과정은 기계적 성질의 변화를 거의 나타내지 않으므로 열처리라 말하기 어렵다.

5.2 열처리 과정(processing of heat treatment)

열처리란 용어는 종종 재료의 강도를 증가시키는 열 작업 과정(thermal processing)과 관련이 있다. 일반적으로 제조를 위한 재료 준비 과정으로 수행된다. 이때 열간 가공(hot working)의 특별한 목적은 재료의 기계 가공 특성을 개선시키는 것이 될 수 있으며, 성형(forming)에 필요한 하중의 감소가 목적이 되기도 하며, 다음 작업을 위한 연성(ductility)의 회복 등이 목적이 될 수 있다. 금속 제작을 용이하게 하기 위해서는 열처리 과정을 통해 재질을 부드럽게 하며 또 다른 열처리 과정을 통해 실제 사용 시에 필요한 완전히 다른 물성값을 얻기도 한다.

열처리 작업을 좌우하는 요인은 다음과 같다.

1) 열처리 온도-가열 온도
2) 일정 온도에서 유지 시간
3) 냉각 속도

열처리 방식에는 계단 열처리 방식(interrupted heat treatment), 항온 열처리 방식(isothermal heat treatment), 연속 냉각 열처리 방식(continuous cooling heat treatment)

등이 있으며, 알루미늄 등의 경합금에는 시효 경화(age hardening) 열처리법 등이 사용된다.

5.2.1 철과 강의 결정 구조

금속은 비정질(amorphous)을 제외하고는 고체 상태에서 규칙적인 원자 배열을 하고 있는 결정질 재료로, 이것은 금속의 일반적인 특징 중 하나이다. 이전에도 설명하였듯이 결정(crystal)이란 원자가 규칙적인 배열을 하고 있는 것을 말하며 금속의 결정은 매우 작아 육안으로는 볼 수 없고 TEM, X-ray diffraction, Scanning probe micrograph 등을 통해 확인할 수 있다. 대부분의 금속 재료는 온도에 따라 금속의 상(phase)이 변화하는데 이러한 현상을 상 변태(phase transformation)라 하고 변태가 일어나는 온도를 변태점이라 한다. 동일한 물질이 어느 온도를 경계로 하여 가역적으로 결정 구조를 바꾸는 변태를 동소 변태(allotropic transformation)라 한다. 순철의 경우 상온에서 가열하면 체적이 변화한다. 순철을 상온에서 가열하여 온도 증가에 따른 체적 변화를 측정하면 910°C와 1410°C 사이에서 큰 체적 변화를 관찰할 수 있다. 이유는 이 온도를 경계로 하여 결정 격자 구조가 변하기 때문이다. 910°C에서의 변태를 A_3 변태점, 1410°C에서는 A_4 변태점이라 부른다. 즉, α철은 가열 시 점차 팽창하다가 A_3 변태점에서 갑자기 수축을 하여 결정 구조의 변화가 일어난다. 순철은 A_3 변태점 이하의 온도에서는 체심입방격자(BCC) 형태를 지니는데 이를 α철(α-Fe)이라 한다. A_3 변태점과 A_4 변태점 사이의 온도에서 순철은 면심입방격자(FCC)의 형태를 지닌다. 이것을 γ철(γ-Fe)이라 한다. A_4 변태점 이상 용융점(1534°C)까지는 재차 체심입방격자(BCC) 구조로 변하는데 이를 δ철(δ-Fe)이라 한다(그림 5.1).

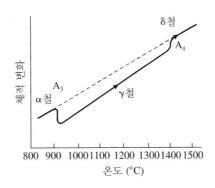

그림 5.1
순철의 온도에 따른 체적 변화

5.2.1.1 BCC 구조 및 FCC 구조의 충진율(atomic packing fraction, APF)

결정계의 구조를 이해하기 위해서는 2.3절을 참조할 수 있다. 단위 격자인 입방체의 길이를 격자 상수(lattice parameter) 혹은 격자 정수(lattice constant)라 부른다. 또한 접촉하고 있는 원자를 최인접 원자, 그 중심 간의 거리를 인접 원자 간 거리라 하며 1개 원자를 중심으로 그 원자 주위에 있는 최인접 원자의 수를 배위수(coordination number)라 부른다. 최인접 원자는 서로 접하고 있으므로 인접 원자 간 거리는 원자의 지름과 같게 되고 그 값은 격자 상수를 알면 구할 수 있다. 단위 충진율(atomic packing fraction, APF)은 단위 정(unit cell) 내에 원자가 차지하는 부피의 비율을 말한다. 원자 충진율의 결과로부터 밀도의 크고 작음을 알 수 있고 상온에서 열을 가할 시 체적 팽창 등을 이해하고 열처리 시 체적 팽창으로 인해 수반되는 문제를 이해하는 데 도움이 된다.

5.2.1.2 강의 고용체

강은 철과 탄소의 합금이므로 철의 격자 틈 사이에 소량의 탄소가 함유된 형태이다. α철과 γ철은 모두 고체이고 여기에 고체 탄소를 함유할 수 있으므로 이러한 상태를 고용체(solid solution)라 한다. 이전에 설명한 바와 같이 고용체에는 침입형 고용체와 치환형 고용체가 있다. α철에 탄소가 함유된 고용체를 페라이트(ferrite), γ철에 탄소가 함유된 고용체를 오스테나이트(austenite)라 하며 탄소량이 많아져 페라이트나 오스테나이트의 고용 한계를 넘어서면 철(Fe)과 탄소(C)가 일정한 원자비로 결합된 화합물인 시멘타이트(cementite; Fe_3C)가 형성된다. 탄소와의 화합물이라 탄화물이라 부르기도 한다. 페라이트나 오스테나이트와 같은 고용체는 일반적으로 온도에 따라 용질 원소인 탄소의 고용 한계가 변화한다. 하지만 시멘타이트는 고용체와는 완전히 다른 상이고 어느 온도에서든지 항상 66.6wt%의 탄소를 가지고 있다. 성분 금속 원자들이 비교적 간단한 정수비로 결합하고 복잡한 결정 구조를 가지는 합금을 금속 간 화합물(intermetallic compound)이라고 한다.

5.2.2 확산(diffusion)

모든 형태의 재료는 재료들의 특성을 개선시키기 위해 일반적으로 열처리를 한다. 열처리 시 원자 확산을 수반하게 된다. 이 경우 원자 확산 속도를 조정하는 것은 열처리 시 중요하고 수학적 계산으로 예측되어야 한다. 이전에 설명한 대로 열처리란 금속 내의 상 변태를 일으켜 기계적 성질을 개선하는 조작 방법이다. 강의 열처리 시 나타나는 상 변태는 마르텐사이트 변태만을 제외하고는 모두 확산을 동반하는 변태이므로 확산에 대한 기본 개념을 배우는 것이 중요하다. 일반적으로 액상이나 기상에서 성분의 농도차가 존재하면 그 성분은 농도가 큰 부분에서부터 농도가 약한 부분으로 이동하게 되는데 이를 확산이라 한다. 확산에는 고체 확산도 있고 이 고체 확산 현상을 이용하여 기계 소재 부품의 기계적 성질을 향상시킨다.

5.2.2.1 확산 기구(mechanism of diffusion)

'금속 내에서 원자들이 어떻게 이동하는가?'는 중요한 질문이다. 가장 일반적인 기구로는 침입형 확산과 공공 확산 기구가 있다.

a) 침입형 확산 기구(interstital diffusion mechanism)

침입형 자리에 위치하는 침입형 원자가 용매들의 위치는 변화시키지 않고 최인접 원자로 이동하는 메커니즘을 침입형 기구라 한다. 크기가 작은 침입형 원자는 용매 원자에 비해 크기가 작으므로 쉽게 침입해 확산해 갈 수 있다. 탄소나 질소와 같은 원자는 철에 비해 크기가 작아 확산이 용이하다. 강에서 일어나는 탄소의 이동은 전적으로 침입형 확산이라 할 수 있다.

b) 공공 확산 기구(vacancy diffusion mechanism)

절대 온도(-273℃)에서의 금속 결정은 결정 격자에 완전히 원자가 배열된 상태로 되어 있다. 하지만 온도가 상승하면 원자가 격자점으로부터 방출되어 빈 공간의 격자점이 생기게 된다. 이와 같이 원자가 비어 있는 격자점을 공공(vacancy)이라 한다. 이 공공에 인접한 원자가 공공으로 점프하여 이동할 때 공공 메커니즘에 의해 확산한다고 말한다. 공공에 의한 확산 속도가 침입형 기구에 비해 느린 이유는 탄소 원자 주위에는 침입형 자리가 항상 존재하지만 철 원자 주위에 공공이 존재할 확률은 작기 때문이다.

5.2.2.2 고체 확산(solid diffusion)

한 종의 원자가 다른 종의 원자가 있는 곳으로 이동하는 물질 이동 현상을 말한다. 고체 상태에서의 반응은 고체 내의 원자가 이동하여 이루어진다. 이것을 고체 확산(solid diffusion)이라 한다. 금속의 확산에는 침탄, 질화와 같이 철(Fe)에 탄소(C) 혹은 질소(N)의 원자가 침입 확산하는 한쪽 방향만의 단일 확산과 다른 금속을 접촉시켜 가열한 경우 접촉 부분에서 서로 원자가 위치를 바꾸는 상호 확산, 납 등과 같이 동일 금속 내의 원자의 위치를 바꾸는 자기 확산의 3종류가 있다. 확산은 온도가 높을수록 활발하고 냉간 가공과 같이 변형 격자를 발생하고 있을 때 진행하기 쉽다. 침탄, 질화와 같은 표면 강화 이외에 확산 침투, 강의 열처리, 시효 경화, 변태 등에 관계되는 물리적 현상이다. 구체적인 예를 들면, 제트 엔진의 터빈 블레이드를 코팅하는 공정도 확산을 이용한다. 터빈 블레이드는 니켈 합금강인데 오랜 기간 사용하면 산화가 되기 때문에 이를 방지하기 위해 알루미늄 표면 코팅을 하는데 이때 확산 현상을 이용한다. 철과 강의 침탄 공정에도 확산 현상을 이용한다. 강을 CO/CO_2 분위기 내에서 고온 열처리 시 강의 표면에 탄소 원자의 층이 생기게 한다. 이때 탄소층의 두께를 탄소 농도, 시간 및 온도를 조절하여 결정할 수 있다.

5.2.2.3 확산의 이용

표면 경화 방법인 침탄(carburizing)과 질화(nitriding)에는 확산 방법이 직접 이용되므로 매우 중요하다. 석출(시효 혹은 템퍼링 시), 확산 풀림(균질화 풀림) 및 결정립 성장도 확산과 직접적으로 관련되어 있는 현상이다.

5.2.2.4 확산에 영향을 주는 인자

첫 번째는 온도이다. 온도가 높을수록 원자의 움직임은 활발해진다. 따라서 확산 속도가 빠르게 되며 또한 가공 경화(strain hardening)가 있는 경우 확산은 쉽게 일어난다. 두 번째는 확산 계수 D이다. 확산 계수는 물질에 따라 크기가 다르다. 또한 조직이나 첨가 요소의 종류 혹은 양에 따라 확산 속도가 변한다. 예를 들면, α철보다 γ철에서 탄소가 확산하는 것이 더 쉽다. 확산에는 시간에 따라 변하지 않는 정상 상태 확산(steady state diffusion)과 시간에 따라 변하는 비정상 상태의 확산이 있다.

5.2.3 철-탄소 평형 상태도(Fe-C Phase diagram)

강의 열처리는 원하는 미세 조직과 성질을 얻기 위해 다음과 같은 변수에 주의를 하여야 한다. 첫째, 어느 온도로 가열할 것인가? 둘째, 온도를 어느 정도로 유지할 것인가? 셋째, 냉각 속도 조절, 즉 냉각은 얼마나 빨리 할 것인가? 이 3가지가 핵심 변수이다. 이 변수들을 잘 결정하기 위해서는 평형 상태도를 이해하여야 한다. 대부분의 열처리 과정은 다소 천천히 냉각하거나 혹은 높은 온도에서 시간을 연장하는 작업을 포함한다. 이들 조건들은 대략적인 평형 상태로 이끌며 그 결과로 인한 구조 형태는 평형 상태도(equilibrium phase diagram)를 사용하여 적절하게 예측된다. 다시 말하면 이 상태도를 이용하여 원하는 초기 구조를 만드는 데 도달해야 할 온도와 그 후 서냉 시 생기는 변화를 예측할 수 있다. 하지만 종종 참 평형 조건에서의 상태도를 사용했을 때와는 현저히 다른 결과를 가져올 수도 있다. 탄소는 철과 화합하여 시멘타이트(Fe_3C)의 형태로 되는 경우와 탄소 단일체인 흑연(graphite)으로 되는 경우가 있다. 강(steel)에서는 주로 시멘타이트 형태로 존재하지만 주철(cast iron)에서는 흑연과 시멘타이트의 두 가지 형태가 나타난다. 그림 5.2에서는 실선이 철-시멘타이트계 상태도를 나타내고 점선이 철-흑연계를 나타낸다. 철-흑연(Fe-C) 상태도는 주철에서 주로 고려하며 철-시멘타이트(Fe-Fe$_3$C) 상태도는 탄소강(carbon steel)에서 다룬다.

5.2.3.1 상태도의 의미

금속에서의 상태도란 여러 가지 조성의 합금이 용융 상태로부터 응고되어 상온에 이르기까지 온도에 따라 존재하는 상의 변화를 나타낸 그림이다. 즉, 합금의 성분 조성 비율과 온도에 따른 상태를 나타내며 x축에는 조성(%), y축에는 온도(℃)를 표시한다. x축의 합금의 조성은 일반적으로 중량 비율로 나타낸다. 예를 들면, 어떤 합금의 경우 80wt% A와 20wt% B로 구성된다고 표시한다. 즉, 성분 A의 무게는 80 g이고 성분 B의 무게는 20 g이다. 이론적인 계산을 하는 경우는 원자수의 비율로 농도를 표시한다. 원자수 80% A와 원자수 20% B로 이루어진 합금의 경우 A와 B의 원자 비는 $80:20 = 4:1$이 된다. 중량 비율을 원자 비율로 또는 원자 비율을 중량 비율로 환산할 때에는 원자%와 중량% 사이에 식 (5.1)이 성립한다.

$$X_A = \frac{\dfrac{W_A}{a_A}}{\dfrac{W_A}{a_A} + \dfrac{W_B}{a_B}} \tag{5.1}$$

$$X_B = \frac{\dfrac{W_B}{a_B}}{\dfrac{W_A}{a_A} + \dfrac{W_B}{a_B}}$$

여기서 W_A, W_B는 성분 A, B의 중량%

X_A, X_B는 성분 A, B의 원자%

a_A, a_B는 성분 A, B의 원자량

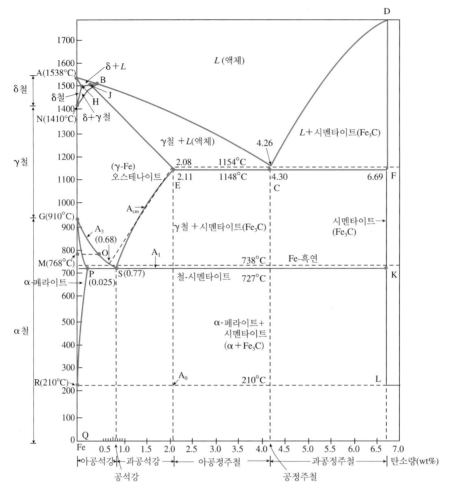

그림 5.2
철-탄소 평형 상태도[실선: 철-흑연(Fe-graphite), 점선: 철-시멘타이트(Fe-Fe₃C)]

5.2.3.2 순철 상태도

탄소량이 0.01% 이하인 철을 순철이라 하며, 순철은 910°C에서는 체심입방격자(BCC)이고 910~1410°C까지는 면심입방격자(FCC)이다. 순철에 탄소 원자가 함유되면 변태 온도가 낮아지고 변태가 단일 온도에서 일어나는 것이 아니라 어느 온도 범위에 걸쳐 일어난다. 변태란 일반적으로 결정 조직의 변화를 의미한다. 순철은 가열하거나 냉각할 때 그림 5.2의 평형 상태도에서 x축의 가장 왼쪽 즉, 탄소 함유량이 거의 0인 상태에서 y축 상의 A_2, A_3, A_4(그림 5.2의 y축의 M, G, N점) 같은 3개의 변태점(transformation point)을 가진다. A_2 이하에서의 철을 α철, 변태점 A_2~A_3 사이의 철을 β철, A_3~A_4 변태점 사이의 철을 γ철, 변태점 A_4 이상 용융점 이하의 철을 δ철이라 한다. α, β, δ철은 체심입방격자(BCC)의 원자배열을 가지며 반면 γ철은 면심입방격자(FCC)의 원자 구조를 가진다. A_4 변태(N점)는 약 1410°C에서 생기며, δ-Fe $\leftrightarrow$ γ-Fe의 변화이고 원자 배열은 FCC $\leftrightarrow$ BCC가 된다. A_3 변태(G점)는 약 910°C에서 생기며 γ-Fe $\leftrightarrow$ β-Fe의 변화이고 원자 배열은 BCC $\leftrightarrow$ FCC가 된다. A_2 변태는 약 775°C에서 생기며 β-Fe $\leftrightarrow$ α-Fe의 변화이고 자기 변태(magnetic transformation)이므로 타 변화와 같은 원자 배열의 변화는 없다. A_3, A_4 변태는 원자 배열에 변화가 생기므로 상당한 시간을 요한다. 가열 시에는 높고, 냉각 시에는 다소 낮은 온도에서 생긴다. 냉각 시의 변태점과 가열 시의 변태점은 아래 첨자로 구분한다. 가열 시의 아래첨자는 c (chauffage), 냉각 시의 첨자는 r (refroidissement)을 사용한다. 실제 작업상 가열 시 A_4 변태점에서는 A_{c4}, A_3 변태점에서는 A_{c3}, 냉각 시에는 r을 아래 첨자로 A_{r3}, A_{r4}로 표시한다. 그러나 A_2일 때는 A_{c2} = A_{r2}이다. 철강의 변태에는 5가지가 있다. A_0, A_1, A_2, A_3, A_4 중 A_2는 순철이 자성을 잃는 변태이고, A_0는 시멘타이트가 자성을 잃는 변태이다. 이 두 변태는 결정 구조의 변화를 수반하지 않으므로 자기 변태(magnetic transformation)라 한다.

5.2.3.3 철-시멘타이트(Fe-Fe₃C) 상태도

순철은 단일체로 존재하기 어렵고 탄소와 함께 Fe-C로 존재한다. 반면 강에서 탄소는 Fe_3C인 시멘타이트(cementite)로 존재한다. 철 탄화물인 Fe_3C는 시멘타이트로 불리우며 탄소(C) 6.67%를 함유하는 침상의 탄화물이다. 대단히 단단하고 경도가 크나 취성을 가지며 상온에서는 강자성체이다. Fe-Fe₃C 상태도는 x축은 탄소 함유량, y축은 온도로 하여 온도와 탄소 함유량에 따라 생성되는 조직과 변태점을 나타낸 선도이다. Fe-Fe₃C 상태도에 나타나는 고상의 종류에는 α페라이트(ferrite), 오스테나이트(austenite), 시멘타이트(cementite), δ페라이트의 4가지가 있다. α페라이트는 페라이트(ferrite)라 부르며 α철에 탄소가 함유된 고용체이고 BCC 구조를 가지고 있다. α페라이트의 최대 탄소 고용도는 723°C에서 0.02%이므로 페라이트에 고용할 수 있는 탄소량은 매우 적다. α페라이트의 탄소 고용도는 온도가 내려감에 따라 감소해 0°C에서 약 0.008%이다. 탄소 원자는 철 원자에 비해 작으므로 철의 결정 격자 내의 침입형 자리(interstitial site)에 위치한다. 오스테나이트는 γ철에 탄소가 고용된 고용체이며 FCC 구조를 가지고 있다. 1148°C에서 2.08%로 최대이며 온도가 내려감에 따라 723°C에서는 감소하여 723°C에서 0.8%가 된다. 따라서 탄소 고용도는 α페라이트보다 매우 크다. 시멘타이트(cementite)는 고용체이며 6.67%의 탄소를 함유하고 있다. δ페라이트는 δ철의 탄소 고용체이다. BCC 결정 구조를 가지지만 격자 상수가 다르다. δ페라이트 내의 최대 탄소 고용도는 1495°C에서

0.09%이다. 1200°C 이상은 고속도강의 열처리 시에만 적용된다.

그림 5.2의 평형 상태도를 요약 설명하면 다음과 같다.

A: 순철의 용융점(1538°C)

N: 순철의 A_4 변태점, δ철(BCC) $\leftrightarrow$ γ철(FCC), 변태점: 1410°C

G: 순철의 A_3 변태점, γ철 $\leftrightarrow$ α철(910°C)

M: 순철의 A_2 변태점(자기 변태점, 768°C)

MO: 강의 A_2 변태점(768°C)

RL: 강의 A_0 변태점(210°C)

AB: δ페라이트의 액상선(응고가 시작되는 온도)

AH: δ페라이트의 고상선(응고가 종료되는 온도)

HN: δ페라이트가 오스테나이트로 변태하기 시작하는 온도

JN: δ페라이트가 오스테나이트로 변태를 종료하는 온도

HJB: 포정선

BC: 오스테나이트의 액상선

JE: 오스테나이트의 고상선

CD: 시멘타이트의 액상선

ECF: 공정선(eutectic line)이 온도에서 액상(C) $\leftrightarrow$ 오스테나이트(E)+Fe$_3$C(F)의 공정 반응에 의해 액상으로부터 오스테나이트와 시멘타이트가 동시에 정출된다.

C: 공정점(1143°C, 4.3% C, eutectic point)

E: 오스테나이트에 대한 최대 탄소 고용 한도(1148°C, 2.11% C), 이 조성으로 강과 주철을 구분하고 있다.

ES: 오스테나이트로부터 시멘타이트가 석출하기 시작하는 온도를 나타낸다. A_{cm}선 이라 부른다.

GS: 오스테나이트로부터 페라이트가 석출하기 시작하는 온도를 나타낸다. A_3선이 라 부른다.

S: 공석점(0.77% C, 727°C, eutectoid point)

PSK: 공석선(eutectoid line), 이 온도에서 오스테나이트(S) $\leftrightarrow$ 페라이트(P)+Fe$_3$C(K) 의 반응에 의해 펄라이트를 만든다. A_1선(727°C)이라 부른다.

GP: 오스테나이트로부터 페라이트로의 변태가 종료되는 온도

P: α철에 고용하는 탄소의 최대 고용도(727°C에서 0.02% C)

A_0의 자기(磁氣) 변태점이 있다. 일반적으로 탄소가 지극히 안정한 상태로 되면 흑연으

로 존재한다. 그러나 보통 정도의 냉각 상태에서는 준안정의 Fe_3C가 응고(凝固)하므로 보통 강에서는 준안정계인 $Fe-Fe_3C$로 존재한다. 순철에서는 A_2, A_3, A_4의 변태가 있고 강에서도 이와 비교되는 A_0, A_1, A_2, A_3, A_{cm}의 변태와 α, γ, δ고용체의 안정 영역이 있어 강의 조직은 대단히 복잡하다. 그러나 응고 직후에는 보통 덴드라이트 구조 (dendrite structure)를 이룬다. 이것을 강의 1차 조직이라 한다. A_0 변태는 시멘타이트가 자성을 잃는 변태를 말하며 A_2 변태는 순철이 자성을 잃는 변태를 말한다. 자성을 잃 는 변태를 자기 변태(magnetic transformation)라 부른다. 자기 변태는 결정 구조의 변화 를 수반하지 않는다. A_2 변태점 이하의 철, 즉 α철에 탄소나 시멘타이트(cementite) 등 이 고용된 것을 α고용체라 하고 조직상 페라이트(ferrite)라 한다. A_1 변태점은 탄소량 과 관계없이 723°C에서 발생하며 탄소(C)가 0.8%일 때 A_3와 일치한다. $A_3 \sim A_4$ 변태점 까지의 철, 즉 γ철에 시멘타이트(cementite)가 고용된 것을 γ고용체라 하며 이때의 조 직을 오스테나이트(austenite)라 한다. 910°C 근방에서 발생하는 A_3 변태는 α철(BCC, 체심입방격자)을 γ철(FCC, 면심입방격자)로 결정 구조를 바꾼다. 페라이트 내에 탄소 의 고용 한계는 상온에서 0.008%, 723°C에서는 0.02%인 반면 오스테나이트 내의 탄소 의 고용 한계는 723°C에서 0.8%, 1147°C에서는 2.0%로 오스테나이트 내에서 고용될 수 있는 탄소량이 많다.

(5.3) 탄소강의 변태 및 단순화된 철−탄소 상태도

대부분의 열처리 과정은 높은 온도에서 서냉 혹은 시간을 연장 유지하는 방법을 포함 한다. 이와 같은 조건은 대략적인 평형 상태로 이끌며 이로 인한 구조물의 열처리 결과 를 평형 상태도(equilibrium phase diagram)를 사용하여 합리적으로 예측할 수 있다. 원 하고자 하는 초기 개시 구조(starting structure)를 만들기 위해 필요한 도달 온도와 연이 어서 냉각시킬 때 발생할 변화를 표시하기 위해 평형 상태도를 사용한다. 하지만 상태 도는 완전 평형 상태이며 완전 평형에서 출발하는 것으로 간주하므로 실제 상황과는 다소 다른 결과를 가져올 수도 있다는 점에 주목해야 한다. 다양한 열처리 방법은 순수 탄소강이나 저합금강(low alloy steel)에 사용되기 때문에 먼저 단순화된 철−탄소 평형 상태도(그림 5.3)를 이해할 필요가 있다. 그림 5.3은 그림 5.2를 보다 단순화시켜 강 재 료에 국한시켜 그린 그림으로, δ상 근처 부분과 탄소량이 2% 이상의 영역은 생략되었 다. 탄소강의 물성값과 공정을 이해하기 위해 공석강의 반응에 주안점을 두었다.

5.3.1 공석강(eutectoid steel)

온도가 낮아짐에 따라 단일상의 오스테나이트(γ)가 두 개의 상인 페라이트($\alpha-$ferrite) +시멘타이트(cementite)로 전환되는 영역이 발생한다. 이 과정을 이해하기 위해서는 우선 0.77~0.8% 탄소를 가지는 공석강을 고려해 보자. 그림 5.3의 $x-x'$ 선을 따라 서서히 냉각한다. 727°C 온도 이상에서는 오스테나이트로 존재하고 0.77% 탄소는 FCC 구조 내의 고용체로 용해된다. 온도 727°C를 통과 시에는 몇 가지 변화가 동시에 발생한다. 철은 FCC 오스테나이트로부터 BCC 페라이트로 결정 구조를 바꾸기를 원한다. 하지만 페라이트는 고용체에서 0.02% 탄소만을 포함할 수 있다. 따라서 과잉 탄소는 거절되어 탄소가 풍부한 탄화철(Fe$_3$C, 시멘타이트)을 만든다. 따라서 공석강의 순수 반응(공석 반응)은 다음과 같다.

오스테나이트(0.77% C; FCC) → 페라이트(0.02% C; BCC) + 시멘타이트(6.67% C)

즉 공석 반응은 단일상의 고상이 냉각 시 원래의 조성과는 다른 2개의 고상으로 변태하는 불변 반응이다. 냉각 시 단일상의 오스테나이트(γ-Fe)가 페라이트(α-Fe)와 시멘타이트(Fe$_3$C)로 분해한다. 0.77wt% 탄소가 용해되어 있는 단일상 γ-Fe 합금을 공석 온도(727°C) 아래로 냉각시키면 판상의 페라이트(α-Fe)와 시멘타이트가 교대로 층상 구조를 이루는 2개의 고상 혼합물로 변태한다. 이러한 화학적인 분리 과정은 결정질 고체 내에서 전체적으로 발생한다. 그 결과 구조물은 미세한 페라이트와 시멘타이트의

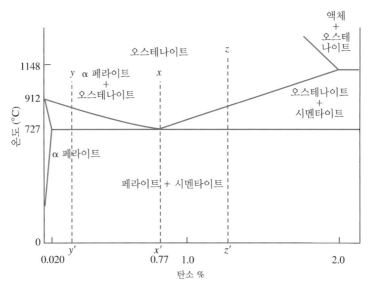

그림 5.3
단순화된 철-탄소 상태도

혼합물이 된다. 폴리싱(polishing)과 에칭(etching) 작업을 한 시편을 살펴보면 변동하는 층 혹은 판과 같은 층상 구조(lamellar structure)가 보인다. 이와 같은 모양은 고정된 온도와 고정된 성분으로부터 형성되고 특유의 성질을 가지므로 이를 펄라이트(pearlite) 구조라 부른다. Fe-Fe₃C의 상태도의 일부를 가지고 탄소강의 변태와 조직을 설명할 수 있다(그림 5.3).

그림 5.2의 일부분을 생각해 보자. 여기서 PSK선과 GS선은 각각 A₁, A₃로 표시되며 A₁은 공석선(eutectoid line)이다. 이 선은 오스테나이트와 페라이트+오스테나이트 사이의 경계를 표기한다. 오스테나이트로부터 오스테나이트+시멘타이트로의 변화는 그림 5.2의 ES선인데 A$_{cm}$선으로 표시된다. 탄소강이 727°C 이하로 냉각될 때 오스테나이트가 페라이트와 시멘타이트로 분해되는 공석 반응이 일어나므로 공석강(eutectoid steel)이라 하며 이 반응이 일어나는 온도선을 A₁ 변태선이라 부른다. A₁ 변태는 공석 변태, 펄라이트 변태라고도 한다. 약 0.8% C를 가지는 공석 탄소강을 750°C 정도로 가열하여 충분한 시간 동안 유지하면 조직은 단상의 오스테나이트가 된다. 이 공석강을 평형에 가까운 속도로 서냉시킬 때 그림 5.4의 e점의 온도, 즉 공석 온도 직상에서의 조직 상태는 오스테나이트이다. 그러나 온도를 더 내려 공석 온도 이하가 되면(f점) 오스테나이트는 α페라이트와 시멘타이트(Fe₃C)의 혼합 조직으로 변태된다. 이 조직은 페라이트와 시멘타이트가 교대로 반복되는 층상 조직(lamellar structure)을 형성한다. 형태가 진주와 비슷하여 펄라이트(pearlite)라 부른다. 펄라이트 조직은 단상 조직이 아니라 페라이트와 시멘타이트의 2상 혼합 조직이다. 서냉된 0.8% C의 공석강을 A₁ 변태점 직하에서의 지렛대 법칙을 사용하면 페라이트와 시멘타이트의 중량비를 구할 수 있다.

$$\text{페라이트의 분율(wt\%)} = \frac{6.67 - 0.80}{6.67 - 0.02} \times 100\% = 88\%$$

$$\text{시멘타이트의 분율(wt\%)} = \frac{0.8 - 0.02}{6.67 - 0.02} \times 100\% = 12\%$$

상온과 723°C에서의 페라이트의 탄소 고용도 한계는 차이가 거의 없다. 따라서 펄라이트 조직은 상온에서 약 88%의 페라이트와 12%의 시멘타이트로 구성되어 있다.

5.3.2 아공석강(hypoeutectoid steel)

아공석강(hypoeutectoid steel)은 탄소 함유량이 0.77~0.8% 이하일 때의 강을 일컫는다. 아공석강을 그림 5.3의 $y - y'$선을 따라 서서히 냉각한다. 높은 온도로 가열하여 오스

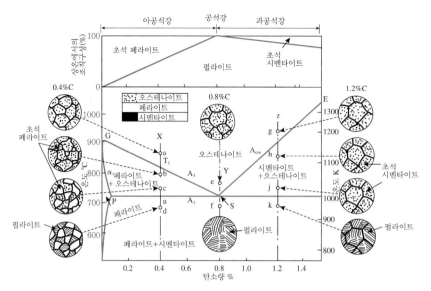

그림 5.4
Fe-C 선도에서의 탄소강의 조직도

테나이트인 영역에서 냉각하면 안정화된 α상인 페라이트와 오스테나이트가 된다. 공석 온도(727℃) 아래로 냉각하면 판상의 α-철(ferrite)과 Fe₃C(cementite)가 교대로 층상 구조를 이루는 2개의 고상 혼합물로 변태한다. 이 고상 혼합물은 펄라이트(pearlite) 조직이라 한다[그림 5.5(c)]. 보다 자세히 이해하기 위해 그림 5.4를 보자. 0.4% C의 아공석 탄소강을 그림 5.4의 a점(900℃)까지 가열하여 일정 시간 유지시키면 균일한 오스테나이트가 된다. 이 과정을 오스테나이트화한다고 말한다. 이 공석강을 b점 (775℃)까지 서서히 냉각시키면 오스테나이트 결정립계에서 초석 페라이트(proeutectoid ferrite)가 우선적으로 핵생성한다. 이 강을 다시 c점까지 서서히 냉각시키면 초석 페라이트는 오스테나이트 속으로 계속해서 성장한다. 이때 페라이트가 형성된 곳의 과잉 탄소는 오스테나이트-페라이트 계면으로부터 오스테나이트 속으로 밀려나므로 남아있는 오스테나이트의 탄소량은 점점 많아지게 된다. 따라서 변태 온도 직상인 c점에 도달하면 남아 있는 오스테나이트의 탄소량은 0.4~0.8%로 증가하게 된다. 한편 A₁ 변태 온도 직하인 d점에 도달하게 되면 남아있는 오스테나이트는 공석 반응에 의해 펄라이트로 변태하게 된다. 펄라이트를 구성하고 있는 페라이트는 초석 페라이트와 구별하기 위해 공석 페라이트(eutectoid ferrite)라 부른다. A₁ 변태 온도 직상인 c점에서 지렛대의 원리를 사용하면 초석 페라이트와 오스테나이트의 중량 분율을 다음과 같이 계산할 수 있다.

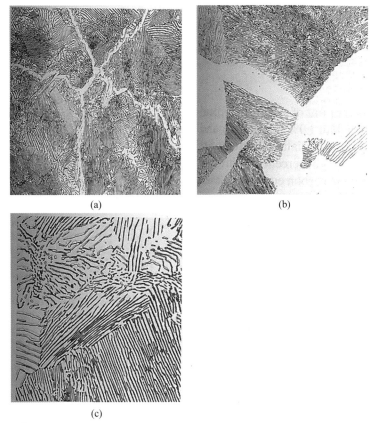

(a)
(b)
(c)

그림 5.5
탄소강의 조직 그림. (a) 과공석강의 입자 경계에서의 시멘타이트 조직 (b) 아공
석강의 페라이트(흰색)+시멘타이트 (c) 펄라이트 조직

$$초석\ 페라이트의\ 분율(\text{wt}\%) = \frac{0.8 - 0.4}{0.8 - 0.02} \times 100\% = 51\%$$

$$오스테나이트의\ 분율(\text{wt}\%) = \frac{0.4 - 0.02}{0.8 - 0.02} \times 100\% = 49\%$$

5.3.3 과공석강(hypereutectoid steel)

과공석강은 탄소 함유량이 공석강보다 많은 강이다. 과공석강을 그림 5.3의 $z - z'$ 선을
따라 서서히 냉각한다. 이 과정은 아공석강의 과정과 유사하다. 하지만 1차적으로 나타
나는 상은 페라이트 대신 시멘타이트이다. 공석강의 탄소 함유량에서는 727°C 근방에
도달한 후 서서히 냉각하면 오스테나이트가 펄라이트가 된다. 0.77~0.8% 이상의 탄소
를 가지는 탄소강을 과공석강(hypereutectoid steel)이라 부르며 과공석강은 펄라이트와

시멘타이트의 혼합 조직이다. 그림 5.2의 A_{cm}선 이상으로 가열시키면 단상의 오스테나이트로 변한다. 과공석강은 탄소 함유량이 0.8~2.0% 범위이지만 실제 공업계에서 생산되는 과공석강은 대부분 0.8~1.2% 범위이다. 과공석강의 완전 어닐링 열처리 절차는 시작 가열 온도점이 오스테나이트＋시멘타이트 영역(A_{cm} 위의 30~60℃)에서 행하는 것을 제외하고는 기본적으로 동일하다. 그림 5.4를 보고 과공석강의 열처리 과정을 이해한다. 예를 들면, 탄소 함유량이 1.2%인 과공석강이 950℃에서 오스테나이트화한 후에 냉각시킬 때 나타나는 미세 조직 변화 과정을 살펴보자. 그림 5.4의 h점 온도에서는 오스테나이트 결정립계에서 초석 시멘타이트(proeutectoid cementite)가 핵생성되어 성장하게 된다. 다시 이 강이 j점까지 냉각되는 동안에 초석 시멘타이트는 계속 성장해 가면서 오스테나이트에 있는 탄소를 고갈시킨다. 이 냉각 과정은 평형 냉각 과정이라 가정한다. j점의 남아 있는 오스테나이트의 탄소량은 1.2%에서 0.8%로 감소될 것이다. 따라서 이 오스테나이트는 A_1 변태 온도로 냉각되면서 공석 반응에 의해 펄라이트로 변태하게 된다. 펄라이트를 구성하고 있는 시멘타이트는 초석 시멘타이트와 구별하기 위해 공석 시멘타이트(eutectoid cementite)라 부른다. 그림 5.4의 A_1 변태 온도 직상 j점에서의 지렛대의 원리를 사용하면 초석 시멘타이트와 오스테나이트의 중량 분율을 구할 수 있다.

$$\text{초석 시멘타이트의 분율(wt\%)} = \frac{1.2 - 0.8}{6.67 - 0.8} \times 100\% = 6.8\%$$

$$\text{오스테나이트 분율(wt\%)} = \frac{6.67 - 1.2}{6.67 - 0.8} \times 100\% = 93.2\%$$

5.3.4 어닐링 열처리

수많은 열처리 작업 과정은 일반적인 용어인 어닐링(annealing) 하에서 행해진다. 이 작업 과정에는 강도나 경도를 감소시키기 위해 어닐링 작업이 사용되기도 하며, 잔류 응력을 제거하기 위해 사용되기도 하며, 인성을 개선시키기 위해, 연성을 회복시키기 위해, 입자 크기(grain size)를 미세화하기 위해, 편석(segregation)을 감소시키기 위해 혹은 재료의 전자기장 성질을 변화시키기 위해 열처리 과정을 행한다. 취급 재료와 열처리 목적에 따라 온도 및 냉각 속도 등과 같은 자세한 상세 작업 과정이 결정된다.

완전 어닐링(full annealing) 작업 시 0.77~0.8% 미만의 탄소를 가지는 아공석강(hypo-eutectoid steel)을 사용한다. 공업적으로 생산되는 대부분의 강은 아공석강이다. 순철에서 α철에서 γ철로 변태되는 온도는 910℃ A_{c3}점이지만 아공석강에서 α페라이트가 γ

오스테나이트로 변태하는 온도는 A₃선이다. 페라이트와 시멘타이트의 혼합 조직인 아공석강에서는 A₃선상의 온도보다 $30\sim60°C$ 높은 온도로 열을 가한다. 그 다음에 구조를 균질한 단상의 오스테나이트로 바꾸기 위해 충분한 시간을 유지한다. 다음에 A₁ 온도점 이하로 제어된 냉각 속도로 서서히 냉각한다. 냉각은 노에서 대개 A₁점 온도보다 $30°C$ 아래 온도에서 시간당 온도를 $10\sim30°C$로 감소시키면서 행한다. 이 시점에서 노에서 금속을 꺼내어 상온에서 공기 냉각시킨다. 결과로 얻어지는 구조는 상태도에서 예측된 양보다 과도한 양의 페라이트를 가지는 조대한 펄라이트(coarse pearlite) 구조이다. 만일 재료가 완전 오스테나이트 영역에서부터 서서히 냉각되면 시멘타이트의 연속적 네트워크가 입자 경계에서 생성될 수 있어 재료를 취성화시킨다. 적절하게 어닐링되었을 때는 과공석강은 분산된 구형(dispersed spheroidal) 형태를 가진 과도한 시멘타이트를 가지는 거친 펄라이트 구조를 가지게 된다.

완전 풀림(full annealing)은 시간 소모적이고 높은 온도에서 유지되며 행해지므로 상당한 에너지가 필요하다. 최대한 연함(softness)이 필요하지 않을 때는 경비 절감이 바람직하다. 노멀라이징은 강철을 A₃선(아공석강인 경우) 혹은 A$_{cm}$(과공석강) 온도 위의 $60°C$로 가열한 후 균일한 오스테나이트를 만들기 위해 이 온도에서 유지한다. 다음에는 이 재료를 노에서 제거하여 공기 중에 냉각시킨다. 이 결과 얻어지는 구조와 물성값은 연속해서 행해지는 냉각 속도(cooling rate)에 달려 있다. 금속의 형상과 크기에 따라 차이가 있지만 과도한 페라이트와 시멘타이트를 가지는 미세한 펄라이트(fine pearlite)가 만들어진다.

완전 풀림(full annealing)에서 0.77% 이하의 탄소를 가진 아공석강(hypoeutectoid)에서는 A₃로부터 $30\sim60°C$ 이상의 온도까지 가열하여 열처리되는데, 이때 균일한 성분을 가지는 단상 오스테나이트(single phase austenite) 구조로 바꾸기 위해서는 오랜 시간 유지하는 것이 필요하다. 다음에 예정된 속도로 A₁ 아래 온도로 서서히 냉각시킨다. 냉각은 일반적으로 노(furnace)에서 A₁ 아래 $30°C$까지 시간당 $10\sim30°C$ 단위로 시킨다. 이후 금속을 노에서 제거하여 상온에서 공기 중 냉각시킨다. 결과적으로 얻어지는 금속 구조는 상태도에서 예측되듯이 페라이트를 많이 가지는 거친 펄라이트가 된다. 이러한 조건에서는 강철은 연(soft)하고 연성(ductile)이다. 0.77% 이상의 탄소를 가진 과공석강(hypereutectoid)에서의 열처리 절차는 초기에 열을 가하는 지점이 오스테나이트 +시멘타이트 영역(A₁ 위의 $30\sim60°C$)임을 제외하고는 기본적으로 이전의 경우와 동일하다. 완전 오스테나이트 영역에서 서서히 냉각시키면 연속적인 네트워크의 시멘타이트가 입자 경계에서 형성되며 재료를 취성화시킨다. 적절하게 풀림 처리하면 과공석강은 분산 구상 형태(dispersed spheroidal form)로, 과도한 시멘타이트를 가지는 거친 펄라이트 구조를 가진다.

5.3.5 Fe–C 합금계에 존재하는 미세 조직

강에서는 여러 상(phase)들이 나타난다. 오스테나이트(austenite)는 탄소 함유량이 많은 강을 담금질하였을 때 나타나는 조직이다. 담금질에 의하여 탄소가 γ철 중에 고용된 상태로 유지되고 고온에서 존재하며 상온에서는 존재하지 않는다. 또 오스테나이트는 마르텐사이트 중에 혼합되어 존재하며 전부 오스테나이트로 존재하는 것은 특수강의 일부이다. 오스테나이트와 펄라이트의 중간 조직은 마르텐사이트, 트루스타이트(troostite) 혹은 소르바이트(sorbite)의 조직이 있다. 마르텐사이트는 이전에 설명하였듯이 강을 담금질할 때 생긴다. 열처리에서 대단히 중요한 조직이며 경도가 매우 높은 것이 특징이다. 마르텐사이트는 고온에서 냉각 도중 어느 온도에 도달하면 자연적으로 생기며 그 온도 이하로 내려가면 변태량은 증가하게 된다. 트루스타이트(troostite)는 페라이트와 지극히 미세한 시멘타이트와의 혼합 조직이며 강을 기름에서 서서히 냉각시키면 제1변태에서 생긴 마르텐사이트 조직이 500°C 부근에서 제2변태가 진행되며 생기는 조직이다. 마르텐사이트보다는 경도는 높지 않으나 인성이 크다. 이상의 결과들을 요약하면 표 5.2와 같다. 연속 냉각 처리 시 생기는 베이나이트 조직은 일반 탄소강이 아닌 합금 강에서만 생김을 유의해야 한다. 그림 5.6은 오스테나이트 조직으로부터 시작한 열처리 조건(변태 경로)에 따라 생성되는 미세 구조 조직을 설명한다.

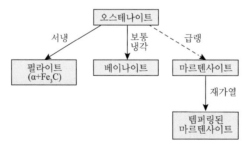

그림 5.6
오스테나이트 조직으로부터 연속 열처리 시 변태 조건에 따라
변하는 미세 조직(점선은 무확산 수반)

표 5.2 Fe-C 합금계에 존재하는 미세 조직과 명칭

미세 구조 이름	설명
α페라이트(ferrite)	α철(BCC) 내에 탄소가 침입한 고용체
오스테나이트(austenite)	γ철(FCC) 내에 탄소가 침입한 고용체
펄라이트(pearlite)	α페라이트와 시멘타이트 판이 교대로 라멜라 구조를 가지는 혼합 조직
고베이나이트(high bainite)	비교적 높은 온도의 등온 변태에 의해 생긴 것, 깃털 모양
저베이나이트(low bainite)	낮은 온도의 등온 변태에서 생긴 것, 침상 모양
스페로이다이트(spheroidite)	구형의 Fe_3C 입자가 α페라이트 기지 재료 안에 있다. 조성 변화나 양적 변화 없이 부가적인 탄소 확산으로 발생. 베이나이트 혹은 펄라이트를 공석(eutectoid) 온도 이하에서 오랜 시간 동안 가열하면 생성된다.
마르텐사이트(martensite)	치환형 탄소 고용체가 BTC 철 결정 구조 안에 존재
트루스타이트(troostite)	페라이트와 지극히 미세한 시멘타이트와의 혼합 조직이며 강을 기름에서 서서히 냉각시키면 생기는 조직
시멘타이트(cementite)	탄소강에서 석출된 탄화철(Fe_3C)에 존재하는 조직
페라이트(ferrite)	탄소강에서 석출된 탄화철(Fe_3C)에 존재하는 조직
초석 페라이트(proeuctectoid ferrite)	공석 페라이트 이전에 생기는 페라이트
초석 시멘타이트(proeuctectoid cementite)	공석 시멘타이트 이전에 생기는 시멘타이트

(5.4) 강의 열처리 방법

이전의 $Fe-Fe_3C$ 상태도에서는 강을 매우 서서히 가열 및 냉각 시의 조직 변화, 즉 풀림 처리 시의 조직 변화를 나타낸 것이다. 열처리를 적절히 하기 위해서는 기본적으로 강의 종류에 따라, 열처리 방법에 따라 가열 온도 범위를 결정할 필요가 있다. 즉, 가열 온도 범위는 어떻게 결정하는가? 탄소 공구강인 STC 5(0.8% C)의 예를 들면, 담금질 시의 온도는 760~820°C 온도 범위로 가열하여 물에서 냉각시키며, 기계 구조용 탄소강인 SM45C(0.45% C)는 820~870°C의 범위로 가열하여 물에서 냉각시킨다. 이러한 온도는 $Fe-Fe_3C$ 상태도에 기초하여 A_1, A_3 변태점 온도 이상의 일정 온도 범위에서 정해진다. 또 노멀라이징 온도도 A_3 또는 A_{cm} 변태점으로부터 결정된다. 철-탄소 평형 상태도는 열처리 시 가열 온도를 결정하는데 중요한 기준이 된다(그림 5.7). 풀림(수냉)과

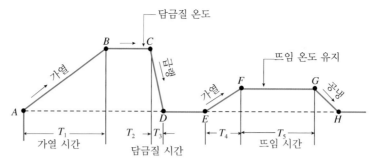

담금질 온도

뜨임 온도 유지

그림 5.7
단계별 열처리의 공정도

노멀라이징(공냉) 같은 실제 열처리 시의 조직 변화는 Fe-Fe$_3$C 상태도로부터 예측 가능하지만 담금질 시에는 냉각 속도가 빨라 비평형 상태가 되므로 평형 상태도로부터 조직 변화를 예측할 수 없다. 이때에는 연속 냉각 변태선도로부터 예측하여야 한다. 완전 어닐링 시 아공석강(C < 0.77wt%)의 경우 A$_3$ 온도보다 30~60°C 이상 가열한 후 오스테나이트화한 후 충분한 시간 동안 유지한 상태로 일정한 냉각 속도로 A$_1$까지 냉각시킨다. 과공석강(C > 0.77wt%)의 경우도 동일하다. 오스테나이트＋시멘타이트 영역에서 A$_1$ 온도보다 30~60°C 이상 가열하여 전체를 오스테나이트화한 후 서서히 냉각하면 결정립에서 시멘타이트의 연결망이 형성된다. 이는 재료를 취성화한다. 적절히 어닐링되면 분산된 구형의 시멘타이트가 과도하게 존재하는 거친, 즉 조대화된 펄라이트 구조가 만들어진다. 완전 어닐링은 시간과 에너지가 많이 소모되는 열처리 과정이다.

철강 재료는 열처리 방법에 따라 같은 재료라 하더라도 조직이 달라질 수 있다. 따라서 적절한 열처리를 통해 기계적 성질을 변화시킬 수 있다. 압연 단조나 기계 가공을 한 철강 재료는 일반적으로 가공성만을 고려한 상태이므로 필요한 기계적 성질에 미달하는 경우가 많다. 이러한 경우 기계적 성질 혹은 물리 화학적 성질을 부여하기 위해 열처리를 하게 된다. 즉, 열처리를 통해서 매우 다양한 미세 조직과 기계적 성질을 얻을 수 있다. 강의 열처리 방법으로 그림 5.7에서 가열, 일정 온도 유지, 급랭, 재가열, 일정 온도 유지, 냉각 등의 일련의 과정을 거치는 작업이 진행된다. 그림 5.7의 AB → BC → CD 과정을 담금질(quenching) 과정이라 부르며, 여기서 실온에서 A$_1$ 변태점 이상의 적당한 온도까지 가열하고(AB과정) 일정한 온도로 유지(BC과정)한다. 이때 유지 시간은 T_2이다. C에서 물이나 기름 혹은 소금물 등의 냉각액을 사용, 급격히 냉각하여 강을 경화시킨다. 담금질된 강은 경도가 크나 인성이 작기 때문에 EF → FG → GH의 과정을 거치는 뜨임(tempering) 열처리를 하여 필요한 경도와 인성을 갖게 한다.

다음은 강의 일반적인 열처리 단계인 풀림(annealing), 노멀라이징(normalizing), 담금질(quenching), 뜨임(tempering) 등에 대해 요약하여 설명한다.

5.4.1 풀림(annealing)

기본적으로 연화를 목적으로 하는 열처리로서, 일반적으로 적당한 온도까지 가열한 다음 그 온도에서 유지하고 오스테나이트화한 후 오스테나이트 조직 상태로부터 서서히 냉각하는 열처리 방법이다. 일반적으로 풀림은 완전 풀림(full annealing)을 말한다.

5.4.1.1 완전 풀림(full annealing)

아공석강에서는 A_{c3} 온도 이상, 과공석강에서는 A_{c1} 온도 이상의 온도로 가열하고 그 온도에서 충분한 시간 동안 유지하여 오스테나이트 상 또는 오스테나이트와 시멘타이트(탄화물)의 공존 조직으로 한 다음, 아주 서서히 냉각시켜 연화시키는 열처리 조작 방법이다. 완전 풀림의 가열 온도는 아공석강에서는 A_{c3}점 이상 30~50℃, 과공석강에서는 A_{c1}점보다 50℃ 정도의 높은 온도가 적당하며 너무 높은 온도에서 가열하면 결정립이 조대화되므로 주의를 기울어야 한다. 완전 풀림인 경우 아공석강의 조직은 페라이트와 펄라이트이며 과공석강에서는 망상 시멘타이트와 조대한 펄라이트로 된다. 일반적으로 단조된 강철 재료는 고온에서 열간 가공하므로 그 조직이 불균일하고 억세다. 이와 같은 불균일한 조직을 균일하게 하고 상온 가공에 의한 내부 응력을 제거하기 위한 열처리 과정이 풀림 과정이다. 풀림은 단조, 주조 및 기계 가공으로 발생한 내부 응력 제거, 열처리 및 가공 경화로 인하여 경화된 재료의 연성 증가, 금속 결정 입자의 조절과 같은 재결정화를 위해 하는 열처리 방식이다(그림 5.8).

강철의 가열 온도는 일반적으로 강철의 화학 성분에 따라 다르다. 미국 재료시험협회(ASTM)에서 추천한 압연재의 풀림 온도는 표 5.3과 같다.

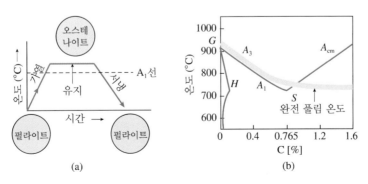

그림 5.8
완전 풀림 열처리 과정. (a) 조작과 조직(공석강) (b) 가열 온도 범위

표 5.3 압연재의 풀림 온도

탄소 함유량	풀림 온도
0.12%＜C	875~925°C
0.12~0.20% C	840~870°C
0.30~0.49% C	815~840°C
0.50~1.00% C	790~815°C
1.00~1.50% C	800°C

주강(steel casting)은 억센 조직을 가진다. 이때 풀림 열처리 과정에서 결정을 조절하고 결정 조직을 미세하게 할 때 재질에 따라 가열 온도를 정한다. 특수강의 풀림 온도도 재질에 따라 다르다. 일반적으로 특수 공구강은 750~850°C의 온도 범위 내에서 풀림 열처리한다.

풀림 열처리는 결정 조직을 조절하거나, 가공 혹은 담금질에 의해 생긴 내부 응력의 제거, 연화, 절삭성 향상, 냉간 가공성 개선, 결정 조직 조절 등을 위해 사용하는 열처리 조작 방법이다. 풀림의 종류에는 고온 풀림과 저온 풀림(low annealing)이 있다. 고온 풀림에는 완전 풀림(full annealing), 확산 풀림(diffusion annealing), 등온 풀림(isothermal annealing) 등이 있다. 저온 풀림에는 응력 제거 풀림과 프로세스 풀림, 재결정 풀림, 구상화 풀림이 있다. 여러 가지 풀림 처리 시 온도 범위 및 결정 조직이 그림 5.9에 있다.

완전 풀림은 아공석강에서는 A_{c3}점 이상, 과공석강에서는 A_{cm} 이상의 온도로 가열하고, 그 온도에서 충분한 시간을 유지하여 오스테나이트 단상 또는 오스테나이트＋시멘타이트 탄화물의 공존 조직으로 한 다음, 아주 서서히 냉각시켜 연화시키는 조작 방법으로, 일반적으로 풀림이라 하면 완전 풀림(full annealing)을 의미한다. 이 경우 조직은 아공석강에서는 페라이트와 펄라이트, 과공석강에서는 망상 시멘타이트와 조대한 펄라이트로 된다.

5.4.1.2 항온 풀림(isothermal annealing)

완전 풀림(full annealing)의 일종으로 단지 항온 변태만을 이용한다는 차이점만 있다. 완전 풀림은 강을 오스테나이트화한 후 서서히 연속적으로 냉각해서 강을 연화시키는 것에 비해, 항온 풀림은 강을 오스테나이트한 후 TTT 곡선의 코(nose) 온도에 해당하는 550~650°C의 노 안에 넣고 이 온도에서 5~6시간 동안 유지한 다음 꺼내어 공기 중 냉각하는 방식이다. 그림 5.10은 항온(恒溫) 열처리 방법의 설명도이다. AB 구간은 가열 구간으로 오스테나이트 조직이 될때까지 서서히 가열하고, BC 구간에서는 전체 가열이

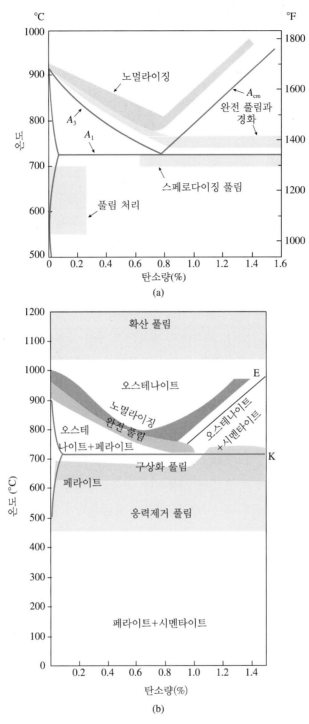

그림 5.9
각종 풀림 열처리 시 조직과 어닐링 온도 범위. (a) 탄소 함유량
과 어닐링 온도와의 관계 (b) 각종 풀림 열처리 시 조직

균일하게 되도록 일정 시간 유지한 후 D에서 염로(鹽爐; salt bath)에서 급랭하고, DE
구간에서 일정 시간 동안 뜨임 처리(tempering)한 후 EF 구간에서 공기 중 냉각을 한다.

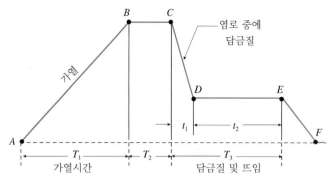

그림 5.10
항온 열처리에서 가열 및 냉각

이 방법은 담금질(quenching)과 뜨임(tempering) 열처리를 동시에 할 수 있고 담금질로 인한 파손을 방지할 수 있는 열처리 방법이다. 이 방법은 온도, 시간, 변태 등 3가지 변화를 선도로 나타낼 수 있다. 목적하고 계획한 열처리 조직을 얻을 수 있어 대량 생산에 널리 사용되고 있다. 열처리할 물건이 결정되면 이에 대한 온도, 시간 및 변태 곡선(보통 S곡선이라 함)을 이용하여 선도를 만든다. 이것을 사용하여 재료를 오스테나이트 상태로 가열한 것을 일정 온도의 염로(salt bath) 중에서 담금 및 뜨임을 하여 재료가 필요한 조직으로 변태가 완료된 때에 끄집어내면 원하는 경도와 조직을 얻을 수 있다. 이 방법을 항온 열처리(isothermal heat treatment)라 한다. 항온 열처리는 Ni, Cr 등의 특수강 및 공구강에 특히 많이 사용된다. 고속도강(high speed steel)의 항온 열처리는 1250~1300°C로 가열한 후 580°C의 염로에 담금질하여 일정 시간 후 공기 중에서 냉각을 한다.

5.4.1.3 항온 변태도 곡선

항온 변태도 혹은 TTT 곡선(time-temperature-transformation curve)은 항온 변태를 진행시킬 때 변태 온도와 조직과의 관계를 표시하는 선도이다. 이 선도는 Bain이 처음 발표하였고 형상이 S자와 비슷하여 S곡선이라 부른다. 이때 생긴 조직은 오스테나이트, 마르텐사이트, 상부 및 하부 베이나이트 및 펄라이트로서 열처리 조직 형성 과정이 계단 열처리 조직과는 다르다. 그림 5.11은 탄소 0.6%의 탄소강의 S곡선 설명도이다. 여기서 A는 오스테나이트, B는 베이나이트, F는 페라이트, M는 마르텐사이트, P는 펄라이트이다.

TTT 선도(time temperature transformation diagram)를 보다 자세히 설명하면, 강을 오스테나이트 상태로 가열하여 A_1 변태점 이하의 적당한 온도까지 급랭한 후 이 온도에서 어느 정도 시간을 유지하면 변태가 시작되고 그 후 어느 정도 시간이 지나면 변태는 완료된다. 이러한 변태를 항온 변태(isothermal transformation)라 하고 각각의 변태 개시 및 변태 완료의 그래프를 온도(temperature) 시간(time) 변태(transformation) 곡선이라 한다. 이를 항온 변태 곡선 혹은 TTT 선도 혹은 S곡선이라 부른다.

예를 들면, 고속도강의 항온 열처리는 1250~1300°C에서 580°C의 소금물 욕조에서 담금질하여 일정 시간 유지한 후 공기 중에서 냉각하는 방식이다.

그림 5.11은 전형적인 공석강의 등온 변태 곡선이다. 550°C 부근의 온도에서 곡선이 왼쪽으로 돌출되어 있는데 이는 변태가 이 온도에서 시작된다는 의미로 코(nose)라 한다. 코 온도 위에서 항온 변태를 시키면 펄라이트가 형성되고, 코 온도 아래서 항온 변태를 시키면 베이나이트(bainite)가 형성된다. 탄소강의 경우 코의 상부 온도에서는 펄라이트가 생긴다. 온도 높낮이에 따라 미세 펄라이트(fine pearlite)와 조대 펄라이트 (coarse pearlite)가 생긴다. 코 하부에서는 베이나이트(bainite)가 생성된다. 상부 베이나이트는 보다 높은 온도에서 생성되고 깃털 모양이며 하부 베이나이트는 낮은 온도 M_s

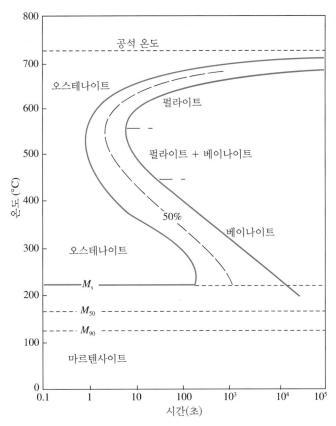

그림 5.11
탄소강(C=0.6%)의 S곡선도

근처에서 생성되며 침상형이다. 마르텐사이트가 시작되는 온도를 M_s로 표시하였으며 M_{50}, M_{90}은 마르텐사이트 변태가 각각 50%, 90% 완료될 때의 온도이다. 마르텐사이트 변태 완료 온도는 M_f로 표시한다. 마르텐사이트 변태는 강 중의 탄소 함유량에 크게 의존한다. 탄소 함유량이 증가함에 따라 마르텐사이트 변태가 일어나기 위해서는 더욱 더 큰 과냉각이 필요하다. 마르텐사이트는 무확산 변태이며 단일상이다. 또한 강에 존재하는 상들 중에 가장 강도가 크다. 마르텐사이트는 미세 구조가 FCC 오스테나이트로부터 BCT 구조로 바뀐다. 그림 5.12는 마르텐사이트의 변태 진행 과정에 따른 미세 조직 변화를 보여준다. 바늘과 같은 침상 조직을 가지며 모상인 오스테나이트와 특정한 방향성을 가진다. 마르텐사이트 기지물로부터 탄화물을 석출시키는 과정을 템퍼링(tempering)이라 한다. 이 변태는 확산이 요구되므로 높은 온도에서 유지 시간이 길다. 유지 시간이 길수록 시멘타이트 입자 크기는 조대화된다. 템퍼링한 마르텐사이트 조직은 탄화물 형상이 구형에 가까우므로 이를 구상화 펄라이트 혹은 스페로이다이트(spheroidite)라 한다. 그림 5.13은 고탄소강의 템퍼드 마르텐사이트(tempered martensite) 조직의 템퍼링 온도에 따른 미세 조직 그림이다. 구상화 조직은 강에서 가장 안정화된 조직이며 페라이트 기지 중에 구상화되어 있어 연성이 좋다.

그림 5.14는 공석강의 등온 변태도 상의 예이다. 두 가지 경로를 살펴보자. 경로 ①은 온도를 727℃ 이상으로 가열한 후, 즉 오스테나이트화한 후 순간적으로 600℃로 급랭하여 20초 동안 유지한 경우이며, 경로 ②는 합금을 650℃로 급랭하고 이 온도에서 100초 동안 유지한 경우이다. 경로 ①에서는 오스테나이트가 모두 펄라이트로 변한다. 경로 ②에서는 같은 펄라이트 조직이 형성되나 α와 Fe_3C층의 두께가 증가한 조대

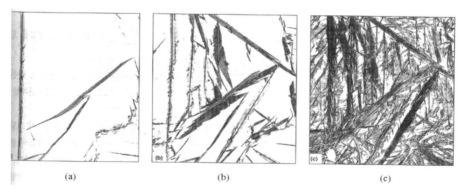

(a)   (b)   (c)

그림 5.12
1.8 wt% C 탄소강의 냉각 온도에 따른 마르텐사이트 변태의 진행 과정.
(a) 24℃ (b) −60℃ (c) −100℃

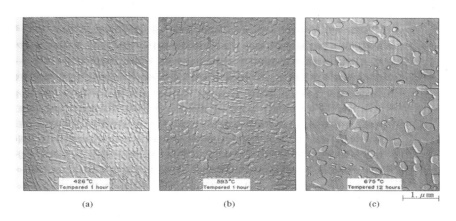

그림 5.13
0.7wt% C 탄소강의 스페로다이트 조직. (a) 426℃ 1시간 템퍼링 (b) 593℃ 1시간 템퍼링
(c) 675℃ 12시간 템퍼링

한 조직이 된다. 다음은 600℃에서 3초 동안 유지한 후 상온까지 빠른 속도로 급랭시키는 경우를 생각해 보자. 600℃에서 3초 동안 유지할 때 오스테나이트는 50% 정도가 펄라이트로 변태된다. 따라서 50% 정도의 변태되지 않은 불안정 오스테나이트와 50% 정도의 펄라이트 혼합물 조직이 된다. 상온까지의 급랭 과정은 펄라이트 조직에는 영향을 미치지 못한다. 그러나 변태되지 않고 남아 있는 불안정 오스테나이트는 급랭 과

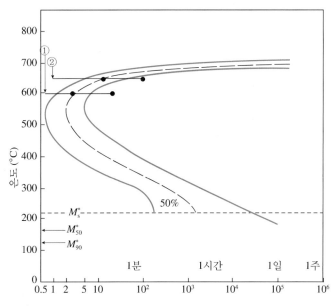

그림 5.14
공석강의 등온 변태도 상에서의 변화 예

정 시 크게 영향을 받는다. 상온으로 급랭하는 과정에서 공석강은 마르텐사이트 개시선 M_s와 마르텐사이트 변태 완료선인 M_f선을 통과하게 된다. 이 과정에서 불안정 오스테나이트(austenite)는 마르텐사이트(martensite)로 변태한다. 따라서 최종 조직은 50% 펄라이트와 50% 마르텐사이트의 혼합 조직이 된다.

항온 열처리의 응용에는 마르퀜칭, 오스템퍼링, 마르템퍼링과 같은 과정들이 있다.

마르퀜칭(marquenching)

마르퀜칭 열처리는 경도가 요구되는 부품의 비틀림을 감소시키는 열처리 방법으로 다음의 과정을 거친다.

a) M_s점(A_r'') 직상으로 가열된 소금물이나 기름에 담금질한다.

b) 담금질한 재료의 내외부가 동일한 온도에 도달할 때까지 항온 유지한다.

c) 급랭 오스테나이트가 항온 변태 전에 재료를 꺼내어 공랭하여 변태를 진행시킨다. 이때 마르텐사이트 조직이 얻어진다. 마르퀜칭 후에는 뜨임 처리하여 사용한다. 마르퀜칭의 특징은 균열 및 변형이 생기지 않는다. S 곡선에서 마르퀜칭 과정은 그림 5.15와 같다. 즉, 재료를 마르텐사이트로 변형 시 균일한 온도하에서 서냉하는 절차를 마르퀜칭(marqueching)이라 한다.

강을 급랭하여 부품을 제조하는 공정에서 템퍼링은 매우 중요하다. 보통 담금질(그림 5.15의 점선) 시 급랭 상태의 마르텐사이트 조직으로 이루어진 강은 강도는 매우 높

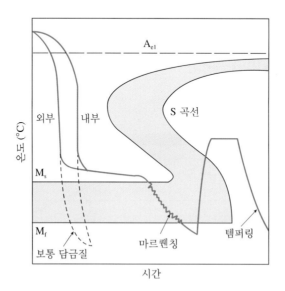

그림 5.15
마르퀜칭 과정 곡선

은 반면 쉽게 깨지기 때문에 대부분 그대로 공업적으로 사용할 수 없다. 요구하는 최소한의 연성을 얻기 위해서는 급랭한 강을 템퍼링(tempering)하여야 한다. 템퍼링은 급랭한 강을 공석 온도 이하로 재가열하는 과정이다. 이 과정에서 연성은 회복되나 강도 저하가 발생할 수 있다.

오스템퍼링(austempering)

오스템퍼링은 철 합금(ferrous alloy) 재료에 사용되는 열처리 방법이다. 우선 재료를 오스테나이트 영역이 될 때까지 가열한 후 M_s 이상의 일정 온도로 유지되는 소금물 열욕조에 담금질한다. 이후 과냉 오스테나이트가 베이나이트로 변태가 끝날 때까지 충분한 시간 동안 일정한 온도로 유지하면 베이나이트 조직이 얻어진다. 이후 소금물로부터 재료를 집어내어 소금물 등을 제거하고 공기 중 냉각한다. 이 열처리에는 템퍼링 처리를 별도로 할 필요가 없다. S곡선에서 오스템퍼링 과정은 그림 5.16과 같다. 오스템퍼링은 담금질과 뜨임에 비해 좋은 연신율과 충격치를 얻을 수 있으며 또한 인성이 좋은 재료를 얻을 수 있다. 오스템퍼링과 오스포밍(ausforming)은 혼동되기 쉽다. 오스포밍은 변형과 열처리 과정이 결합된 열적 기계적 가공 처리 과정(thermomechanical process)이라 할 수 있으며 부품 제작 시 널리 사용된다. 초고장력강의 제조에 이 방식이 사용된다.

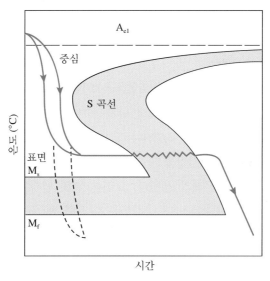

그림 5.16
오스템퍼링 선도

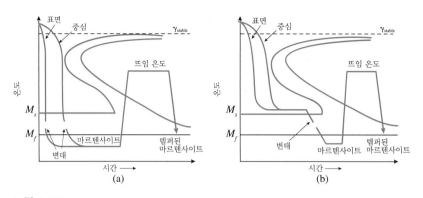

그림 5.17
등온 변태도. (a) 일반적인 급랭과 템퍼링 공정 (b) 마르템퍼링 과정 곡선

마르템퍼링(martempering)

마르템퍼링은 A_r''점 부근에서 항온 처리를 한다. 오스테나이트 구역 내 온도로부터 M_s점까지 강 재료를 항온 소금물에 넣은 후 담금질한다. 담금질한 강 재료의 내외부의 온도가 동일해지고 베이나이트 구조가 형상되기 직전까지 오랜 시간 항온 유지한다. 이후 재료를 꺼내어 공기 중에서 냉각한다. 그림으로 설명하면 그림 5.17(b)와 같다. 마르퀜칭＋템퍼링 과정은 마르퀜칭 후 오스테나이트는 마르텐사이트가 되고 이후 템퍼링하면 이때 마르텐사이트와 하부 베이나이트 조직이 얻어지므로 탄성과 연성이 높은 성질을 얻을 수 있는 조작 방법이다. 마르퀜칭 후 템퍼링 과정은 그림 5.17(b)와 같다. 재래적인 방법인 급랭-템퍼링 처리[그림 5.17(a)] 방법이 있고 마르퀜칭 후 템퍼링하는 방법[그림 5.17(b)]이 있는데 이 두 방법의 차이점은 두 방법 모두 γ(austenite) $\rightarrow \alpha$(ferrite)＋Fe_3C(cementite) 상 변태가 일어나지 않도록 빠른 속도로 냉각하지만 마르퀜칭＋템퍼링의 경우에는 재료가 안정화할 수 있게 M_s점 바로 위의 온도에서 일단 멈춘다. 마르퀜칭＋템퍼링의 두 번째 급랭 단계는 마르텐사이트 상을 형성하기 위해 베이나이트 변태가 일어나기 전에 수행된다. 그림 5.17(a)는 등온 변태도에서 퀜칭 담금질 시 균열 발생(cracking)의 원인을 도식적으로 설명한다. 표면과 중심 부위에 냉각 속도 차이로 인한 물리적인 문제가 생긴다. 표면은 일찍 냉각되기 때문에 마르텐사이트 조직이 일찍 형성되어 단단한 반면 중심부는 여전히 뜨겁고 부드럽고 아직도 변형이 안 된 오스테나이트 상태이다. 이후 중심부도 냉각됨에 따라 마르텐사이트로 변태된다. 중심부가 팽창됨에 따라 단단한 표면이 이를 방해하므로 균열(cracking)이 발생된다.

5.4.1.4 연속 냉각 변태도 곡선(continuous-cooling transformation diagram)

등온 변태 곡선은 연속 냉각 상태에서 작성된 선도는 아니다. 등온 변태도는 개념적으로 중요하지만 실제 공정에서는 크고 복잡한 형상을 가진 부품의 경우 순간적으로 혹은 균일하게 냉각되지 않으므로 응용이 제한적이다. 순간적으로 냉각되지 않을 때는 연속 냉각 변태도(continous-cooling transformation diagram, CCT)를 사용해야 한다. 연속 냉각 변태도는 급랭 후 등온 유지의 냉각 경로가 아닌 다양한 냉각 경로에 대해 분석할 수 있으므로 활용 범위가 높다. 그림 5.18은 공석강의 연속 냉각 변태도를 나타내며, 3가지 경로가 제시된다. 경로 ①은 냉각 속도가 경로 ②보다 느리다.

a) 경로 ①: 공석강이 O에서 a_1까지 냉각되는 과정에서 미세 조직은 100% 오스테나이트이다. 냉각 곡선이 펄라이트 변태 시작선을 통과하면 펄라이트가 형성되기 시작한다. a_1부터 b_1까지 냉각되면서 펄라이트의 양은 증가한다. 냉각 곡선이 펄라이트 변태 완료 선을 통과하면, 오스테나이트는 전부 2상 펄라이트 조직으로 분해되고 그 이후의 온도 감소는 변태에 영향을 주지 않는다.

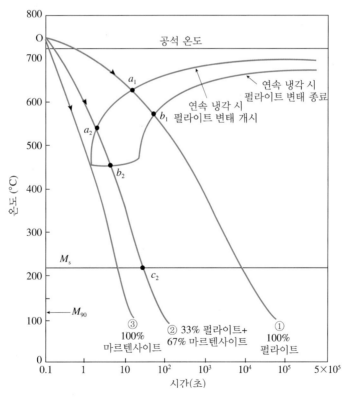

그림 5.18
공석강의 연속 냉각 변태도에서의 3가지 냉각 경로

b) 경로 ②: 경로 ①과 비교하면 다른 미세 조직이 생긴다. 점 a_2로부터 펄라이트 조직이 생기며 냉각 곡선이 b_2에 도달할 때까지 펄라이트의 분율은 계속 증가하여 점 b_2에서는 33%에 달한다. 점 b_2에서의 조직은 33% 펄라이트와 67% 오스테나이트의 혼합 조직이 된다. 잔류 오스테나이트는 냉각 곡선이 점 c_2의 M_s 온도에 도달할 때까지는 변태하지 않는다. 마르텐사이트 변태 영역으로 계속 냉각하면 마르텐사이트의 양이 증가한다. 따라서 경로 ②의 상온에서의 미세 조직은 33% 펄라이트와 67% 마르텐사이트 조직이 된다.

c) 경로 ③: 100% 마르텐사이트 조직을 얻기 위해 얻기 위해 필요한 임계 냉각 속도에 해당한다. 경로 ③보다 왼쪽에 해당하는 모든 냉각 곡선에서는 100% 마르텐사이트 조직이 얻어진다.

재료의 내부까지 완전하게 마르텐사이트 조직으로 하려면 재료 모든 부분에서의 냉각 속도가 임계 냉각 속도보다 커야 한다. 재료의 두께가 두꺼울 때는 재료 내에서 냉각 속도가 임계 냉각 속도보다 작은 부위가 존재한다. 이 부위에서는 마르텐사이트의 양이 작게 형성된다. 임계 냉각 속도가 낮은 강은 재료 내부 깊숙이 마르텐사이트가 형성되나 임계 냉각 속도가 높은 강은 강의 표면 부근에만 상대적으로 얇은 마르텐사이트의 층이 형성된다. 강의 냉각 속도를 조절하여 마르텐사이트의 양을 결정할 수 있다. 따라서 냉각 경로를 잘 선택하면 원하는 경도를 얻을 수 있다. 가장 강한 경도를 가지는 조직은 마르텐사이트 조직이다. 강의 경화능을 평가하는 간단한 방법으로는 조미니(Jominy) 급랭 시험법이 있다.

5.4.1.5 확산 풀림(diffusion annealing)

일반적으로 응고된 주조 조직에서 주형에 접힌 부분은 합금 원소나 불순물이 극히 적고 주형벽에 수직한 방향으로 응고가 진행됨에 따라 합금 원소와 불순물이 많아지며 최후로 응고한 부분에 합금 원소가 잔존하게 된다. 이와 같은 현상을 편석(segregation)이라 한다. 이러한 상태의 주괴를 단조나 압연 같은 소성 가공을 하면 편석들이 가공 방향으로 늘어져 섬유 모양의 편석이 나타난다. 이와 같은 주괴 편석이나 섬유상 편석을 제거하고 강을 균질화하기 위해서는 고온에서 장시간 가열하여 확산시킬 필요가 있다. 이와 같은 열처리를 확산 풀림, 균질화 풀림이라 한다. 가열 온도는 합금의 종류나 편석 정도에 따라 차이가 있으며 주괴 편석을 제거하기 위해서는 1200~1300°C, 고탄소강에서는 1100~1200°C, 단조나 압연재의 섬유상 편석을 제거하기 위해서는 900~1200°C 범위에서 열처리하는 것이 적당하다.

5.4.1.6 구상화 풀림(spheroidizing annealing)

펄라이트를 구성하는 시멘타이트 조직은 층상 형상이나 망상 형상으로 나타난다. 이들은 기계 가공성을 저하시키며 담금질 열처리 시 균열을 발생하기 쉽게 한다. 소성 가공 및 기계 절삭 가공 시 가공성을 개선하기 위해 또한 담금질 시의 균열과 변형 방지를 위해 탄화물인 시멘타이트를 구상화시키는 열처리를 구상화 풀림 처리라 한다. 시멘타이트가 구상화되면 단단한 시멘타이트에 의해 차단된 연한 페라이트가 서로 연결되고 가열 시간이 길어짐에 따라 페라이트의 연결성이 향상된다. 구상화 풀림에 의해 과공석강은 절삭성이 좋아지고, 아공석강에서는 소성 가공성이 향상된다. 강종에 따른 구상화 방법이 다소 차이가 있다.

5.4.1.7 응력 제거 풀림(stress relief annealing)

단조나 주조 및 용접 시에는 잔류 응력이 발생한다. 이렇게 생긴 잔류 응력을 제거하기 위해 A$_1$점 이하의 적절한 온도에서 가열하는 열처리를 응력 제거 열처리라 한다. 잔류 응력(residual stress)은 강도 저하뿐만 아니라 원래의 치수와 모양이 시간이 지남에 따라 잔류 응력 완화로 말미암아 변형될 수 있다. 통상 재결정 온도(450°C) 이상 A$_1$ 변태점 이하에서 행한다. 이 온도에서 두께 25 mm당 1시간 유지하고 두께 25 mm당 시간당 200°C로 서서히 냉각시킨다. 일반적으로 가열 온도가 높아질수록 재료는 연해지며 탄소량이 많은 강일수록 잔류 응력이 많고 제거하기 어렵다.

5.4.1.8 연화 풀림(softening annealing)

대부분의 금속과 금속 합금은 냉간 가공을 하면 가공 경화(strain hardening)에 의해 강도가 증가되지만 취약해진다. 강에서는 일반적으로 탄소량이 많을수록 가공 경화도가 크다. 이렇게 가공된 강을 절삭 가공 혹은 냉간 가공이 더 필요할 때에는 강을 일단 연화시킬 필요가 있다. 이를 위해 적당한 온도로 가열하여 가공 조직을 완전 회복시키거나 재결정 및 결정립을 성장시킬 필요가 있다. 연화 과정은 3단계로 이루어진다. 가열 온도의 상승과 함께 회복(recovery), 재결정(recrystallization), 결정립 성장(grain boundary growth)으로 변화된다.

5.4.2 노멀라이징(normalizing): 불림

강을 열간 가공(단조) 또는 열처리할 때 필요 이상의 고온으로 가열하면 오스테나이트의 결정립이 거칠어져 기계적 성질이 저하된다. 이것을 A$_{c3}$ 혹은 A$_{cm}$ 변태점 이상

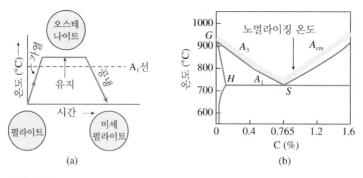

그림 5.19
노멀라이징 열처리 과정. (a) 조직과 조직(공석강) (b) 가열 온도 범위

40~60°C 정도 높게 가열하여 공기 속에서 냉각하면 조직이 미세화되어 표준 조직으로 할 수 있다. 이 과정을 불림(normalizing)이라 한다. 철 주물은 조직이 거칠고 또 압연한 재료는 불균일하다. 이러한 불균일을 제거하기 위해 노멀라이징 열처리를 한다. 불림(normalizing)은 완전 풀림(full annealing)에 의한 과도한 연화와 성장을 피하기 위해 A_{cm}보다 50~80°C 이상까지 높은 온도로 가열하여 구한 완전 오스테나이트 상태로부터 공기 중에서 실온까지 냉각시킨다. 이러한 과정을 통하여 강의 내부 응력을 제거하고 미세한 조직인 펄라이트 조직을 얻으며, 경도와 강도가 풀림 처리(annealing)한 것보다 높도록 하는 열처리이다. 즉, 일정한 열처리 과정을 통하여 표준 상태의 조직을 구하는 조작 방법을 일컫는다. 결정 조직의 미세화, 냉간 가공, 단조 등에 의한 내부 응력을 제거하며 결정 조직, 기계적 성질, 물리적 성질 등을 표준화하는 데 있다. 가열 온도와 조작 방법은 그림 5.19와 같다. 불림 열처리한 조직은 미세한 소르바이트 조직을 가지며 어닐링한 것보다 강도 및 충격치, 단면 수축률이 높다. 재료의 내외부가 균일하게 냉각하므로 질량 효과[주1]가 작은 것에 사용되어야 한다.

5.4.3 담금질(quenching)

강을 오스테나이트로부터 냉각할 경우 냉각 속도에 따라 조직이 변태된다. 이때 과정 중의 변태가 저지, 억제되도록 급랭시켜 마르텐사이트 조직으로 변화시키는 조작 방법

주1) 질량 효과(mass effect): 동일한 강을 동일한 조건에서 담금질하여도 강재의 굵기 및 두께가 다르면 마르텐사이트로 되는 깊이, 즉 담금질의 깊이가 다르며 강재가 작으면 담금질의 깊이는 상당히 두껍게 담금질되지만 강재가 커지면 강재 내부의 냉각 속도가 느리기 때문에 트루사이트로 되어 담금질의 깊이가 얕다. 이와 같이 담금질의 깊이는 강재의 굵기, 두께에 의해 영향을 받으므로 질량이 커질수록 깊이가 얕게 되는 것을 질량 효과라 한다. 담금질의 깊이가 얕게 되는 강을 담금질성이 나쁘다고 한다.

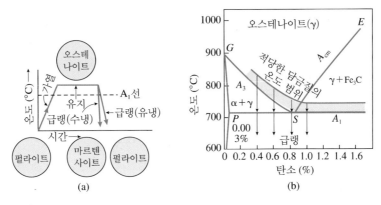

그림 5.20
담금질(quenching) 열처리 단계도. (a) 담금질 과정 (b) 탄소 함량과 온도와의
관계

을 담금질(quenching)이라 한다. 강 재료를 담금질 열처리하면 오스테나이트 조직으로부터 마르텐사이트 조직을 얻을 수 있다. 담금질 시에는 강을 오스테나이트 조직이 될 때까지 가열하는 과정이 필요하다. 이를 오스테나이트화(austenitizing)한다고 한다. 담금질 온도는 강의 조성 탄소량에 따라 다르다.

일반적으로 담금질의 목적은 가능한 한 큰 경도를 얻는 데 있으므로 탄소 함유량에 따라 적당한 담금질 온도를 선택해야 한다. 그림 5.20은 탄소 함유량과 담금질 온도와의 상호 관계를 나타낸다. 담금질 온도가 너무 낮으면 균일한 오스테나이트를 얻기 어렵고 또한 담금질하여도 경도가 크게 되지 않는다. 반면 담금질 온도가 너무 높으면 과열로 인하여 재질이 변화되어 담금질 효과가 작아질 수 있다. 일반적으로 담금질 온도는 A_{c321} 변태점보다 20~30℃ 높은 온도에서 하는 것이 좋다. 예를 들면, 고탄소강(C =0.86%)의 경우 담금질 온도를 A_1 변태점 이상으로 가열하여 균일한 오스테나이트 조직으로 만든다. 즉, 오스테나이트화한다. 이후 서서히 냉각하면 페라이트와 시멘타이트가 층상으로 나타나는 펄라이트(pearlite) 조직이 된다. 반면 급랭하여 냉각 속도가 빠르면 A_1 변태가 완전히 끝나지 못하고 중간 조직으로 된다. 이러한 중간 조직은 천천히 냉각하여 얻는 펄라이트 조직보다 경도가 크고 강하며 여린 성질이 있다. 급랭으로 강철 재료를 경화하는 작업이 담금질 작업이라 할 수 있다. 큰 물건은 냉각 속도가 느리게 되므로 다소 높은 온도로 가열하고 냉각 시 물 혹은 기름에 담금질하는 것이 좋다. 담금질 시에는 재료가 급랭되므로 재료 내외의 온도차로 인한 열응력이 발생하며 이로 인해 변형이나 균열이 발생하기 쉽다. 이를 담금질 균열이라 한다. 담금질 균열에는 담금질 직후에 생기는 균열과 담금질 후 2, 3분 후에 생기는 균열이 있다. 담금질 직후에 생기는 균열은 급격한 냉각으로 인하여 외부에 수축이 발생한다. 반면에 내부는 냉각이 느려 나중에 내부가 펄라이트로 변하여 팽창된다. 그 결과 균열이 발생한다. 2, 3분 후에 생기는 균열은 외부가 마르텐사이트로 변하여 팽창하므로 담금질 직후 생기는 균열과 반대의 작용으로 생긴다. 이를 방지하기 위해서는 소재의 단면적, 두께 등이 급격히 변하는 부위, 구멍 뚫린 부위, 형상이 복잡한 부위에는 급격한 냉각 속도를 피하고 냉각 속도를 시간당 250°C로 감소시키는 것이 바람직하다.

담금질 효과는 냉각 속도에 영향을 받게 되며 냉각액과 밀접한 관계가 있다. 열처리에서 냉각액이 열을 빼앗는 속도는 액체의 비열, 열전도도, 점성, 휘발성에 의존하며 또한 온도에 따라 다르다. 냉각액으로 보통 물과 기름을 많이 사용하며 기타 소금물, 비눗물 등이 사용된다. 탄소강, 텅스텐강 및 망간강 등에는 물을 사용하고 기타 특수강에는 기름을 사용한다. 가열된 강을 수중에 넣으면 표면에 수증기가 발생한다. 기체의 열전도도는 매우 작으므로 발생된 증기는 냉각 효과를 악화시킨다.

강의 담금질 조직은 냉각 속도에 따라 마르텐사이트→ 트루스타이트→ 소르바이트 → 오스테나이트의 4종으로 된다.

- 오스테나이트(austenite) 조직: 고탄소강을 담금질시킬 때 나타나는 조직으로 담금질로 탄소가 γ철 중에 고용되어 있는 상태 그대로 상온까지 유지되는 것으로 마르텐사이트 중에 혼합되어 존재하며 전부 오스테나이트로 되는 일은 없다.

- 마르텐사이트(martensite) 조직: 강을 수중에 담금질하였을 때 흔히 나타나는 급랭된 침상(針狀) 조직으로, 부식 저항이 크고 경도와 인장 강도가 대단히 크다. 하지만 연성이 작고 여린 성질이 있다. 브리넬 경도는 600~700 정도이며 강자성체이다. BCT 구조를 가지며 단일상을 가지는 조직이다. 경도와 취성이 크며, 슬립면이 거의 없다. 마르텐사이트 변태량은 오직 온도에만 의존하고 시간에는 의존하지 않는다. 일반적으로 열처리의 첫 단계는 오스테나이트 조직을 급랭시켜 마르텐사이트 상을 형성하는 것이다. 마르텐사이트는 체심정방정(BCT) 조직을 가지며 무확산 변태의 상 변화로 생겨나고, 준안정상이다.

- 트루스타이트(troostite) 조직: 강을 물 대신 기름을 사용하여 급격히 담금질 온도에서 냉각했을 때 냉각 속도가 물보다 느리기 때문에 500°C 부근 온도에서 A₁ 변태가 되어 오스테나이트는 페라이트와 시멘타이트를 분해하여 석출하지만 변태 온도가 낮으므로 시멘타이트의 성장이 충분히 이루어지지 않은 상태로 상온에 이른다. 이로 인해 시멘타이트는 미세한 결정이 된다. 페라이트와 미세한 결정의 시멘타이트 혼합 조직을 트루스타이트라 한다. 수중에 담금질한 것보다는 경도가 낮아진다. 이때의 조직은 전부가 마르텐사이트로 되지 않고 마르텐사이트의 결정 경계에 대

단히 부식되기 쉬운 구상(球狀)의 조직이 나타난다. X선 시험으로 확인할 수 있으며 현미경으로 3000배 정도 확대하면 시멘타이트와 α철의 미세한 혼합물인 것을 알 수 있다. 경도는 상당히 크지만 마르텐사이트보다 작고 인성은 크다.

- 소르바이트(sorbite) 조직: 담금질 온도에서 냉각 속도를 늦추기 위해 오일 혹은 공기 중에 냉각시켜 얻는 조직이다. 이때 나타나는 조직은 트루스타이트와 펄라이트의 중간인 조직이라 할 수 있다. 더욱 냉각 속도를 천천히 하기 위해 공기 중에서 냉각을 하면 표준 조직으로 된다. 예를 들면, 큰 강재를 기름에 담금질시켰을 때, 혹은 작은 강재를 공기 중에 냉각하였을 때 나타나는 조직으로, 트루스타이트보다 연하나 펄라이트보다는 경도와 강도가 크다. 현미경으로 보면 입상(粒狀) 모양의 시멘타이트(Fe_3C)가 페라이트 중에 혼합된 것으로 이를 소르바이트(sorbite)라 부르며 펄라이트보다 강하고 질기다. 따라서 강도와 탄성을 동시에 필요로 하는 구조용 강재에는 열처리하여 소르바이트 조직으로 만들어 사용한다. 예를 들면, 스프링 및 와이어 로프 등에 소르바이트 조직이 사용된다.

5.4.4 뜨임(tempering)

강을 급랭하여 부품을 생산하는 공정에서 템퍼링은 매우 중요하다. 급랭한 상태의 마르텐사이트 조직을 가지는 강은 강도(strength)는 매우 높으나 깨지기 쉬우므로 공업적으로 그대로 사용할 수 없다. 즉, 담금질한 강은 강도, 경도는 크나 반면 취성이 있다. 강도, 경도를 희생하더라도 인성이 필요한 기계 부품에서는 담금질한 강철을 다시 가열하여 인성을 증가시킬 필요가 있다. 이와 같이 담금질한 강철을 적당한 온도로 A_1 변태점 이하에서 가열하여 인성을 증가시키는 조작법을 뜨임(tempering)이라 한다(그림 5.21). 뜨임 처리를 통해 제품 용도에 따라 다양한 인성을 부여할 수 있다. 따라서 템퍼링은 담금질 후에 반드시 해야 하는 열처리 방법이다. 템퍼링은 마르텐사이트 기지로부터 탄화물을 석출시키는 과정이다. 확산 변태이므로 온도가 높고 그 온도에서 유지 시간이 길어질수록 시멘타이트 입자 크기는 조대화된다. 템퍼링한 마르텐사이트 조직은 탄화물의 형상이 구형에 가까우므로 스페로다이트(spheroidite) 혹은 구상화 펄라이트라 한다. 스페로다이트는 가장 안정화된 조직이며 연성이 우수하다. 냉간 가공하여 사용하는 저탄소강이나, 경도가 높은 내마모성 표면을 얻기 위해 기계 가공 후 열처리 하는 고탄소강의 미세조직에서 중요하다. 담금질한 상태에서는 재료 내부에 잔류 응력이 있어 마무리 가공 시 응력의 평형이 깨져 변형과 균열이 발생하며 오래 사용하면 변형이 발생하기 때문에 뜨임 처리를 하면 담금질 시 생긴 내부 응력이 감

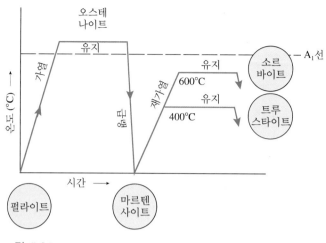

그림 5.21
뜨임(tempering) 열처리 단계도

소 내지는 제거된다. 또한 불안정한 조직이 온도에 따라 비교적 균일하고 안정된 조직
으로 변한다. 일반적으로 뜨임 온도가 높을수록 경도와 강도는 낮아지며 연성은 증가
한다. 300°C 부근에서 뜨임 처리한 경우가 가장 높은 항복 강도를 얻을 수 있다. 강재
의 표면에 생기는 산화막이 온도의 차이에 따라 변화하므로 표면 피막의 정도를 뜨임
색으로 판단하는 때도 있다. 그러나 뜨임색(temper color)은 가열 시간 및 재질 조직
등에 따라 상이하다.

  뜨임으로 생기는 강철의 조직 변화는 재질에 따라 다소의 차가 있으나 대략 다음 표
5.4와 같다.

  그림 5.22는 다양한 강 재료[탄소강(1030, 1050, 1095), 합금강 4340]에 대해 뜨임 열
처리하였을 때 뜨임 온도가 항복 강도에 미치는 영향을 보여준다.

  담금질된 강의 경도를 증가시키고 시효 변형을 방지하기 위한 목적으로 0°C 이하의
온도에서 처리하는 것을 심냉(深冷) 처리(sub-zero treatment)라 한다. 전체가 마르텐사
이트 조직으로 되는 온도(M_t)가 상온 이하의 재료에서는 상온에서 담금질하여도 상당
히 많은 잔류 오스테나이트가 남게 된다. 이것을 M_t 이하의 저온까지 냉각하면 잔류

표 5.4 뜨임(tempering)한 조직의 변태

조직명	온도 범위
오스테나이트 → 마르텐사이트	150~300°C
마르텐사이트 → 트루스타이트	350~500°C
트루스타이트 → 소르바이트	550~650°C
소르바이트 → 펄라이트	700°C

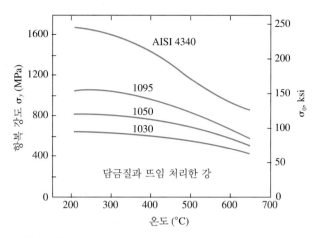

그림 5.22
열처리한 25 mm 봉재로부터 13 mm 직경 시편을 사용하여
구한 여러 종류의 강(탄소강, 저합금강) 온도가 항복 강도에 미
치는 영향

오스테나이트는 마르텐사이트화되기가 쉽기 때문에 경도가 증가되고 시효 변형이 방지 될 수 있다. 심냉 처리는 담금질 직후 -80°C 정도까지에서 실시하는 것이 좋다. 이 심냉 처리가 끝나면 이어서 뜨임 작업을 한다. 담금질 후 오랜 시간이 경과하면 잔류 오스테나이트가 안정되어 그 이후의 심냉 처리에서는 마르텐사이트화되기가 어렵다.

5.4.5 템퍼드 마르텐사이트(tempered martensite)

급랭된 마르텐사이트는 매우 단단하지만 아주 취성이 강하다. 따라서 사용하기에는 어려움이 있다. 템퍼링 열처리를 하면 급랭 시 발생하는 내부 응력을 제거할 수 있으며 마르텐사이트의 인성과 연성을 증가시킬 수 있다. 템퍼링이라 함은 마르텐사이트 조직을 가지는 강을 공석 온도 이하에서 일정 시간 동안 가열하는 것을 지칭한다. 일반적인 가열 온도는 250~650°C이며 내부 응력 제거 목적으로는 200°C 정도의 낮은 온도에서 행한다. 이러한 템퍼링 열처리는 확산 과정에 의해 다음과 같은 템퍼드 마르텐사이트를 형성한다.

martensite(단일상, BCT) → 템퍼드 마르텐사이트(α + Fe$_3$C상)

템퍼드 마르텐사이트는 안정적인 α페라이트와 시멘타이트(Fe$_3$C)상을 갖는다. 템퍼드 마르텐사이트의 미세 구조는 연속적인 페라이트 기지 안에 매우 작고 균일하게 분산된 시멘타이트 입자로 구성되어 있다. 템퍼드 마르텐사이트는 원래의 마르텐사이트와 같은 강도와 경도를 가지며 동시에 현저히 개선된 인성과 연성을 가진다. 이때 시멘

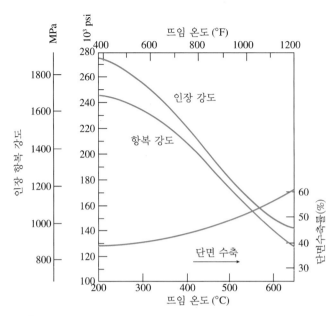

그림 5.23
기름을 사용 담금질한 저합금강 4340강에서의 뜨임 온도 대 인장
항복 강도 및 단면 수축률과의 관계

타이트의 입자 크기는 템퍼드 마르텐사이트의 기계적 성질에 영향을 준다. 입자 크기가 크면 연하고 약하게 된다. 템퍼링 열처리 시 온도가 입자의 크기를 결정한다. 그림 5.23은 오일에서 급랭된 4340 저합금강의 경우 템퍼링 온도에 대한 인장 및 항복 강도와 연성을 나타내는 척도인 단면 감소율과의 상관관계를 나타낸다. 그림 5.24는 공석강의 수냉 급랭 시 템퍼링 온도와 시간에 따른 강도의 변화를 나타낸다. 강을 575°C 이상의 온도에서 템퍼링한 후 상온까지 서냉할 경우 혹은 375~575°C 사이에서 템퍼링할 때에는 인성이 감소되는 경우가 발생하는데 이를 템퍼 취성(temper embrittlement) 현상이라 한다. 템퍼 취성을 피하기 위해서는 조성 조절과 575°C 이상의 온도에서 템퍼링 혹은 375°C 이하의 온도에서 템퍼링한 후 상온까지 급랭하면 개선될 수 있다. 만약 이미 취성화된 강의 경우는 600°C까지 가열한 후 300°C 이하의 온도로 급랭시켜 강의 인성을 개선시킬 수 있다.

5.4.6 석출 경화

석출 경화는 시효 경화(age hardening)라고도 하며 과포화된 고용체로부터 석출한 매우 작고 균일하게 분산된 입자들로 인하여 금속 합금이 단단하고 강해지는 것이다.

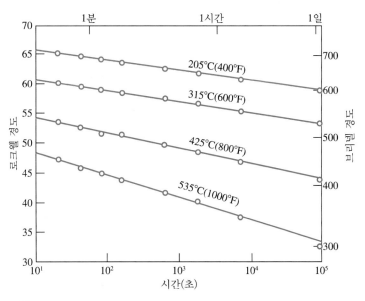

그림 5.24
물을 사용 담금질한 공석강에 대한 뜨임 시간 대 경도와의 상관관계

석출 경화와 템퍼드 마르텐사이트를 형성하기 위한 강의 열처리 과정은 유사하지만 전혀다른 과정이라 할 수 있다. 이 두 가지의 차이점은 경화와 강화가 발생하는 메커니즘이 다른 점이다. 석출 경화는 새로운 상 입자들의 발달 결과이다. 따라서 간단한 2원계 상평형도를 사용하면 쉽게 이해할 수 있다.

5.4.6.1 용체화 처리(solution heat treatment)

일반적으로 석출 경화는 2개의 다른 열처리 과정에 의해 수행된다. 첫 번째 단계는 용체화 처리 과정이다. 이 과정은 모든 용질 원자들이 완전히 단일 고용체로 존재케 하는 것이다. 그림 5.25에서 조성 C_0의 합금의 경우 합금을 α상만이 존재하는 온도 T_0까지 가열하고 β상이 완전 용해될 때까지 유지하는 과정이다. 이때 합금은 C_0의 조성을 가지는 α상만이 존재한다. 이후 시편을 T_1 온도로 급랭시켜 확산과 관련된 β상의 형성을 막게 한다. 이렇게 하여 과포화된 비평형의 α상이 T_1 온도에서도 존재케 한다.

5.4.6.2 석출 열처리(percipitation heat treatment)

과포화된 고용체로부터 새로운 상을 석출하기 위한 열처리로 석출 경화에서는 이를 인공 시효라고도 부른다. 2차 또는 석출 열처리는 과포화된 α고용체를 α상과 β상이 공존하는 중간 온도 T_2까지 가열한다(그림 5.25). C_β의 조성을 갖는 β상이 미세하게 분

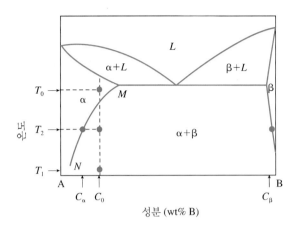

그림 5.25
석출 경화 합금의 가상적 상태도

산된 입자로 형성되어 석출되기 시작한다. 이때의 과정을 시효(aging)라 한다. 이 온도에서 적당한 시효 시간 후에 상온으로 냉각된다. β상 입자들은 합금의 경도와 강도와 관련이 있다. β상 입자들의 특성은 석출 온도 T_2와 이 온도에서 시효 시간에 의해 결정된다. 어떤 합금 시효가 상온에서 오랜 시간에 걸쳐 저절로 발생하기도 한다. 그림 5.26은 용체화 석출 열처리를 온도 대비 시간으로 표시하였다.

가공 경화와 석출 경화는 최적의 기계적 성질을 갖도록 하는 합금 제조 공정에 중요하다. 일반적으로 합금은 용체화 처리 후 급랭시킨다. 이후 합금은 냉간 가공되고 마지막 단계로 석출 경화 열처리를 행한다. 최종 열처리에서 약간의 강도 저하가 발생할 수 있다. 합금이 냉간 가공 전 석출 경화되면 연성이 감소되어 균열이 발생할 수 있다.

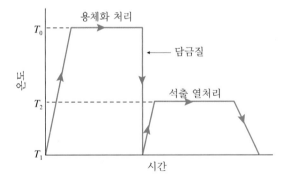

그림 5.26
석출 경화에서의 용체화 및 2차 석출 열처리를 나타내는 온도-시간 도식도

5.4.7 강의 표면 처리 방법

기계 부품이나 자동차 부품 등의 표면은 내마모와 피로에 잘 견디게, 그리고 내부는 강인성을 가져 충격에 잘 견디도록 설계되어야 한다. 표면 경화를 시키는 방법에는 침탄법과 질화법, 금속 침투법, 화학 증착법, 고주파 경화법 등이 있다.

1) 침탄법(carburizing)

침탄은 강의 표면층에 고용한 탄소를 확산시키는 방법으로 침탄을 시키는 방법에는 고체 침탄법, 가스 침탄법, 액체 침탄법이 있다.

2) 질화법(nitriding)

강 표면에 질소를 침투시켜 경화시키는 방법이다. 내연 기관의 실린더, 기어 이 표면 등에 질화 처리를 하여 사용한다. 질화 처리법에는 가스질화법 등이 있다.

3) 화학 증착법(CVD, chemical vapor deposition)

이 방법은 증기 상태의 화합물을 가열한 기판에 공급하여 기판 표면에서 발생하는 화학 반응에 따라 금속 간 화합물을 증착시키는 방법이다.

4) 고주파 경화법

고주파 유도 전류를 이용하여 일정한 두께의 표면만을 가열한 후 급랭하여 경화하는 방법이다. 내마모성, 피로성을 향상시키기 위해 사용한다.

(5.5) 비철 합금(nonferrous alloy) 금속의 강화 방법

대부분의 비철(nonferrous alloy) 금속은 철-탄소 상태도에서 현저한 상 변화가 관찰되지 않는다. 또한 비철 금속 재료에서는 열처리가 그다지 중요한 역할을 하지 않는다. 비철 합금 금속에서는 일반적으로 3가지 목적을 가지고 열처리한다. 첫 번째는 균일(uniform)하고 균질한(homogeneous) 구조를 만들기 위해서, 두 번째는 응력 완화(stress relief)를 제공하기 위해서, 세 번째는 재결정[주2](recrystallization)을 만들기 위해서이다.

주2) 재결정(recrystallization): 변형된 재료에서 핵생성이 발생하여 새로운 결정립이 성장하는 과정으로 결정립계의 이동에 의해 생긴다. 결정립이 냉간 가공으로 변형을 일으키게 되고 소성 변형된 금속을 가열하면 내부에 새로운 결정립의 핵이 생기며 이것이 성장하여 전체가 변형이 없는 결정립이 생긴다. 이 과정을 재결정이라 한다.

너무 급격히 냉각하여 만든 단조품들은 코어링(coring)으로 알려진 분리된 고상 구조(segregated solidification structure)를 갖는다. 균질화는 적당한 온도를 가하고 확산이 일어나도록 충분한 시간 동안 유지시킴으로써 성취할 수 있다. 재결정화는 특정 금속 종류와 이전의 가공(prior straining)과 원하는 재결정화 시간 등의 함수이다. 일반적으로 금속이 더 변형률이 커질수록(more strained) 더 낮은 재결정 온도 혹은 더 짧은 시간이 필요하다.

비철 금속의 강화 방법은 강철의 강화 방법과 다르다. 마르텐사이트 조직을 갖게 하는 담금질(quenching)과 뜨임(tempering) 열처리는 강 재료를 강화시키는 데 가장 효과적인 방법이지만 일반 비철 금속에 있어서 마르텐사이트 구조는 잘 생겨나지 않을 수 있다. 생겨난다 하더라도 그 효과는 강(steel) 재료와 같이 크지 않다. 따라서 재료를 강화시키기 위해서는 다른 방법이 사용되어야 한다. 비철 금속에 고강도 성질을 얻기 위해서는 석출 경화(percipitation hardening)를 사용한다. 예를 들면, 그림 5.27에서와 같이 알루미늄 합금의 실현 가능한 강도 레벨을 고려해 보면, 풀림 열처리(annealed treatment)된 순수 알루미늄은 강도가 매우 약하고 냉간 가공(cold work)에 의해서만 강화된다. 마그네슘을 첨가하면 고용체(solid solution) 강화 효과를 얻게 되며 그 결과로 생긴 합금은 냉간 가공될 수 있다. 석출 경화를 사용하여 더욱 더 강화시킬 수 있는데 이를 이루기 위해서는 다양한 합금 요소를 결합시키고 시효 처리(aging treatment)를 한다. 과포화 고용체로부터 제2상을 석출하는 과정을 시효(aging)라 한다. 상온에서 시효가 일어날 때를 자연 시효(natural aging)라 한다. 인공 시효(artificial aging)는 상온 온

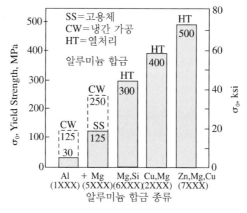

그림 5.27

알루미늄 합금에서의 합금 시 첨부 성분과 공정이 항복 강도에 미치는 영향. 순수 알루미늄은 냉간 가공에 의해 강화되며 합금 시 고용체 강화로 인해 강도가 증가된다. 가장 높은 합금은 열처리되어 석출 경화가 이루어진 합금이다.

도 이상으로 가열하여 과포화 고용체로부터 제2상을 석출시키는 과정이다. 그러나 알루미늄의 실현 가능한 최대 강도는 강철 최고 강도의 약 25% 정도이다. 그럼에도 불구하고 알루미늄은 무게가 가볍고 부식 저항이 요구되는 항공 산업에서 널리 사용되고 있다. 하지만 강 재료보다는 낮은 강도를 가지고 있는 약점이 있다.

철 합금 및 비철 합금을 포함하는 금속(metal)의 강도를 증가시키는 방법을 요약하면 다음의 6가지 주요 방법이 있다.

1. 고용체 강화(solid solution strengthening)
2. 변형 경화(strain hardening)
3. 결정립 미세화(grain size refinement)
4. 석출 경화(precipitation hardening)
5. 분산 경화(dispersion hardening)
6. 상 변화(phase transformation)

위에서 언급된 6가지 방법 모두가 비철 금속의 강도를 증가시키기 위해 사용될 수 있다. 고용체 강화는 단일상 재료에 강도를 부여할 수 있다. 가공 경화(strain hardening)는 충분한 연성이 존재하면 유용하다. 비철 금속의 가능한 모든 강화 방법 중에서 가장 효과적인 강화 방법은 석출 경화이다.

석출(precipitation) 혹은 시효 경화(age hardening)

재료의 성질을 변화시키는 중요한 방법으로 과포화 상태의 고용체로부터 제2상을 석출하는 방법($\alpha \rightarrow \alpha + \beta$)이 있다. 그림 5.28에서 알루미늄 2000계열 합금에서 구리 4%이고 온도 $T_1 = 450°C$ 이상의 온도에서 일정 시간 유지하여 용체화 처리를 하면 모든 용질은 α상 내에 고용된다. 그리고 합금을 $T_2 = 100°C$까지 급랭하면 용질은 α상으로부터 바로 확산되어 나오지 못하므로 이와 같은 합금은 과포화되었다고 한다. 하지만 시간이 경과하면 α상으로부터 용질이 확산되어 나오고 결과적으로 $\alpha + \beta$의 2상 조직이 된다. 석출 경화형 합금의 예는 니켈 합금이 있다. 알루미늄, 티타늄, 크롬, 코발트와 같은 합금 원소를 첨가하여 열처리와 시간을 달리하면 각기 다른 형태의 제2상 입자가 존재하는 2상 조직을 얻을 수 있다. 알루미늄 합금과 니켈 합금뿐만 아니라 합금강에서도 석출 경화(precipitation strengthening)가 사용된다. 마레이징강(maraging steel)은 금속 간 화합물을 석출시킨 강이며 세라믹도 석출 경화가 이용된다.

온도가 감소함에 따라 용해도가 감소하는 합금계에서는 특히 특정 합금에서는 높은 온도를 만들기 위해 열을 가한다. 단일상(single phase)의 고용체(solid solution)는 냉각

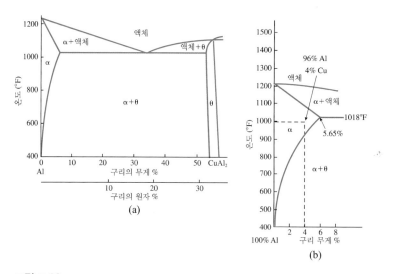

그림 5.28
(a) 알루미늄─구리 합금 상태도 (b) 알루미늄─구리 평행 상태도의 솔버스
선의 확대도

시 2가지의 상(two phase)으로 되돌아간다. 가열된 단일상이 급격히 냉각되면(담금) 과
포화된 단일상을 만드는 것이 가능하다. 여기서 2차 상을 형성한 성분은 모재의 lattice
안에 갇힌 상태로 남아 있다. 이어 2개 상의 영역에 계속해서 열을 가하면 시효 과정
(aging process)이 발생하는데, 이때 제어 가능한 비평형 구조(nonequilibrium structure)
를 형성하기 위해 과포화된 기지 매트릭스(matrix)로부터 과도한 용질의 원자가 석출되
어 나오는 현상이 생긴다. 예를 들어, 알루미늄과 구리의 합금을 생각해 보자. 알루미
늄이 많은 알루미늄─구리 합금 상태도를 고려한다(그림 5.28). 그림 5.28(a)를 보면 96%
알루미늄과 4%의 구리가 537°C(1000°F)로부터 서서히 냉각된다. 499°C(930°F)에서 α상의
고용체로부터 θ상이 석출되기 시작된다. 이유는 알루미늄에서 구리의 용해될 수 있는
용해도가 548°C(1018°F)에서는 5.65%이지만 상온에서는 0.2%로 감소되기 때문이다.
동일한 합금이 537°C(1000°F)로부터 급격히 냉각하면 일반적인 2개의 상 구조가 형성
할 시간이 충분치 않아 α상(alpha phase)이 높은 과포화 상태로 유지된다. 이러한 과
포화된 조건은 정상이 아니기 때문에 과도한 구리가 용액으로부터 석출되어 θ상의 입
자로 합쳐진다. 여기서 θ상은 $CuAl_2$의 중간 금속 화합물로 구성된다.

석출 경화 과정은 일반적으로 3단계의 과정이 있다. 첫 번째 단계는 용액 처리 혹은
용체화(solution treatment)로 알려진 과정인데 솔버스주3)(solvus) 이상의 온도로 과열하

주3) 솔버스(solvus): 합금의 평형 상태도를 알아보기 위한 고체 용해도 곡선에 사용된 명칭으로 고용
　　한계선을 solvus line이라 한다.

는 과정을 포함한다. 따라서 상온에서의 구조를 상승 온도에서의 단일상 고용체로 대체한다. 두 번째 단계는 균일한 단일상을 확신할 만큼의 충분한 시간을 유지시킨 후에 담금질(급속 냉각)한다. 확산을 억제하고 상온에서 과포화 고용체를 만들기 위해 담금질 시 대개는 물을 사용한다. 이 상태에서 종종 재료는 연해짐(soft)으로 가공 혹은 성형한다.

세 번째 단계로 석출 경화된 재료는 2가지 형태로 나눌 수 있다:

(1) 자연적으로 시효된 재료로 상온에서도 불안전하고 과포화된 용액을 안정화된 2개의 상 구조로 충분히 이동시킬 수 있다.

(2) 인위적으로 시효된 재료는 필요한 확산을 시키기 위해 높은 온도가 요구된다. 알루미늄 합금 리벳과 같은 인위적으로 시효가 필요한 재료는 담금질 후의 연한 성질을 유지하기 위해 적절한 냉각 형태가 필요하다. 냉각 상태로부터 벗어나는 순간 이러한 리벳들은 상온에서 며칠 있으면 쉽게 변해 완전 강도를 가지는 쪽으로 진행한다. 인위적으로 시효되는 재료들의 물성값들은 온도 상승 시의 시효 시간과 온도를 잘 맞추면서 조절할 수 있다. 특정 시간에서의 온도 하강 시에는 확산을 정지시켜 현재 상태의 구조와 물성치를 유지시켜 준다.

인위적 시효 과정은 어떤 단계에서 단순한 담금질에 의해 멈출 수 있다. 재료가 연속적인 온도 상승하에 놓이지 않아도 이 단계에서의 미세구조와 기계적 물성값은 유지된다. 예를 들면, 4% 구리 합금이 102℃(375℉)에서 하루 동안 시효(aging)된 후 담금질되면 금속은 유효 수명 기간 동안 비커스 경도(H_V) 94를 유지한다. 만일 보다 높은 강도가 필요하면 더 긴 시간이 선택되어야 한다. 합금을 인위적으로 시효시키는 것은 과도한 시효 이전에 생기는 최고의 값을 얻을 수 있기 때문에 꽤 인기가 있다. 석출 경화는 알루미늄, 구리, 마그네슘 합금에서는 매우 효과적인 강화 방법이다.

(5.6) 요약

금속 재료에 대하여 가열, 유지, 냉각 및 여러 조작을 통하여 금속 재료의 여러 가지 필요한 성질로 변화시키는 처리 과정을 열처리(heat treatment)라 하며 기계 제작 공정 중 매우 중요한 공정이다. 특히 금속 재료 중 철강 재료는 다른 금속 재료에 비해 열처리 효과가 크고, 종류, 성분, 제조 방법에 따라 성질을 달리 할 수 있으므로 적절한 열처리를 통하여 다양한 기계적 특성을 얻을 수 있다. 금속의 열처리 방법에는 담금질

(quenching), 풀림(annealing), 뜨임(tempering), 노멀라이징(normalizing)이 있다. 금속 재료의 강화 방법에는 변형 경화(strain hardening), 풀림, 결정립계 강화, 분산 강화, 고용체 강화 및 석출 경화법 등이 있다.

철에는 알파(α), 감마(γ), 델타(δ)라는 동소체가 존재한다. α철은 체심입방격자 (BCC) 구조를 가지며 변태점은 910°C이다. 910°C를 A_3 변태점, 1410°C를 A_4 변태점 이라 부른다. 순철은 A_3 변태점 이하의 온도에서는 체심입방격자(BCC) 형태를 지니는 데 이를 α철(α-Fe)이라 한다. A_3 변태점과 A_4 변태점 사이의 온도에서 순철은 면심입 방격자(FCC)의 형태를 지닌다. 이것을 γ철(γ-Fe)이라 한다. A_4 변태점 이상 융점 (1534°C)까지는 다시 한번 더 체심입방격자(BCC) 구조로 변하는데 이를 δ철(δ-Fe)이 라 한다. 순철에서 A_4 변태는 약 1400°C에서 생기며 δ-Fe $\leftrightarrow$ γ-Fe의 변화이고 원자 배 열은 FCC $\leftrightarrow$ BCC가 된다. A_3 변태는 약 910°C에서 생기며 γ-Fe $\leftrightarrow$ β-Fe의 변화이고 원자 배열은 BCC $\leftrightarrow$ FCC가 된다. A_2 변태는 약 775°C에서 생기며 β-Fe $\leftrightarrow$ α-Fe의 변화이고 자기 변태이므로 타 변화와 같은 원자 배열의 변화는 없다. A_3, A_4 변태는 원 자 배열에 변화가 생기므로 상당한 시간을 요한다. 가열 시에는 높고, 냉각 시에는 다 소 낮은 온도에서 생긴다. 냉각 시의 변태점과 가열 시의 변태점을 아래 첨자로 구분한 다. 가열 시의 첨자는 c, 냉각 시의 첨자는 r을 사용한다. 실제 작업상 가열 시 A_4 변태 점에서는 A_{c4}, A_3 변태점에서는 A_{c3}, 냉각 시에는 r을 아래 첨자로 A_{r3}, A_{r4}로 표시한다. 그러나 A_2일 때는 $A_{c2} = A_{r2}$이다. A_2 변태는 순철이 자성을 잃은 변태이고 A_0 변태는 시멘타이트가 자성을 잃은 변태이다. 결정 구조의 변화를 수반하지 않으므로 자기 변 태(magnetic transformation)라 한다.

탄소는 철과 화합하여 시멘타이트(Fe_3C)의 형태로 되는 경우와 탄소 단일체인 흑연 (graphite)으로 되는 경우가 있다. 강에서는 주로 시멘타이트의 형태로 존재하지만 주철 에서는 흑연과 시멘타이트의 두 가지 형태가 나타난다.

Fe–Fe_3C 상태도에 나타나는 고상의 종류에는 α페라이트, γ철 오스테나이트, 시멘타 이트(Fe_3C), δ페라이트, 펄라이트(pearlite) 등 4가지가 있다. α페라이트는 페라이트라 부르며 α철에 탄소가 함유된 고용체이고 BCC 구조를 가지고 있다. Fe–Fe_3C 상태도에 는 공석 반응과 공정 반응(eutectic reaction), 포정 반응이 나타난다. 강은 A_1, A_2, A_3, A_{cm} 등의 변태점에 따라 변태를 일으킨다. 예를 들면, 아공석강의 경우 A_1 변태점을 경 계로 오스테나이트 $\leftrightarrow$ 펄라이트(ferrite+cementite) 변태를 한다. 강에는 탄소 함유량에 따라 아공석강(hypoeuctetoid), 공석강(euctetoid), 과공석강(hypereuctetoid)으로 분류한 다. 철-탄소 평형 상태도를 이해하면 열처리를 이해하는 데 큰 도움이 된다. 예를 들면, 아공석강(hypoeuctetoid)은 페라이트(ferrite)와 펄라이트(pearlite)의 혼합 조직이며 공석강은 100% 펄라이트, 과공석강은 펄라이트와 시멘타이트의 혼합 조직이다. 철-탄소의 평형 상태도에 나타나는 조직으로는 α페라이트, 오스테나이트(γ고용체), δ페라이트, Fe_3C로 표시되는 시멘타이트, α페라이트와 시멘타이트(Fe_3C)의 층상 구조로 되어 있는 펄라이트(pearlite), γ고용체인 오스테나이트와 시멘타이트의 혼합물인 레데부라이트(ledeburite) 조직이 있다.

공석 온도는 727°C이며 탄소 함유량 0.77%(0.8%)에서 온도를 공석 온도 이하로 냉각하면 오스테나이트는 α페라이트와 시멘타이트의 혼합 조직으로 변태한다. 이 조직은 페라이트와 시멘타이트가 교대로 반복되는 층상 조직(lamellar structure)이다. 이 조직을 광학 현미경으로 보면 그 형태가 진주와 비슷하다고 하여 펄라이트 조직이라 부른다. 펄라이트 조직은 단상 조직이 아니라 페라이트와 시멘타이트의 2상 혼합 조직이다. 따라서 서냉된 0.8%의 공석강을 A_1 변태 온도에서 직하시키면 이 점에서 지렛대의 원리를 적용할 수 있다. 예를 들면, 탄소 함유량 0.4%의 아공석강을 900°C로 가열하여 충분한 시간 동안 유지하게 되면 균일한 오스테나이트로 된다. 이 아공석강을 775°C로 서서히 냉각시키면 오스테나이트 결정립계에서 초석 페라이트(proeutectoid ferrite)가 우선적으로 핵 생성하기 시작한다. 이후 계속 냉각시키면 초석 페라이트는 오스테나이트 속으로 계속해서 성장해간다. A_1 변태 온도인 727°C 바로 직하 723°C에 이르면 남아있는 오스테나이트는 공석 반응에 의해 펄라이트로 변태된다. 이때 펄라이트를 구성하고 있는 페라이트는 초석 페라이트와 구별하기 위해 공석 페라이트라 한다. 과공석강을 서서히 서냉시킬 때 나타나는 초석상은 시멘타이트이다. 1.2% C의 과공석강을 950°C에서 오스테나이트화한 후에 냉각할 때 나타나는 미세 조직은 오스테나이트 결정립계에서 초석 시멘타이트(proeutectoid cementite)가 핵 생성되어 성장한다. 더 냉각되면 초석 시멘타이트는 계속 성장하여 오스테나이트의 탄소를 고갈시킨다. 이후 A_1 변태 온도 이하로 냉각되면 공석 반응에 의해 펄라이트로 변태하게 된다. 펄라이트를 구성하고 있는 시멘타이트는 초석 시멘타이트와 구별하기 위해 공석 시멘타이트라 부른다. 공석강에서 550°C 이하에서 변태될 때 베이나이트(bainite) 조직이 생기는데 이 조직은 α페라이트와 시멘타이트의 2상 혼합물이다. 오스테나이트가 변태 온도와 이에 상응하는 핵 생성과 성장 속도에 따라 펄라이트와 베이나이트의 두 조직으로 분해된다. 0.77wt% C를 가지는 오스테나이트를 200°C 이하의 온도로 급랭시키면 무확산 변태가 발생한다. 냉각 중 매우 빠른 속도로 연속적으로 진행된다. 이 과정에서 생기는 조직을 마르텐사이트(martensite)라 한다. 온도에만 의존하고 시간에는 의존하지 않는 무확산 변태이다. 강의 열처리 단계는 오스테나이트 조직을 급랭하여 체심정방정(BCT)의 마르텐사이트 조직을 형성하는 과정이므로 마르텐사이트 조직은 열처리 과정에서 중요한 조직이다.

비철 합금(nonferrous alloy) 금속의 강화 방법은 강철의 강화 방법과 다르다. 마르텐사이트 조직을 갖게 하는 담금질(quenching)과 뜨임(tempering) 열처리는 강철 재료를 강화시키는 데 가장 효과적인 방법이지만 일반 비철 금속에 있어서 마르텐사이트 구조는 잘 생겨나지 않을 수 있다. 생겨난다 하더라도 그 효과는 강(steel) 재료와 같이 크지 않다. 따라서 재료를 강화시키기 위해서는 다른 방법이 사용되어야 한다. 비철 금속에 고강도 성질을 얻기 위해서는 석출 경화(percipitation hardening)를 사용한다. 열처리는 완전 풀림(full annealing)에서 0.77% 이하의 탄소를 가진 아공석강(hypoeutectoid)에서는 A₃로부터 30°C에서 60°C 이상의 온도까지 가열하여 열처리되는데 이때 균일한 성분을 가지는 단상 오스테나이트(single phase austenite) 구조로 바꾸기 위해서는 오랜 시간을 유지하는 것이 필요하다. 다음에 예정된 속도로 A₁ 아래 온도로 서서히 냉각시킨다. 냉각은 일반적으로 노(furnace)에서 A₁ 아래 30°C까지 시간당 10°C에서 30°C 단위로 냉각시킨다. 이후 금속을 노에서 제거하여 상온에서 공기 중 냉각시킨다. 결과적으로 얻어지는 금속 구조는 상태도에서 예측되듯이 페라이트를 많이 가지는 조대한 펄라이트가 된다. 이러한 조건에서는 강철은 연(soft)하고 연성(ductile)이다. 0.77% 이상의 탄소를 가진 과공석강(hypereutectoid)에서의 열처리 절차는 초기에 열을 가하는 지점이 오스테나이트+시멘테이트 영역(A₁ 위의 30°C에서 60°C까지)임을 제외하고는 기본적으로 이전의 경우와 동일하다. 완전 오스테나이트 영역에서 서서히 냉각시키면 연속적인 네트워크의 시멘타이트가 입자 경계에서 형성되며 재료를 취성화시킨다. 적절하게 풀림 처리하면 과공석강은 분산 구상 형태(dispersed spheroidal form)로, 과도한 시멘타이트를 가지는 거친 펄라이트 구조를 가진다.

마르텐사이트의 상 변태는 탄소강을 고온에서 급격히 냉각시킬 때 발생한다. 수중에서 혹은 오일 중에 급랭시킨다. 이때 만들어 지는 조직이 마르텐사이트 조직이며 매우 단단하고 강하다. 마르텐사이트 상 변태는 확산에 의하지 않고 결정의 변형에 의해 발생한다.

시간-온도-변태(time-temperature-transformation, TTT) 선도는 항온 변태 곡선이라고도 한다. 온도와 시간에 따른 상의 존재를 나타낸다. 공석강을 A₁ 온도 이상 가열 후 일정 시간을 유지하면 단상의 오스테나이트가 된다. 이후 급행 시 시간에 따른 오스테나이트의 변태를 나타낸다. 항온 변태 곡선은 변태의 시작과 끝을 온도와 시간에 따라 나타내므로 공석강이 온도와 시간에 따라 다양한 조직을 예상할 수 있다. 예를 들면, 최종 조직이 시간과 온도에 따라 조대한 펄라이트 조직, 혹은 미세한 펄라이트 조직, 혹은 상부 베이나이트 조직, 혹은 하부 베이나이트 조직, 마르텐사이트 조직들이 나타남을 예측할 수 잇다. 항온 열처리법을 사용한 응용적인 열처리 방법에는 마르퀜칭, 오스템퍼링, 마르템퍼링 등의 방법이 있다.

표면 경화를 시키는 방법에는 침탄법과 질화법, 금속 침투법, 화학 증착법, 고주파 경화법 등이 있다.

용어 및 부호

TTT 곡선(항온 변태 곡선)

고용체(solid solution)

공석강(eutectoid steel)

공석 반응(eutectoid reaction)

공석점(eutectoid point)

공석 시멘타이트(euctectoid cementite)

공석 페라이트(euctectoid ferrite)

공정 반응(eutectic reaction)

공정점(eutectic point)

과공석강(hypereutectoid steel)

금속 간 화합물(intermetallic compound)

노멀라이징(normalizing)

담금질(quenching)

동소 변태(allotropic transformation)

동소체

뜨임(tempering)

마르텐사이트(martensite)

마르퀜칭(marquenching)

마르템퍼링(martempering)

분산 경화(dispersion hardening)

상부 베이나이트(bainite)

석출 경화(precipitation hardening)

소르바이트(sorbite)

순철에서의 A_3 변태점

순철에서의 A_4 변태점

순철에서의 α 철

순철에서의 δ 철

순철에서의 γ 철

시멘타이트(cementite)

아공석강(hypoeutectoid steel)

연화 풀림(softening annealing)

오스테나이트(austenite)

오스포밍(ausforming)

완전 풀림(full annealing)

응력 제거 풀림(stress relief annealing)

자기 변태(magnetic transformation)

질량 효과(mass effect)

초석 시멘타이트(proeutectoid cementite)

초석 페라이트(proeutectoid ferrite)

치환형 고용체

침입형 고용체

트루스타이트(troostite)

펄라이트(pearlite)

페라이트(ferrite) 혹은 $\alpha-ferrite$, $\delta-ferrite$

풀림(annealing)

하부 베이나이트(bainite)

항온 풀림(isothermal annealing)

확산 풀림(diffusion annealing)

참고문헌

1. Mechanical Behavior of Materials, 4th edition, Pearson, E. Dowling
2. Material Science and Engineering Properties, Cengage Learning, Charles Gilmore
3. The Science and Design Engineering Materials, McGraw-Hill, James E. Schaffer 외 4인
4. Materials and Process in Manufacturing, 9th edition, Wiley, E. Paul Degarmo 외 3인
5. Fundamentals of Materials Science and Engineering, John Wiley & Sons Inc., William D. Callister
6. 강의 열처리 기초, 기전연구사, 홍영환

연습문제

5.1 고용체를 설명하라. 그리고 치환형 고용체를 설명하라.

5.2 a) 페라이트, b) 오스테나이트, c) 시멘타이트(탄화물; Fe_3C), d) 펄라이트를 설명하라.

5.3 탄소강의 표준 조직이란 무엇인가?

5.4 금속 간 화합물을 설명하라.

5.5 순철을 950°C로부터 900°C로 냉각시켰을 때의 부피 변화는 어떻게 될지 설명하라.

5.6 철-0.2% C 강이 900°C에서 서냉되었을 때 (a) A_1 변태 온도 직상 및 (b) 상온에서 존재하는 조직은 무엇인가?

5.7 철-1.0% C 강이 900°C에서 서냉되었을 때 (a) A_1 변태 온도 직상 및 (b) 상온에서 각 상에 존재하는 각 상의 무게 분율(wt%)을 구하라.

5.8 Fe-C선도에서 다음 선들을 정의하라.

a) A_1선 b) A_3선 c) A_{cm}선 d) A_4선 e) A_2선

5.9 열처리 시 평형 상태도를 중요히 여기는 이유를 설명하라.

5.10 공석 반응, 공정 반응, 포정 반응을 각각 설명하라.

5.11 공석강, 아공석강, 과공석강을 설명하고 각각에서 온도를 상승 혹은 냉각시켰을 때 나타나는 조직을 설명하라.

5.12 다음의 용어를 설명하라.

a) 마르텐사이트(martesite) b) 트루스타이트(troostite) c) 소르바이트(sorbite)
d) 베이나이트(bainite) e) 스페로다이트(spheroidite)

5.13 담금질의 질량 효과를 설명하라.

5.14 담금질의 적정 온도 범위를 나타내어라.

5.15 0.25% C 이하의 저탄소강에서 담금질의 효과가 적은 이유를 설명하라.

5.16 철에는 α철, γ철, δ철의 동소체가 존재한다. 순철이 무엇이고 α, γ, δ철이 무엇인지 설명하라.

5.17 동소체와 동소 변태, 자기 변태를 설명하라.

5.18 비철 금속의 강화 방법을 들고 이들 각각의 방법에 대해 설명하라.

5.19 특수강(합금강)을 만들기 위해 첨가되는 5가지 이상의 원소를 나열하고 각 첨가 원소의 영향을 설명하라.

5.20 열처리의 목적과 방법에 대해 설명하라.

5.21 철-탄화철 상태도에서 나타는 4가지 고상을 들고 이들에 대해 설명하라.

5.22 침탄과 질화를 설명하라.

5.23 마르퀜칭과 마르템퍼링과 오스템퍼링을 설명하라.

5.24 템퍼 취성(뜨임 메짐)을 설명하라.

5.25 오스테나이트화를 설명하라.

5.26 공석강을 오스테나이트 영역으로부터 급랭하여 727°C 이하의 온도에서 등온 유지할 때 여러 가지 구조의 페라이트와 시멘타이트가 생길 수 있다. 열처리 조건에 따라 어떠한 미세 조직이 형성되는지 설명하라.

5.27 펄라이트 시편을 준비하라고 지시받았을 때 사용 가능한 재료가 베이나이트 구조의 공석 강밖에 없다고 할 때, 펄라이트 시편을 만들기 위해 수행해야 할 과정을 설명하라.

5.28 공석강을 다음과 같이 열처리하였을 때 형성되는 미세 조직을 설명하라(그림 5.14 참조).

    a) 727°C 이상에서 650°C까지 급랭하고 약 12초 동안 그 온도에서 유지한 후, 상온으로 급랭하였다.

    b) 727°C 이상에서 600°C까지 급랭하고 약 3초 동안 그 온도에서 유지한 후, 350°C로 급 랭하여 103초 동안 유지하고 최종적으로 상온으로 급랭하였다.

5.29 다음 그림에서 공석강을 727°C 이상에서 600°C까지 급랭하고 약 12초 동안 유지하였을 때(경로 ①의 과정)을 최종적으로 나타나는 미세 조직은 (　　　　　　)이다.

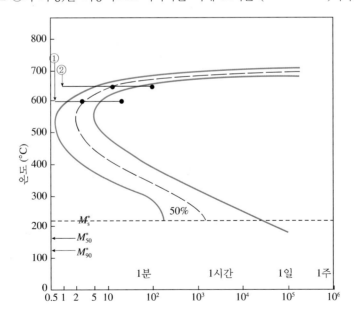

5.30 다음 공석강의 TTT 선도를 보고 공석강 0.77% C의 초기 온도가 730°C에서 다음 냉각 과정을 통해 생성되는 생성 결과물을 결정하라.

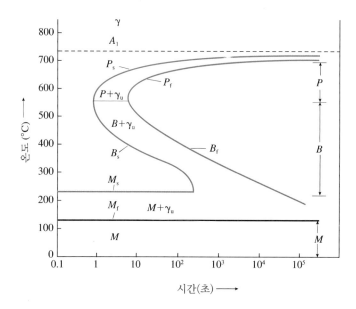

a) 600°C로 급랭하고 10초 동안 유지 후 상온으로 서서히 냉각

b) 600°C로 급랭하고 3.2초 동안 유지 후 상온으로 급속히 냉각

c) 600°C로 급랭하고 1초 동안 유지 후 상온으로 급속히 냉각

d) 500°C로 급랭하고 1초 동안 유지 후 상온으로 급속히 냉각

e) 500°C로 급랭하고 3.2초 동안 유지 후 상온으로 급속히 냉각

f) 500°C로 급랭하고 3.2초 동안 유지 후 상온으로 급속히 냉각

g) 상온으로 1초 동안 급랭하고 500°C로 가열한 뒤 1000초 동안 유지

5.31 급랭하여 등온으로 유지하면 초석 페라이트의 형성을 억제할 수 있는가?

5.32 일반 열처리 방법과 항온 열처리법, 표면 경화 열처리법을 나열하고 이들 방법들을 각각 설명하라.

5.33 다음 공석강을 727°C 이상에서 650°C까지 급랭하고 약 12초 동안 유지한 후 상온으로 급랭시킨 열처리를 했을 때 형성되는 미세 조직은 무엇인가?

a) 펄라이트 b) 마르텐사이트 50%＋펄라이트 50%

c) 마르텐사이트 50%＋오스테나이트 50% d) 시멘타이트

5.34 템퍼드 마르텐사이트(tempered martensite)를 설명하라.

5.35 초석 페라이트(proeutectoid ferrite)와 초석 시멘타이트(proeutectoid cementite)를 설명하라.

5.36 AISI 4340(니켈-크롬-몰리브덴)강의 등온 변태도를 이용하여 시편의 미세 구조를 기술하라. 각 경우에 시편은 760°C(1400°F)에서 시작하며 시편 전체가 완전하고 균일한 오스테나이트 구조를 가지도록 등온 열처리되었다.

a) 350°C(660°F)로 급랭 후 10^4초 동안 유지하고 다시 상온으로 급랭

b) 250°C(480°F)로 급랭 후 100초 동안 유지하고 다시 상온으로 급랭

c) 650°C(1200°F)로 급랭 후 20초 동안 유지하고 다시 400°C(750°F)로 급랭하여 10^3초 동안 유지한 후 다시 상온으로 급랭

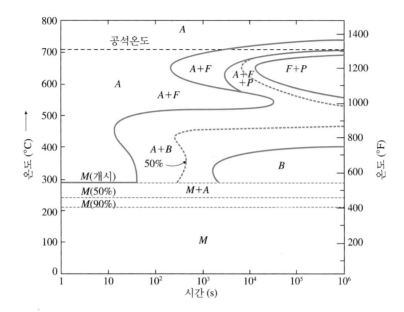

여기서 A: 오스테나이트, B: 베이나이트, P: 펄라이트, M: 마르텐사이트, F: 페라이트이다.

6장 비금속 재료

목표

- 폴리머/고무 재료군의 분류와 이들 재료의 미세 구조, 기계적 성질, 특성 및 용도에 대해 공부한다.
- 세라믹/유리 재료군의 분류와 이들 재료의 미세 구조, 기계적 성질, 특성 및 용도에 대해 공부한다.
- 복합 재료군의 분류와 이들 재료의 미세 구조, 기계적 성질, 특성 및 용도에 대해 공부한다.

6.1 서론

폴리머와 세라믹 및 유리 그리고 복합 재료들은 비금속(non-metal) 재료로 최근에 널리 사용되고 있는 매우 중요한 재료들이다. 최근 비금속 재료와 복합 재료의 현저한 발전으로 인해 기존의 금속 재료를 대체하는 경향이 증가하고 있다. 비금속 재료의 다양한 우수성으로 인해 비금속 재료는 여러 산업에서 다양한 용도로 널리 사용되고 있다. 비금속 재료로는 나무, 돌, 바위, 진흙 등이 있다. 이들 재료는 이미 오래 전부터 사용되고 있으므로 비금속 재료의 효시라 할 수 있다. 최근에는 비금속 재료가 이러한 천연적인 재료로부터 폴리머(플라스틱), 탄성 중합체(elastomers; 고무), 세라믹(무기 재료), 복합 재료(composite)들로 발전되어 널리 사용되고 있다. 많은 기계 부품들, 생활용품, 의료용 기기들이 이들 재료를 사용하여 제작되고 있으며 모든 산업 전반에 걸쳐 사용이 확대되고 있다. 따라서 이들 소재에 대한 특성과 물성값들이 연구되며 규명되고 있다. 최근 경향화와 관련하여 비금속 재료는 항공기와 자동차 산업에서도 널리 사용되며 생체 재료로도 사용이 증가되는 추세이다. 고온에 적용하기 위해 사용되는 기존의 재료 대신 대체 재료로의 가능 여부를 알기 위해 이들 재료에 대한 지식이 필요하다. 이 장에서는 폴리머군과 세라믹군 및 복합 재료군에 대한 기본 지식을 다룬다.

6.2 폴리머와 고무

폴리머(polymers)는 일반적으로 플라스틱 혹은 중합체 또는 고분자로 부르며, 1차적으로 탄소(carbon)-탄소(carbon) 결합으로 구성된 긴 체인 사슬로 이루어진 재료이다. 예를 들면, 플라스틱으로 언급되는 모든 재료, 천연(natural) 및 인조 섬유(synthetic fiber), 고무 등이 이에 속한다. 어원은 poly(다중)+mer(단위체)이다. 즉, 반복되는 단위체들의 공유 결합으로 연결된 큰 분자라고 할 수 있다. 예를 들면, 폴리에틸렌(polyethylene)이라 함은 기본 단위인 에틸렌이 반복되어 있는 경우이다. 분류를 하면 크게는 열가소성 폴리머(thermoplastic polymer)와 열경화성 폴리머(thermosetting polymer) 그리고 탄성 중합체(elastomer)로 분류할 수 있다. 이 중 열가소성 폴리머는 범용 열가소성 폴리머와 엔지니어링 열가소성 폴리머, 고성능 열가소성 폴리머(high performance thermoplastic polymer)로 분류할 수 있으며, 탄성 중합체에는 열경화성 탄성 중합체와 열가소성 탄성 중합체로 분류할 수 있다. 온도가 높아짐에 따라 반응하는 재료 거동에 따라 열경화성 폴리머와 열가소성 폴리머로 분류한다. 열경화성 폴리머는 열가소성 폴리머에 비해 원자들이 강한 공유 결합으로 연결되는 가교 결합 혹은 기본적으로 3차원 구조를 가지고 있다. 모노폴리머(monopolymer)는 첨가제나 다른 폴리머가 포함되지 않은 순금속에 해당되는 폴리머이다. 접착제, 피복제, 발포제 등도 고분자 재료들이다. 흔히 보는 음료병과 포장 용기, 화장품 용기 등이 고분자 재료로 만들어져 제작된다. PET(혹은 PETE), HDPE, LDPE, PP, PS, PVC 등이 현재 실생활에 널리 사용되는 대표적인 폴리머 재료들의 명칭이다.

6.2.1 서론

인간에 의해 생산되고 개조된 공업용 재료의 폴리머는 크게 열가소성(thermoplastic) 폴리머, 열경화성(thermosetting plastic) 폴리머, 탄성 중합체(elastomer) 등 3가지로 분류된다.

열가소성 폴리머는 가열하면 부드러워지고 대개는 녹으며 그 후 다시 냉각하면 원래의 고체 상태로 돌아가는데, 이 과정이 여러 차례 반복될 수 있다. 반면 열경화성 폴리머는 열을 가할 시 두드러질 정도로 부드러워지지는 않으며 오히려 굳어질 수 있다. 3차원적 공유 결합을 가지는 고분자들은 열경화성 수지이다. 가교 결합(cross link)을 통해 3차원적 공유 결합을 형성할 수 있다. 경화성 수지는 높은 온도에서의 과정 중 화학적 성질이 변화한다. 열경화성 수지 중 대표적인 에폭시 수지는 복합 재료에서 주요 기지 재료(matrix)로 사용된다. 열경화성 재료는 열을 다시 가하면 녹는 대신 charring 이나 burning 형태로 분해된다.

탄성 중합체는 고무와 유사한 거동을 한다는 점에서 다른 재료와 구별된다. 특히 이 재료는 100%에서부터 200% 이상의 대변형률을 가지지만 힘을 제거하면 대부분 원래의 형태로 회복된다. 각 분류군에 속하는 폴리머 재료의 종류의 충격 강도 및 사용처가 표 6.1에 표시되어 있다. 석유류의 원 제품을 화학적으로 합성 가공한 폴리머 재료는 다양한 몰딩(molding) 방법과 압출(extrusion) 공정을 통해 유용한 형태로 가공 제작된다. 압축 몰딩과 트랜스퍼 몰딩의 예는 그림 6.1에 표시되어 있다. 유사한 방식으로 거동하는 열가소성 재료와 탄성 중합체에서는 재료의 최종 형태로 몰딩할 때 화학 반응의 최종 단계에서 온도와 압력을 개별적으로 혹은 동시에 가하기도 한다. 폴리머의 성질을 알기 위해서는 분자 구조를 이해해야 한다. 이성질체(isomer)는 동일한 원자 종류 및 개수가 다른 구조 배열로 연결된 상태를 말한다. 즉, 분자식은 같으나 구조식이 다른 상태이다. 이것들이 다양한 성질을 가진 화합물의 종류에 따라 달리 거동한다.

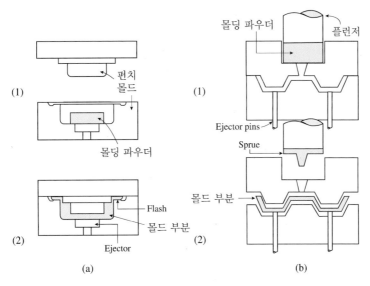

그림 6.1
플라스틱의 성형 제조. (a) 압축 몰딩법 (b) 트랜스퍼 몰딩법

중합 과정(polymerization) 혹은 분자의 연결 과정은 첨가 메커니즘(addition mechanism) 혹은 압축 메커니즘(condensation mechanism)을 사용한다. 첨가 메커니즘은 많은 기본 단위체(monomer)가 반복(mer)되어 큰 중합체(polymer)를 형성하기 위해 서로 연결되는 과정이다. 체인 구조를 형성하거나 완료하기 위해 촉진제나 기폭제가 사용된다. 따라서 단위체(monomer)의 양에 상대적인 활성제의 양에 따라 폴리머 고리의 평균 분자 무게(혹은 평균 길이)가 결정된다. 중합도(degree of polymerization)로 알려진 폴리머의 평균 단위체(mer)의 수는 대부분 상업용 플라스틱의 경우 75~750의 범위 안에 있다. 압축 과정에 의한 중합 과정에는 반응을 일으키기 위해 열, 압력, 기폭제 등이 필요하다. 열경화성 폴리머는 압축 성형법에 의해 제조된다. 열가소성 폴리머는 사출 성형법 (injection molding)에 의해 대량 생산되며 가장 널리 사용되는 성형법이다. 압축 성형도 열가소성 폴리머 제조에 사용된다.

폴리머 재료는 유기 화학에 관례에 따라 이름을 붙인다. 경우에 따라 매우 긴 이름의 재료는 때로는 약자로 불리는데, 예를 들면 polymethyl methacrylate 재료를 PMMA 재료라 부른다. 때로는 다양한 제품 이름과 유명한 이름들의 예를 들면 Plexiglas, Teflon, Nylon, Lucite 등이 화학적 이름 대신에 혹은 추가로 사용되기도 한다. 열경화성 재료에는 페놀, 에폭시, 멜라민, 경질의 폴리에스테르가 있다. 열가소성 수지에는 폴리에틸렌(PE), 폴리아미드(나일론, PA) 아크릴수지, 염화비닐(PVC) 등이 있다. 탄성 중합체에는 천연고무, SBR, 니트릴 고무, 네오프렌, 폴리우레탄 중합체 등이 있다. 니트

표 6.1 분류에 따른 대표적인 폴리머의 충격 강도 및 사용처

폴리머	충격 강도(J/m)	용도 및 사용처
열경화성 플라스틱(thermosetting)		
에폭시	–	복합 재료용 기지 재료(matrix)
폴리에스테르	–	유리 섬유 수지(resin)
Phenol 계열(bakelite)	–	전기 플러그, 스위치
열가소성 플라스틱(thermoplastic)		
에틸렌 구조		
LDPE	–	packaging, bottle, piping
HDPE	30~200	
PVC(rigid)	20~1000	tubing, 전기 절연
PP	20~75	
PMMA	10~20	창문, 뼈 접합재, 컴퓨터
ABS	130~320	전화기, 장난감, 가정용 기기
PTFE	327	
기타 구조		
Nylon 6	30~120	
PC	650~1000	
PEEK	80	코팅, fan, 임펠러
PPS	70	
POM	60~120	자동차용 연료 펌프, 기어, fan 블레이드
Kevlar(aramid)	–	
탄성 중합체(elastomer)		
천연고무		
SBR (스티렌-부타디엔 고무)	–	타이어, 호스, 벨트
니트릴 고무 (nitrile rubber)	–	O-ring, oil seal, 호스
폴리우레탄 중합체	–	전기 절연체, 신발 밑창
네오프렌 (Neoprene)	–	개스킷

릴 고무는 합성 고무의 하나로서 부타디엔(butadiene)과 아크릴로니트릴과의 혼성 중합체이다. 아크릴로니트릴(acrylonitrile rubber; NBR)의 함량은 15~50%인데, 이것이 많은 쪽이 내유성(oil resistance)은 크나, 그 반면에 굳어져서 인장 강도(항장력)는 작아진다. 최대 특징은 내유성이 우수한 점이고, 고니트릴 고무는 개스킷, 연료 호스, 링 등에, 중니트릴 고무는 내압 내유 호스, 저온에서 쓰는 성형품 등에 이용된다. 네오프렌 고무는 클로로프렌(chloroprene, CR)의 중합체인 합성 고무의 하나로, 천연고무보다 우수하며, 석유계의 기름에 녹지 않는다. 도료, 접착제 외에 전선의 피복이나 호스, 패킹, 고무벨트 등에 사용된다.

폴리머 재료의 주요 특성은 무게가 가벼운 점이다. 대부분의 경우 밀도가 물과 유사한 1 g/cm^3 정도이지만 극소수 재료의 경우 2 g/cm^{3}가 넘는 경우가 있다. 따라서 폴리머 재료는 비철 금속인 알루미늄 재료에 비해 약 절반 정도의 무게를 가지며 강(steel) 재료($\rho=$7.9 g/cm^3)보다는 월등히 가벼운 재료이다. 대부분 성능 개선 전 폴리머 재료는 상대적으로 약하기 때문에 10~200 MPa 정도의 극한 인장 강도를 가진다. 강도와 관련된 자세한 논의는 다음에 이어지는데 전형적인 폴리머 재료의 기본 입자 구조에 대해 우선 논의한다. 이유는 나중에 논의될 분자 구조가 어떻게 기계적 성질에 영향을 미치는가에 대한 기본 지식을 제공하기 때문이다.

인공 심장 및 장기, 샤워 커텐, 콘택트렌즈, 의료, 컴퓨터, 텔레비전 부품, 휴대용 전화 부품들은 플라스틱으로 만들어진다. 자유의 여신상도 부식을 막기 위해 플라스틱 코팅을 사용하였다.

6.2.2 열가소성 플라스틱(thermoplastics)

6.2.2.1 열가소성 플라스틱의 분류

열가소성 폴리머에는 범용 열가소성 폴리머와 엔지니어링 열가소성 폴리머 그리고 고성능 열가소성 폴리머로 분류할 수 있다.

a) 범용 열가소성 폴리머

범용 열가소성 폴리머에는 PE, PVC, PP, PS, PS 혼성 중합체 등이 있다. 1회용 소모용품을 만드는 데 많이 사용된다.

- 폴리에틸렌(PE): 가장 널리 사용되는 열가소성 폴리머이며 경제적이며 인성도 좋다. 종류로는 저밀도 폴리에틸렌(LDPE), 고밀도 폴리에틸렌(HDPE), 초고분자량 폴리에틸렌(UHMWPE) 등이 있다. 전기 절연성이 좋고 화학적 저항성도 우수하다.

- PVC(polyvinyl chloride): 두 번째로 널리 사용되는 열가소성 폴리머이다. PVC는 HDPE보다 높은 인장 강도(40~75 MPa)를 가지고 있으며 높은 내부식성을 가져 물 배관 및 하수도, 전기 도관 등에 널리 사용된다.
- 폴리프로필렌(PP): PP는 세 번째로 많이 사용되며 PP의 인장 강도는 30~40 MPa로 고밀도 폴리에틸렌(HDPE)과 비슷하다. 가격이 저렴하며 PE보다 더 강하고 더 견고하다. 투명하며 인성값도 좋은 편이며 음료수 보관용으로 사용된다.

일부 상용 폴리머의 기계적 성질은 표 6.2에 있다.

표 6.2 일부 상용 폴리머의 명칭 및 기계적 성질

폴리머	등급	밀도 ρ(g/cm³)	탄성 계수 E(GPa)	극한 강도 σ_u(MPa)	파단 연신율 ϵ_f(%)	구조
저밀도 폴리에틸렌 (LDPE)		0.91~0.93	0.14~0.3	7~17	200~900	결정성
고밀도 폴리에틸렌 (HDPE)		0.94~0.97	0.7~1.4	20~40	100~1000	결정성
초고분자량 폴리에틸렌 (UHMWPE)		0.93~0.94	0.1~0.7	24~40	200~500	결정성
PP	homo polymer	0.90~0.91	1.1~2	30~40	100~600	결정성
PP	40% 유리 섬유 함유	1.22~1.23	1.1~2	30~40	100~600	결정성
PP	copolymer	0.89~0.905	0.9~1.2	28~40	200~500	결정성
PVC	rigid	1.32~1.58	1.0~3.5	40~75	30 ~ 80	무정형
폴리스티렌 (PS)		1.04~1.05	2.4~3.2	30~60	1~4	무정형
SB (strene butadiene)	HIPS	0.98~1.10	1.5~2.5	15~40	15~60	무정형
ABS	중간급 IS	1.03~1.06	2.0~2.8	30~50	15~30	무정형
ABS	고등급 IS	1.01~1.04	1.6~2.5	30~40	5~70	무정형
SAN		1.07~1.09	3.4~3.7	55~75	2~5	무정형

b) 엔지니어링 열가소성 폴리머

엔지니어링 플라스틱의 특성은 상대적으로 높은 강도와 탄성 계수(E)와 같은 강성이 우수하다. 넓은 온도 범위에서도 이러한 기계적 특성이 잘 보존되며 인성도 상대적으로 좋고 환경 저항성이 우수한 폴리머 재료이다. 대표적인 엔지니어링 열가소성 폴리머 재료로는 폴리아미드(PA), 폴리카보네이트(PC), 폴리메타크릴산(PMMA), 아세트산 셀룰로오스(CA), CAB, PTFE, PET, POM, PEEK 등이 있다.

· 폴리아미드(polyamid, PA) 6,6: 나일론(Nylon)이라고도 한다. PA6,6는 6개의 폴리아미드와 6개의 탄소 원자로 이루어져 있고, 투명하지 않다. 나일론의 인장 강도는 75~90 MPa이며 연신율은 20~80% 정도로 비교적 높다. 기어, 베어링, 롤러바퀴, 임펠러 등에 사용되며 직물, 카펫, 로프 등의 섬유 재료로 사용된다.

· 폴리카보네이트(polycarbonate, PC): 투명하며 성형성이 좋은 선형 폴리머이고 인장 강도는 70~90 MPa이며 파단 연신율은 100~120% 정도로 높다. 인성치도 좋아 다양하게 사용되고 있는 엔지니어링 플라스틱이다. 투명하며 화학 저항성도 좋지만 염소, 알칼리성 용액에는 취약하다. 기어, 캠, 기계 부품, 공구, 컴퓨터 하우징 등의 기계 부품에 사용된다. 상업용으로는 Lexan이 있다.

· 아세트산 셀룰로오스(cellulose acetate, CA): 인장 강도는 20~40 MPa이며 파단 연신율은 10~70% 정도이다. 원료 셀룰로오스는 직물 혹은 나무로부터 얻어지는 천연 물질이다. 공구, 안경테, 브러쉬 핸들 등에 사용되며 영화 필름도 CA로 만들어진다.

· 폴리메틸메타크릴산(polymethyl methacrylate, PMMA): 단단하고 취성이며 매우 투명한 비정질 폴리머 재료이다. 인장 강도는 55~75 MPa로 상대적으로 높으나 파단 연신율은 2.5~5.5% 정도로 낮다. 상업용으로는 Plexiglass 및 Lucite로 알려져 있다. 화학 물질에 대한 저항성이 우수하며 보트, 항공기의 내부 창문, 안전 방패, 안경 렌즈, 공구 핸들 등에 사용된다.

· 폴리테트라플루오로에틸렌(polytetrafluoroethylene, PTFE): 인장 강도는 7~30 MPa이며 파단 연신율은 200~400% 정도로 높다. 상업용으로는 Teflon이 잘 알려져 있다. PTFE는 250~270°C까지의 온도 범위에서도 유용한 기계적 성질을 유지한다. 화학용 파이트 펌프 절연 부품, 성형 전기 부품, 전기 테이프, 프라이팬의 코팅, 개스킷, seal, o-ring 등에 사용된다.

기계적 성질은 표 6.3에 있다.

표 6.3 열가소성 엔지니어링 플라스틱의 명칭 및 기계적 성질

폴리머	등급	밀도 ρ(g/cm^3)	탄성 계수 E(GPa)	극한 강도 σ_u(MPa)	파단 연신율 ϵ_f(%)	구조
폴리 아마이드6		1.13	3	80	50~120	결정성
폴리 아마이드6	30~35% (glass fiber)	1.35~1.42	8~10	170~180	2~4	결정성
폴리 아마이드11		1.04	1.5	45~50	400~500	결정성
POM	homopoly-mer	1.42	3.1	65~70	25~75	결정성
POM	copolymer	1.41	2.8	65~72	40~75	결정성
PET		1.29~1.4	3	50	50~300	결정성
PC		1.2	2.1~2.4	70~90	100~120	무정형
PMMA		1.17~1.2	2.5~3.3	55~75	3~5	무정형
PTFE		2.15~2.2	0.41	7~30	200~400	결정성
PEEK		1.32	3.6	90~200	50	결정성
PEEK	30% glass fiber	1.49	10	100	2	결정성
CA		1.27~1.32	1.5~2.5	25~45	10~70	무정형
PPS		1.35	3.6	65~75	1~2	결정성
PES		1.37	2.5	80~90	40~80	무정형
PSU		1.25	2.5~2.6	70	50~100	무정형

- 폴리에스테르(polyester, PET): 가장 널리 사용된다. 얇은 두께를 가지는 음료 용기 등에 사용되며 선루프 프레임, 펌프 하우징, 와이퍼 암, 경량 기어 등에 사용된다. 열경화성 폴리에스테르도 있다.

c) 고성능 열가소성 폴리머(high performance thermoplastic polymer)

폴리에테르술폰(polyethersulfone, PES), 폴리에테르에테르케톤(polyether ether ketone, PEEK), 폴리술폰(polysulfone, PSU), 폴리페닐렌옥사이드(polyphenylene oxide, PPS) 등이 고성능 열가소성 폴리머로 간주된다.

- PEEK: 이 재료는 334°C의 높은 용융점을 가지며 화학적 저항성이 좋다. 높은 인장 강도(90~200 MPa)를 가지며 50%의 높은 파단 연신율을 가진다. 우주항공 산업

에서 널리 사용되는 탄소 복합 재료(CFRP)의 기지 재료로 사용된다. 주로 벤젠 고리로 구성되어 있다.

- PES: 인장 강도가 80~90 MPa로 매우 높고 파단 연신율 또한 40~80%로 매우 높다. 비정질 재료이다. 온수 파이프, 엔진 부품, 식기 세척기에 사용된다.

6.2.2.2 열가소성 플라스틱 폴리머의 구조

많은 열가소성 물질은 탄화 수소 가스인 에틸렌(C_2H_4)과 관련된 분자 구조를 가지고 있다. 특히 사슬 분자에서 반복되는 단위는 그림 6.2에서와 같이 탄소와 탄소 결합을 제외하고는 에틸렌 분자와 비슷하다. 이와 같은 형태를 가지는 간단한 폴리머의 분자 구조가 그림 6.2에서 반복되는 단위 구조로 나타나 있다.

폴리에틸렌(PE)은 탄소와 탄소 결합이 재배열된 에틸렌 분자의 가장 간단한 경우이다. 고체 상태에서의 폴리에틸렌은 서로 다른 긴 분자 사슬 간에 약한 반데르발스 결합을 가지기 때문에 부드러운 특성을 가진다. 고온에서는 열 진동으로 인해 열가소성 폴리머의 분자들의 약한 반데르발스 결합을 쉽게 파괴시킬 수 있다.

PVC(polyvinyl chloride)는 수소 원자 중 하나가 염소 원자에 의해 대체된 경우이고 반면에 PP(polypropylene)는 메틸 그룹(CH_3)으로 유사하게 대체되어 있다. 폴리스티렌(PS)은 완전한 벤젠 고리로 대체되어 있고, PMMA는 수소 원자 대신 CH_3와 $COOCH_3$

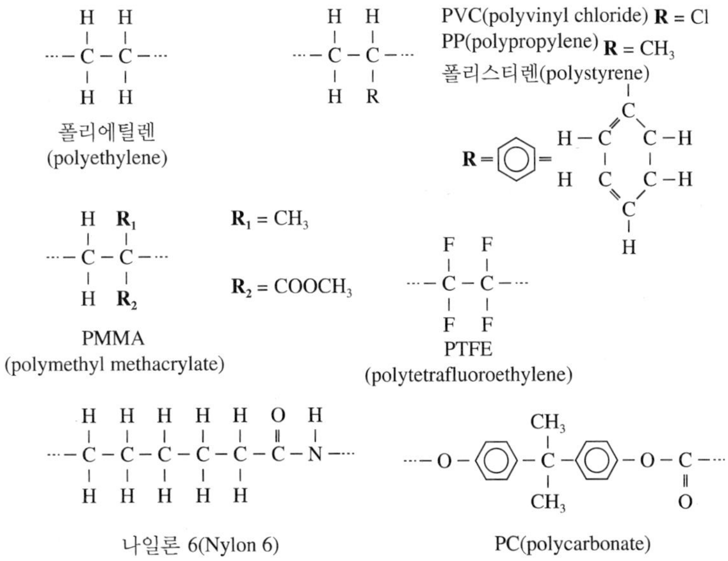

그림 6.2
몇몇 선형 폴리머의 분자 구조. 마지막 2개를 제외하고는 R₁, R₂, R₃, F를 단순히 대체 한 폴리에틸렌 구조와 연관되어 있다.

로 대체되어 있다. Teflon으로 알려진 PTFE 또한 4개의 불소로 치환된 구조를 가지고 있다. 에틸렌에 기초한 열가소성 재료는 전체 플라스틱 물량(무게 비)의 절반 이상 사용되며 PE, PVC, PP, PS와 함께 아주 널리 이용되는 플라스틱이다. PEEK, PSU(polysulfone)도 대표적인 고기능 열가소성 플라스틱 재료이다. 하지만 다른 종류의 열가소성 재료는 소량 사용되고 있으며 강도를 요하는 공학 분야의 적용에 이용된다. 공학용 플라스틱 (engineering thermoplastic)은 나일론과 Kevlar, POM, PET, PPO, PC(polycarbonate)와 같은 아라미드(aramid) 계열을 포함한다. 이들의 분자 구조는 에틸렌에 기초한 열가소성 물질보다 일반적으로 더 복잡하다. 나일론 6와 폴리카보네이트(polycarbonate)의 반복되는 단위 구조(repeating unit structure)가 그림 6.2에 나타나 있다. 나일론 66과 나일론 12와 같은 다른 나일론은 나일론 6보다 더 복잡한 구조를 가지고 있다. 케블라(Kevlar)는 나일론과 함께 폴리아마이드(polyamide) 계열에 속하고 벤젠 고리와 관련된 구조를 가지고 있어 아로메틱 폴리아마이드(aromatic polyamide) 즉, 아라미드(aramid)로 분류된다.

6.2.3 결정성 대 무정형 열가소성 플라스틱 재료 비교(crystalline versus amorphous thermoplastics)

몇몇 열가소성 재료들은 재료의 일부 혹은 대부분이 폴리머 체인 결정 구조로 질서 있게 배열되어 있다. 결정성 폴리머의 예를 들면 PE, PP, PTFE, 나일론, 케블라, POM 그리고 PEEK 등이 있다. 폴리에틸렌의 결정 구조의 예는 그림 6.3에 있다.

만약 사슬 분자(chain molecules)가 무질서하게 배열되어 있다면 이러한 중합체는 무

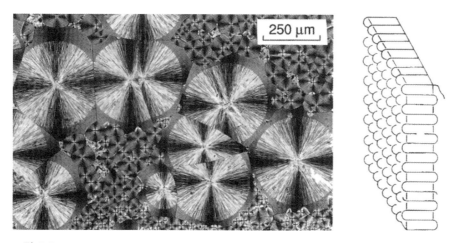

그림 6.3
폴리에틸렌의 결정 구조. 그림에서 보여주는 것과 비슷한 layer가 그림 오른쪽 끝에 있다. 방사하는 형태로 배열되어 spherulites라 부르는 현저한 결정형 특성을 만든다.

표 6.4 다양한 열가소성 폴리머와 탄성 중합체(elastomer)의 유리 전이 온도(T_g) 및 용융 온도(T_m)

폴리머	유리 전이 온도 T_g(℃)	용융 온도 T_m(℃)
(a) 무정형 열가소성 플라스틱(amorphous thermoplastic)		
PVC	87	212
폴리스티렌	100	≈ 180
폴리카보네이트(PC)	150	265
(b) 결정성 열가소성 플라스틱		
LDPE	−110	115
HDPE	−90	137
POM	−10	175
PP	−10	176
Nylon 6	50	215
폴리스티렌	100	240
PEEK	143	334
아라미드	375	640
Acetel	−85	181
(c) 탄성 중합체(elastomers)		
실리콘 고무	−123	−54
폴리클로로프렌	−50	80
시스 폴리이소프렌	−73	28

[ASM 88] pp. 50~54

정형(amorphous)이라고 한다. 무정형 폴리머(amorphous polymer)의 예로는 PVC, PMMA, PC 등이 있다.

폴리스티렌(PS)은 단위체 내에서 반복 벤젠 고리가 무작위로 대체된 혼성 배열 (atactic) 형태의 무정형 재료이다. 무정형 폴리머는 일반적으로 유리 전이 온도(glass transition temperature; T_g) 주변이나 아래 온도에서 사용된다. 이들 재료에 대한 온도에 대한 물성치는 표 6.4에 있다.

무정형 폴리머는 유리 전이 온도 T_g 이상에서는 탄성 계수가 급격히 줄어들고 시간 종속 변형(creep) 효과가 현저해진다. 따라서 하중을 지속적으로 받고 있는 상황에서는 이 재료의 유용성은 떨어진다고 볼 수 있다. 유리 전이 온도 T_g 이하에서는 탄성 계수 가 $E = 3$ GPa 정도이고 유리처럼(glassy) 취성을 가진다. 분자들이 한 가닥(single strand)

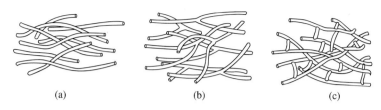

그림 6.4
폴리머 체인 구조. (a) 선형 (b) 가지(branched) (c) 가교 결합(cross linked)

으로 구성되어 있는 비결정성 중합체를 선형 폴리머(linear polymer)라 부른다.

다른 구조 형상은 그림 6.4에 보여주는 것처럼 가지(branching) 결합 정도에 따라 차이가 있을 수 있다. 선형 폴리머는 분자량이 증가하면 강도가 증가하는 단량체로 이루어져 있으며 사슬은 공유 결합을 하며 사슬 사이에는 반데르발스 결합을 한다. 당기면 쉽게 늘어나고 열가소성이며 유연한 성질을 가지고 있다. 가지형 폴리머는 강도와 경도가 선형 폴리머보다 크며 가교 결합된 가교 폴리머는 사슬끼리의 화학 결합으로 열경화성이며 강하고 견고하다.

결정성 폴리머(crystalline polymer)는 비결정형(무정형) 폴리머보다 취성이 작은 경향이 있지만 T_g 온도 이상에서 강성(stiffness)과 강도(strength)가 현저히 떨어지지 않는다. 그림 6.5에서는 결정성 형태를 가지는 폴리스티렌과 무정형 형태를 가지는 폴리스티렌 사이의 차이점을 설명한다. 이런 거동의 결과로 많은 결정성 중합체가 재료의 T_g 온도 이상에서 사용된다. 일반적으로 결정성 중합체는 빛에 대해 불투명한 반면에 무정형(비결정형) 폴리머는 투명하다.

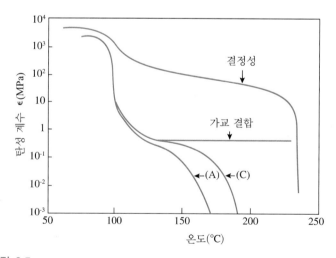

그림 6.5
비정형 폴리스티렌. (A), (C). 약한 가교 결합(cross linked)을 가지는 폴리스티렌과 결정성(crystalline) 폴리스티렌 재료에서의 온도 대 탄성 계수 곡선

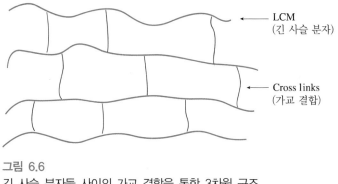

그림 6.6
긴 사슬 분자들 사이의 가교 결합을 통한 3차원 구조

비정형 샘플(A)와 (C)의 평균 분자 무게는 2.1×10^5이고 체인 길이는 3.3×10^5이다.

6.2.4 열경화성 플라스틱(thermosetting plastics)

열경화성 폴리머의 분자 구조에는 두 가지 종류가 있다. 하나는 망상 조직(network)이며 또 다른 하나는 가교 결합(cross linked)되어 있는 경화성 폴리머이다. 망상 조직을 가지는 열경화성 플라스틱은 3차원 연결망(network)으로 구성되어 있다. 연결망은 그림 6.4(c)와 같이 가교 결합(cross link)으로 불리는 연결 사슬 간의 강력한 공유 결합에 의해 형성된다. 서로 다른 긴 사슬 분자(LCM)들이 가교 결합을 통해 3차원 구조를 만든다(그림 6.6). 어떤 경우에는 최대 3종의 반복되는 탄소-탄소 결합이 다른 단위체(unit)에 결합되어 가교 결합이 최대화되는 경우도 있다. 이 경우는 페놀포름알데히드(페놀 계열)가 해당되는데 그림 6.7에 구조가 나타나 있다. PF(페놀포름알데히드)는 상대적으로 인장 강도와 탄성 계수가 높고 파손 변형률은 1% 내외이다. 일반적인 잘 알려진 망상 조직(네트워크 폴리머)인 베이크라이트(bakelite)는 상업용 페놀이다. 또 다른 가교 결합을 가지는 열경화성 플라스틱에는 고무, 에폭시 및 유리 섬유(glass fiber)와 함께 사용되는 폴리에스테르(polyester) 등이 있다. 열가소성 플라스틱과 비교하면 열경화성 플라스틱은 공정의 마지막 단계인 온도가 상승되는 압축 몰딩(compress molding) 단계에서 가교 결합(cross linking) 구조의 화학적 반응이 생긴다. 이 반응의 결과로 생겨난 고체는 가열에 의해 부드러워지거나 용융되지 않고 대신 타거나 분해된다. 일반적으로 3차원 네트워크 구조를 가지는 열경화성 플라스틱은 단단하고 강한 대신 취성이 있고 견고하다. 열팽창과 그 결과 증가되는 자유 체적(free volume)으로 인해 열가소성 플라스틱 재료에서는 유리 전이 온도 효과(glass transition effect)가 발생하지만 3차원 가교 결합(cross link)되어 있는 열경화성 재료에서는 이러한 유리 전이

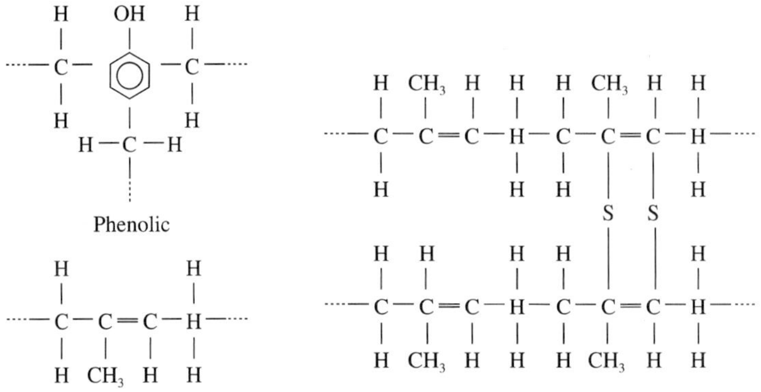

Phenolic

시스 폴리이소프렌
(Cis-polyisoprene)

폴리이소프렌의 가교 결합
(Cross link in polyisoprene)

그림 6.7
페놀 열경화성 폴리머 및 천연 고무와 유사한 합성 시스폴리이소프렌(cis-polyisoprene)의 분자 구조. 페놀에서는 탄소–탄소 결합이 가교(cross link)를 형성하는 반면에 폴리이소프렌에서의 가교는 황 원자(sulfur atom)에 의해 형성된다.

온도(T_g) 효과가 미미하다. T_g 효과는 T_g 온도 이상에서 체인 입자들 간의 상대적인 미끄럼 운동으로 변형이 발생되는 효과인데, 열경화성 재료에 있어서는 입자들 사이의 활발한 상대 운동과 온도 저항에 강한 공유 결합으로 인해 T_g 효과가 방해받기 때문에 쉽게 발생되지 않는다. 대표적인 열경화성 재료에 대한 물성치가 표 6.5에 있다. 대표적인 열경화성 폴리머 재료의 성질을 요약하면 다음과 같다.

- 에폭시: 액체 에폭시 수지와 액체 경화제가 혼합된 후 굳어지기 전까지 1시간 정도 액체로 남아 있기 때문에 에폭시는 복합 재료의 제조에서 모재, 즉 기지 재료로 사용된다. 에폭시의 인장 강도는 30~90 MPa 정도로 높고 탄성 계수는 3~5 GPa이다. 에폭시는 강도가 우수하며 인성값이 좋고 수분 저항성, 화학적 저항성이 좋고 상온에서 쉽게 큐어링(curing)된다. 열경화성 PET보다 더 강하나 폴리에스테르의 성분이 에폭시 경화제보다 독성이 약하기 때문에 열경화성 PET는 에폭시가 사용되는 곳에서 대신 사용된다. 접합제와 복합 재료의 기지 재료로 널리 사용된다.

표 6.5 열경화성 폴리머의 기계적 성질

폴리머	밀도 ρ(g/cm^3)	탄성 계수 E(GPa)	극한 강도 σ_u(MPa)	파단 연신율 ϵ_f(%)
에폭시	1.2~1.3	3~5	30~90	1~4
폴리에스테르	1.0~1.4	2.0~4.5	30~40	1.5~2.5
페놀	1.4	5.6~12	25	0.4~0.8

- 폴리에스테르: 불포화 폴리에스테르를 사용하여 가교 결합시킨다. 불포화된 PET 는 짧은 분자로부터 만들어지며 액체이다. 고체 열경화성 PET를 만들기 위해서는 과산화물과 같은 반응 개시제를 사용하여야 한다. 열경화성 PET의 인장 강도는 30~40 MPa 정도로 높고 탄성 계수는 1.5~2.5 GPa이다. 열가소성 폴리에스테르도 있다.

- 페놀: 가장 오래된 플라스틱의 한 종류이며 지금도 널리 사용된다. 3차원 그물 구 조를 가지는 고형 물질이다. 높은 탄성 계수를 가지고 있으며 대표적인 상업용 물 질은 베이크라이트(bakelite)이다. 높은 강성, 전기 및 열 저항성을 가지며 자동차 변속기 부품, 전기용 공구의 하우징, 기기 부품 및 패널 등에 사용된다.

- 멜라민: 우수한 열저항, 수분, 화학 저항 능력을 가지고 있으며 다양한 투명과 불 투명 범위의 색상을 가지고 있다. 우수한 전기 아크 저항을 가지고 있다.

6.2.5 탄성 중합체(elastomers)

탄성 중합체는 폴리머의 특별한 종류로 분류되며 유사한 기계적 거동을 가지는 합성 폴리머에 포함된다. 천연고무와 이와 유사한 성질을 가지는 인조 합성 폴리머를 포함 한다. 예를 들면, 어떤 폴리우레탄 탄성 중합체는 열가소성 플라스틱과 같은 형태로 거 동하지만 또 다른 폴리우레탄 탄성 중합체(polyurethane elastomer)는 열경화성 폴리머 의 형태로 거동한다. 예를 들면, 폴리이소프렌은 천연고무와 동일한 기본 구조를 가지 는 합성 고무이지만 천연고무에서 발견되는 다양한 불순물을 충분히 가지지 못한다. 황(S: sulfur)을 높은 온도(160°C)에서 압력을 가하는 프레스 작업을 통해 가교 결합(cross link)을 하게 한다. 가교 결합의 정도가 크면 클수록 더욱 더 단단한 고무가 만들어진 다. 탄성 중합체 재료의 특성 중 하나는 매우 큰 탄성 변형을 가진다는 점이다. 즉, 원 래의 길이의 몇 배를 잡아당길 수 있다. 하중을 제거하면 쉽게 원래의 길이로 돌아간 다. 이와 같은 과정을 여러 번 반복하여도 동일한 결과를 얻는다. 대부분의 공학용 재 료의 탄성 영역 내에서의 기계적 성질은 이웃한 원자 사이의 결합 거리(bond length)의 변화로 인해 생긴다. 탄성 중합체는 선형의 체인 형태의 분자들이 코일 스프링처럼 비 틀려지거나 나선형처럼 꼬인다. 힘이 가해지면 폴리머의 꼬인 분자들이 풀어져 늘어난 다. 하중이 제거되면 분자들은 다시 원래의 위치로 원상 복구된다. 하지만 힘과 변위 사이의 관계식은 훅의 법칙(Hook's law)을 따르지 않는다. 실제 거동의 경우 탄성 중합 체는 복잡하다. 하중 하에 놓이면 체인 구조의 분자들은 풀어지는데(uncoil) 상호 간에 미끄러지며 점성 변형을 발생한다. 탄성 중합체를 고무와 합성 중합체로 구분한다. 수

백% 변형이 가능하며 응력 제거 시 원래의 형태로 완벽하게 회복된다. 탄성 중합체는 탄성(elastic)과 중합체(polymer)의 합성어이다.

고무(rubber)

천연고무(natural rubber, NR)는 가장 오래된 상업용 탄성 중합체이다. 원액 형태는 가장 좋은 접착제이며 적당한 솔벤트(solvent)에 녹여 시멘트를 만든다. 미국의 찰스 굿이어(Charles Goodyear)는 30%의 황을 첨가하고 적당한 온도로 가열하는 가황(vulcanize)법을 발견하였다. 고무는 부드러운 것부터 매우 단단한 성질의 다양한 특성을 제공하기 위해 혼합 합성된다. 추가적인 강도가 요구될 때에는 고무에 섬유 코드(textile cord) 혹은 직물들이 함께 접합된다. 섬유 성분은 하중을 지탱하는 데 주로 사용되며 고무는 기지 재료로 사용된다. 제2차 세계대전 중 천연고무(natural rubber, NR)의 공급이 중단되어 합성 고무의 제작이 시작되었다. 천연고무는 고무나무에서 채취한 유액을 60%까지 농축시켜 산을 이용하여 응고시키고 건조한 후 황의 함유량에 따라 가유 조합 경화시킨다. 여러 물질을 혼합하여 성형 가공한 다음 판, 봉 등의 생고무가 만들어지면 이것을 기본 재료로 하여 안료(pigment)를 넣고 가열, 가압, 성형하여 제품을 만드는 데 사용된다. 이때의 주성분은 이소프렌이 모체가 된 유기 물질이다. 가황의 함유량이 15% 이하일 때는 탄성이 풍부한 연질 고무라 한다. 가황의 함유량이 30% 이상일 때는 경질 고무(에보나이트, ebonite)라 한다.

인조 탄성 중합체(artificial elastomers)

수많은 인조 합성 중합체가 개발되고 있다. 공학용 재료로도 널리 사용되고 있어 중요성이 커지고 있다. 천연고무에 비해 부족한 성질을 가지는 인조 탄성 중합체도 있지만 우수한 성질을 가지는 인조 탄성 중합체도 있다. 고무에는 천연고무와 합성 고무가 있는데 합성 고무에는 부타디엔, 부틸, 네오프렌, 에틸렌 프로필렌 등이 있다.

탄성 중합체(elastomer)는 일반적으로 천연고무로 상징되지만 고무와 유사한 기계적 성질을 갖는 다양한 합성 폴리머 재료를 포함하기도 한다. 폴리이소프렌(polyisoprene)은 천연고무와 같은 구조로 만들어진 합성 고무이지만 천연고무와 같거나 아니면 보다 우수한 성질을 가지고 있다. 폴리이소프렌의 분자 구조는 그림 6.7에 나타나 있다. 황을 첨가하고 약 160℃ 정도의 온도와 압력을 가하면 그림에서와 같이 황에 의한 가교(sulfur cross-link: 가교 결합)를 형성하게 한다. 가교 결합(cross linking)이 강할수록 단단한 고무가 된다. 이러한 특수한 열 경화(thermosetting) 과정을 가황 처리(vulcanization)라 부른다.

열가소성 탄성 중합체인 실리콘 고무는 규소(silicone)의 선형 체인에 기초하여 산소 원자가 230℃와 같은 높은 온도 환경에서도 작용할 수 있는 재료이다. 다양한 혼합물을 섞어 높은 온도에서도 물리적 성질을 유지시킨다. 즉, 낮은 온도에서 유연성(flexibility), 수분을 함유한 유기물 및 산에 견디는 능력, 에너지 흡수 능력, 감쇠 능력과 다양한 경도를 가지며, 오존과 악천후에도 견딜 수 있는 합성 중합체들도 있다. 이러한 합성 탄성 중합체에는 열경화성 중합체인 EDPM, SBR(styrene butadiene rubber), 니트릴 고무, 네오프렌(neoprene) 등이 있으며 열가소성 중합체로는 불소 고무(fluroelastomer), 실리콘, 폴리우레탄 탄성 중합체 등이 있다.

가교 결합(cross link)은 열경화성 플라스틱 재료에서는 강력한 결합 구조를 이루지만 전형적인 탄성 중합체에서는 가교가 매우 드물게 생겨나기 때문에 다른 거동을 하게 된다. 가교 결합(cross link) 및 주된 사슬(main chain)은 탄성 중합체에서는 그 자체가 유연한 데 반해 열경화성 플라스틱에서는 그 자체가 견고하다. 탄성 중합체의 유연성은 긴 사슬에 걸쳐 축적된 효과, 즉 가교 사이에서 코일의 역할을 하는 사슬이 존재하기 때문이다. 하중을 받을 시 이 코일들은 교차(cross) 연결 점 사이에서 감겨 있다가 하중이 제거되면 다시 원위치로 돌아가며, 거시적으로 보면 모든 변형으로부터 회복된다. 전형적인 변형 거동 반응은 그림 6.8에 있다.

초기 탄성 계수 값은 사슬이 풀려져 있으므로 $E = 1$ MPa 정도로 매우 작다. 사슬이 펴지게 되면 견고해진다. 이와 같은 낮은 탄성 계수 값은 유리 전이 온도 T_g 온도 이하의 유리 상태(glassy)의 폴리머의 탄성 계수 값과 대조된다. 이때 폴리머 재료의 탄성 변형은 T_g 온도 이하에서는 공유 결합 및 관련 2차 결합이 함께한 상태에서 펼쳐지기 때문에 그 결과 1000배 이상의 탄성 계수 E값을 갖게 된다.

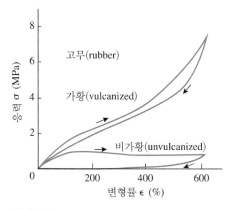

그림 6.8
가황 및 가황되지 않은 천연고무의 응력-변형률 곡선

표 6.6 다양한 고무에 대한 폴리머 명칭과 기계적 성질

폴리머	밀도(g/cm³)	E(GPa)	σ_u(MPa)	ϵ_f(%)
천연고무(NR)	0.93	1~2	17~30	650~900
SBR (styrene -butadiene rubber)	0.93~1.0	1~2	1.4~2.8	450~600
NBR(nitride -butadiene rubber)	0.93~1.0	1~2	1.4~2.8	450~600

합성 탄성 중합체에는 열경화성 탄성 중합체와 열가소성 탄성 중합체가 있다. 다양한 탄성 중합체에 대한 명칭과 기계적 성질은 표 6.6에 있다.

(1) 열경화성 탄성 중합체

탄성 중합체를 만들기 위해서는 분자들이 서로 미끄러지는 것을 방지해야 하며 고분자를 적절히 교차시킴으로써 가능하다. 고무와 같은 열경화성 탄성 중합체는 일단 가교 결합되거나 굳어지면 다른 형상으로 가공될 수 없다. 이유는 폴리머는 가공해도 연화되지 않기 때문이다. 따라서 열경화성 탄성 중합체는 반드시 가교 결합 과정 중 성형되어야 한다. 반면 열가소성 탄성 중합체는 가열과 변형에 의해 성형된다. 고무의 탄성과 강도는 함유된 황의 양에 의해 결정된다. 유연한 고무 글로버는 2~3%의 황을 포함하며 자동차 타이어는 3~4%의 황을 함유한다. 즉, 첨가 황이 많으면 단단해 진다고 할 수 있다. 다음은 열경화성 탄성 중합체에 대해 간단히 설명한다.

천연 가황 고무 혹은 특성 경화 고무(vulcanized natural rubber)
천연고무(NR)는 황과 가교 결합을 갖는 열경화성 탄성 중합체의 한 예이다. 천연고무(NR)에서 폴리머는 시스-폴리이소프렌이다. 900%의 높은 파단 연신율을 가지며 이 범위에서 하중이나 응력을 제거하면 대부분의 변형은 원래의 상태로 회복된다.

· 합성 고무: 부타디엔 고무(BR)는 제2차 세계대전 중 동남아시아로부터 천연고무 공급이 중단되었을 때 개발되었다. 이때부터 부타디엔, 부틸, 네오프렌, 에틸렌 프로필렌을 포함한 합성 고무가 나오기 시작하였다. 폴리머-시스-폴리이소프렌을 가진 합성 고무가 대부분을 차지한다.

a) 부타디엔 고무(BR): 천연고무(NR)와의 차이점은 NR의 메틸기 자리에 수소 원자가 있다는 점이다. 이로 인해 BR은 NR보다 더 높은 강도와 강성을 가진다.

b) 부틸 고무: 폴리이소부틸렌이라 한다. 좋은 강도와 파단 연신율을 가진다.

c) 클로로프렌: 네오프렌 고무로 알려져 있다. 내유성이 좋으며 강도는 천연고무(NR)보다 낮다. 연료 호스, 부츠, 신발 바닥, 잠수복, 잠수복의 코팅 등의 제품에 활용된다.

d) 에틸렌프로틴계 이종화합 단량체(EPDM): 이 고무는 에틸렌과 프로필렌 디엔 (diene)의 혼성 중합체를 형성함으로써 만들어진다. EPDM 고무는 NB 고무보다는 강성이 크지만 강도 자체는 높지 않다. 자동차 창문, 문, 트럭용 씰, 호스 튜브 등에 사용된다.

(2) 열가소성 탄성 중합체

열가소성 탄성 중합체는 약 30여 년 전에 개발되었다. 다양한 열가소성 중합체는 PS, 폴리우레탄(PU), 폴리아미드(PA)를 기반으로 강한 결합과 약한 결합의 조합을 통해 개발되었다. 열경화성 재료와는 달리 열가소성 폴리머는 반복해서 용해되고 응고될 수 있다. 또한 열가소성 폴리머는 가교 결합되어 있지 않다. 혼성 중합체(copolymer)를 이루기 위해서는 서로 다른 폴리머가 혼합되어 단일 LCM을 형성한다. 내충격성 폴리스티렌 (IPS, impact-resistant polystyrene)은 PS 30%와 부타디엔 고무 70%가 혼성 중합체를 형성함으로써 생성된다. 내충격성 폴리스티렌(IPS)의 내충격성은 폴리스티렌보다 일곱 배정도 더 높다. SAN은 PS 70%와 PAN 30%의 무정형 무작위 혼성 중합체이다. SAN의 내충격성은 PS보다 더 크지만 IPS보다는 작다. SAN보다 더 큰 내충격성을 갖는 폴리머를 만들기 위해서는 혼성 중합체인 ABS를 형성하기 위해 BR(부타디엔 고무)이 SAN에 첨가되어야 한다. ABS는 값싼 엔지니어링 플라스틱으로 가장 널리 사용된다. 일반적으로 열가소성 탄성 중합체는 가열과 변형에 의해 성형된다. 열가소성 탄성 중합체는 신발, 타이어, 개스킷과 성형 및 압출로 제작되는 상품 그리고 탄성 섬유 등에 활용된다. 대표적인 열가소성 탄성 중합체 섬유로는 Spandex, Lycra 등이 있다.

6.2.6 폴리머 재료의 강화법

저밀도 폴리에틸렌(LDPE)과 같은 폴리머는 일반적으로 13 MPa 정도의 인장 강도를 갖는다. 폴리머는 다양한 방법을 통해 강화시킬 수 있다. 강화법에는 LCM의 분자량을 증가시킬 수도 있고, 구조를 변화시킬 수 있고, LCM을 가교 결합시킬 수 있고 외력이 가해지는 방향으로 분자 사슬의 방향을 변형시킬 수 있다. 예를 들면, 폴리에티렌의 경우 폴리머 사슬의 방향을 섬유의 축 방향으로 정렬시켜 인장 강도가 3300 MPa인 섬유로 만들 수 있다. 또한 폴리머의 측면(side) 체인을 제거할 수 있고 분자 구조를 더 결정화시킬 수 있다.

폴리머의 입자 구조는 압력, 온도, 반응 시간, 기폭제(catalyst)의 함량 및 존재 여부, 냉각률 등과 같은 화학 합성 조건에 의해 영향을 받는다. 이런 조건들은 주어진 폴리머에 대해 광범위한 성질을 만들기 위해 다양하게 변화된다. 사슬 구조의 입자들 사이의 상대 운동을 방해하는 입자 구조를 가지면 강성과 강도는 증가된다. 사슬의 길이가 길어지면 길어질수록 무게는 증가되며, 서로 간에 얽힐 경향이 많다. 강성과 강도는 무정형(amorphous) 구조에서는 가지치기(branching)가 많을수록, 결정화가 클수록, 일반 열가소성 플라스틱 재료에서는 가교(cross linking)가 많을수록 증가된다. 이러한 효과는 유리 전이 온도(T_g) 이상에서 두드러진다. 전이 온도 이상에서는 사슬(chain)들 사이의 상호 간에 상대 운동이 생기는데 이 운동을 방해하지 못하면 사슬 입자들 사이의 상대 운동들이 발생되기 때문이다. 예를 들면, LDPE라 불리우는 저밀도 폴리에틸렌 경우는 현저한 사슬 가지치기(chain branching)를 가지고 있다. 이러한 불규칙적인 가지치기들은 질서 있는 결정 구조 형성을 방해한다. 따라서 결정화(crystallinity)가 약 65% 정도로 제한된다. 반면 고밀도 폴리에틸렌(HDPE)은 상대적으로 적은 가지치기를 가지고 있어 결정화가 90% 정도까지 도달된다. 이러한 구조적인 결과 차이로 인해 저밀도 폴리에틸렌(LDPE)은 매우 유연(flexible)한 반면에 고밀도 폴리에틸렌(HDPE)은 강하고 견고(rigid)하다. 고무에 있어 극단적인 물성치의 차이는 가황 양(amount of vulcanization)을 변화시킴으로써, 즉 가교 결합(cross linking) 정도를 변화시킴으로써 가능하다. 합성 고무인 폴리이소프렌(polyisoprene)의 탄성 계수에 대한 변화 효과는 그림 6.9에 나타나 있다. 폴리이소프렌은 천연고무와 거의 유사한 구조를 가지는 이소프렌의 중합체로 합성 천연고무라 한다. 가황이 안 된 고무는 부드럽고 점탄성 흐름을 가지지만 5% 황(S: sulfur)에 의해 형성된 가교 구조를 가진 고무는 자동차 타이어와 같은 곳에 유용하게 사용되고 있다. 보다 높은 가교 결합 구조를 가지는 재료는 에보나이트(ebonite)라고 불리는 경질 재료인데 단단하고 인성이 강한 재료이다. 이 재료는 생고무에 30~50%에 해당하는 황산을 넣고 비교적 긴 시간 가류하여 얻어진 흑색의 아름답고 광택을 가진 경질의 재료로서 전에는 성형 재료로서 여러 가지로 사용되었으나, 현재는 이 재료 대신 플라스틱으로 변경하여 특수한 전기 용품 등에 일부 사용된다.

어떻게 하면 등방성 폴리머의 강도를 향상시킬 수 있을까? 여기에 대한 답은 우선적으로 고분자 사슬에 대한 상대적인 운동에 저항하는 능력을 키울 수 있는 방법을 생각하는 것이다. 이 방법에는 분자 간의 거리에 관련된 인자를 고려해야 하는데 긴사슬 구조, 사슬 간 결합 형성, 사슬의 가지치기, 분자량이 큰 곁가지, 결정화도의 향상 등도 관련 인자들이다. 폴리에틸렌의 경우 강도에 미치는 결정화도의 영향과의 상관관계를

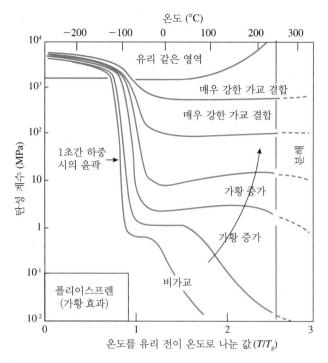

그림 6.9
천연고무와 유사한 합성 고무의 탄성 계수 *E*에 대한 가교 결합의 영향

알아야 한다. 또한 분자량의 무게가 강도에 미치는 영향과의 상관관계도 알아야 한다. 특정 열가소성 폴리머의 경우 이들 강화법을 요약하면 다음과 같다.

- 분자량 증가를 통한 열가소성 폴리머의 강화: 각 사슬당 단위 mer의 수를 증가시 킴으로써 LCM의 분자량을 증가시키는 것이다. 사슬의 평균 길이를 증가시키면 결합된 다른 사슬로부터 분자 수를 증가시키고 이로 인해 폴리머 강도는 증가된 다. 하지만 분자량 증가에 따른 폴리머 강화 효과에는 한계가 있다. 일반적으로 분자량이 많으면 강도가 증가되지만 가격이 비싸지고 분자량이 적으면 연해지지만 가공성은 우수해진다.

- 곁가지(branching) 제거를 통한 열가소성 폴리머의 강화: 긴사슬 분자(LCM) 사이 의 약한 결합으로 인해 저밀도 폴리에틸렌인 LPDE 폴리머의 인장 강도는 7~17 MPa 정도로 낮다. 반면 고밀도 폴리에틸렌(HDPE)은 긴 LCM을 가지지만 곁가지 가 없기 때문에 인장 강도는 20~40 MPa 정도로 높다.

- 구조 결정화(crystallization)를 통한 열가소성 폴리머의 강화: 폴리머 내부의 결정 화 정도는 인장 강도에 영향을 미친다. 예를 들면, 결정화도가 65%인 PE와 95%인 PE와의 인장 강도 차이는 두 배 이상이다. 만일 폴리머가 결정질이라면 각 분자들

은 결정 구조 내의 정해진 위치에 존재함으로써 단단한 결합을 이룰 것이며 따라서 강도는 매우 높을 것이다. 결정화도는 폴리머가 용융되면서 서서히 냉각시킬 때 증가한다. 액정 폴리머 제조에 사용된다.

· 긴사슬 분자(LCM, long chain molecular)의 정렬을 통한 열가소성 폴리머의 강화: 폴리머의 LCM은 고온에서 재료의 유동 방향으로 정렬된다. 이때 재료의 유동 방향은 유리 전이 온도보다 약간 높은 온도 범위에서 폴리머를 빠르게 변형시킴으로써 정해진다. 만일 폴리머가 유리 전이 온도보다 낮은 온도 범위에서 변형되면 폴리머는 취성을 가지며 취성 파괴를 한다. 만일 유리 전이 온도 이상에서 잘 변형되면 폴리머의 유동과 유동 방향은 일정하지 않고 불규칙하게 된다. 폴리머를 강화시키기 위해 소성 변형 시 LCM이 변형되는 것을 활용할 수 있다. 예를 들면, 폴리에틸렌이 초고분자량 폴리에틸렌(OUHMWP, oriented ultra high molecular weight polyethylene)의 섬유로 만들어졌을 때 극한 강도는 3300 MPa까지 상승한다. 아라미드 폴리머 섬유인 케블라(Kevlar)의 극한 인장 강도는 3600 MPa이다.

· 배합(blend) 및 혼합(alloying)을 통한 열가소성 폴리머의 강화 및 약화: 2가지 이상의 폴리머를 물리적으로 섞어 만드는 것에는 배합과 혼합이 있다. 폴리머 배합은 2개 이상의 폴리머들이 합성되어 만들어진다. 이때 합성된 폴리머의 미세구조는 2개 이상의 서로 다른 상을 가진다. 배합과 혼합의 차이점은 배합은 각각의 성질을 유지하는 것이며, 혼합은 각각의 성질을 유지하지 않는 것이라고 볼 수 있다. 배합은 합해진 폴리머가 별도의 유리 전이 온도 특성을 유지하며, 혼합은 별도의 유리 전이 온도를 유지하지 않는다.

폴리스티렌(PS)은 폴리에틸렌(PE)과 서로 섞이지 않으며 만일 이 둘이 배합하게 되면 블렌드(blend)가 형성된다. PE에 PS를 첨가해주면 PE의 강도는 높아진다. 폴리카보네이트에 ABS를 섞으면 폴리머 블렌드가 만들어져 오토바이 헬멧 제조에 사용된다. 폴리머 블렌드와 마찬가지로 폴리머 혼합(alloying) 또한 2개의 폴리머들이 합성되어 만들어진다. 하지만 합성된 폴리머 합금의 미세 구조는 단일상이다. 예를 들면, 폴리페닐린에테르(PPE)와 폴리스티렌(PS)이 혼합되어 혼합물(alloying)을 형성한다. 이렇게 만들어진 혼합물은 폴리페닐린에테르(PPE)와 폴리스티렌(PS)과는 전혀 다른 성질을 갖는다.

6.2.7 폴리머의 결합과 변조(combining and modifying polymers)

폴리머는 순수 형태로는 거의 사용되지 않고 다양한 방법으로 다른 물질과 서로 결합하여 사용된다. 합금(alloying), 소위 블렌딩(blending)이라 불리우는 방법은 두 종류 이상의 폴리머를 함께 녹여 그 결과 두 종류 이상의 혼합 사슬 형태가 생겨나게 하는 방법이다. 이 혼합물은 꽤 일정하거나 또는 성분(component)들이 다상 구조로 분리될 수 있다. 예를 들면, PVC와 PMMA를 함께 혼합하여 내화학성(chemical resistance), 연소성(good flame)이 좋은 질긴 플라스틱을 만든다.

혼성 중합 혹은 공중합(copolymerization)은 2종류의 폴리머를 결합하는 또 다른 방법인데 화학적 합성 시 여러 성분들을 혼합하여 각각의 연결 사슬이 두 종류의 반복 단위로 구성되게 하는 방법이다. 예를 들면, 스티렌 부타딘 고무는 3의 부타딘과 1의 스티렌으로 이루어진 혼성 중합체(copolymer)인데 양쪽 모두 개별 연결 입자 내에서 생겨나며 사용량이 매우 많은 재료이다. ABS 플라스틱은 3가지 폴리머(acrylonitrie butadiene styrene)로 이루어진 재료인데 terpolymer라고 부른다. 특히 acrylonitrie styrene copolymer 사슬은 부타디엔(butadiene) 폴리머에 측면 가지(side branch)를 가지고 있다.

폴리머 재료의 성질을 개조하기 위해 사용되는 비폴리머 물질 중에는 가소제(plasticizer)라는 물질이 있다. 가소제는 일종의 윤활제로 단단한 플라스틱 폴리머에 유연성 및 탄성을 증가시켜 성형하기 쉽게 하여 제품으로서의 특성을 갖출 수 있도록 첨가되는 물질을 말한다. 이 물질은 일반적으로 인성과 유연성을 증진시키는 목적으로 사용되는데 공정 중에 강도를 저하시키기도 한다. 가소제가 변질되거나 빠져나가면 다시 경화된다. 가소제는 높은 비등점을 가진 유기 액체인데 이 물질의 분자들은 폴리머 구조 속으로 스스로 배분된다. 이 물질의 입자들은 폴리머 사슬들을 분리시키는 경향이 있고 체인들 사이의 상대 운동을 용이하게 하여 쉽게 변형되게 한다. 예를 들면, 가소제를 PVC에 첨가하여 유연한 재료인 모조 가죽의 한 종류인 비닐로 사용한다. 가소제는 다시 말하면 폴리머의 강도나 탄성 계수를 낮추어 주는 용액이다. 예를 들면, 50% PVC에 가소제가 첨가된 경우 온도에 따른 전단 탄성 계수(G)의 변화를 보면 가소제가 첨가된 PVC의 전단 탄성 계수가 가소제가 첨가되지 않은 PVC보다 낮음을 알 수 있다.

폴리머 재료는 변조되거나 입자 섬유 형태의 재료들이 첨가되기도 한다. 충전재는 폴리머에 다른 재료를 첨가하여 재료를 향상시키는 재료이다. 예를 들면, 카본 블랙(carbon black)이 고무에 첨가되면 가황 효과뿐만 아니라 강성과 강도를 증가시킨다. 고무 입자가 폴리스티렌(polystyrene)에 첨가되면 취성을 감소시켜 그 결과 충격 특성이 우수한 HIPS(high impact polystyrene) 재료가 만들어진다. HIPS(high impact polystyrene) 재료의 미세 구조는 그림 6.10에 나타나 있다. 만약 첨가 재료가 강도를 증가시키기 위해 사용된다면 이 재료를 보강 재료(reinforcement)라 부른다. HIPS와 같은 내충격성

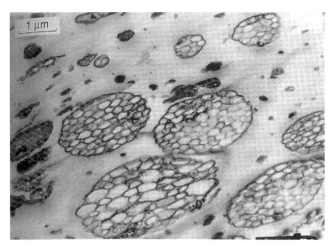

그림 6.10
고무를 변형시킨 폴리스티렌의 미세 구조. 여기서 검정 부분 입자와
네트워크는 고무이고 입자 안과 밖의 다른 밝은 영역은 폴리스티렌
이다. 표면을 만들기 위해 자르는 과정에서 동일한 길이의 축이지만
다소 입자가 늘어난 것처럼 보인다.

폴리스티렌(IPS)은 폴리스티렌(PS) 30%와 부타디엔 고무 70%를 혼합하여 만든 혼합
탄성 중합체이다.

또 다른 예를 들면 잘게 절삭된 유리 섬유(chopped glass fiber)를 다양한 열경화성
플라스틱(thermosetting polymer) 재료에 첨가하여 강성과 강도를 증가시킨다. 보강의
형태로는 고강도 섬유 재료인 유리, 흑연(graphite), 케블라(Kevlar)로 장섬유 형태 혹
은 직조 형태를 취한다. 대개 이들 재료는 열경화성 수지를 기지 재료(matrix)로 하는
복합 재료의 보강 재료로 사용된다. 예를 들면, 유리 섬유(fiber glass)는 매트의 형태
나 직조 섬유의 형태로 만들어져 기지 재료인 폴리에스테르(불포화) 재료에 삽입된다.
이러한 혼합 형태를 복합 재료(composite material)라 하고 이 장의 마지막 부분에서
따로 다루기로 한다.

6.3 세라믹과 유리(ceramics and glasses)

인류가 최초로 사용한 천연 소재에는 나무와 돌이 있다. 세라믹과 유리는 금속도 아니
고 탄소 고리(carbon-chain)를 기초로 한 유기 재료도 아닌 고체 무기 재료(inorganic
solid material)이다. 세라믹은 자기(porcelain), 고령토(china), 벽돌과 같은 진흙 제품과

자연산 돌, 콘크리트 등을 포함한다. 대부분의 금속 재료는 용융과 응고 과정을 거쳐 제작된다. 하지만 대부분의 세라믹 재료와 일부 금속 재료 및 고분자 재료는 분말 형태로 부터 제조한다. 세라믹 재료는 높은 전기 저항으로 인해 최근에는 전기 산업에도 널리 사용되고 있다. 세라믹은 고온에 잘 견디며 전기 및 자장 및 마모에 잘 견디는 성질을 가지고 있다. 일반적으로 단단하며 높은 용융점, 낮은 전기 및 열전도성, 열팽창, 우수한 크립(creep) 저항, 높은 탄성 계수, 우수한 압축 강도 등을 가지고 있다. 또한 유리 및 유리 관련 제품은 세라믹 시장의 절반을 점유하며 고급 세라믹 재료 또한 시장 점유 비중이 높아지고 있다.

6.3.1 서론

세라믹은 금속과 산화물, 탄화물, 질화물과 같은 형태의 비금속 요소와의 화합물이다. 다양한 성분과 형태로 존재한다. 이들 중 높은 응력 하에서 사용되는 세라믹 재료를 공학용 세라믹(engineering ceramic)이라 칭한다. 이 재료는 금속 재료와 간단한 복합체일 수도 있고 산소, 탄소, 수소와 같은 비금속 성분에다 준금속 실리콘(metalloid silicon) 혹은 붕소(boron) 등의 성분들로 합성된 재료일 수 있다. 다이아몬드나 흑연(graphite) 형상의 탄소는 세라믹으로 간주된다. 세라믹은 대개는 결정성(crystalline) 구조이고 유리는 무정형(amorphous) 구조이다. 대부분의 유리는 모래의 구성 성분인 실리카(SiO_2)와 CaO, Na_2O, B_2O_3, PbO 등과 같은 금속 산화물을 함께 녹여 만든다. 반대로 세라믹은 용융하여 제조하지 않고 미세한 파우더 입자들을 고체로 결합(binding)하는 방법으로 제조한다. 세라믹과 유리의 기계적 성질과 적용 예는 표 6.7에 나타나 있다. 결정질 세라믹스의 미세 구조는 그림 6.11에 나타나 있다.

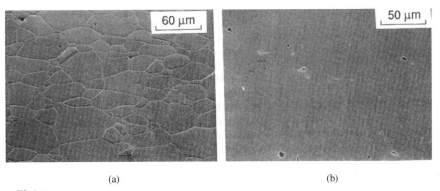

(a)   (b)

그림 6.11
입자 경계면이 보이는 최대 밀도의 알루미나(Al_2O_3) 표면(a)과 입자 경계가 보이지 않는 폴리싱된 단면 (b). 까맣게 보이는 부분들은 작은 구멍들(pores)이다.

표 6.7 공학용 세라믹과 몇몇 세라믹의 성질과 사용 용도

세라믹	용융점 $T_m(℃)$	밀도 ρ (g/cm³)	탄성 계수 E(GPa)	강도 극한 강도 σ_u(MPa)		용도
				인장	압축	
소듐(soda-lime glass)	730	2.48	74			유리, 콘테이너
S-glass	970	2.49	85.5	4480	–	항공 복합 재료 fiber
지르콘 자기	1567	3.60	147	56	560	고압 전기 절연체
마그네시아 (MgO)	2850	3.60	280	140	840	마모용 부품, 내화용 벽돌
알루미나 (99.5% dense Al₂O₃)	2050	3.89	372	262	2620	점화 플러그절연체, 절삭 공구
지르코니아 (ZrO₂)	2579	5.80	210	147	2100	내화용 벽돌, 고온용 도가니
실리콘 카바이드 (반응 접합, SiC)	2837	3.10	393	307	2500	연마재 엔진 부품, 항공 섬유
보론 카바이드 (B₄C)	2350	2.51	290	155	2900	베어링, 장갑재, 연마재
실리콘 나이트라이드 (열간 압연, Si₃N₄)	1900	3.18	310	450	3450	터빈 블레이드, 섬유 절삭 공구 첨가물
미국 서부 화강암	–	2.64	49.6	9.58	233	빌딩, 기념비
백운석회암	–	2.79	69.0	19.2	283	빌딩, 기념비

대부분 세라믹의 푸아송비 ν는 0.2~0.25이다.

엔지니어링 세라믹스는 금속에 비해 많은 장점을 가지고 있다. 부식과 마모에 강하고 용융점이 매우 높다. 이러한 특성은 강력한 공유 결합 내지 이온-공유 결합으로 인해 생긴다. 세라믹스는 높은 강성 계수를 가지고 있으며 무게도 상대적으로 가볍다. 세라믹 성분은 자연 속에 풍부하게 내재되어 있기 때문에 가격 또한 비싸지 않은 장점이 있다. 세라믹이 천연의 비금속 무기 재료라 하면 파인 세라믹스는 인조의 비금속 무기 재료를 기본으로 한다. 파인 세라믹스는 고순도의 극미립자로 된 정선된 원료를 사용하여 고도의 제어 생산 기술로 정밀하게 생산된 무기 재료를 칭한다. 소재의 종류는 산화물계와 비산화물계로 나누며 소재의 특성별로는 구조용 파인 세라믹스와 기능성 파

인 세라믹스로 구분할 수 있다. 구조용 세라믹스는 내식성, 내마모성, 강도, 내열성 등의 세라믹의 기본 특성을 살린 것으로 질화규소, 지르코니아, 알루미나 등을 들 수 있으며, 기능성 세라믹스는 전자기적 광학적 특성을 이용한 것으로 복합 산화물계 세라믹스가 사용된다.

소성 변형과 관련하여 세라믹 재료의 경우 결정면(crystal plane)의 슬립은 공유 결합의 방향성 및 강도 특성 그리고 상대적으로 복잡한 결정 구조의 결과로 쉽게 발생되지 않는다. 따라서 세라믹 재료는 근본적으로 취성 재료이며 유리 재료 역시 공유 결합에 의해 유사한 영향을 받는다. 세라믹에서의 취성은 금속 재료들에 비해 재료의 결정 라인에서 결정립계(grain boundary)들이 상대적으로 취약하기 때문에 더욱 그러하다. 결정립계에서 불연속적인 격자면의 화학적 결합으로 인해 취약성이 더 쉽게 발생한다. 또한 동일한 전하를 가지는 이온들이 근접하게 존재할 때 취성이 생긴다. 추가적으로 세라믹에는 상당한 정도의 다공성(porosity)이 존재하며 세라믹과 유리 재료에서는 대개 미세 균열을 포함하고 있다. 이러한 불연속성, 다공성 등이 거시적 균열(macroscopic crack)을 촉진시켜 취성 거동케 한다.

세라믹 재료들의 사용과 가공(processing)은 취성의 성질로 인해 크게 영향을 받는다. 따라서 최근에는 취성을 감소시키는 개선된 엔지니어링 세라믹을 개발하는 데 초점을 맞추었다. 세라믹의 장점을 살펴보면 우수한 고온 저항성 및 상대적인 경량성으로 인해 고효율의 자동차 및 제트 엔진 등에 사용이 증가되고 있다. 따라서 이 분야의 성공은 세라믹 재료의 수요 증가에 매우 중요하다고 할 수 있다.

6.3.2 점토, 자연산 돌 및 콘크리트(clay products, natural stone, and concrete)

점토는 얇은 판 같은 결정 구조(sheet like crystal structure)를 가지는 다양한 실리카계 광물질로 구성되는데, 주요한 물질의 예를 들면 고령토(Kaolin), $Al_2O_3-2SiO_2-2H_2O$ 등이 있다.

공정 작업 시 점토는 먼저 물과 함께 섞어 일정한 두께의 반죽 형태로 만든 다음 컵, 접시, 벽돌 등과 같은 유용한 형태로 제조된다. 소성 시 온도를 800°C에서 1200°C까지 가해 수분을 제거한 후 SiO_2의 일부를 녹여 Al_2O_3와 잔류 SiO_2가 결합된 유리를 고체의 형태로 만든다. 소듐(sodium)이나 포타슘과 같은 소량의 광물질을 첨가하여 유리의 고체화를 쉽게 하기도 하는데 이는 이러한 첨가 재료들이 낮은 점화 온도(firing temperature)를 유발시키기 때문이다.

자연석은 절단 이외의 다른 특별한 공정 없이 유용한 형태로 사용된다. 초기 과정은 자연산 돌에 따라 다양하게 변하는데, 예를 들면 석회암은 바다로부터 응고된 결정형 구조의 $CaCO_3$로 되어 있으며 대리석은 같은 광물질이지만 온도와 압력에 의해 재결정화된 재료이다. 사암(sand stone)은 물 분해물 석출 시 존재하는 $CaCO_3$ 혹은 SiO_2가 추가되어 결합된 실리카 모래(sand) 입자로 구성되어 있다. 반면에 화강암 같은 화성암들은 녹아서 다양한 결정질(crystalline) 구조를 이루는 다상 혼합물(multiphase alloy)이다.

콘크리트는 부서진 돌, 모래 그리고 이들 성분들을 고체로 결합시키는 시멘트로 구성된 혼합물이다. 최근의 시멘트 반죽(cement paste)은 1500°C에서 진흙과 석회석의 혼합물을 가열하여 만드는데, 이를 포틀랜드 시멘트(portland cement)라 부른다. 이들 재료는 1차적으로 석회(CaO: lime), 실리카(SiO_2), 알루미나를 포함하는 미세한 입자들의 혼합물로 구성되어 있다. 이들의 형태는 3중 칼슘실리케이트($3CaO-Al_2O_3$), 2중 칼슘실리케이트($2CaO-Al_2O_3$), 3중 칼슘알루미나이트($CaO-Al_2O_3$)로 존재한다. 수분이 첨가되면 수분은 이들 광물질들을 화학적으로 결합시키며, 결정 구조로 만드는 동안 수화 작용(hydration)이 시작된다. 수화 작용 동안 바늘 같은 결정들은 서로 내부 체결(interlocking)함으로써 시멘트 입자들 간에 그리고 돌과 모래들과 서로 결합된다. 반응은 초기에는 매우 빠르지만 시간이 지남에 따라 서서히 반응한다. 오랜 시간 후에 잔류 수분들이 결정 구조층들 사이의 조그마한 기공 사이에 존재하다가 화학적으로 수화된 반죽(paste) 표면에 흡수된다.

진흙, 자연석 그리고 콘크리트는 건물, 다리 및 다른 큰 구조물에 널리 사용되고 있다. 이들 재료는 대개는 취성을 가지고 있으며 인장력에 대해 상당히 취약하지만 압축력에 대해서는 상당한 강도를 가지고 있다. 콘크리트는 매우 경제적이어서 건설에 많이 사용되고 있으며 슬러리 형태로 부어져 어떤 장소에서든 복잡한 형상을 제조할 수 있는 장점을 가지고 있다. 개선된 콘크리트들, 즉 기공을 최소로 하거나 혹은 금속이나 유리 입자, 섬유를 첨가하여 좋은 강도를 가지는 다양한 콘크리트 재료들이 계속해서 개발되고 있다.

6.3.3 공학용 세라믹(engineering ceramics)

가장 널리 사용되는 구조 세라믹은 유리 형태의 실리카(SiO_2)이다. 결정질 세라믹에서는 알루미나가 함유된 세라믹이 널리 사용된다. 구조용 재료로 사용되는 세라믹 재료에는 산화물과 비산화물이 있다. 산화물의 대표적인 재료로는 알루미나(Al_2O_3), 지르코니아(ZrO_2)가 있고 비산화물 재료로는 탄화물, 질화물이 있다. 대표적인 탄화물 재료에는 탄화규소(SiC: silicon carbide), 탄화텅스텐(WC: tungsten carbide), 탄화붕소(B_4C) 등이 있고 질화물에는 질화규소(Si_3N_4: silicon nitride)가 있다. 세라믹의 우수한 기계적 성질은 분자들 간의 강한 이온 결합과 공유 결합으로 인해 생긴다. 알루미나(Al_2O_3)는 육방결정체 구조이며 알루미나의 질은 알루미나 함유량에 따라 영향을 받는다. 함유량이 높은 알루미나를 만들기 위해서는 더 높은 온도, 압력, 오랜 시간과 많은 비용이 소요된다. 알루미나는 주로 내화물이거나 전기 절연체에 사용된다. 가솔린 엔진과 같은 내연기관의 점화 플러그에서 전기 절연체로 사용된다. 또한 연마재 및 절삭 공구로 사용된다. 단일 결정형 형태에서 알루미나는 화이트 사파이어이며 철과 티타늄의 불순물을 가질 때 블루 사파이어이다. 탄화규소는 매우 단단해서 고온에서 높은 강도를 보이며 반도체의 특성을 가진다. 2000°C의 높은 온도에서 탄화규소 분말이 소결된다. 탄화규소 분말은 2000°C의 온도에서 탄소와 실리카의 반응에 의해 생성된다. 탄화규소는 숫돌의 휠, 높은 온도에서 산화를 막기 위해 사용되는 탄소 섬유재의 코팅재로 사용된다. 질화규소는 사면체 구조이며 질화규소 분말은 실리콘 분말과 질소의 반응에 의해 생성된다. 질화규소는 1000°C까지 높은 기계적 성질을 유지한다. 밸브, 밸브가이드 및 피스톤 링과 핀 등에 사용된다.

지르코니아는 이온 전도성이 지르코니아 산소 농도에 따라 달라지기 때문에 가솔린 엔진에서 배기가스에 포함된 산소를 측정하기 위해 사용된다. 부분적으로 안정화된 지르코니아는 파손 저항성이 상대적으로 우수하여 구조재로 사용된다. 지르코니아는 MgO, Y_2O_3와 같은 산화물의 양에 따라 안정화된다. 탄화텅스텐(WC)은 절삭 공구에 널리 사용된다.

대략 단순한 화학 성분으로 구성된 공학용 세라믹을 가공한다는 것은 먼저 성분을 얻는 과정이 포함된다. 예를 들면, 알루미나(Al_2O_3)는 벅스타이트(Al_2O_3-$2H_2O$)라는 광물로부터 열을 가해 수분을 제거함으로써 만들어진다. 다른 공학용 세라믹 재료의 하나인 지르코니아(ZrO_2)는 자연산 광물질로부터 직접 얻어진다. 텅스텐 카바이드(WC), 탄화규소인 실리콘 카바이드(SiC), 실리콘 나이트라이드(Si_3N_4)와 같은 재료들은 자연에서 얻어지는 성분을 사용, 적절한 화학 반응을 거친 후 얻어진다. 혼합물이 얻어진 후에는 미세한 분말로 만든다. 파우더 형태를 사용 열간 혹은 냉간 프레스에 의해 압축되어 유용한 형상으로 제조된다. 플라스틱과 같은 바인딩 성분을 사용하여 고체화된 파우더가 부서지는 것을 방지시키기도 한다.

이 단계에서 만들어진 세라믹을 그린 상태(green state)에 있다고 말하고 이 단계에서는 강도를 가지지 못한다. 그린 세라믹스는 평평한 평면 또는 구멍 가공, 나사를 만들기 위해 기계 가공되는데 이 단계에서 기계 가공이 용이하기 때문이다.

가공 과정 중 마지막 단계는 소결(sintering)^{주1)} 단계인데 이 단계에서는 그린 세라믹스를 재료 절대 용융 온도의 70%까지 가열하는 것이 포함된다. 소결 과정에서 입자들이 녹아 다소의 기공을 포함하는 고체가 형성된다. 기공도(기공의 체적 함유량)를 최소화함으로써 개선된 품질을 얻을 수 있다. 이 작업은 입자 크기를 단계화(gradation)하거나 소결 과정 중 압력을 가해 이룰 수 있다. 소량의 다른 종류의 세라믹이 분말에 첨가되면 공정 반응을 개선시킬 수도 있다. 최종 완제품의 성질을 맞추기 위해 주어진 혼합물에 다른 종류의 세라믹이 첨가되기도 한다. 기공(voids)을 최소로 하는 소결 방법의 변형된 방법 중 하나는 열간 정수압 성형(hot isostatic pressing, HIP)법이다. 이 방법은 세라믹을 얇은 금속 내부 막으로 두른 후 고온 가스로 압력을 가할 수 있는 용기에 놓는 방법이다. 또 다른 방법에는 화학 증기 부착법(chemically vapor deposition, CVD)과 반응 접합(reaction bonding)법 등이 있다. 전자는 고온 가스들 사이의 화학 반응을 포함하는데, 이 결과로 세라믹 재료의 고체 물질이 다른 재료의 표면에 부착하는 방법이고, 후자는 세라믹 화합물의 형성하는 화학적 반응과 소결 과정을 결합하는 방법이다. 공학용 세라믹스는 강성이 매우 높고 경량이며 압축에 매우 강한 강도를 가지고 있다. 재료의 고유한 취성이 있지만 인장 강도와 파괴 인성치가 높아 구조물에 적용되고 있지만 보다 활발한 사용을 위해서는 부품 설계 시 재료의 한계를 잘 고려해야 한다. 미래의 세라믹 사용 활성화 여부는 고온 사용 능력에 기인된다고 볼 수 있다. 일부 구조용 세라믹의 기계적 성질은 표 6.8과 같다.

- 내화 재료(refractory material): 고온용 내화 재료는 높은 온도하에서도 기계적 혹은 화학적 성질을 유지하도록 설계된 재료이다. 대부분 안정화된 산화물 성분에 기반을 둔 재료이다. 거친 산화물 입자들이 미세한 내화 재료와 결합된다. 다양한 산화물, 질화물, 붕소화물들이 고온에 사용된다. 3가지 내화물로 분류되는데 산성 내화물(acid refractory), 염기성 내화물(basic refractory), 중성 내화물(neutral refractory)이 있다. 산성 내화물 중 가장 흔한 재료는 실리카(SiO_2)와 알루미나(Al_2O_3)에 기초를 한 재료이다. 높은 경도와 기계적 성질을 가지며 고온 저항성을 제공한다. 산화마그네슘(MgO: magnesium oxide)은 염기성 내화재의 핵심 물질이다. 산성 내화물 재료보다 비싸다. 중성 내화물은 크로마이트(Cr_2O_3)를 포함하며, 산성 내화재와 염기성 내화물을 분리시키기 위해 사용된다. 염기성 내화재를 사용, 표면에 코팅 시 바닥에는 값싼 산성 내화 재료를 사용하고 실제 사용할 때에는 서로 결합하여 사

주1) 소결(sintering): 세라믹 재료를 고온에서 녹이지 않고 작은 입자들을 결합시켜 세라믹 혹은 금속 부품을 제작하는 데 사용되는 방식. 즉, 분말 입자들을 압력을 가하거나 또는 가하지 않은 상태에서 가열하여 밀도를 증가시켜 거의 완전히 충진된 고체로 성형하는 과정이다.

표 6.8 구조용 세라믹의 기계적 성질

재료	밀도 (g/cm³)	인장 강도 (MPa)	압축 강도 (MPa)	탄성 계수 (GPa)
알루미나(Al₂O₃)	3.98	207	2756	386
실리콘 카바이드(SiC)	3.1	172	3858	413
지르코니아(ZrO₂)	5.8	344	1772	200
실리콘 나이트라이드 (Si₃N₄): 열간 압축	3.2	551	3445	310

용하기도 한다.

- 연삭재 혹은 연마재(abrasives): 이 재료는 경도가 높은 실리콘 카바이드 혹은 알루미늄 옥사이드(알루미나)와 같은 세라믹 재료를 사용한다. 다이아몬드 혹은 입방정 질화붕소(cubic boron nitride)는 특히 초연마재(superabrasives)라 부른다.

6.3.4 서멧(cermets); 초경합금(cemented carbide)

서멧은 금속과 세라믹의 조합된 물체이며 초경합금이라 한다. 세라믹(산화물, 질화물, 탄화물)과 금속 파우더를 함께 소결(sintering)하여 단일품으로 제조한다. 금속은 세라믹 입자를 둘러싸며 이들을 함께 배합(binding)하는데, 세라믹 요소는 높은 경도와 마모 특성을 제공한다. 절삭 공구(cutting tool)로 널리 사용되는 초경합금은 가장 중요한 서멧(cermets)이다. 이 경우 텅스텐 카바이드(WC: tungsten carbide)를 3~25% 정도의 양으로 결합제인 코발트 금속(Co)과 함께 소결시킨다. 다른 탄화물(carbide)인 TiC, TaC, Cr₃C₂와 같은 재료도 텅스텐 카바이드(WC)와 함께 동일한 방식으로 사용된다. 가장 널리 사용되는 금속 바인더(binder) 재료는 코발트(Co)이고 니켈과 강(steel)도 사용된다. 초경합금의 금속 기지 재료는 인성치는 좋지만 산화와 온도에 약한 단점이 있다. 알루미나(Al₂O₃)나 보론 나이트라이드(BN)와 같은 일반적인 세라믹은 공구강으로 사용되고 있으며 경도, 무게, 산화 저항, 온도적인 측면에서 초경합금(cemented carbide)보다 이점이 있다. 하지만 기존 취성 세라믹 재료를 가지고 작업할 때에는 세심한 주의가 필요하기 때문에 초경합금을 사용하기도 한다. 또 다른 장점은 세라믹 코팅을 진공화학 부착(chemical vapor deposition) 방식을 사용하여 초경합금(cemented carbide) 공구에 할 수 있다. 이와 같은 방식으로 사용되는 세라믹 재료는 TiC, Al₂O₃ TiN 등이 있다.

6.3.5 유리(glasses)

유리는 보통 유리와 합성 유리, 강화 유리 및 특수 유리로 구분된다. 보통 유리는 소듐 유리라고도 하며 예전부터 사용되고 있다. 평판으로 자동차 등에 일반적으로 사용되지만 유리 파괴 시 파편이 날카로워서 인체에 상해를 준다. 합성 유리는 안전 유리의 일종이다. 3 mm 두께를 가지는 보통 유리 2장을 사용하고 PVC 막을 끼워 파괴 시 유리 파편이 튀는 것을 방지해준다. 강화 유리는 보통 판유리를 600°C 온도로 가열 처리한 것으로, 강도를 증가시켜 시야의 확대, 곡선 유리를 가능케 하는 유리로 안정성이 높다고 할 수 있다. 파단될 때 유리 결정질의 작은 조각으로 부서져 사고 시 운전자의 시야를 방해할 수도 있다. 특수 유리에는 조명용 유리와 열선 흡수 유리 열선 도체 유리 등이 있다. 유리의 결정성 형태의 순수 실리카(SiO_2)는 석영(quartz)의 광물질인데 그것의 결정 구조의 하나가 그림 6.12에 예시되어 있다. 가장 널리 사용되는 구조용 세라믹은 실리카이다. 비정질 조건에서는 석영 유리이다.

그러나 실리카가 용융 상태에서부터 고상화될 때는 비정형 고체(amorphous solid)가 된다. 이는 용융 유리가 사슬 같은 분자 구조로 인해 높은 점성도를 가지고 있기 때문인데 이는 고상화 시 완전 결정(perfect crystal)이 형성되지 못할 정도로 분자 운동을 제한하기 때문이다. 3차원 결정 구조가 그림 6.12에 묘사되어 있고, 단순화된 2차원 형상은 그림 6.13에 묘사되어 있다. 그림 6.13(a)에는 자연적인 용해물로부터 형성된 완전 결정체가, 그림 6.13(b)에는 용융 실리카로부터 만들어진 유리와는 유사하지만 불완전한 네트워크 구조를 가지고 있는 유리의 구조가 나타나 있다.

유리는 공정 과정에서 용융될 때까지 열을 가한 후 용해물을 유용한 형태의 형틀(mold)이나 캐스트(cast)에 붓는다. 혹은 말랑말랑해질 때까지 열을 가한 후 평면 유리같이 롤링 제조법으로 만들거나 병을 제조할 때처럼 불어서 제조하기도 한다. 유리의

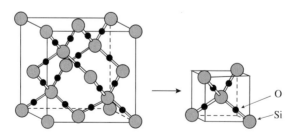

그림 6.12
실리카(SiO_2)의 다이아몬드 입방체 결정 구조(고온에서 cristobalite 형태). 반면 상온에서의 결정 구조는 오른쪽과 같이 기본 사면체 단위(tetrahedral cell)보다 복잡한 배열을 한다.

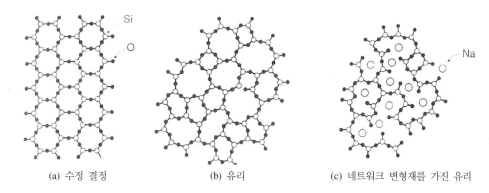

(a) 수정 결정　　　　　(b) 유리　　　　　(c) 네트워크 변형재를 가진 유리

그림 6.13

실리카 2차원 구조 그림. (a) 수정 결정(quartz crystal) (b) 유리(glass) (c) 네트워크 modifier)를 가진 유리

점도는 온도에 따라 변하기 때문에 쉽게 형상을 만들 수 있다. 따라서 온도는 특정 제조 방법에 적합하도록 일정하게 지속적으로 유지 조절될 수 있어야 한다. 순수 실리카 재료의 경우 온도는 약 1800°C까지 올라가기 때문에 이 경우 Na_2O, K_2O CaO 등을 첨가하여 성형(forming) 온도를 800~1000°C로 낮추기도 한다. 이들 산화물은 네트워크 변형재(network modifier)라고 불리우는데, 그 이유는 관련 금속 이온이 산소 원자와 함께 비방향성인 이온 결합을 만들기 때문이다. 그 결과 그림 6.12(c)에서와 같이 마지막 끝단(terminal ends)의 형태로 된다.

　분자 구조에서 이러한 변화는 유리가 순수 실리카 유리보다 취성이 작은 이유이다. 상업용 유리는 표 6.9에 표시된 대로 다양한 양의 네트워크 변형재(network modifier)를 함유하고 있다. 광학적 성질 혹은 전기적 성질, 색상 등을 변화시키기 위해 또 다른 산화물이 첨가되는데 산화물 중 B_2O_3 같은 산화물은 스스로 유리를 형성하며 그 결과 2개의 상(two phase)이 된다. 납유리는 PbO를 포함하는데, 납은 사슬 구조에 관여하여 저항성(resistivity)을 증가시키고 유리의 높은 굴절률(high refractive index)을 갖게 하며 미세 결정의 반짝이는 성질을 갖는 데 기여하기도 한다. 알루미나(Al_2O_3)를 첨가하면 복합 재료에 사용되는 유리 섬유의 강도가 증가되고 강성 계수 또한 증가된다. 일반적으로 유리의 강도는 유리의 형상과 열처리 방법에 달려있다.

6.3.6　유리-세라믹(glass ceramics)

유리-세라믹은 유리로 시작되는 재료이지만 열처리 과정 중에 결정성 물질이 유리 내부에서 생성된다. 유리-세라믹은 실리카의 첨가에 따라 다양한 공학적 물성을 가질 수

표 6.9 전형적인 복합 재료와 대표적인 실리카를 사용하는 곳

유리	주요 성분 % 무게비							사용처 및 용도
	SiO$_2$	Al$_2$O$_3$	CaO	B$_2$O$_3$	Na$_2$O	MgO	PbO	
용융 실리카 (fused silica)	99	–	–	–	–	–	–	노(furance)에 사용되는 창
붕규산 유리 (파이렉스)	81	2	–	4	–	–	–	취사 도구, 실험실용 장비
소다 석회 (soda-lime)	72	1	9	14	–	3	–	유리, 콘테이너
납 첨가 (leaded)	66	1	1	6	1	–	15	테이블 용도; 9% K$_2$O 포함
Type E	54	14	16	1	10	4	–	유리 섬유에서의 섬유
Type S	65	25	–	–	–	10	–	항공기 복합 재료의 섬유

있고 알루미나(Al$_2$O$_3$) 혹은 리튬옥사이드(Li$_2$O)가 첨가되면 좋은 열충격성을 가질 수 있다. 이 유리-세라믹은 코닝웨어의 제품인 파이로세람(Pyroceram) 등이 있는데 취사 용기로 널리 사용된다. 이 재료는 우선 유리로 형상을 만들고 탈 유리화 및 재결정을 촉진하기 위해 열처리를 한다. 열처리 결과 기본 무정형 구조 내에 많은 양의 결정성 재료를 포함하는 구조를 갖게 된다. 결정성 상(crystalline phase)은 고온에서 크립 현상을 지연시키는 역할을 한다. 강도는 전통 유리보다 크며 열팽창 계수는 거의 0에 가깝다. 열 충격에 강한 저항성을 가진다. 코닝웨어 사의 Pyroceram은 전형적인 글라스 세라믹의 상품명이다. 그림 6.14는 온도 및 등온 유지 시간에 따른 유리-세라믹의 전형적

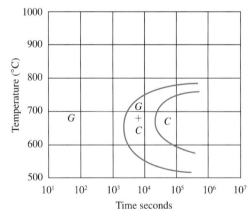

그림 6.14
온도 및 등온 시간에 따른 유리+결정을 보여주는
TTT 곡선(G: glass(유리), C: crystal(결정))

인 TTT 곡선이다.

6.3.7 공학용 세라믹의 강화

세라믹 재료는 상온에서 취성을 보이지만 고온에서는 연성의 특성을 가지고 있다. 유리의 경우 고온에서 소성 변형을 쉽게 할 수 있어 다양한 모양의 유리 구조물을 만들 수 있다. 세라믹 재료는 상온에서 항복 응력이 잘 나타나지 않고 강도도 항복 응력 이하에서 파단이 발생한다. 따라서 세라믹 재료의 파괴 응력을 높이는 강화 방법에 대해 설명한다. 일반적으로 세라믹 재료가 가지는 결함들을 제거함으로써 강화 효과를 이룰 수 있다. 강화 방법은 금속의 강화 방법과 유사하다.

6.3.7.1 단결정 세라믹의 강화

염화소듐(NaCl)이나 산화마그네슘(MgO)과 같은 단결정의 경우는 상온에서 쉽게 항복을 일으켜 소성 변형을 한다. 공유 결합과 복잡한 결정 구조를 가지는 단결정 세라믹은 상온에서 취성을 가진다. 알루미나(Al_2O_3)의 경우 900℃ 이전까지는 취성을 가진다. 금속의 고용체 강화 과정과 유사한 방법을 사용하여 세라믹 재료의 연성을 크게 한다. 예를 들면, NiO에 의해 고용체 강화된 MgO의 압축 강도는 순수 MgO의 압축 강도보다 2배 이상 높다.

6.3.7.2 다결정 세라믹의 강화

단결정(single crystal) 산화마그네슘(MgO)은 상온에서 소형 변형을 일으키나 다결정(poly crystal) 산화마그네슘(MgO)은 온도가 1000℃까지 취성을 보인다. 그 이유는 다결정 재료의 경우 소성 변형 동안 재료의 연속성을 유지하려는 성질을 가지기 때문이다. 다결정 재료의 연속성을 유지하기 위해서는 각각의 결정립이 최소 5개의 슬립 시스템을 가져야 한다. 다결정 산화마그네슘(MgO)의 경우 5개의 활성 슬립 시스템을 가지는 것은 매우 높은 임계 분해 전단 응력이 필요하다. 따라서 취성 파괴가 발생하기 전 슬립 시스템이 모두 활성화되는 것은 불가능하다. 균열은 다결정 세라믹의 결정립 계(grain boundary system)에서 발생한다. 균열이나 공극들(pores)은 열간 정수압 소결법(HIP)으로 제조된다. 이때 세라믹 가루 입자들 사이에서 이러한 결함들이 발생할 수 있다. 파괴 강도 증가를 통해 세라믹을 강화시킬 수 있는데 가장 효과적인 방법은 이러한 결함의 크기와 수를 줄이는 것이다. 세라믹 재료의 파괴 강도와 탄성 계수의 증가는 공극률(porosity)을 줄임으로써 가능하다. 제조 시 더 높은 온도와 압력을 통해 공극률을 줄일 수 있으며 기공과 공극을 더 장시간 노출시킴으로써도 줄일 수 있다.

질화물인 실리콘 나이트라이드(Si_3N_4) 혹은 산화물인 지르코니아(ZrO_2)의 경우는 재료의 미세 구조를 변형함으로써 강도를 증가시킬 수 있다. 실리콘 나이트라이드(Si_3N_4)의 침상형 결정립은 MgO, Al_2O_3, CaO, Y_2O_3와 같은 다른 세라믹을 첨가하여 만든다. 소결 시 첨가되는 세라믹들은 액체 상태로 형성되며 실리콘 나이트라이드(질화규소)의 결정립 생성을 촉진한다. 이러한 바늘 모양 결정립은 파괴에 저항성을 높여주는 역할을 하며 궁극적으로 재료의 파괴 강도를 증가시켜 준다. 지르코니아의 경우 마르텐사이트 상 변형을 제어함으로써 파괴 강도를 증가시킬 수 있다. 지르코니아에 CaO, MgO와 같은 다른 세라믹을 첨가하여 안정하게 한다. 우주 왕복선에서는 복합 재료를 사용함으로써, 즉 카본-카본 타일에 흑연 섬유를 포함시켜 취성 타일의 강도 증가를 이룬다.

6.3.7.3 비정형 세라믹의 강화

유리는 가장 일반적인 비정형, 즉 비정질 세라믹 재료이다. 유리는 뜨임(tempering) 열처리를 통해 강화될 수 있다. 뜨임 열처리 시에는 유리 전이 온도(T_g) 이상 용융점 이하 온도로 가열한다. 이후 유리 표면을 빠르게 분출되는 공기를 사용하여 냉각시킨다. 표면 온도가 유리 전이 온도 이하로 내려가면 유리는 단단해진다. 이때 유리의 중심부는 전이 온도 이상이며 과냉각 액체 상태이다. 유리 중심부는 온도가 내려감에 따라 수축 변형이 발생하며 동시에 유리 표면도 수축 변형된다. 단단한 유리 표면이 강제로 수축됨에 따라 유리 표면에 압축 변형이 생겨 압축 응력이 발생하게 된다. 단단하게 형성된 유리 표면으로 인해 유리 중심부가 냉각됨에 따라 발생하는 열 수축을 방지해 준다. 즉, 중심부의 원자는 평형 상태의 원자 간의 거리보다 늘어나게 되고, 이로 인해 인장 변형과 인장 응력을 받게 된다. 뜨임 열처리 결과 유리의 바깥 표면에는 압축 잔류 응력이 생기고 중심부에는 인장 응력이 생긴다. 가해진 응력이 0이기 때문에 재료 내부의 모든 응력 합은 0이어야 한다. 유리의 파괴는 표면의 스크래치나 균열로부터 시작된다. 뜨임 열처리되어 생긴 유리 표면 압축 응력은 파손에 대한 저항도를 높여 유리의 파괴 강도를 증가시킨다. 열처리한 유리의 잔류 응력은 광탄성법(photo elasticity)을 사용하여 측정된다.

6.4 복합 재료(composite materials)

복합 재료는 2가지 이상의 재료를 물리적으로 구분될 수 있도록 혼합시키거나 접합시켜 전체 재료의 특성을 각각의 구성 재료의 특성보다 우수하게 유지시키도록 인공적으로 만들어진 재료로 정의될 수 있다.

기지 재료(matrix)인 플라스틱 재료에다 보강재(reinforcement)로 고무를 첨가한 재료가 있고, 기지 재료로 열경화성 플라스틱 재료인 에폭시에다 잘게 썬 유리 섬유(chopped glass fiber)를 보강한 재료, 탄소 섬유를 보강재로 사용한 탄소 섬유 강화 플라스틱(CFRP), 초경합금(cemented carbide), 콘크리트 재료 등은 잘 알려진 복합 재료들이다. 기지 재료의 종류에 따라 크게 3종류의 복합 재료가 있다. 알루미늄 합금과 같은 금속 기지(metal matrix) 재료에 보강 재료를 첨가한 복합 재료는 금속 복합 재료(MMC, metal matrix composite)라 부르며 고분자 기지 재료에 보강 재료를 첨가한 복합 재료는 PMC(polymer matrix composite)라 한다. 또한 세라믹 기지 재료에 보강 재료를 첨가한 복합 재료는 CMC(ceramic matrix composite)라 한다. 복합 재료의 섬유 배열 형태에 따라, 적층한 경우는 적층 판재(laminate), 섬유를 무작위적으로 배열한 것을 매트(mat)라 부르고 직물처럼 직조한 경우를 직조 복합 재료(woven composite)라 한다. 또한 벌집 구조(honeycomb, H/C)를 심재(core)로 하고 심재의 양쪽 표면에 외피(skin)를 접착제로 접합하여 성형한 허니콤 샌드위치 복합 재료 판넬(honeycomb sandwich composite panel) 구조물이 있다. 이때 심재를 발포성 폼(foam) 재료를 사용한 경우 폼 심재 샌드위치 판넬이라 한다.

6.4.1 서론

이들 복합 재료들은 보강 재료인 입자나 섬유와 이들을 외부 환경으로부터 보호하고 형상을 유지하는 역할을 하는 기지 재료(matrix)로 구성되어 있다(그림 6.15). 어떤 복

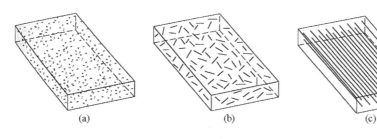

(a)　　　　　　　　(b)　　　　　　　　(c)

그림 6.15
(a) 입자 강화 복합 재료 (b) 단섬유 혹은 휘스커 강화 복합 재료 (c) 장섬유 강화 복합 재료

합 재료들은 전혀 다른 재료층을 가지고 있으며 각층의 재료들은 그 자체가 복합 재료일 수 있다. 복합 재료 정의상 함께 용해되거나 혼합된 재료는 복합 재료로 간주되지 않는다. 고용체가 아닌 2개의 상 구조를 가지고 있다 할지라도 복합 재료라 할 수 없다. 복합 재료의 형태와 적용 예 등이 표 6.10에 제시되어 있다.

생물학적 기원을 갖는 재료는 대개 복합 재료이다. 나무는 폴리머인 리그닌(lignin)과 섬유소인 셀룰로오스(cellulose)와 이 둘 사이에서 경계층(interphase) 역할을 하는 헤미셀룰로오스(hemicellulose)로 구성되어 있다. 뼈는 섬유성(fibrous)의 단백질인 콜라겐으로 구성되어 있다. 이 재료는 세라믹 기지 재료와 같은 결정성 광물질인 hydroxylapatite [Ca$_5$(PO$_4$)OH]로 구성되어 있다. 이와 같은 천연 복합 재료는 구조상 복합 재료의 범위에 해당한다 하더라도 우리가 말하는 복합 재료는 인공적으로 만든 재료로 구성된 재료를 지칭한다.

복합 재료는 현재 다양한 산업 분야에서 광범위하게 사용되고 있으며 사용 예 및 물량은 급격히 증가하고 있다.

인간이 만든 복합 재료는 경량화와 고강성, 고강도의 목적에 맞도록 제조되어 왔다. 그 결과 가격은 다소 비싸지만 고성능의 재료들이 우주 항공 및 군수 산업에 꾸준히 사용되어 왔고 낚시대나 골프채와 같은 스포츠 용품 산업에도 널리 사용되고 있다.

유리 강화 플라스틱(glass reinforced plastic)과 같은 경제적인 복합 재료들이 꾸준히 자동차 부품, 보트 동체, 스포츠 용품, 가구 등과 같은 광범위한 곳에 사용되고 있다. 나무와 콘크리트는 여전히 주된 건설용 재료이지만 최근에는 이들 재료들을 포함한 새로운 복합 재료들이 건설 산업에 최신 재료로 사용되어지고 있다.

6.4.2 입자 복합 재료(particulate composites)

입자 복합 재료는 기지 재료와 기지 재료의 둘러싸인 별개의 입자들로 구성된 재료로, 예로는 콘크리트를 들 수 있다. 콘크리트는 모래와 자갈 입자들로 구성되며 기지 재료인 시멘트로 둘러싸여 있다. 재료 입자들(particles)은 거친 입자들과 매우 미세한 입자들이 있으며, 재료의 성질에 따라 기지 재료에 다양한 영향을 미칠 수 있다. 연성의 미립자들이 취성의 기지 재료에 첨가되면 균열이 입자 사이를 통과하기 어렵기 때문에 인성치를 증가시킨다. 예를 들면, 고무를 변형시킨 폴리스티렌(polystyrene, PS)이 그러한데 이 재료의 미세 구조는 그림 6.9에 있고 또 다른 연성의 미립자들과 두 종류의 폴리머로 만들어진 복합 재료의 깨진 단면이 그림 6.16에 표시된다. 단단하고 강성이 좋은, 즉 높은 탄성 계수 E값을 갖는 아주 작은 입자 재료들이 연성의 기지 재료에 첨가

표 6.10 복합 재료의 대표적인 형태와 용도

보강 형태(type)	기지 재료 형태	예	사용처 및 용도
(a) 입자 복합 재료(particulate composite)			
연성이 좋은 폴리머 혹은 중합체(elastomer)	취성 폴리머	폴리스티렌 내의 고무	장난감, 카메라
세라믹	연성이 좋은 금속	코발트 금속 바인더를 가지는 WC(텅스텐 카바이드)	절단용 공구
세라믹	세라믹	포틀랜드 시멘트 안의 화강암, 돌, 실리카 모래	교량, 빌딩
(b) 단섬유, 휘스커 복합 재료(short-fiber, whisker composite)			
강한 섬유	열경화성 플라스틱	폴리에스테르 수지 안의 단섬유 (chopped fiber)	자동차 몸체 판넬
세라믹	연성이 좋은 금속	알루미늄 합금 내의 SiC(실리콘 카바이드) 휘스커	항공기 구조용 판넬
(c) 장섬유 복합 재료(continous-fiber composite)			
세라믹	열경화성 플라스틱	에폭시 그래파이트	항공기 날개 플랩
세라믹	연성이 좋은 금속	Al 합금 내의 붕소	항공기 구조물
세라믹	세라믹	Si_3N_4의 SiC	엔진 부품
(d) 복합 재료 판재(laminated composite)			
강성이 좋은 sheet	foamed 폴리머	ABS 폼 심재 위의 PVC, ABS sheet	카누
복합 재료	금속	알루미늄 합금층 사이의 에폭시 내의 케블라	항공기 구조

되면 강도와 강성이 좋아진다. 탄소가 고무에 첨가된 예가 그러하다. 예상된 대로 단단한 미립자가 첨가되면 일반적으로 연성의 기지 재료의 파괴 인성치는 저하된다. 이런 이유로 복합 재료의 사용이 제한을 받지만 이를 능가하는 다른 장점들, 즉 고경도, 초경합금(cemented carbide)의 마모 저항 등과 같은 장점을 갖는다면 여전히 유용하게 사용할 수 있다. 만약에 연성의 기지 재료에 첨가되는 단단한 입자가 적게 제한적으로 첨가되면 인성값의 감소는 크지 않을 것이다. 초경합금(cemented carbide)은 텅스텐 카바

그림 6.16
고충격용 폴리스티렌 입자를 첨가한 폴리페닐렌
(PPO)의 파단면

이드나 티타늄 카바이드와 같은 단단한 세라믹 입자를 코발트와 같은 금속 기지 재료
에 삽입한 재료이다.

금속 복합 재료에 있어 석출 경화와 같은 바람직한 강화 효과는 금속 분말을 약 0.1
μm 크기의 세라믹 입자와 함께 소결시키면 달성할 수 있다. 이것을 분산 경화(dispersion
hardening) 혹은 분산 강화(dispersion strengthening)라 부른다. 일반적으로 분산 강화
된 재료는 소량의 단단하고 취성이며, 크기가 작은 입자(산화물, 탄화물)들을 부드럽
고 연성인 기지 재료 내에 분산시킨 입자 복합 재료이다. 입자의 체적비는 15%를 넘
지 않으며 첨가량은 대략 1% 정도이다. 이와 같은 방식으로 알루미늄 금속 기지 재료
에다 알루미나(Al_2O_3)를 첨가하면 크립 저항을 개선시킬 수 있다. 텅스텐 금속 기지
재료에 ThO_2, Al_2O_3, SiO_2, K_2O와 같은 소량의 산화세라믹을 첨가하여 강화 효과를
얻을 수 있는데 이는 텅스텐 전구 필라멘트의 크립(creep) 저항을 현저히 개선시킨다.

6.4.3 섬유 복합 재료(fibrous composites)

복합 재료에서 강화 재료는 크기에 따라 휘스커(whisker), 섬유(fiber), 와이어(wire) 등
으로 분류된다. 휘스커는 사이즈가 가장 작은 보강 재료 형태이며 흑연, 알루미나, 실
리콘 카바이드, 실리콘 나이트라이드(Si_3N_4) 등이 사용된다. 강하고 강성이 높은 섬유
(fiber)는 세라믹 재료로부터 만들어지는데 이들 재료에는 유리(E-glass, S-glass), 탄소
(carbon), 붕소(boron), 실리콘 카바이드(SiC) 등이 있다. 하지만 이것들을 큰 덩어리 형
태(bulk form)인 구조용 재료로 사용하기에는 어려움이 있다. 복합 재료에서 가장 널리
사용되는 형태는 섬유 강화 복합 재료 형태이다. 섬유는 폴리머나 금속 재료와 같은 연

그림 6.17
CAS 유리–세라믹 복합 재료에서 부서진 SiC 섬유를 보여주는 파단면

성의 기지 재료(matrix)에 심어지는데 그 결과 복합 재료는 강성과 강도와 인성을 동시에 가질 수 있게 된다. 섬유는 대부분의 응력을 지탱하며 기지 재료는 그것을 유지시킨다. 섬유와 기지 재료는 그림 6.17의 파단면에서 보인다. 보강 섬유와 기지 재료 사이의 접착은 매우 중요하다. 이 접착력으로 인해 기지 재료는 섬유와 다른 파단 섬유 사이 혹은 길이가 유한한 섬유 사이의 응력을 지탱한다.

섬유의 직경은 대략 1~100 μm이다. 섬유는 복합 재료에서 다양한 형태로 사용되는데 그림 6.15에는 장, 단섬유 2종류가 나타나 있다. 섬유가 무작위적으로 배열된 복합 재료는 등방성의 성질을 가지는데 유리 섬유를 짧은 단섬유(short fiber) 형태로 열가소성 재료에 사용한 복합 재료가 단섬유 복합 재료의 예이다. 휘스커(whisker)는 단섬유의 특별한 종류인데 전위가 없어 매우 강한 미세한 단결정체로 구성되어 있다. 직경은 대략 1~10 μm 정도이고 그보다 작기도 하다. 길이는 직경의 10배 내지 100배 정도이다. 예를 들면, 일정치 않은 방향의 실리콘 카바이드 휘스커(SiC-whisker)는 알루미늄 합금의 강성 및 강도 보강을 위해 사용된다. 장섬유는 직조(woven)되기도 하며 내부가 얽혀있는 매트(mat) 형태로 제조되기도 한다.

a) 유리 섬유(glass fiber)

유리 섬유는 낮은 가격과 다양한 적용 분야로 인해 가장 널리 사용되고 있는 보강 재료이다.

유리 섬유는 열경화성 수지인 폴리에스테르 수지와 함께 사용되며 일반적인 유리 섬유(glass fiber) 강화 복합 재료를 만든다. 고성능 복합 재료는 장섬유(long fiber)를 사용하여 만든다. 장섬유로 E–유리 섬유(glass fiber)와 S–유리 섬유(glass fiber)가 널리 사용

표 6.11 E-glass와 S-glass 섬유의 물성치

물성치, unit	E-유리 섬유	S-유리 섬유
밀도(g/cm^3)	2.54	2.49
인장 강도(MPa)	3448	4585
인장 탄성 계수(GPa)	72.4	85.5
직경 범위(μm)	3~20	8~13
열팽창 계수(10^{-6}/°C)	5.0	2.9

된다. 이들 유리 섬유 재료의 물성치는 표 6.11과 같다.

b) 붕소 섬유(boron fiber)

붕소 섬유(boron fiber) 또한 보강재로 많이 사용된다. 다양한 직경을 가진 붕소(boron) 필라멘트(filament)가 제조되는데 표 6.12는 boron-tungsten 필라멘트의 물성치를 나타낸다.

c) 고성능 폴리에틸렌 섬유(HPPE)

폴리에틸렌 분자로부터 초강력 탄성 계수(high modulus) 섬유가 만들어질 수 있다. 고성능 폴리에틸렌(HPPE) 섬유의 물성치는 다음 표 6.13과 같다.

표 6.12 붕소 섬유의 물성치(텅스텐과 함께 사용)

물성치(unit)	섬유 직경		
	100 μm	140 μm	200 μm
밀도(g/cm^3)	2.61	2.47	2.39
인장 강도(MPa)	3450	3450	3450
인장 탄성 계수(GPa)	400	400	400
열팽창 계수(10^{-6}/°C)	4.9	4.9	4.9

표 6.13 고성능 폴리에틸렌(HPPE) 섬유의 물성치

물성치(unit)	섬유 직경(38 μm)
밀도(g/cm^3)	0.97
인장 강도(MPa)	2180~3600
인장 탄성 계수(GPa)	62~120
연신율(%)	2.8~4.4

표 6.14 선도 물질에 따른 탄소 섬유 물성치

물성치	선도 물질		
	PAN	Pitch	Rayon
인장 강도(MPa)	1925~6200	2275~4060	2070~2760
인장 계수(GPa)	230~595	170~980	415~550
밀도(g/cm³)	1.77~1.96	2.0~2.2	1.7
연신율(%)	0.4~1.2	0.25~0.7	−
열팽창 계수(10^{-6}/°C) (축 방향)	− 0.75~− 0.4	− 1.6~− 0.9	−
열전도 계수(W/mK)	20~80	400~1100	−
섬유 직경(μm)	5~8	10~11	6.5

d) 탄소 섬유(carbon fiber)

탄소 함유량이 99%인 경우 흑연 섬유(graphite fiber)라 하며 탄소 섬유(carbon fiber)는 탄소량이 80~95%라 말한다. 엄격히 말하면 탄소량이 99% 이상인 경우는 없으므로 그래파이트(graphite)는 부적절한 용어라 할 수 있다. 탄소 섬유는 선도 물질에 따라 다르게 생산된다. 3가지 선도 물질은 polyacrylonitrile(PAN), Pitch, Rayon이다. PAN 전구체(precusor)기반을 둔 탄소 섬유는 가격에서 경제적이고 매우 우수한 물성치를 가지며 구조용 탄소 섬유의 주력품이다. 군용 항공기, 미사일, 우주항공 구조물에 사용된다. Pitch 기반 탄소 섬유는 더 높은 강성과 높은 열전도도를 가져 태양빛에 의해 높은 온도차가 발생하는 우주용 구조물의 빠른 열평형을 유도하여 변형을 최소화 또는 치수 안정화가 요구되는 우주 라디에이터(space radiator), 전자 부품 격리 구조물(electronic enclosure)에 사용한다. Rayon 기반 탄소 섬유는 구조물에는 사용되지 않으나 낮은 전도도로 인해 로켓 노즐, 미사일 재진입용 노즈콘(nose cone), 열 차단용 등에 사용된다. 탄소 섬유의 물성치는 다음 표 6.14와 같다.

e) 케블라 섬유(Kevlar fiber)

다양한 폴리머 섬유가 오랫동안 자동차 타이어 큰 풍선 등의 보강재로 사용되고 있다. 특히 폴리머 아라미드 섬유(케블라 섬유)는 1971년도에 처음으로 소개되었으며 독특한 물성치를 가지고 있다. 표 6.15는 케블라 섬유의 물성치를 나타낸다. 인장 강도와 탄성 계수는 다른 섬유보다 매우 높고 섬유 연신율은 매우 낮다. 하지만 인장 강도의 1/8인 낮은 압축 강도를 가지는데, 그 이유는 이방성 구조를 가져 압축 하중에서 국부적으로

표 6.15 케블라 섬유의 물성치

물성치	Kevlar 종류			
	Kevlar 29	Kevlar 49	Kevlar 129	Kevlar 149
인장 강도(MPa)	2760	3620	3380	3440
인장 계수(GPa)	62	124	96	186
밀도(g/cm^3)	1.44	1.44	1.44	1.44
연신율(%)	3.4	2.8	3.3	2.5
열팽창 계수(10^{-6}/°C) (축 방향)	-2	-2	-2	-2
섬유 직경(μm)	12	12	-	-

쉽게 항복하고 좌굴되기 때문이다.

f) 세라믹 섬유(ceramic fiber)

고온(1370°C까지)에서도 높은 기계적 성질을 유지할 수 있는 세라믹 섬유의 물성치는 다음 표 6.16과 같다. 이중 실리콘 카바이드는 화학적 증착 방식(chemical vapor deposition)으로 제조된다.

동일한 방향의 장섬유는 섬유 방향으로 최대 강도와 강성 계수를 가지게 한다. 이러한 재료는 섬유 방향의 직교 방향으로 응력을 받으면 취약하기 때문에 각각 방향이 다른 여러 얇은 층의 재료를 적층하여 판재로 제작하는데 그림 6.18에 나타나 있다.

예를 들면, 열경화성 에폭시 수지로 된 복합 재료는 이미 에폭시 수지가 발라져 부분적으로 열화된 프리프레그 테입(prepreg tape)이라는 형태의 재료를 사용하여 제조하기도 한다. 적당한 열과 온도 및 압력을 가하면 이들 층간 사이에 강력한 가교(cross-link) 반응들이 일어나 고체 판재가 제작된다. 복합 재료에 널리 사용되고 있는 폴리머 기지

표 6.16 세라믹 섬유의 물성치

물성치	섬유		
	알루미나(fiber FP)	SiC(CVD)	SiC(pyrolysis)
밀도(g/cm^3)	3.95	3.3	2.6
인장 강도(MPa)	3450	3450	3450
인장 탄성 계수(GPa)	400	400	400
열팽창 계수 (10^{-6}/°C)	4.9	4.9	4.9

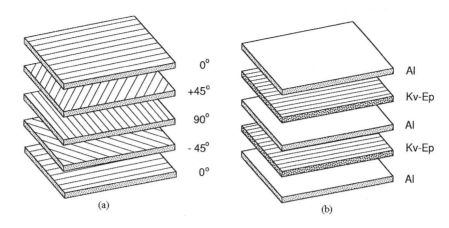

그림 6.18
다양한 배향각을 가지는 복합 재료 판재. (a) 각 장의 적층 각에 따라 함께 접합된 적층 판재 (b)
알루미늄 판재를 복합 재료 판재에 접합시킨 ARALL 판재

재료로는 열경화성 기지 재료와 열가소성 기지 재료가 있다. 또한 금속 복합 재료
(MMC)에 사용되는 기지 재료로는 알루미늄, 코발트, 니켈, 마그네슘과 같은 비철금속
이 사용된다.

g) 열경화성 기지 재료(thermosetting matrix material)

폴리머 복합 재료의 기지 재료로 가장 널리 사용되는 에폭시 및 열경화성 폴리에스테
르(polyester)의 물성치는 표 6.17과 같다.

h) 열가소성 기지 재료(thermoplastic matrix material)

표 6.18은 대표적인 열가소성(thermoplastic) 폴리머 기지 재료의 물성치이다.

이와 같은 방식으로 에폭시 기지 재료와 함께 사용되는 대표적인 보강 섬유 재료는 이

표 6.17 주요 열경화성 기지 재료의 물성치

물성치	에폭시 수지(epoxy resin)	폴리에스테르 수지(resin)
밀도(g/cm^3)	1.2~1.3	1.1~1.4
인장 강도(MPa)	55~130	34.5~103.5
인장 계수(GPa)	2.75~4.1	2~4.4
열팽창 계수(10^{-6}/°C)	45~65	55~100
수분 흡수율(%) (24시간 내)	0.08~0.15	0.15~0.6

표 6.18 주요 열가소성 기지 재료의 물성치

물성치	PEEK	Polyamide	Polyetherimide(PEI)
밀도(g/cm³)	1.3	1.38	1.24
인장 강도(MPa)	91	95	105
인장 계수(GPa)	3.24	2.76	3.0
열팽창 계수(10⁻⁶/°C)		63	56
수분 흡수율(%) (24시간 내)	0.1	0.3	0.25

전에 언급한 대로 유리(glass), 붕소(boron), 그래파이트(graphite), 아라미드 계열의 케블라(Kevlar) 등이 있다. 이들 보강 섬유 재료의 물성치는 표 6.11~6.16을 참조할 수 있다.

i) 금속용 기지 재료

금속용 기지 재료로는 알루미늄, 코발트, 니켈, 마그네슘, 티타늄 등이 사용된다. 드릴이나 톱, 공구 비트 등은 코발트와 같은 연성의 금속 재료에 강화재로 텅스텐 카바이드나 다이아몬드와 같은 입자를 사용하여 만든 복합 재료이며 니켈 기반 합금 기지 재료에 토리아(ThO₂) 및 이트리아(Y₂O₃)를 사용하여 분산 강화 복합 재료를 만든다. 이와 같은 복합 재료는 가스터빈과 같은 고온용에 사용된다. 포드 자동차에서는 알루미늄 구동축에 보론 카바이드(BC) 입자를 알루미늄 기지 재료의 강화재로 사용하였다. 각종 전투기에서도 티타늄 금속 기지 재료에 실리콘 카바이드(SiC) 장섬유를 사용하여 보강한 금속 복합 재료가 노즐 및 랜딩 기어에 사용되고 있다. 보론 섬유 강화 알루미늄 복합 재료는 우주 왕복선의 부품으로 사용되고 있으며 흑연 섬유 강화 알루미늄 복합 재료는 허블 망원경의 부품으로 사용되고 있다. 장섬유 강화 금속기지 복합 재료는 경제적인 이유와 제작상의 문제점 때문에 단섬유 강화 금속기지 복합 재료보다 널리 사용되지 못하고 있다.

j) 복합 재료의 우수성

폴리머 계열의 섬유 복합 재료는 그림 6.19(a)에서 보여주듯이 구조용 금속 재료의 강도에 버금가는 강도를 가지고 있다. 일반적으로 유리 섬유 강화 폴리에스테르 복합 재료와 저강도 금속 재료의 값들은 비슷하다. 하지만 장섬유의 S-섬유나 그래파이트(graphite) 보강 에폭시 수지(epoxy) 복합 재료의 강도는 강한 금속의 강도 값에 버금간다. 고성능 복합 재료 판재의 강성 계수 E값은 강보다는 작지만 알루미늄 값과 견줄수 있다. 하지만 비행기 구조와 같이 무게가 매우 중요한 경우의 재료를 고려하면 강도

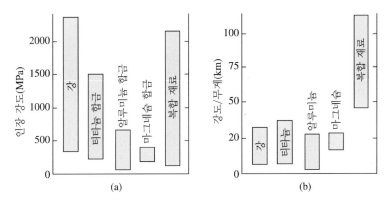

그림 6.19
다양한 구조용 금속과 폴리머 복합 재료의 강도 비교. (a) 인장 강도 (b) 단위
무게당 인장 강도

대 무게(비강도, specific strength), 강성 계수 대 무게(비강성, specific stiffness) 등을
고려하는 것이 자명해진다. 이러한 측면에서 고성능 복합 재료(advanced composite)는
비강도와 비강성 측면에서 구조용 금속보다 월등하다고 할 수 있다. 그림 6.19(b)에는
강도 대비 여러 재료들의 비교 설명이 나타나 있다.

기지 재료에 따라 폴리머 기지 복합 재료는 고온 적용 시 제한성이 따르며 반면 알
루미늄이나 티타늄 기지 재료는 상당한 온도 저항성을 가지고 있다. 이들 금속 기지
(metal matrix) 재료들은 상당한 크기의 직경(140 μm)을 갖는 장섬유인 실리콘 카바이
드(SiC)와 함께 사용되며 다른 형상 및 종류의 섬유가 사용되기도 한다. 금속 기지 재
료로 알루미늄과 그의 합금이 가장 널리 사용된다. Al 6061과 Al 2024 합금은 탄소와
함께 복합 재료를 제조하는 데 널리 사용되는 알루미늄 합금이다. 하지만 탄소는 500°C
이상에서 알루미늄과 반응함을 유의해야 한다. 티타늄 합금은 Ti-10V-2Fe-3Al 혹은 Ti
-6Al-9V 등의 합금이 기지 재료로 사용된다. 이 합금은 무게 대비 매우 높은 강도 비
를 가지고 있어 알루미늄 합금보다 우수하지만 붕소 섬유와 알루미나 섬유와는 일반
제조 온도에서 높은 반응도를 가지는 것은 문제점이라 할 수 있다. 붕소 섬유에 실리콘
카바이드를 코팅하거나 실리콘 카바이드를 티타늄 합금과 사용하여 반응도를 낮춘다.

고온 적용을 위해 기지 재료가 세라믹인 복합 재료가 개발 사용되고 있다. 이들 재
료는 강성과 강도가 좋지만 취성인 동시에 낮은 파괴 인성치를 가지고 있다. 휘스커나
섬유 형태의 세라믹 재료는 파괴를 늦추는 데 사용되는데, 알루미나(Al_2O_3)인 세라믹
기지 재료에 SiC 휘스커가 보강된 예가 그러하다. 장섬유 역시 사용되는데 Si_3N_4 기지
재료에 SiC 장섬유가 사용된다. 반금속성 재료인 Ti_3Al과 NiAl과 같은 혼합물도 세라
믹과 유사한 성질뿐만 아니라 고온에서 상당한 연성을 갖고 있어 이들 재료를 고용융

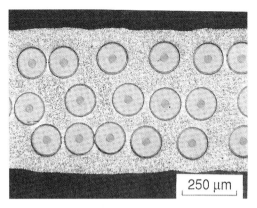

그림 6.20
실리콘 카바이드(SiC) 섬유와 Ti₃Al 기지 재료인 세
라믹-알루미늄 합금 복합 재료의 단면

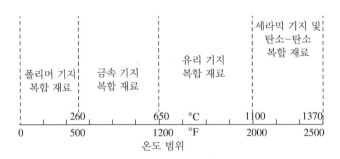

그림 6.21
온도에 따른 다양한 복합 재료의 적용 범위

복합 재료의 기지 재료로 사용할 수 있다. 그림 6.20에 세라믹-알루미늄 복합 재료의
단면이 나타나 있다.

그림 6.21은 온도에 따른 각종 복합 재료의 사용 범위이다. 기지 재료에 따라 온도
적용 범위가 다르다. 폴리머 기지 재료가 가장 온도에 취약함을 알 수 있다.

표 6.19는 대표적인 금속기지 복합 재료, 고분자 기지 복합 재료, 세라믹 기지 복합
재료의 기계적 특성을 수록하였다.

6.4.4 적층 복합 재료(laminated composites)

하나 하나의 층간 재료(layer)를 결합하여 만든 재료를 적층 재료(laminate)라 한다. 이
러한 층간 재료들은 layer들 안의 섬유 방향에 따라 다양하게 제조할 수 있으며 다른
재료들을 사용하여 적층 구성할 수도 있다. 합판은 전형적인 적층 재료의 예인데 각각
의 층은 입자(grain) 방향과 재질에 따라 달라진다. 이미 기술한 대로 일정 단일 방향

표 6.19 대표적인 MMC, PMC, CMC의 기계적 성질

기지 (matrix)	섬유 (fiber)	체적비	밀도 (g/cm^3)	탄성 계수(GPa)		인장 강도(MPa)	
				종방향 (L)	횡방향 (T)	종방향 (L)	횡방향 (T)
MMC							
알루미늄	붕소	0.5	2.65	210	150	1500	140
Ti-6Al-4V	SiC	0.35	3.86	300	150	1750	410
Al-Li	알루미나	0.6	3.45	262	152	690	180
PMC							
에폭시	E-glass (단방향)	0.6	2.0	40	10	780	28
에폭시	붕소 (단방향)	0.6	2.1	215	9.3	1400	63
에폭시	탄소	0.6	1.9	145	9.4	1860	65
폴리에스테르	chopped fiber	0.7	1.8	55~138	–	103~206	–

기지 재료	섬유	굽힘 파단 강도 (flexure strength) (MPa)	파괴 인성치 (fracture toughness) ($MPa \sqrt{m}$)
CMC			
알루미나(Al_2O_3)	–	350~700	2~5
산화마그네슘(MgO)	–	200~500	1~3
실리콘 카바이드(SiC)	–	500~800	3~6
알루미나(Al_2O_3)	SiC whisker	800	10
실리카 유리	SiC fiber	1000	~ 20

(unidirectional) 복합 재료 판재는 그림 6.18(a)와 같이 적층된다. 최근 개발된 알라미드 섬유 강화 알루미늄 금속 석층 판재(ARALL)는 알루미늄 합금으로 되어 있는 층간 재료와 일정 단일 방향 케블라 섬유 보강 에폭시 복합 재료의 층간 재료로 구성되어 있다[그림 6.18(b)].

그림 6.22는 단면 표면에 수직한 섬유 및 다양한 방향에서의 섬유를 보여주는 그래 파이트 섬유 강화 폴리머 복합 재료의 미세 구조이다.

부재가 굽힘 하중을 받는 경우, 경량화와 동시에 높은 강성이 필요할 때 무게가 가벼운 코어(core)의 외곽에 강도와 강성을 갖는 층간 재료를 위치시킬 수 있다.

이러한 샌드위치 재료는 알루미늄이나 섬유 보강 복합 재료를 포함하는데 이들 재료

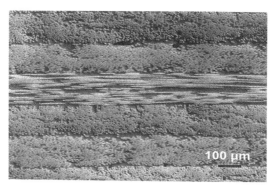

그림 6.22
단면 표면에 수직한 섬유를 보여주며 그 외에서는 다양
한 방향에서의 섬유를 보여주는 그래파이트 강화 폴리
머 복합 재료의 미세 구조. 기지 재료는 강화 요소를 첨
가한 열경화성 폴리머이다.

를 견고한 폼(stiff foam) 또는 허니콤(honeycomb, H/C)으로 만든 심재(core)의 양측면에
성형 접착시켜 제작된다. 그림 6.23은 알루미늄이나 아라미드 섬유, 또는 유리 섬유 등
을 사용하고 허니콤을 심재로 하여 제작된 허니콤 샌드위치 판넬의 구성을 보여준다.

6.4.5 장섬유 복합 재료의 혼합 법칙(rule of mixture)

강화 재료인 장섬유의 체적 함유율을 V_f, 기지 재료(matrix)의 체적 함유량을 V_m이라
하고 기공(void)이 없다고 가정하면 $V_f + V_m = 1$이 성립한다.

  장섬유의 탄성 계수를 E_f, 기지 재료의 탄성 계수를 E_m이라 하면 장섬유 길이 방
향의 복합 재료의 탄성 계수 E_L은 다음과 같다.

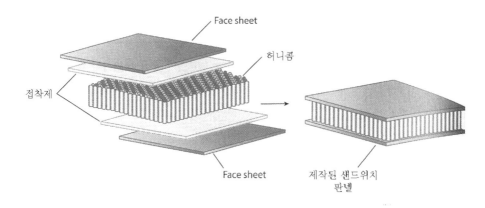

Face sheet
허니콤
접착제
Face sheet
제작된 샌드위치
판넬

그림 6.23
허니콤 샌드위치 복합 재료 판넬의 구성품 및 최종 형상

$$E_L = E_f V_f + E_m V_m$$

장섬유 길이 방향과 수직 방향(transverse)의 탄성 계수 E_T는

$$\frac{1}{E_T} = \frac{V_f}{E_f} + \frac{V_m}{E_m}$$

이고, 전단 계수 G_{LT}는 다음과 같다.

$$\frac{1}{G_{LT}} = \frac{V_f}{G_f} + \frac{V_m}{G_m}$$

여기서 G_f는 보강 재료의 전단 계수이고 G_m은 기지 재료의 전단 계수이다.
포아송비 ν_{LT}는 다음과 같이 나타낼 수 있다.

$$\nu_{LT} = \nu_f V_f + \nu_m V_m$$

여기서 ν_f, ν_m은 각각 보강 섬유 및 기지 재료의 푸아송 비이다.

6.5 첨단 신소재

기능성 신금속 재료로는 수소 저장 합금, 형상 기억 합금, 초탄성 합금 재료, 초소성 합금 재료, 초전도 재료, 방진 합금 재료, 반도체 재료, 자성 재료 등이 있다. 세라믹의 첨단 소재로는 질화규소(Si_3N_4), 탄화규소(SiC), 알루미나(Al_2O_3), 실리카(SiO_2), 지르코니아(ZrO_2) 등이 있으며 각각의 간단한 소개는 아래에 기술하였다.

a) 수소 저장 합금(hydrogen storage alloy)

수소 저장 합금은 수소와 반응하여 금속 수소 화합물의 형태로 수소를 포착하여 가열하면 수소를 방출하는 특성을 가진 합금이다. 1960년 최초로 네덜란드의 필립스 사에서 란타넘-니켈계의 수소 저장 합금을 개발하였다. 이것은 금속과 수소가 반응하면 금속이 수소 가스를 흡수하게 되어 금속 수소 화합물을 생성하고, 이를 다시 가열하면 수소가 방출되는데, 금속에 따라 흡수·방출의 양과 난이도가 다르다. 그중에서도 티타늄-철 합금, 란타넘-니켈 합금, 마그네슘-니켈 합금 등이 있다. 마그네슘계의 금속 수소 화합물은 MgH_2의 형태를 가지며 수소 저장률이 크지만 방출 온도가 높고 반응 속도가 느린 단점이 있다. 구리, 니켈 소듐을 첨가하여 사용한다. 수소 기관 자동차, 태양열을

이 합금에 저장하는 냉난방 시스템, 핵 융합에 이용하는 중수소(重水素)의 분리, 도로에 쌓인 눈을 녹이는 데 등에도 응용되어 사용되고 있다. 열펌프, 태양열 시스템, 냉온방용으로 사용된다.

b) 형상 기억 합금(shape memory alloy)

형상 기억 합금은 초기 특정 형상의 금속 재료가 하중을 받아 변형된 상태에서 적당한 열을 가하면 원래의 형상으로 돌아오는 합금이다. 형상 기억 합금의 종류에는 니켈-티타늄계 합금과 구리계 합금이 있으며 용도로는 선박의 배관, 유압 기관의 파이프 이음쇠, 우주 안테나, 치열 교정, 안경테 등에 사용된다. 대부분의 일반 빌딩과 가정에서 화재를 예방하고자 대부분 설치되어 있는 스프링클러는 화재 초기 단계에 물을 뿌려 큰 화재를 막아주는 신뢰성이 높은 설비이며, 물을 사용하기 때문에 사람에게도 비교적 안전하고 환경 친화적인 소화 설비이다. 그러나 일단 물을 뿜기 시작하면 사람이 조작하여 중단하지 않는 한 물 뿌리기가 멈추지 않아 건물 및 가구 등에 대한 손해가 커지는 경우를 종종 볼 수 있다. 그러나 형상 기억 합금을 이용하면 이러한 피해를 줄일 수 있다. 스프링클러용 배관 헤드 부근에 전기 대신 온도 변화에 따른 형상 회복력이 있는 형상 기억 합금을 사용하면 화재 발생에서부터 소화까지의 실내 온도 변화를 파악하여 물 뿌림을 자동으로 제어할 수 있다. 최근에는 형상 기억 플라스틱도 개발되어 있다. 고분자를 가열했을 때 생기는 수축은 메커니즘적으로 형상 기억 합금과 다르지만 현상적으로는 형상 기억 효과 자체이다. 폴리우레탄을 이용한 한 형상 기억 플라스틱은 형상 기억 합금에 비해 제조 원가가 10분의 1밖에 들지 않을 뿐만 아니라 가볍고 다양한 형태로 만들기 쉬워 의료용에서부터 화장품, 섬유 등 응용 분야가 무궁무진하다. 플라스틱의 형상 기억 효과의 경우에는 열수 축에 의한 회복력이 낮고 또한 재료 자체의 인장 강도가 작으므로 외부로부터 힘이 작용하는 소자에는 사용할 수 없는 반면 열수축 튜브나 필름으로 사용할 때에는 이 성질이 이점이 된다. 필름이 수축되었을 때 안쪽 물품의 모양대로 늘어나 밀착성이 좋아지기 때문이다.

c) 초탄성 합금(super elastic metal alloy)

초탄성은 형상 기억 효과처럼 탄성 한도 이후 소성 변형시킨 경우 하중을 제거하면 원상태로 돌아오는 성질을 말한다. 형상 기억 합금과의 차이점은 형상 기억 합금과는 달리 초탄성 합금은 열이 없어도 원상태로 돌아오는 합금이라는 것이다. 용도로는 안경테, 치열 교정 와이어, 각종 스프링 등에 사용된다. 종류로는 다결정 합금과 단결정 합금이 있다. 그림 6.24는 초탄성 거동 시 하중을 가하고 제거했을 때의 경로이다.

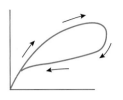

그림 6.24
초탄성 거동

d) 초소성 합금 재료

초소성이란 금속 재료가 일정 변형 조건에서 유리질처럼 길게 늘어나는 현상이다. 일정 온도와 일정 변형 속도하에서 하중을 가하거나 일정 하중하에서 적당한 속도로 가열 및 냉각을 반복하면 수십에서 수백% 연성을 나타낸다. 이러한 초소성 현상을 이용한 합금을 초소성 합금이라 한다. 초소성 합금은 살며시 당기기만 해도 100% 이상 늘어나고 또 금형(金型)에 넣어 누르면 점토처럼 자유 자재로 변형하여 틀처럼 되는 합금이다.

이 초소성은 미세 결정립(結晶粒) 초소성과, 변태 초소성으로 크게 구분된다. 미세 결정립 초소성은 결정 입자를 1~10 μm 이하로 미세화하여 그 합금의 융점(절대 온도) 1/2 이상의 고온에서, 최적 일그러짐 속도로 당기면 얻을 수 있다. 얻어진 것은 미세 결정 조직이기 때문에 평활한 표면이 되고, 또 미세한 디자인으로 가공할 수도 있다.

변태 초소성은 변태가 있는 합금에 그 변태점을 상하하는 온도 사이클을 주어 잡아당기면 발생한다. 모든 금속 재료는 초소성 상태가 될 수 있지만 일반적으로 초소성 합금이라 하면 미세 결정립 초소성형 재료를 뜻한다.

제작 방법에는 blow forming 법과 gatorizing 법, 초소형 성형법+확산 접합법 (SPF/DB) 등의 방법이 있다. 초소형 변형이 일어나기 위한 조건은 결정 입자가 10 μm 이하여야 한다. 비철계 초소성 합금의 종류로는 알루미늄 합금, 티타늄 합금, 니켈 합금 등이 있으며 철 합금계로는 탄소강, 저합금강, 고합금강이 있다.

e) 방진 합금

외부 하중으로부터 발생한 진동 에너지, 소리 에너지 등을 내부 마찰을 이용하여 대부분 열에너지로 전환시키는 합금 재료를 방진 합금 혹은 제진 합금이라 한다. 즉, 진동 에너지를 열에너지로 분산 변형시키며 재료로 진동 시의 공진 진폭, 진동 속도를 감쇠시키는 재료로 감쇠 합금이라고도 한다. 방진 합금 재료에는 비철 합금 재료인 구리계, 알루미늄계, 마그네슘계가 있고 편상, 구상 흑연 주철계 등이 있다. 감쇠 기구에는 여러 가지가 있지만, 예를 들면 편상 흑연 주철의 경우 연한 흑연과 단단한 기지와의 계면으로의 소성 변형, 점성 유동에 따라서 감쇠가 발생한다. 편상 흑연 주철에 오스템퍼 처리를 실행하고 강도를 향상시킨 뒤에, 그 높은 감쇠 성능을 활용하고, 자동변속기의 베어링에 적용한다. 편상 흑연 주철보다 감쇠 성능은 떨어지지만, 구상 흑연 주철에도 오스템퍼 처리를 실행하고, 엔진의 타이밍 기어에 적용한다.

(6.6) 요약

폴리머는 탄소를 기반으로 긴 체인 같은 분자를 가지거나 네트워크 구조(network structure)를 가진다. 금속과 비교해 볼 때 강도와 강성 및 온도 저항 등에서는 부족하다. 하지만 이러한 단점에도 불구하고 무게가 가볍고 부식 저항이 있는 장점으로 인해 저응력을 받는 수많은 곳에서 사용되고 있다. 폴리머 블렌드는 2개 이상의 폴리머들이 합성되어 만들어진다. 이때 합성된 폴리머의 미세 구조는 2개 이상의 다른 상을 가진다. 폴리머 블렌드의 물성은 일반적으로 각각의 폴리머의 물성치의 중간 값을 갖는다. 폴리머에서 열을 가해 반복해서 녹일 수 있고 고상화 될 수 있다면 열가소성(thermoplastic) 재료로 분류된다. 이러한 열가소성 플라스틱 재료로는 폴리에틸렌(PE), PMMA, 폴리프로필렌(PP), 나일론(PA) 등이 있다. 열경화성 플라스틱(thermosetting plastic)에서는 가소성 플라스틱과는 대조적인 거동이 생긴다. 프로세싱 과정 중 화학적으로 단단하게 경화(cure)되어 그 후로는 열을 가하여도 다시 녹지 않는다. 열경화성 플라스틱은 3차원 공유 결합을 하며 이로 인해 높은 경도, 인장 강도, 탄성 계수, 낮은 연성을 가진다. 열경화성 플라스틱의 예를 들면 페놀계열(상업적인 페놀로는 bakelite)과 폴리에스테르, 에폭시, 멜라민 등이 있다. 에폭시와 폴리에스테르는 복합 재료의 모재, 즉 기지 재료로 널리 사용된다. 페놀은 3차원 그물 구조를 가지는 고체이다. 천연 및 합성 고무와 같은 중합체는 적어도 $100\sim200\%$로 변형할 수 있는 특징과 응력 제거 후 대부분 원 상태로 복원될 수 있는 특징으로 인해 구별된다.

주어진 열가소성 재료는 유리의 전이 온도(glassy transition temperature) T_g에서는 취성이다. T_g 이상에서는 결정성 구조를 가지지 않는 한 강성(E)은 매우 낮다. 폴리머에서 강성과 강도는 체인 입자의 길이가 길수록, 무정형인 경우 체인 가지(chain branching)에 의해, 체인 사이의 가교 결합(cross linking)에 의해 더 강화된다. 열경화성 재료는 프로세싱 중 형성되는 수많은 가교(cross-links) 혹은 네트워크 구조(network structure) 등의 분자 구조를 가진다. 이들 탄소 원자 간의 공유 결합이 형성되면 재료는 이후에는 녹지 않는다. 이는 열경화성 특성 거동을 잘 설명해 준다.

고무의 가황 작업(vulcanization)은 열경화 프로세스이며 이 경우 황 분자(atom of sulfur)가 체인 분자를 연결하는 결합(bond)을 형성한다.

열가소성 폴리머의 강화법에는 특정 열가소성 재료의 경우, 분자량 증가를 통한 강화법, 블렌드 및 합금을 통한 강화법, 구조 결정화를 통한 강화법, 겉가지 제거를 통한 강화법, LCM 정렬을 통한 강화법, mer 변형을 통한 강화법이 있다.

세라믹은 비금속 무기 재료이며 일반적으로 화학 합성물인 무기 결정질 고체이다. 가장 많이 사용되는 구조용 세라믹은 무정질인 유리 형상의 실리카(SiO_2)이다. 결정질 세라믹의 대표적인 재료는 산화물인 알루미나(Al_2O_3)가 있고 또 다른 구조용 세라믹 재료로는 질화물인 질화규소(Si_3N_4) 및 탄화규소(SiC), 지르코니아(ZrO_2) 등이 있다. 진흙 제품, 자기, 자연산 돌, 콘크리트 등은 1차적으로 실리카와 금속 산화물과 조합되어 있으며 자연산 돌인 경우 $CaCO_3$의 꽤 복잡한 결정질 상(crystalline phase)의 조합이다. 이 재료들은 다양한 방식으로 결합되어 있다. 대부분의 세라믹은 상온에서 취성의 특징을 보이며 파괴 응력이 항복 응력보다 낮다. 세라믹을 강화시키기 위해서는 파괴 응력을 증가시키는 것이 필요하며 이를 위해서는 세라믹 내의 결함을 제거하는 것이 중요하다. 금속 산화물, 탄화물, 질화물 등과 같은 고강도 공학용 세라믹은 꽤 단순한 화학 합성물을 가진다. 서멧(cermet)은 초경합금으로 바인더의 역할을 하는 금속상과 함께 소결된 세라믹 재료이다. 유리는 무정형 재료이며 실리카(SiO_2)가 다양한 양을 가지는 금속 산화물과 결합한 재료이다. 모든 세라믹과 유리는 금속과 비교해 볼 때 취성의 성질을 가진다. 반면 많은 장점을 가지는데 무게가 가볍고, 고강성, 높은 압축 강도, 높은 온도 저항성 등이 장점들이다. 이러함 장점들로 인해 특별한 상황에서 가장 적합한 재료로 선택된다. 유리의 강도는 뜨임 열처리를 통해 강해질 수 있다. 유리에 뜨임 처리를 하면 표면에 압축 잔류 응력이 생겨 이로 인해 인장 강도가 증가한다. 잘 만들어진 세라믹 휘스커(whisker)는 단결정으로 강도가 매우 높으며 일반적으로 지름이 마이크론 단위이며 길이는 mm에서 cm 단위를 갖는다. 세라믹은 강한 이온 결합과 공유 결합으로 인해 좋은 기계적 성질을 갖는다. 다결정 세라믹은 상온에서 취성이고 높은 용융점을 가지며 절연체, 반도체로 널리 사용된다. 세라믹 재료의 강화법은 단결정 세라믹과 다결정 세라믹 그리고 비정질 세라믹 재료에 따라 강화법이 다르다.

복합 재료는 두 가지 이상의 재료들로 구성된다. 일반적으로 첫 번째 재료는 기지 재료이고 또 다른 재료는 보강 재료이다. 보강 재료는 입자 형태, 단섬유, 혹은 연속적인 장섬유의 형태가 있다. 복합 재료는 콘크리트, 초경합금, 유리 섬유, 다른 강화 플라스틱, 생물학적 재료, 나무와 뼈 등과 같은 인간이 만든 재료와 일반 재료들을 포함된다. 고성능 복합 재료는 항공 우주 분야에 사용된다. 일반적으로 연성이 좋은 기지 재료에 고강도 섬유를 사용한다. 섬유 재료로는 유리 혹은 탄소(그래파이트), 세라믹이 있으며, 기지 재료로는 폴리머 혹은 무게가 가벼운 금속이 사용된다. 세라믹 재료에 섬유를 첨가시켜 보다 강하고 취성이 덜한 재료를 만들 수 있다.

적층 판재 복합 재료를 만들기 위해 각각의 층을 결합하는 것이 유용하다. 각 층은 섬유방향이 다르거나 1개 이상의 재료로 구성된다. 혹은 양쪽을 다 결합한 재료로 구성된다.

고성능 복합 재료 적층 판재는 단위 무게 기준으로 금속과 비교할 때 고강도 고강성이므로 항공 구조물로 사용 시 이점이 있다.

🔎 용어 및 기호

HPPE 섬유
금속 기지(metal matrix) 재료
단일 방향(unidirectional) 복합 재료
붕소 섬유(boron fiber)
서멧(cermet)
섬유 복합 재료(fibrous composite)
세라믹(ceramic)
세라믹 섬유(ceramic fiber)
소결(sintering)
열가소성 탄성 중합체
열가소성 폴리머
열가소성 플라스틱(thermoplastic)
열경화성 탄성 중합체
열경화성 폴리머

열경화성 플라스틱(thermosetting plastics)
유리 전이 온도(T_g)
입자 복합 재료(particulate composite)
적층 재료(laminate)
적층 복합 재료(laminated composite)
적층 순서(stacking sequence)
초경합금
케블라(Kevlar) 섬유
탄소 및 그래파이트 섬유
포틀랜드 시멘트(portland cement)
허니콤(honeycomb)
혼성 중합체(copolymer)
화학 증기 부착법(chemical vapor deposition)
휘스커(whisker)

참고문헌

1. Mechanical Behavior of Materials, 4th edition, Pearson, E. Dowling
2. Material Science and Engineering Properties, Cengage Learning, Charles Gilmore
3. The Science and Design Engineering Materials, McGraw-Hill, James E. Schaffer 외 4인
4. Materials and Process in Manufacturing, 9th edition, Wiley, E. Paul Degarmo 외 3인
5. Fundamentals of Materials Science and Engineering, John Wiley & Sons Inc., William D. Callister
6. Polymer Fracture, Springer-Verlag, H. H. Kausch

연습문제

6.1 열경화성 플라스틱에서 유리 전이 온도 T_g에서 탄성 계수 E의 감소가 크지 않은 이유를 설명하라.

6.2 폴리머 섬유 강화 복합 재료에서 섬유 강화 재료와 기지 재료로 사용되는 재료를 5가지를 각각 예시하라.

6.3 복합 재료에서 적층 순서를 설명하라.

6.4 세라믹 재료에서 덩어리 형태의 알루미나(Al_2O_3), 실리콘 카바이드(SiC)의 강도와 섬유(fiber) 형태의 강도와 비교하라. 이들 재료들이 덩어리(bulk) 형태에서 인장 강도와 압축 강도가 큰 차이가 나는 이유를 설명하라.

6.5 열가소성 폴리머 재료의 예를 5가지 들고 각 재료의 기계적 성질을 표시하라.

6.6 섬유 보강 재료의 예를 5가지 들고 각 보강 재료의 기계적 성질을 표시하라.

6.7 초경합금(cemented carbide)에 대해 설명하라.

6.8 열경화성 폴리머 재료의 예를 3가지 들고 각 재료의 기계적 성질을 표시하라.

6.9 유리 전이 온도(glass transition temperature; T_g)를 설명하라.

6.10 비결정질 혹은 무정형 폴리머 재료와 결정성 폴리머 재료의 차이를 설명하라.

6.11 일방향 장섬유 유리 섬유 강화 에폭시 복합 재료의 섬유 방향(E_L) 및 종방향 탄성 계수 (E_T)를 계산하라. 에폭시의 탄성 계수 $E_m = 3$ GPa, 유리 섬유의 탄성 계수 $E_f = 70$ GPa 이다. 섬유의 체적비 $V_f = 0.6$이다.

6.12 분산 경화(dispersion hardening)을 설명하라.

6.13 허니콤 판넬을 설명하라.

6.14 장섬유 복합재료의 혼합법칙을 설명하라.

6.15 폴리머 재료의 강화법을 설명하라.

6.16 폴리머 복합 재료에서 기지 재료(matrix)로 사용되는 열경화성 폴리머의 재료 종류를 들고 설명하라.

6.17 폴리머 복합 재료에서 기지 재료(matrix)로 사용되는 열가소성 폴리머의 재료 종류를 들고 설명하라.

6.18 세라믹 복합 재료(CMC)의 예를 들고 이를 설명하라.

6.19 금속 복합 재료(MMC)의 예를 들고 이를 설명하라.

6.20 소결(sintering)에 대해 설명하라.

6.21 대표적인 공학용 세라믹 재료를 3가지 이상 제시하고 각각의 재료에 대해 설명하라.

6.22 대표적인 공학용 플라스틱 재료를 3가지 이상 제시하고 각각의 재료에 대해 설명하라.

6.23 열가소성 폴리머, 열경화성 폴리머 재료의 1차 결합과 2차 결합에 대해 설명하라.

6.24 사출 성형법(injection molding)에 대해 설명하라.

공학용 부품 재료 선정 방법

○ 목표

- 설계 시 재료 선정 과정에서 역학 원리를 사용하는 법을 이해한다.
- 부품선정 시 제작 공정 및 제작 시의 어려움(난삭성 여부, 성형성 여부) 등을 고려한다.
- Ashby 선정차트 사용법을 이해한다.

7.1 서론

제작 과정은 설계 시 성능 목표에 도달한 부품 및 완제품의 제작을 포함한다. 부품 혹은 완제품의 설계 목적을 달성하기 위해서는 사용 환경에 견딜 수 있는 부품 혹은 완제품의 재료를 선정하여야 한다. 각 재료의 그룹군은 나름대로의 특징을 가지고 있다. 예를 들면, 금속군은 강도(strength), 인성치(toughness), 내구도(durability)가 좋아 이러한 요소들이 요구되는 곳에 사용되고, 세라믹은 열저항이나 화학적 저항성 및 압축 강도가 좋아 이러한 환경에 사용되며 주로 압축 하중을 받는 환경에서 사용된다. 유리는 광학적 투명성이 요구되는 환경에 사용되며 플라스틱은 낮은 가격과 가벼운 무게로 인해 저비용과 경량화가 요구되는 곳에 사용된다. 하지만 예전에 각 재료군에 기술되었던 특징들은 현대에는 사용되지 않는다. 최근에 기존의 한계와 경계를 뛰어넘는 재료 분야의 획기적인 기술 발전으로 인해 다양한 새로운 재료들이 나오고 있다. 분말 야금학의 발달로 인한 합금 등의 개발, 비결정 금속, 신세라믹, 복합 재료 등이 개발되어 다양한 제품 영역에서 사용되고 있다. 최근에 개발되는 구조용 재료는 고온에서도 높은 강도와 강성을 제공할 수 있어야 하며 무게도 가벼워야 하고, 부식에도 강해야 하며, 크립과 피로에도 견딜 수 있어야 한다. 이러한 이유들로 인해 재료 선정은 매우 중요하며 합리적인 재료 선정 과정이 요구되고 있다. 신소재들이 시장에 나오고 있고 기존의 재료들이 사라질 수 있고, 가격 또한 변동하기 때문에 끊임없이 재료 선정에 신경을 써야 한다.

7.2 설계 단계 및 재료 선정 절차

설계 시에는 재료의 사용부터 생산까지 염두에 두어야 한다. 설계에는 3단계가 있는데 개념 설계 단계, 기능 설계 단계, 생산 설계 단계가 있다. 개념 설계 단계에서는 1차적으로 제품이 성취해야 할 목적이 중요하며, 기능 설계 혹은 공학 설계 단계에서는 생산을 위한 자세한 계획이 포함된다. 기계적 성질(경도, 강도 및 강성, 마모 특성 피로 파손 여부 취성 파괴 허용 여부)과 물리적 성질(전기적 성질, 자기적 성질, 열 및 광학적 성질), 사용 시의 환경, 선정된 재료를 사용할 때 제작 가능성 및 용이성 등을 종합적으로 고려하면서 재료를 선정하는 것은 간단한 문제가 아니다. 우선 선정된 재료와 제작 공정 사이의 상호 연관성을 분명히 인식해야 한다. 재료 선정 시 흔히 사용되는 재료 특성의 예가 표 7.1에 나타나 있다.

표 7.1 재료 선정에 사용되는 재료 특성들

a) 물리적 특성

결정 구조(crystal structure), 용융점(melting point), 밀도(density), 점성(viscosity), 반사도(reflectivity), 투명도(transparency)

b) 전기적 특성

전도도, 유전율(dielectric constant)

c) 기계적 성질

경도(hardness), 탄성 계수, 푸아송비, 전단 계수, 항복 강도, 극한 강도, %연신율, 변형률 경화 지수(strain hardening coefficient), 강도 계수, 단면 수축율(%reduction in area), 내구한도 (endurance limit), 파괴 인성치(fracture toughness), 피로 균열 성장 저항, 샤피 충격치, 크립 파 단, 크립 변형 저항

d) 열적 성질

열전도도, 열팽창 계수, 비열

e) 화학적 성질

산화 저항, 부식 저항, 응력 부식 저항, 각종 화학물에 대한 저항

f) 제조성

주물성(castability), 열처리성(heat treatability), 경화 능력(hardenability), 성형성(formability), 가 공성(machinability), 용접성(weldability)

신소재를 사용할 때에는 신소재 특성에 따른 제작 과정이 필요하므로 신소재의 제작 과정에 대한 이해도 필요하다. 반면 비용적인 측면도 고려해야 한다. 재료의 변경은 생산 공정의 변화를 요구할 수도 있다. 역으로 제작 공정의 개선은 재료에 대한 재평가가 요구되기도 한다. 잘 선정된 재료에 대해 부적절한 가공 방법을 사용할 때에는 재료의 결함을 가져 오기도 한다. 만족할 수 있는 결과, 즉 올바른 생산품을 제작하기 위해서는 재료 선정과 공정 과정에 세심한 주의가 필요하다. 그림 7.1은 재료, 기계적 성질, 공정 과정과 성능 간의 상호 관계를 간단히 표시한다.

기능 설계(functional design) 혹은 공학 설계에서는 생산을 위한 자세하고 완전한 계획을 포함해야 한다. 이를 위해 형상의 특성 및 치수 등이 규정된다. 부품용 재료가 선정되면 외형, 가격, 신뢰성, 생산 가능성 등의 요인들을 고려한다. 평가를 위해 시제품 (prototype)을 제작한 후 완전한 시험 평가를 시도하기도 한다. 생산 설계 단계(production design stage)에서는 특정 재료가 생산 공정 및 제작 장비와 잘 일치하는지의 여부를 고려해야 한다. 경제적으로 가공할 수 있는지, 혹은 구매자가 원하는 수량과 품질을 시

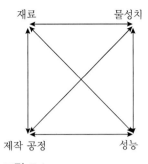

그림 7.1
재료와의 상관관계를 보여주
는 간단한 도식도

기 적절하게 제작하여 공급할 수 있는지의 여부를 고려해야 한다.

공학용 제품 제작 시까지의 일반적인 절차는 다음 단계를 따른다.

설계→재료 선정 →공정 선택 →생산→평가 및 재설계 및 개조

설계 시 방법적인 문제에 관해서는 여러 방법들이 개발되고 사용되고 있지만 가장 간단한 방법은 case-history method이다. 이 방법은 과거에 행한 방법 혹은 현재 사용 중인 경쟁사의 방법을 평가하여 얻은 유용한 정보를 기반으로 재료를 다시 사용할 수 있는지의 여부 혹은 공정을 개조해야 하는지의 여부 등을 판단할 수 있다.

또 다른 설계 및 선정 방법은 기존의 제품을 개조하는 방식이다. 이 방법은 비용을 줄이며 품질 개선과 기존의 문제들의 결함을 극복하는 데 사용되는 방법이다.

부품 제조 업체에서 사용할 수 있는 가장 포괄적이고 안전한 방법은 완전히 새 제품을 개발하는 것처럼 접근하는 방식이다. 이 경우 설계, 재료 선정, 공정 선택 등이 생산 전에 이루어진다. 재료 선정 시 첫 번째 단계는 제품의 필요성을 정의하는 것이다. 궁극적으로 도달해야 할 목표를 분명히 정의하고 설명할 수 있어야 한다. 요구 조건은 다음과 같은 3단계로 나누어 분석할 수 있다.

1) 형상 및 치수 고려
2) 물성 요구 조건
3) 생산

이러한 3가지 요구 조건들을 도식화함으로써 후보 재료들을 쉽게 평가할 수 있도록 하며 재료와 관련된 제조 방법을 쉽게 평가할 수 있다.

7.3 추가적인 고려 사항

사용 가능 재료의 특성들이 핸드북(handbook)을 참조하여 구한 경우, 실제 환경에서 사용되는 경우와 온도, 하중 속도, 표면 처리 등의 변수들을 포함하여 검토해야 한다. 이는 실제 기계적 거동 및 특성 값이 핸드북에서 구한 데이터와 다를 수 있기 때문에 세심한 주의를 하여야 한다. 재료의 중요한 정보가 빠져있거나 데이터를 실제 경우에 적용할 수 없을 때에는 재료 전문 엔지니어나 재료의 제작 회사와 상의하여야 한다. 최종 재료 선정을 결정할 때에는 비용과 제작의 용이성, 품질 및 수행 능력 등의 상관 관계를 절충해야 한다. 따라서 다음과 같은 질문에 대해 답할 수 있어야 한다.

1. 너무 비싼 재료라 시장에서 요구하는 경제적 조건을 만족시킬 수 있는지?
2. 더 좋은 제품을 만들기 위해 더 비싼 재료를 사용하는 것이 정당화될 수 있는지?
3. 제작을 보다 쉽게 하기 위해 추가 비용이 얼마나 더 드는지? 이를 합리화할 수 있는지?

만약 제품이 고정된 크기를 가지는 경우 재료 간의 비교는 단위 체적당의 가격을 기반으로 비교해야 한다. 예를 들면, 알루미늄의 밀도는 강의 1/3이다. 크기가 고정된 제품의 경우 알루미늄 1 lb를 가지고 1 lb 강의 부품의 3배수를 만들 수 있다. 단위 무게당의 관점에서는 알루미늄의 가격이 강 재료의 가격보다 3배 정도 더 경제적이다. 따라서 알루미늄이 더 싼 재료이다. 마그네슘이나 스테인리스강과 같이 재료의 밀도가 현저히 다를 경우에는 파운드당 가격과 체적당 가격에 기반을 둔 상대적인 순위 평가는 매우 다를 수 있다.

재료의 획득 가능(material availability) 여부는 고려해야 할 또 다른 사항이다. 선정된 재료가 크기, 원하는 형상, 수량 등에서 설계 및 재료 선정 시의 요구 조건과 일치하지 않아 구하지 못할 경우가 있다. 혹은 재료를 외국에서 한정된 수량만큼 수입하는 경우 정치적인 요인으로 인해 구매, 획득 못하는 경우가 있다. 이 또한 추가적으로 고려해야 할 사항이다. 재료 선정 시 고려해야 할 또 다른 요인들은 다음과 같다.

1. 파손된 경우 혹은 유사한 경우가 있을 시 원인은 무엇이었는지? 원인이 확인되었는지?
2. 선정된 재료 혹은 고려하고 있는 재료가 양호한 성능 기록을 가지고 있는지? 혹은 불량한 성능 기록을 가지고 있는지의 여부, 어느 경우에 어느 환경에서 불량한 성능이 보고되었는지?
3. 재료 표준화로부터 이점을 얻으려는 시도를 하였는지? 표준화를 하여 동일 재료로부터 혹은 동일 제조 공정을 사용하여 다수의 부품을 제조했는지?

(7.4) 구체적 재료 선정 방법

공학 부품들인 보, 샤프트, 판재, 쉘, 칼럼, 다양한 형상의 기계 부품 등은 과도하게 변형되거나 파괴나 붕괴 등으로 인한 파손이 일어나서는 안 된다. 또한 비용과 무게 등이 과도해서는 안 된다. 과도 변형을 피하기 위해 가장 기본적으로 고려해야 할 사항은 탄성 변형률로 인한 변형을 제한하는 일이다. 주어진 부품 형상과 적용 하중에 대해 탄성 변형에 대한 저항 정도, 즉 강성 계수(stiffness)는 재료의 탄성 계수 E로 결정된다. 강도에 관해서 가장 기본적으로 고려해야 할 점은 작용 응력이 재료의 파단 강도, 예를 들면 인장 시험으로 구하는 항복 강도 σ_y를 넘지 않도록 해야 한다.

기계 부품, 요소 설계 시 최대 허용 변위나 재료의 항복에 대한 안전 계수 등과 같은 성능(performance)에 관련되는 요구 사항을 만족시키도록 일반적인 여러 사항들을 고려해야 한다. 다음의 경우는 설계 시 재료 선정 과정에 대해 간단히 설명한다.

자동차 내의 인장력을 받는 봉을 설계한다고 가정한다. 설계 요구 조건은 강성과 관련된 탄성 계수 E는 100 GPa 이상이어야 하고, 강도와 관련된 항복 응력 σ_y은 100 GPa이상, 파괴 인성치 K_{IC}는 40 MPa $\sqrt{m}$ 이상, 무게와 관련된 밀도 ρ는 8×10^3 kg/m^3(8.0 g/cm^3) 이하여야 한다. 우선 여러 재료들을 후보 재료로 가정한다. 이 과정을 수행하기 위해서는 우선 각종 재료의 탄성 계수(E)와 항복 응력(σ_y), 밀도(ρ)와 같은 재료 물성치를 알아야 한다. 사용 재료의 종류를 알면 재료 관련 핸드북이나 www.matweb.com 사이트를 이용하여 탄성 계수, 항복 강도, 밀도 등의 값을 찾을 수 있다.

1차적으로 대상 재료가 설계 요건에 만족되는지 안되는지, 즉 합격과 불합격 판단을 위해서 재료 간의 비교표를 만들 필요가 있다. 이를 위해서는 사용 재료가 금속 재료인 경우 철 합금 재료인지 비철 합금 재료인지, 또한 철 합금 재료 중에서 탄소강인지, 주철인지, 저합금강인지, 스테인리스강인지, 폴리머의 경우 열경화성 재료인지 열가소성 재료인지, 세라믹의 종류는 무엇인지, 복합 재료의 종류 등을 안 후 관련 사이트에 들어가 탄성 계수, 항복 강도, 밀도 등의 값을 찾을 수 있다.

표 7.2는 각종 재료에 대하여 인장을 받는 자동차 환봉 설계 시 요구 조건의 만족 여부를 쉽게 비교하기 위해 만든 표이다. 탄성 계수 E는 재료의 강성 척도이며 항복 강도 σ_y는 강도의 측도이다. 밀도 ρ는 무게의 척도이다.

사용 가능 재료들을 비교하기 위하여 사용된 세라믹 재료로는 알루미나를 사용하였는데 알루미나의 탄성 계수 $E = 415$ GPa이고 인장 강도 $\sigma_y = 0.2$ GPa는 파괴 인성치 $K_{IC} = 3.5$ MPa $\sqrt{m}$ 이다.

표 7.2 설계 시 요구되는 재료의 만족 여부

재료	설계 요구 조건					
	강성(E)	강도(σ_y)	파괴 인성치 (K_{IC})	밀도(ρ)	비용	결정
세라믹	우수	불만족	불만족	만족	고비용	불합격
폴리머	불만족	불만족	불만족	우수	만족	불합격
알루미늄 합금	불만족	불만족	불만족	우수	고비용	불합격
티타늄 합금	만족	만족	만족	우수	고비용	합격
합금강	만족	만족	만족	만족	만족	합격
복합 재료	만족	만족	만족	우수	고비용	합격

알루미늄 합금의 경우는 $E = 71$ GPa, 인장 강도 $\sigma_y = 469$ MPa, 파괴 인성치 $K_{IC} = 25$ MPa $\sqrt{m}$ 이다.

티타늄 합금의 경우는 $E = 117$ GPa, 인장 강도 $\sigma_y = 1185$ MPa, 파괴 인성치 $K_{IC} = 50$ MPa $\sqrt{m}$ 이며 밀도는 $\rho = 4.5 \times 10^3$ kg/m³(4.5 g/cm³)이다.

합금강 AISI 4340의 경우는 $E = 207$ GPa, 인장 강도 $\sigma_y = 1103$ MPa, 파괴 인성치 $K_{IC} = 50$ MPa $\sqrt{m}$ 이며 밀도는 $\rho = 7.9 \times 10^3$ kg/m³(7.9 g/cm³)이다. 이들 재료를 비교한 결과는 표 7.2와 같다.

전단 응력과 전단 변형률은 비틀림 하중 시 중요한데, 재료의 강성 척도로 전단 계수 G를 탄성 계수 E 대신 사용한다. 항복 강도 σ_y는 연성 재료와 주로 연관이 있다. 연성 재료는 재료는 취성 재료보다 쉽게 변형이 발생한다. 취성 재료는 항복 거동을 분명히 보여주지 않는다. 따라서 가장 중요한 강도는 극한 강도 σ_u 혹은 파괴 인성치 K_{IC}이다. 추가적으로 부품들의 기본 형상에 대한 응력 및 변위 식들과 같은 기본 고체역학의 결과를 사용하는 것이 필요하다. 필요한 식들은 그림 7.3~7.5로부터 구할 수 있다.

대표적인 구조용 재료들의 다양한 기계적 물성값들이 표 7.3에 수록되어 있다. 재료 선정에 관련된 예제 및 연습문제에서는 이 값들을 사용할 것이다. 공학 세계에서는 수많은 다양한 재료들이 있다. 다음에는 이 표들의 탄성 계수, 강도, 밀도, 상대적 가격을 사용하며 주어진 하중 및 형상 조건에서, 재료들 간의 비교해야 할 항목과 이 항목들을 사용한 재료 선정 절차를 설명한다.

표 7.3 연습문제에 사용되는 재료들의 예

재료 종류	예	탄성 계수 E (GPa)	강도 σ_c (MPa)	밀도 ρ (kg/m³)	상대적 가격 C_m
구조용 강 (탄소강)	AISI 1020	203	260[*]	7900	1
저합금강	AISI 4340	207	1103[*]	7900	3
고강도 알루미늄 합금	Al 7075-T6	71	469[*]	2700	6
티타늄 합금	Ti-6Al-4V	117	1185[*]	4500	45
공학용 폴리머	폴리카보네이트(PC)	2.4	62[*]	1200	5
나무	Loblolly pine (미송 나무)	12.3[†]	88[†]	510	1.5
경제적 복합 재료	유리 섬유 에폭시 (GFRP)	21	380[‡]	2000	10
고기능 복합 재료	탄소 섬유 에폭시 (CFRP)	76	930[‡]	1600	200

[*] 금속 및 폴리머에서의 인장 항복 강도 σ_y

[†] 미송(loblolly pine) 재료에서의 굽힘 하중하에서의 극한 강도 및 항복 강도

[‡] 복합 재료에서의 인장극한 강도

7.4.1 선정 절차

우선적으로 여러 재료 후보군이 선정되었다고 가정한다. 이 경우 재료의 우선 순위를 결정하기 위해 수행 요구 조건에 따른 체계적인 해석 수행은 가능하므로 최종적인 재료 선정을 할 수 있는 조직적인 체계를 사용하여 결정하는 과정을 설명한다.

그림 7.2와 같이 원형의 단면적을 가지는 끝단에 하중을 받는 외팔보의 경우를 고려한다. 이 경우 보는 길이 L 하에서 특정 하중 F에 견딜 수 있어야 함을 가정한다. 그리

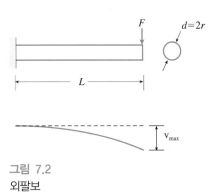

그림 7.2
외팔보

고 작용하는 응력은 안전 계수 X(2 혹은 3)를 고려한 설계 허용 응력 $\left(\dfrac{\sigma_c}{X}\right)$ 값 이하여야 한다. 무게가 매우 중요하므로 보의 무게 m은 최소화되어야 한다. 최종적으로 설계 요구 조건을 만족하기 위해 재료의 보 단면적의 직경 $d = 2r$은 변경될 수 있다. 이 경우 혹은 유사한 경우 최적의 재료가 선정될 수 있도록 체계적인 절차를 따라야 한다. 체계적인 절차를 확립하기 위해 먼저 문제에 해당되는 변수를 분류해야 한다.

(1) 요구 조건
(2) 변하는 형상
(3) 재료의 기계적 물성값
(4) 최소 혹은 최대화해야 하는 물리량

밀도 ρ를 가지는 보의 경우에서는

1. 요구 조건: L, F, X
2. 형상: r
3. 기계적 물성값: ρ, σ_c
4. 최소화해야 할 양: m

다음은 최소화 혹은 최대화해야 할 Q에 대해 요구 조건 및 물성치의 함수로 표현해야 한다. 여기서 기하학적 변수는 나타나지 않는다.

$$Q = f_1(\text{요구 조건}) \cdot f_2(\text{물성값}) \tag{7.1}$$

이 경우 Q는 최소화해야 할 무게 m이다. 다음과 같은 종속 함수식으로 나타낼 수 있다.

$$m = f_1(L,\, F,\, X) \cdot f_2(\rho,\, \sigma_c) \tag{7.2}$$

이 식에서 보의 반경은 나타나지 않는다.

f_1에서 모든 요구 조건은 설계 상수들인 반면 f_2에서는 재료에 따라 변한다.

절차를 설명하면 먼저 식 Q를 함수 f_1과 f_2의 곱으로 표현해야 한다. 다행스럽게도 이 과정은 대부분의 경우 가능하다. 현 단계에서는 각 재료에 따른 값들을 알 수 없으므로 기하학적 변수는 나타날 수 없다. 요구된 $Q = f_1 \cdot f_2$가 구해지면 각 재료 후보군들에 대해 적용하여 최대값 혹은 최소값을 가지는 Q를 구하여 최적의 재료를 선정한다.

예제 7-1

그림 7.2의 외팔보에 대하여 표 7.1을 사용하여 다음 질문에 대해 해를 구하라.

a) 최소 무게를 가지는 재료를 선정하라.

b) 각 재료에 대해 요구되는 보의 반경을 계산하라. 이때 하중 $P = 200$ N, $L = 100$ mm 그리고 안전 계수 $X = 2$임을 가정하라.

풀이

a) 식 (7.2)에 대한 수학적인 표현식을 얻기 위해 보의 무게를 보의 밀도와 체적의 곱으로 표시한다.

$$m = \rho v = \rho(\pi r^2 L)$$

보의 반경은 제거할 필요가 있으며 다음 변수를 식에 도입한다. 다음과 같이 원형 단면을 가지는 보의 최대 응력 식을 도입함으로써 가능하다.

$$\sigma = \frac{M_{\max} r}{I_z}$$

위 식은 굽힘 하중으로 인한 응력에 관한 기본적인 식으로 그림 7.3(b)에서 구하였다. 면적 관성 모멘트는 그림 7.4(b)로부터 구했으며 최대 굽힘 모멘트는 그림 7.5(c)로부터 구하였다.

$$I_z = \frac{\pi r^4}{4}, \; M_{\max} = FL$$

응력 식 σ에 $M_{\max}$, I_z를 대입하면

$$\sigma = \frac{(FL)(r)}{(\pi r^2/4)} = \frac{4FL}{\pi r^3} \tag{a}$$

최대 허용 응력은 재료의 파손 강도를 안전 계수로 나눈 값이다.

$$\sigma = \frac{\sigma_c}{X} \tag{b}$$

식 (a), (b)를 연합하여 r에 대해 풀면

$$r = \left(\frac{4FLX}{\pi \sigma_c}\right)^{1/3}$$

이 된다. 최종적으로 무게 m의 식에 반지름 r식을 대입하면

$$m = \pi L \rho \left(\frac{4FLX}{\pi \sigma_c}\right)^{2/3}, \; m = [f_1][f_2] = \left[\pi\left(\frac{4FX}{\pi}\right)^{2/3} L^{5/3}\right]\left[\frac{\rho}{\sigma_c^{2/3}}\right] \tag{c}$$

(c) 식이 된다. 식 (c)의 두 번째 식에서 f_1과 f_2를 브라켓[ ]으로 분리시키기 위해 적당한

조작을 하여 구한다. f_1값은 치수와 하중과 안전 계수의 고정값이므로 무게를 최소화하기 위해서는 재료 선택에 따라 변할 수 있는 f_2를 최소화하여야 한다. 예를 들면, AISI 1020강에서는 파손 강도 σ_c=260 MPa이므로

$$f_2 = \frac{\rho}{\sigma_c^{2/3}} = \frac{7.9 \text{ g/cm}^3}{(260 \text{ MPa})^{2/3}} = 0.914$$

이런 방식으로 다른 재료에 대해서도 계산한다. 결과는 다음 표 7.4에 있다.

무게에 대한 순위(1=최우수)는 표의 세 번째 세로(column)에 있다. 이런 점에서는 탄소-에폭시(graphite epoxy) 복합 재료가 최상의 선택이며 다음에는 미송 나무이다.

b) 요구되는 보의 반경은 이전의 식으로부터 계산할 수 있다. 탄소강 AISI 1020강에서 파손 강도 σ_c= 260 MPa이므로

$$r = \left(\frac{4FLX}{\pi\sigma_c}\right)^{1/3} = \left[\frac{4(200 \text{ N})(100 \text{ mm})(2)}{\pi(260 \text{ N/mm}^2)}\right]^{1/3} = 5.81 \text{ mm}$$

표 7.4 각종 재료의 계산 결과 및 순위

재료	$\dfrac{\rho}{\sigma_c^{2/3}}$	최소 무게 순위	반경(mm)	$\dfrac{C_m\rho}{\sigma_c^{2/3}}$	최소 비용 순위
구조용 (탄소)강	0.194	8	5.81	0.194	2
저합금강	0.0074	6	3.59	0.222	3
알루미늄 합금	0.0447	5	4.77	0.268	4
티타늄 합금	0.0402	4	3.50	1.81	7
폴리머	0.0766	7	9.37	0.383	6
미송 나무	0.0258	2	8.33	0.0387	1
유리-에폭시	0.0381	3	5.12	0.381	5
탄소-에폭시	0.0168	1	3.80	3.36	8

표 7.4에서 C_m은 표 7.3의 상대적 가격이다.

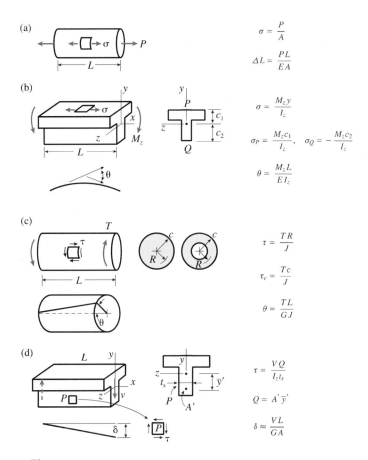

그림 7.3
응력과 변위를 계산하기 위한 식. (a) 축 하중 (b) 대칭 굽힘 하중 (c) 원형 축의 비틀림 하중 (d) T자형 보의 수직 전단 하중

(a)

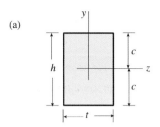

$$A = th = 2tc$$

$$I_z = \frac{th^3}{12} = \frac{2tc^3}{3}$$

(b)

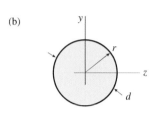

$$A = \pi r^2 = \frac{\pi d^2}{4}$$

$$I_z = \frac{\pi r^4}{4} = \frac{\pi d^4}{64}, \qquad J = \frac{\pi r^4}{2} = \frac{\pi d^4}{32}$$

(c)

$$A = \pi \left(r_2^2 - r_1^2\right) = 2\pi r_{avg} t$$

$$I_z = \frac{\pi}{4} \left(r_2^4 - r_1^4\right), \qquad I_z \approx \pi r_{avg}^3 t$$

$$J = \frac{\pi}{2} \left(r_2^4 - r_1^4\right), \qquad J \approx 2\pi r_{avg}^3 t$$

(d)

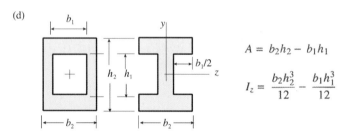

$$A = b_2 h_2 - b_1 h_1$$

$$I_z = \frac{b_2 h_2^3}{12} - \frac{b_1 h_1^3}{12}$$

그림 7.4

각종 형상에 따른 면적 A 및 면적 관성 모멘트 I_z와 극관성 모멘트 J 계산

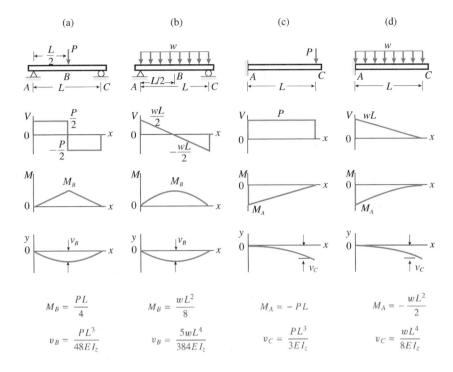

$$M_B = \frac{PL}{4}$$

$$v_B = \frac{PL^3}{48EI_z}$$

$$M_B = \frac{wL^2}{8}$$

$$v_B = \frac{5wL^4}{384EI_z}$$

$$M_A = -PL$$

$$v_C = \frac{PL^3}{3EI_z}$$

$$M_A = -\frac{wL^2}{2}$$

$$v_C = \frac{wL^4}{8EI_z}$$

그림 7.5
단순 지지보 및 외팔보에서의 분포 하중과 집중 하중에 따른 최대 처짐량과 굽힘 선도
(BMD) 및 전단 선도(SFD)

7.5 재료 선정 차트

Ashby의 도식적인 재료 선정 차트가 각종 재료의 강성, 강도 및 밀도에 대해 소개된다.
Ashby는 각종 재료에 대해 재료 부피당 혹은 무게당 가격의 함수로 강도와 강성에 사
용하였다. 이 차트에 소개된 정도는 대략적으로 계산한 결과이며 최종 설계 해석 단계
에 사용되어서는 안 된다. 실제 최종 설계 시 재료 물성치는 실험과 검증 단계를 거쳐
야 한다.

표 7.5는 재료 선정 차트에 사용되는 재료의 약자와 분류를 나타낸다.

7.5.1 강도-강성(strength-stiffness) 차트

다양한 재료에 대해 강도 대비 탄성 계수 E에 대한 것은 그림 7.6에 있다. 강도는 금
속과 폴리머 재료에서는 항복 강도를, 세라믹과 유리에서는 압축 강도를, 복합 재료에

표 7.5 재료 분류 및 분류에 따른 선정된 재료

분류	종류	약자
금속 합금 (공학용 금속과 합금)	알루미늄 합금 (aluminum alloys)	Al alloy
	주철(cast irons)	Cast irons
	구리 합금(copper alloys)	Cu alloys
	납 합금(lead alloys)	Lead alloys
	마그네슘 합금 (magnesium alloys)	Mg alloys
	몰리브덴 합금 (molybdenum alloys)	Mo alloys
	니켈 합금(nickel alloys)	Ni alloys
	강철(steel)	Steel
	주석 합금(tin alloys)	Tin alloys
	티타늄 합금(titanium alloys)	Ti alloys
	텅스텐 합금 (tungsten alloys)	W alloys
	아연 합금(zinc alloys)	Zn alloys
공학용 폴리머 (engineering polymers)	에폭시(epoxies)	EP
	멜라민(melamines)	MEL
	폴리카보네이트 (polycarbonate)	PC
	폴리에스테르(polyester)	PEST
	고밀도 polyethylene (high density)	HDPE
	저밀도 polyethylene (low density)	LDPE
	폴리포멀디하이드 (polyformaldehyde)	PF
	폴리메틸메타아크릴레이트	PMMA
	폴리프로필렌 (polypropylene)	PP
	폴리테트라플루오레틸렌 (polytetrafluorethylene)	PTFE
	폴리비닐클로라이드 (polyvinylchloride)	PVC

표 7.5 재료 분류 및 분류에 따른 선정된 재료(계속)

분류	종류	약자
공학용 세라믹 (하중 지탱 능력이 있는)	알루미나(alumina)	Al_2O_3
	다이아몬드(diamond)	C
	시아론(sialone)	Sialone
	실리콘 카바이드 (silicone carbide)	SiC
	실리콘 나이트라이드 (silicone nitride)	Si_3N_4
	지르코니아(zirconia)	ZrO_2
공학용 복합 재료	탄소 섬유 폴리머(carbon fiber reinforced polymer)	CFRP
	유리 섬유 폴리머(glass fiber reinforced polymer)	GFRP
	케블라 섬유 복합 재료(kevlar fiber reinforced composite)	KFRP
다공성 세라믹	벽돌(brick)	brick
	시멘트(cement)	cement
	보통 바위(common rocks)	rock
	콘크리트(concrete)	concrete
	자기(porcelain)	porcelain
	도기 (pottery)	pottery
유리(glasses)	보로실리카 유리 (borosilicate glass)	B-glass
	소다 유리(soda glass)	Na-glass
	실리카(silica)	SiO_2
나무	에쉬 목재(ash)	ash
	발사나무(balsa)	balsa
	전나무(fir)	fir
	참나무(oak)	oak
	소나무(pine)	pine
	합판(plywood) 등	plywood
탄성 중합체(elastomers) 천연 및 합성 고무	천연고무(natural rubber)	rubber
	단단한 부틸 고무	hard butyl
	폴리우레탄(polyurethane)	PU

표 7.5 재료 분류 및 분류에 따른 선정된 재료(계속)

분류	종류	약자
탄성 중합체(elastomers) 천연 및 합성 고무	실리콘 고무	silicone
	부드러운 부틸 고무	soft butyl
공학용 폴리머 폼 (engineering polymer foams)	코르크	cork
	폴리에스테르	PEST
	폴리스티렌	PS
	폴리우레탄	PU

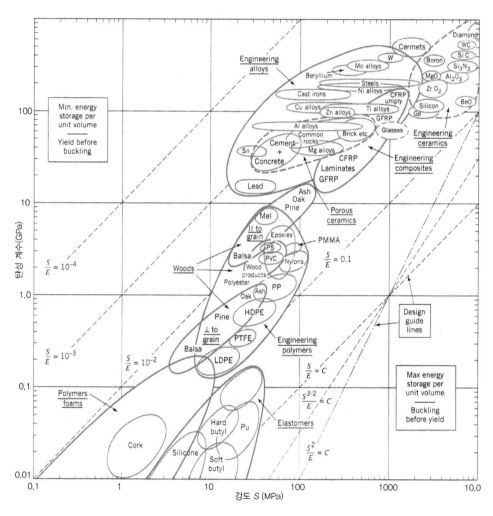

그림 7.6
강도 대 강성 계수 E, 강도는 금속, 폴리머의 경우는 항복 강도, 세라믹의 경우는 압축 강도 탄성체의 경우는 찢어짐 강도, 복합 재료는 인장 강도이다.

서는 인장 강도를, 탄성 중합체에서는 찢어짐 강도를 기준으로 사용하였다. 강도 값 혹은 탄성 계수와 관련하여 설계 요구 조건을 고려하는 경우 이를 만족하는 재료를 선정하려한다. 탄성 설계(elastic design)나 강도 대비 탄성 계수 비가 국한된 설계 요구 조건에 대해서는 적절한 재료가 선정되거나 비교되어야 한다. 이때의 기준이 되는 것은 1) 스프링과 같이 체적당 에너지 저장이 중요한 경우는 $\frac{S^2}{E} = C$에 따라, 2) 탄성 힌지와 같이 굽힘 반경이 기준인 경우 $\frac{S}{E} = C$에 따라, 3) 다이아프램 설계 시에는 하중에 따른 처짐량 $\frac{S^{3/2}}{E} = C$에 따른다. 예를 들면, 만약 파손 전까지 체적당 최대 에너지 저장을 원하면 $\frac{S^2}{E} = C$값을 최대화하여야 한다. 여기서 S는 강도이며 E는 강성인 탄성 계수이다. 만일 다른 설계 제한이 없을 경우 차트를 살펴보면 공학용 세라믹(engineering ceramics)이 최대 허용값 $\frac{S^2}{E} = C$를 가지며 다음에 탄성 중합체(elastomers), 공학용 합금(engineering alloy), 공학용 복합 재료(engineering composite), 공학용 폴리머(engineering polymer), 나무(wood), 폴리머 폼(polymer foams) 등의 순서로 낮은 값을 갖는다.

7.5.2 강도-밀도(strength-density) 차트

다양한 재료에서의 강도 범위는 0.1~10,000 MPa이다. 반면 밀도는 0.1~20 Mg/m^{3}이다. 그림 7.7은 다양한 재료에 있어 강도 대비 밀도의 관계를 로그 스케일로 표시한다. y축에는 강도(MPa, 106 Pa)를 x에는 밀도(Mg/m^3, 10^6 g/cm^3)를 표시한다. 기준선 $\frac{S}{\rho} = C$, $\frac{S^{2/3}}{\rho} = C$, $\frac{S^{1/2}}{\rho} = C$ 식들은 1) 회전하는 디스크, 2) 보(축), 3) 판재의 최소 무게 설계 시 사용된다. 기준선 $\frac{S}{\rho} = C$의 경우는 회전 디스크 설계 시, $\frac{S^{2/3}}{\rho} = C$는 보(축) 설계 시, $\frac{S^{1/2}}{\rho} = C$는 판재 설계 시 사용된다. 상수값은 기준선이 위로 이동할수록, 왼쪽으로 갈수록 증가한다. 최대 강도 대비 밀도 값은 상단 좌측 구석이다.

7.5.3 강도-온도(strength-temperature) 차트

세라믹 재료만이 1000℃ 이상에서 강도를 유지한다. 금속은 800℃에서 부드러워지며 폴리머의 경우 200℃ 이상에서는 강도를 거의 가지지 못한다. 그림 7.8은 다양한 재료의 고온에서의 강도를 전체적으로 보여준다. 일정 온도에서의 강도 $S(T)$는 금속과 폴리머의 경우 특정 온도에서의 항복 강도를 나타내고, 세라믹의 경우는 압축 강도를, 탄성 중합체(elastomers)는 찢어짐 강도를, 복합 재료에서는 인장 강도를 나타낸다. 합금

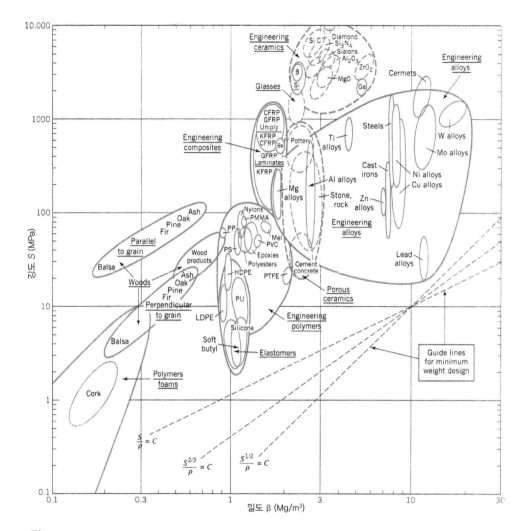

그림 7.7
강도 S 대비 밀도 ρ, 강도는 금속, 폴리머의 경우는 항복 강도, 세라믹의 경우는 압축 강도, 탄성체의
경우는 찢어짐 강도, 복합 재료는 인장 강도이다.

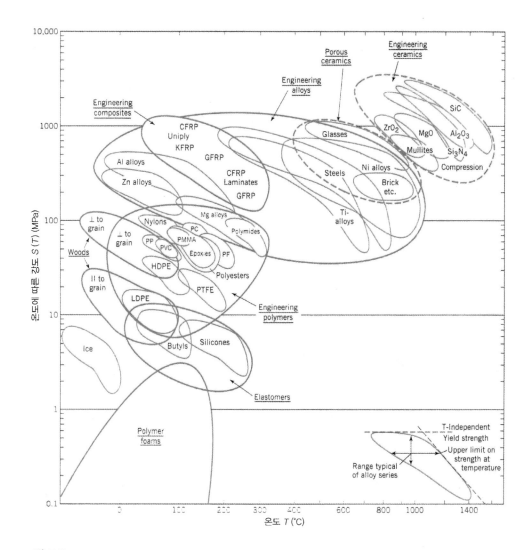

그림 7.8

특정 온도에서의 강도 S(T) 대비 온도 T; 온도에서의 강도 S(T)는 금속, 폴리머의 경우는 특정 온도에서의 항복 강도이고 세라믹의 경우는 압축 강도, 탄성체의 경우는 찢어짐 강도, 복합 재료는 인장 강도이다.

강에서 강도는 1시간 동안 하중 시의 항복 강도를 지칭한다. 오랜 기간(예: 10,000시간) 동안 하중하에서는 강도는 낮아진다. 이때에는 크립 혹은 크립 파단에 대한 설계를 하여야 한다.

7.5.4 강성–단위 무게당 비용 차트

단위 무게당 혹은 단위 부피당 가장 높은 강성, 즉 탄성 계수를 갖는 재료를 찾기 위해서는 기계 물성값을 나타내는 점선을 유지한 채로 오른쪽에서 왼쪽으로 이동시키면 가

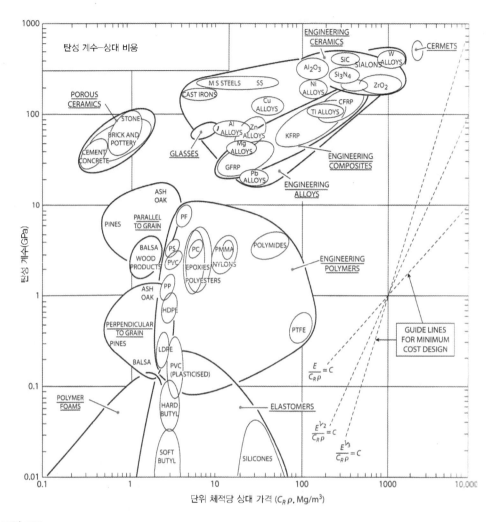

그림 7.9
단위 무게당 가격 대비 강성 계수 E

능하다. 예를 들면, 인장 혹은 압축력을 받는 봉 구조물의 경우 가장 높은 단위 가격당 강성을 가지는 재료를 찾기 원하면 $\dfrac{E}{C_R \rho}$의 점선의 기울기를 유지하면서 왼쪽으로 이동시키면 된다. 그림 7.9의 경우 $\dfrac{E}{C_R \rho}$의 점선의 기울기를 유지한 상태에서 왼쪽 끝으로 가면 콘크리트, 벽돌, 보통 바위 등을 찾을 수 있다. 이들 재료는 단위 무게당 가장 높은 강성, 즉 탄성 계수를 갖는 재료들이다. 보통 단위 무게당 비용을 C_w로, 단위 부피당 비용을 C_v로 표시하며 단위 무게당 비용에 밀도 ρ를 곱하면 단위 부피당 비용 C_v가 된다. 그림 7.9에서 x축의 단위 무게당 비용은 순수 탄소강에 대한 상대 비용 C_R에 밀도 $\rho(\mathrm{Mg/m^3},\ 10^6\ \mathrm{g/m^3})$를 곱한 값이다. y축은 탄성 계수 $E(\mathrm{GPa})$이고 양축 모

표 7.6 하중 조건에 따른 단위 비용당 계산식

하중 조건	계산식		
	강성	연성 재료인 경우 항복 기준	취성 파괴
1) 인장을 받는 봉	$\dfrac{E}{C_v}$	$\dfrac{\sigma_y}{C_v}$	$\dfrac{K_{IC}}{C_v}$
2) 압축을 받는 짧은 컬럼	$\dfrac{E}{C_v}$	$\dfrac{\sigma_y}{C_v}$	$\dfrac{K_{IC}}{C_v}$
3) 얇은 벽을 가지는 파이프 혹은 압력 용기가 내압을 받을 때	$\dfrac{E}{C_v}$	$\dfrac{\sigma_y}{C_v}$	$\dfrac{K_{IC}}{C_v}$
4) 굽힘을 받는 봉	$\dfrac{E^{1/2}}{C_v}$	$\dfrac{\sigma_y^{2/3}}{C_v}$	$\dfrac{K_{IC}^{2/3}}{C_v}$
5) 굽힘을 받는 판재	$\dfrac{E^{1/3}}{C_v}$	$\dfrac{\sigma_y^{1/2}}{C_v}$	$\dfrac{K_{IC}^{1/2}}{C_v}$
6) 좌굴 하중하의 가는 컬럼	$\dfrac{E^{1/2}}{C_v}$	–	–
7) 전단 하중하의 블록	$\dfrac{G}{C_v}$	$\dfrac{\tau_y}{C_v}$	$\dfrac{K_{IC}}{C_v}$

σ_y: 항복 강도, τ_y: 전단 항복 강도, K_{IC}: 파괴 인성치, G: 전단 계수

두 로그 스케일을 사용하였다. 참고로 표 7.6은 취성 재료와 연성 재료의 경우 설계 시 하중 조건에 따른 단위 비용당의 계산식이다.

표 7.7의 재료의 예를 들면 저합금강 AISI 4340의 경우 탄성 계수 $E=205$ GPa, 항복 강도 $\sigma_y=860$ MPa, 파괴 인성치 $K_{IC}=99$ MPa $\sqrt{m}$, 밀도 $\rho=7.85\times10^3$ kg/m^3, 단위 부피당 비용 $C_v=10.8\times10^4$\$/m^{3}이며, 탄소 섬유 복합 재료의 경우 탄성 계수 $E=138$ GPa, 항복 강도 $\sigma_y=1447$ MPa, 파괴 인성치 $K_{IC}=40$ MPa $\sqrt{m}$, 밀도 $\rho=1.67\times10^3$ kg/m^3, 단위 부피당 비용 $C_v=38.84\times10^4$\$/m^{3}이다. 이러한 방법으로 단위 무게당 비용 대비 강도, 단위 무게당 비용 대비 파괴 인성치의 차트를 사용할 수 있다. 이러한 차트를 사용하면 강성(탄성 계수), 강도(항복 강도), 무게(밀도), 파괴 저항(파괴 인성치)에 대한 설계 요소를 만족시키는 재료를 신속하게 찾을 수 있다.

내부 압력을 받는 얇은 벽을 가지는 압력 용기를 설계하려 한다면 표 7.6의 세 번째 하중 조건인 압력 용기가 내압을 받는 경우의 식을 사용한다.

표 7.7 후보 재료의 기계적 물성값과 단위 부피당 가격(C_v)

재료	탄성 계수 E (GPa)	항복 강도 σ_y (MPa)	파괴 인성치 K_{IC} (MPa $\sqrt{m}$)	밀도 ρ ($10^3 \times kg/m^3$)	단위 부피당 비용 $C_v (10^4 \$/m^3)$
알루미늄 합금 (Al 2024-T3)	60	345	25	2.7	6.57
알루미늄 합금 (Al 7075-T6)	70	495	24.2	2.7	8.2
티타늄 합금 (Ti-6Al-4V)	113.8	910	115.4	4.43	65.8
티타늄 합금 (Ti-6Al-4V)	113.8	1035	55	4.43	65.8
니켈-크롬-몰리브덴강 (AISI 4340)	205	860	98.9	7.85	10.78
니켈-크롬-몰리브덴강 (AISI 4340)	205	1515	60.4	7.85	10.78
스테인리스강 [SUS/STS 632(17-7 PH)]	204	1435	76.9	7.83	16.55
스테인리스강 [SUS/STS 631(15-7 Mo)]	204	1415	49.5	7.83	21.50
탄소 섬유 복합재 (carbon-epoxy)	138	1447	40	1.67	38.84

7.5.5 단위 비용과 성능이 중요한 경우 재료 선정 절차

각종 재료들에 대해 이들 기계적 물성값의 상대적인 값을 비교하여 재료 선택을 쉽게 할 수 있다. 만약 선택을 보다 쉽게 하기 위해 재료들 간의 상대적인 비교가 필요할 경우가 있다. 표 7.7의 가장 오른쪽에 표시된 기호 C_v는 각 재료를 단위 부피(m^3)당 가격으로 나눈 값이다. 저합금강(AISI 4340)의 탄성 계수(GPa)의 경우 단위 부피당 비용으로 나눈 상대 강성값은 $\dfrac{E}{C_v} = \dfrac{205}{10.78} = 18.98$이 되며 상대 강도는 $\dfrac{\sigma_y}{C_v} = \dfrac{860}{10.78} = 79.6$이 된다. 파괴 인성치($K_{IC}$)를 사용하는 취성 재료 파괴의 경우 단위 부피당 상대 파괴 인성치는 $\dfrac{K_{IC}}{C_v} = \dfrac{98.9}{10.78} = 9.166$이 된다.

탄소 섬유 복합 재료의 경우 강성을 나타내는 탄성 계수(E) 값을 단위 부피당 비용으

표 7.8 단위 부피당 비용으로 나눈 상대적인 기계적 물성값

재료	E/C_v	σ_y/C_v	K_{IC}/C_v
알루미늄 합금 (Al 2024-T3)	9.13	52.5	3.8
알루미늄 합금 (Al 7075-T6)	8.5	60.4	2.95
티타늄 합금 (Ti-6Al-4V)	1.73	13.8	1.75
티타늄 합금 (Ti-6Al-4V)	1.73	15.7	0.84
니켈-크롬-몰리브덴강 (AISI 4340)	19.0	79.8	9.17
니켈-크롬-몰리브덴강 (AISI 4340)	19.0	141	5.60
스테인리스강 [SUS/STS 632(17-7PH)]	12.3	86.7	4.65
스테인리스강 [SUS/STS 631(15-7Mo)]	9.49	65.8	2.30
탄소 섬유 복합재 (carbon-epoxy)	3.55	37.3	1.03

로 나눈 상대 강성값은 $\dfrac{E}{C_v} = \dfrac{138}{38.84} = 3.55$가 된다. 상대 강도는 $\dfrac{\sigma_y}{C_v} = \dfrac{1447}{38.84} = 37.3$ 이 된다. 상대 파괴 인성치는 $\dfrac{K_{IC}}{C_v} = \dfrac{40}{38.84} = 1.03$이 된다.

표 7.8은 각종 재료의 기계적 물성치를 단위 부피당 비용으로 나눈 상대적 비교값을 나타낸다. 강성(stiffness)에 대해 단위 비용당 상대 성능은, 예를 들면 합금강 AISI 4340을 기준으로 하여 1로 보면 탄소 복합 재료의 단위 부피당 비용으로 나눈 상대 강성(탄성 계수) 성능$\left(\dfrac{RE}{C_v}\right)$은 탄소 섬유 복합 재료 상대 비용 강성값$\left(\dfrac{E}{C_v}\right)$인 3.55를 저합금강인 AISI 4340의 상대 비용 강성값 19로 나누면 $\dfrac{3.55}{19} = 0.186$이 된다. 만약 강도에 관련하여 상대 성능을 비교하면 탄소 섬유 복합 재료는 저합금강인 AISI 4340에 비해 강도 상대 성능$\left(\dfrac{R\sigma_y}{C_v}\right)$은 $\dfrac{37.3}{141} = 0.26$이고 파괴 인성치(fracture toughness)의 상대 성능$\left(\dfrac{RK_{IC}}{C_v}\right)$은 최고로 높은 파괴 인성치를 기준으로 하면 $\dfrac{1.03}{9.17} = 0.11$이다. 표 7.9는 표 7.8을 이용하여 구한 상대적인 탄성 계수, 상대 항복 강도, 상대 파괴 인성치이다.

만일 강성(E), 강도(σ_y), 파괴 인성치(K_{IC})를 설계에 모두 반영하고 싶은 경우는 다

표 7.9 표 7.8을 사용한 각종 재료의 상대적인 기계적 물성값, 강성, 강도, 파괴 인성치

재료	RE/C_v	Ra_y/C_v	RK_{IC}/C_v
알루미늄 합금 (Al 2024-T3)	0.48	0.37	0.41
알루미늄 합금 (Al 7075-T6)	0.45	0.43	0.32
티타늄 합금 (Ti-6Al-4V)	0.09	0.10	0.19
티타늄 합금 (Ti-6Al-4V)	0.09	0.11	0.09
니켈-크롬-몰리브덴강 (AISI 4340)	1.0	0.57	1.0
니켈-크롬-몰리브덴강 (AISI 4340)	1.0	1.0	0.61
스테인리스강 [SUS/STS 632(17-7PH)]	0.65	0.61	0.51
스테인리스강 [SUS/STS 631(15-7Mo)]	0.50	0.47	0.25
탄소 섬유복합재 (carbon-epoxy)	0.186	0.26	0.11

음의 단위 비용당 상대 성능(relative performance per unit cost, RPC)을 산출하는 식 (7.3)을 사용하여 비교할 수 있다.

$$\text{RPC} = \frac{1}{3}\left(\frac{RE}{C_v} + \frac{R\sigma_y}{C_v} + \frac{RK_{IC}}{C_v} \right) \qquad (7.3)$$

인장력을 받는 봉의 경우 식 (7.3)을 사용 합금강 AISI 4340와 탄소 복합 재료의 단위 비용당 상대 성능 RPC를 계산하면 합금강 AISI 4340은 $\frac{1}{3}(1+0.57+1)=0.86$ 이 되고 티타늄 합금의 경우는 $\frac{1}{3}(0.09+0.1+0.19)=0.12$, 탄소 복합 재료는 $\frac{1}{3}(0.186+0.26+0.11)=0.185$가 된다. 따라서 합금강인 AISI 4340강이 더 좋은 단위 비용당 성능을 보여준다. 이와 같은 방식으로 다양한 재료에 대해 다양한 하중 조건의 경우 표 7.6을 사용 정량적으로 계산해 비교할 수 있다.

7.5.6 무게가 중요한 경우 재료 선정 절차

항공기, 고성능 선박, 스포츠 장비, 경량화 자동차 등과 같이 무게가 중요한 구조물의 경우 비강성(specific stiffness), 비강도(specific strength)를 계산하여 비교한다. 여기서

표 7.10 비강성, 비항복 강도, 비파괴 인성치 및 킬로그램당 비용

재료	E/ρ	σ_y/ρ	K_{IC}/ρ	C_v/ρ
알루미늄 합금 (Al 2024-T3)	22.2	127.8	9.26	2.43
알루미늄 합금 (Al 7075-T6)	25.9	183.3	8.96	3.03
티타늄 합금(Ti-6Al-4V)	25.7	205	26.0	14.85
티타늄 합금(Ti-6Al-4V)	25.7	234	12.4	14.85
니켈-크롬-몰리브덴강 (AISI 4340)	26.1	110	12.6	1.37
니켈-크롬-몰리브덴강 (AISI 4340)	26.1	193	7.7	1.37
스테인리스강 [SUS/STS 632(17-7PH)]	26.1	183	9.82	2.11
스테인리스강 [SUS/STS 631(15-7Mo)]	26.1	181	6.32	2.75
탄소 섬유 복합재	82.6	866	24.0	23.26

비강성, 비강도는 탄성 계수, 항복 강도를 밀도(ρ)로 나눈 값을 말한다. 또한 비파괴 인성치는 파괴 인성치를 밀도로 나눈 값이다. 즉, $\dfrac{E}{\rho}$는 비강성, $\dfrac{\sigma_y}{\rho}$는 비강도, $\dfrac{K_{IC}}{\rho}$는 비파괴 인성치, $\dfrac{C_v}{\rho}$는 단위 무게당 비용이다. 이들 값을 계산하여 가장 높은 값을 가지는 재료를 선정한다. 일부 선정 재료들의 계산 결과가 표 7.10에 있다. 표 7.11은 표 7.10으로부터 구한 값을 가장 높은 값을 가지는 복합 재료를 기준으로 밀도, 강성, 강도 값으로 나눈 상대적 값들이고 파괴 인성치의 경우는 가장 높은 티타늄 합금을 기준으로 나눈 상대적인 값이다. 만일 설계 조건이 동등하게 중요하고 비용도 성능상 동등하게 중요하다면 다음 식을 이용하여 각 재료들의 상대 비교 장점(relative merit, RM)을 계산할 수 있다.

$$\text{RM} = \frac{1}{4}\left(\frac{RE}{\rho} + \frac{R\sigma_y}{\rho} + \frac{RK_{IC}}{\rho} + 1 - \frac{RC_v}{\rho}\right) \tag{7.4}$$

식 (7.4)를 사용하여 후보 재료군에 적용한 결과는 표 7.12에 나타나 있다.

표 7.10은 탄소 섬유 강화 복합재가 무게가 중요한 경우 가장 큰 장점을 가짐을 알 수 있다. 보잉 787의 동체는 첨단 탄소 섬유 복합재로 제작된다. 표 7.11은 탄소 섬유 강화 복합재의 상대적 장점이 가장 큼을 알 수 있다.

표 7.11 후보 재료(복합 재료)의 강성, 항복 강도값, 킬로그램당 비용과 티타늄 합금의 파괴 인성치로 나눈 상대 비강성, 상대 비항복 강도, 상대 비파괴 인성치 및 상대 킬로그램당 비용

재료	RE/ρ	$R\sigma_y/\rho$	RK_{IC}/ρ	RC_v/ρ
알루미늄 합금 (Al 2024-T3)	0.27	0.13	0.36	0.10
알루미늄 합금 (Al 7075-T6)	0.31	0.21	0.34	0.13
티타늄 합금(Ti-6Al-4V)	0.31	0.24	1.0	0.64
티타늄 합금(Ti-6Al-4V)	0.31	0.27	0.48	0.64
니켈-크롬-몰리브덴강 (AISI 4340)	0.32	0.13	0.48	0.06
니켈-크롬-몰리브덴강 (AISI 4340)	0.32	0.22	0.30	0.06
스테인리스강 [SUS/STS 632(17-7PH)]	0.32	0.21	0.38	0.09
스테인리스강 [SUS/STS 631(15-7Mo)]	0.32	0.21	0.24	0.12
탄소 섬유 복합재	1.0	1.0	0.92	1.0

표 7.12 설계 시 재료들의 상대적인 장점(RM) 비교

재료	상대적 장점(RM)
알루미늄 합금(Al 2024-T3)	0.415
알루미늄 합금(Al 7075-T6)	0.43
티타늄 합금(Ti-6Al-4V)	0.48
티타늄 합금(Ti-6Al-4V)	0.35
니켈-크롬-몰리브덴강(AISI 4340)	0.47
니켈-크롬-몰리브덴강(AISI 4340)	0.44
스테인리스강[SUS/STS 632(17-7PH)]	0.45
스테인리스강[SUS/STS 631(15-7Mo)]	0.41
탄소 섬유 복합재(carbon-epoxy)	0.73

7.6 다양한 재료를 찾는 웹사이트

1) www.matweb.com: 세라믹 금속, 폴리머, 천연 재료, 목재 등의 69,000여 개의 데이터 베이스를 가진 웹사이트로 무료이다. 이 사이트를 이용하기 위해서는 철 합금(ferrous alloy), 비철 합금(nonferrous alloy), 열가소성 플라스틱 폴리머(thermoplastic polymer), 열경화성 폴리머(thermosetting polymer) 등의 분류에 대해 알아야 하고 분류법에 익숙하면 보다 찾기가 용이하다.

2) www.granta.co.uk: 이 사이트는 유료이며 4단계가 있다. Ashby의 도식적 접근법을 사용한다.

3) www.aluminum.org: 미국 알루미늄협회의 웹사이트로 화학 조성, 산업용 표준, 설계 정보, 재활용 정보, 그리고 다양한 주제에 대한 기초 정보를 다루고 있다.

4) www.copper.org: 비철 합금인 구리와 구리 합금에 대한 정보를 제공한다.

5) www.steel.org: 미국 철강협회의 웹사이트로 철과 철 합금의 화학 조성, 설계, 재활용, 표준에 대한 정보를 제공한다.

6) www.mcmaster.com: 체결 요소, 배관, 전력 송신 기기, 원재료뿐만 아니라 다양한 기계 물품의 가격을 제공한다.

7) www.ptonline.com: 고분자, 탄성 중합체, 페놀수지, 에폭시 등을 다룬다. 밀도, 항복 강도, 최대 인장 강도, 충격 에너지, 파단 시 연신율, 열팽창 계수, 흡수율 등의 데이터 베이스를 제공한다. 제한적으로 무료이며 연회비 지불 시 전부 사용 가능하다.

8) www.professionalplastics.com: ABS, PVC, PEEK, 페놀수지, 아크릴, 나일론, 아세틸, 유리-에폭시 복합재 등의 고분자재료들의 기계적 물성값(인장 강도, 압축 강도, 탄성 계수, 전단 강도, 충격 에너지, 경도, 밀도, 난연성, 저항 등)을 제공한다. 봉, 판, 배관, 필름 형태로 분류되어 있다.

9) www.totalplastics.com: 판, 봉, 배관, 필름, 테이프 형태의 플라스틱 제품을 포함한다. 마모 저항, 관통 저항, 내부식성, 난연성, 고온, 고강도, FDA 승인, 군용 규격, 투명도, 충격 저항 등의 기능과 물성값이 포함되어 있다. 가격은 견적상으로만 받아볼 수 있다.

10) www.materialdatacenter.com: 이 사이트는 플라스틱과 바이오 플라스틱에 대한 정보를 제공한다. 예를 들면, 고밀도 폴리에틸렌(HDPE)을 입력하면 HDPE를 만드는 다양한 생산자들과 각 제품의 물리적 특성에 대한 회사의 정보가 나열된다. 물리적 특성에는 밀도, 온도, 항복 강도, 굽힘 강도, 굽힘 강성, 파단 시 연신율, 충격 강도

를 포함한다. 바이오 재료에 대한 데이터와 참고 자료가 있다.

11) www.coorstek.com/materials: 이 사이트는 세라믹 재료에 대한 정보를 제공한다.

12) www.asm-intl.org: 금속 핸드북(metal handbook)의 사이트이다.

13) www.totalplastics.com: 유리 섬유-에폭시 복합재, 공업용 플라스틱 생산품의 가격이 있다.

14) www.dragonplate.com: 탄소 섬유 복합 재료의 생산품과 가격이 있다.

(7.7) 요약

공학 설계 시 재료 선정은 매우 중요하다. 형상 및 치수 등과 기계적 물성치도 고려해야 한다. 정적, 동적, 크립, 반복 하중 등이 예상되는지의 여부도 판단하여야 한다. 또한 열, 자장, 전기, 광학, 온도 등과 같은 물리적 인자도 고려해야 한다. 전도, 저항 등과 같은 전기적 성질의 요구 조건이 무엇인지, 자기장 성질이 요구되는지, 광학적 요구 조건이 있는지, 무게 절감을 위한 재료의 밀도 등도 고려해야 한다. 그 외에도 생산과 관련된 인자도 고려해야 한다. 가공 가능한지, 경제적으로 생산성이 있는지, 부품의 품질관리 및 검사 방법 등도 재료 선정 시 고려해야 할 인자들이다. 이를 위해서는 재료에 대한 이해뿐만 아니라 거동 및 고체역학, 핸드북, 재료 생산업체에서 제공되는 다양한 정보 등을 이해할 수 있어야 한다. 이 단원에서 제공되는 체계적인 선정 과정은 다양한 여러 재료에 적용하여 설계 시 최종 선정하는 데 큰 도움을 준다. 재료 비용은 배급업자의 견적을 통해 구할 수 있으며 인터넷을 통해서도 얻을 수 있다. 특정 하중 조건에 대한 기계 물성의 단위 비용당 성능은 물리적 물성에 하중 종류와 이에 해당하는 값을 거듭 제곱하고 이를 단위 부피당 가격으로 나눈 값이다. 단위 가격당 기계 물성에 대한 상대 성능(RPC)값은 그 합을 성능 인자의 개수로 나눈 값이다. 만일 한 인자가 다른 인자보다 더 중요하다면 가중치를 적용할 수 있다.

🔑 용어 및 기호

강도-강성(strength-stiffness) 차트
강도-밀도(strength-density) 차트
강도-온도(strength-temperature) 차트
단위 비용당 상대 성능
  (relative performance per unit cost, RPC)
단위 부피당 강도

단위 부피당 강성
단위 부피당 파괴 인성치
비강도(specific strength)
비강성(specific stiffness)
상대 장점(relative merit, RM)
재료 선정 차트

🔑 참고문헌

1. Mechanical Behavior of Materials, 4th edition, Pearson, E. Dowling
2. Material Science and Engineering Properties, Cengage Learning, Charles Gilmore
3. The Science and Design Engineering Materials, McGraw-Hill, James E. Schaffer 외 4인
4. Materials and Process in Manufacturing, 9th edition, Wiley, E. Paul Degarmo 외 3인
5. Fundamentals of Materials Science and Engineering, John Wiley & Sons Inc., William D. Callister
6. Fundamentals of Machine Components Design, 3rd edition, John Wiley & Sons Inc., Robert C. Juvinall 외 1인
7. Design of machine Elements, 6th edition, Prentice Hall, M. E. Spotts
8. Mechanical Behavior of Materials, 2nd edition, Cambridge University Press, William F. Hosford

🔑 연습문제

7.1 Leaf spring이 실험용 차량의 현수 장치로 사용된다. 실험용 차량은 단면이 다음 그림과 같은 직사각형 단면($t \times h = 60$ mm $\times$ 5 mm)을 가지고 있고 길이 $L = 0.5$ m이다. 이 부분의 재료는 저합금강(low alloy steel)이다. 이 강 재료를 부품의 무게를 감소시키기 위해 대체하려고 한다. 다른 관련 부품의 재설계를 피하기 위해 t는 변경하지 말아야 하고 $h < 12$ mm여야 한다. 스프링 강성 계수 $k = \dfrac{P}{v} = 60$ kN/m이다. 스프링의 최대 인장 길

이는 $v_{max} = 35$ mm여야 하고 이 위치에서 응력은 안전 계수 $X = 1.5$로 했을 때 재료의 파단 강도 이하여야 한다.

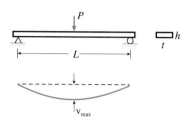

a) 먼저 $k = 50$ kN/m만을 고려하여 표 7.1에서 어떤 재료가 가장 가벼운 무게를 제공하는 지 결정하라.

b) 다음에는 각 재료들에 대해 $k = 50$ kN/m 및 $v_{max} = 30$ mm에서 안전 계수를 고려하여 설계 허용 응력 σ_c의 요구 조건을 만족시키는 데 필요한 h를 결정하라. $h \leq 12$ mm와 안전 계수 $X = 1.4$를 만족시켜야 한다.

7.2 문제 7.1에서 가격을 고려하여 재해석하라.

7.3 자전거 제조 업체에 가서 6개 주요 부품(part)들에 사용되는 재료들을 조사 확인하고 각 재료들이 적절하게 선정되어있는지 여부를 판단하라. 경량화를 위해 어떤 재료들이 대체 가 능한지를 결정하라. 또한 대체 재료를 사용하였을 때 얼마만큼의 무게를 감소시킬 수 있 는지를 판단하라.

7.4 양끝이 단순 지지된 보가 있다. 길이 $L = 1.50$ m 분포 하중 $w = 2.0$ kN/m[그림 7.5(b)]를 받고 있다. 보의 단면은 가운데가 비어 있는(hollow) 단면[그림 7.4(d)]을 가지고 있다. $b_2 = h_2$이고 $b_1 = h_1 = 0.7h_2$이다. 2가지 설계 요구 조건이 있다. 적어도 안전 계수 $X = 3.0$ 이어야 하고 중간 최대 처짐량 v_{max}이 25 mm를 넘어서는 안된다. 재료의 물성치는 표 7.3을 사용하라. 다음 3가지 중 1가지 재료를 사용하여 보를 제작한다.

AISI 4340강, AL 7075-T6 합금, glass-epoxy 복합 재료

a) 안전 계수 $X = 3$을 사용하였을 때 각 재료에 요구되는 크기 h_2를 결정하라.

b) 최대 처짐량 v_{max}가 25 mm 이상이 되지 않도록 각 재료에 필요한 크기 h_2를 결정하라.

7.5 탄소 섬유 복합 재료(carbon epoxy composite)의 탄성 계수 $E = 138$ GPa, 항복 강도 $\sigma_y = 1447$ MPa, 파괴 인성치 $K_{IC} = 40$ MPa $\sqrt{m}$, 밀도 $\rho = 1.67 \times 10^3$ kg/m³, 단위 부피당 비용 $C_v = 38.84 \times 10^4$\$/m³인 내부 압력을 받는 얇은 벽을 가지는 압력 용기의 경우 표 7.3을 이용하여 $\dfrac{E}{C_v}$, $\dfrac{\sigma_y}{C_v}$, $\dfrac{K_{IC}}{C_v}$를 계산하라. 그리고 합금강인 AISI 4340와 비교하라.

7.6 티타늄 합금의 탄성 계수 $E = 113$ GPa, 항복 강도 $\sigma_y = 910$ MPa, 파괴 인성치 $K_{IC} = 115$ MPa $\sqrt{m}$, 밀도 $\rho = 4430$ kg/m³, 단위 체적당 비용 $C_v = 10^4 \times$ \$/m³이다. AISI 4340 합금 강의 값을 사용하여 RPC값을 계산하라.

7.7 www.matweb.com 사이트로부터 알루미늄 7075-O의 재료 물성치를 복사하라.

7.8 전화기 제조 회사에서 사용되는 다음 재료들의 밀도 물성치를 비교하라.

    a) 1020 steel, 1040 steel, 4340 steel

    b) 2024-T4 알루미늄

    c) Nylon

7.9 구리 합금(청동)의 경우 10^4\$/m^3 가격이 19.32이다. 반면 니켈 합금의 Monel 400의 경우 10^4\$/m^3 가격이 82.25이다. 상대적 장점 RM을 계산하라. 각각의 재료의 기계적 성질인 강성, 인장 강도, 밀도 등은 관련 사이트를 찾아 조사하여 사용하라.

7.10 지속 가능성을 위한 재료 선택 시 재활용(recycle)에 대해 설명하고 다음 재료들의 지속 가능성에 대해 설명하라.

    a) 철 b) 비철 금속 c) 플라스틱 d) 세라믹과 유리 e) 복합 재료

부록

A.1 기본 SI 단위

물리량	이름	기본 및 단위 표현	특수 기호
길이(length)	미터	m	
질량(mass)	킬로그램	kg	
면적(area)	미터제곱	m^2	
체적(volume)	미터세제곱	m^3	
속도(velocity)	미터/초	m/s	
밀도(density)	킬로그램/미터세제곱	kg/m^3	ρ
힘(force)	뉴턴(newton)	$kg\text{-}m/s^2$	N
에너지(energy)	줄(joule)	N-m 혹은 W/s	J
압력 혹은 응력(stress)	파스칼	N/m^2	Pa
변형률(strain)	-	m/m	-
동력(power)	와트(watt)	J/s 혹은 N·m/s	W
주파수(frequency)	헤르츠(hertz)	1/s	Hz

A.2 단위에서 접두사와 승수

승수	접두사	기호
10^9	기가(giga)	G
10^6	메가(mega)	M
10^3	킬로(kilo)	k
10^{-3}	밀리(milli)	m
10^{-6}	마이크로(micro)	μ
10^{-9}	나노(nano)	n
10^{-12}	피코(pico)	p

부록

기계 재료에 사용되는 전형적인 재료의 기계적 성질

1. 금속(metal)

1) 철계열 합금 재료(ferrous alloy)

재료	밀도 ρ (g/cm³)	극한 강도 (σ_u) 인장/압축/전단 (MPa)	항복 강도 (σ_y) 인장/전단 (MPa)	탄성 E/ 전단 계수 (G)(GPa)	열팽창 계수 α (10^{-6}/℃)	연신율 ϵ_f(%)	파괴 인성치 K_f (MPa $\sqrt{m}$)
탄소강							
AISI 1020	7.85			207	11.7		
·열간 압연		380 (최저값)	210 (최저값)			25 (최저값)	
·냉간 인발		420 (최저값)	350 (최저값)			15 (최저값)	
·풀림 (870℃)		395	295			36.5	
·노멀라이징 (925℃)		440	345			38.5	
AISI 1040	7.85			207	11.3		54
·열간 압연		520 (최저값)	290 (최저값)			18 (최저값)	
·냉간 인발		590 (최저값)	490 (최저값)			12 (최저값)	
·풀림 (785℃)		520	355			30.2	
·노멀라이징 (900℃)		440	375			28.0	
저합금강							
AISI 4140	7.85			207	11.7		
·풀림 (815℃)		655	417			25.7	
·노멀라이징 (870℃)		1020	655			17.7	

재료	밀도 ρ (g/cm³)	극한 강도 (σ_u) 인장/압축/ 전단 (MPa)	항복 강도 (σ_y) 인장/전단 (MPa)	탄성 E/ 전단 계수 (G) (GPa)	열팽창 계수 α (10⁻⁶/℃)	연신율 ϵ_f(%)	파괴 인성치 K_f (MPa $\sqrt{m}$)
·기름 담금질과 뜨임 (315℃)		1720	1570			11.5	
·뜨임 (370℃)			1375~1585				55~65
·뜨임 (482℃)			1100~1200				75~93
AISI 4340	7.85			207	12.3		
·풀림 (810℃)		745	472			22	
·노멀라이징 (870℃)		1280	862			12.2	
·기름 담금질과 뜨임 (315℃)		1760	1620			12	
·뜨임 (260℃)			1640				50
·뜨임 (425℃)			1100~1200				87.4
고강도 저합금강(HSLA강)							
ASTM-A709 (345등급)	7.86	450	345	200/77.2	11.7	21	-
ASTM-A913 (450등급)	7.86	550	450	200/77.2	11.7	17	-
ASTM-A992 (345등급)	7.86	450	345	200/77.2	11.7	21	-
ASTM-A709 (690등급) 담금질과 뜨임	7.86	760	690	200/77.2	11.7	18	
스테인리스강							
AISI 301	8.03			212	17.3		
·풀림		515	205			40 (최저값)	
AISI 302	7.92			190/75	17.3		

재료	밀도 ρ (g/cm³)	극한 강도 (σ_u) 인장/압축/전단 (MPa)	항복 강도 (σ_y) 인장/전단 (MPa)	탄성 E/전단 계수 (G)(GPa)	열팽창 계수 α (10^{-6}/℃)	연신율 ϵ_f(%)	파괴 인성치 K_f (MPa$\sqrt{m}$)
·냉간 압연		860	520			12 (최저값)	
·풀림		655	260			50 (최저값)	
AISI 304	8.0			193	17.2		
·열간 마감과 풀림		515 (최저값)	205 (최저값)			40 (최저값)	
·냉간 가공 (1/4hard)		860 (최저값)	515 (최저값)			10 (최저값)	
AISI 306	8.0			200	15.9		
AISI 403	7.8			200	10.8		
·풀림		515	275			35 (최저값)	
AISI 405	7.8			200	10.8		
·열간 마감과 풀림		515 (최저값)	205 (최저값)			40 (최저값)	
·냉간 가공 (1/4 hard)		860 (최저값)	515 (최저값)			10 (최저값)	
·풀림		415	175			20	
AISI 440A	7.8			200	10.2		
·담금질 (Q)+뜨임(T)		1750	1280			4	
·뜨임 (315℃)		1790	1650			5	
·풀림		725	415			20	
17-7PH	7.76			204	11		
·냉간 압연		1380 (최저)	1210 (최저)			1 (최저값)	-
·석출 경화 (510℃)		1450 (최저)	1310 (최저)			3.5 (최저값)	76
주철							
회주철 (gray cast iron) (4.55% 탄소 ASTM A-48)	7.2	170/655/ 249		69/28	12.1	0.5 (최저값)	

재료	밀도 ρ (g/cm³)	극한 강도 (σ_u) 인장/압축/전단 (MPa)	항복 강도 (σ_y) 인장/전단 (MPa)	탄성 E/전단 계수 (G)(GPa)	열팽창 계수 α (10^{-6}/℃)	연신율 ϵ_f(%)	파괴 인성치 K_f (MPa$\sqrt{m}$)
가단 주철 (malluable cast iron) (2% 탄소+ 1% 규소+ ASTM A-47)	7.3	345/620/ 330	230	165/65	12.1	10 (최저값)	
구상 흑연 주철 (ductile cast iron)							
·등급 60-40-18(풀림)		414 (최저값)	276 (최저값)	169	11.4	18 (최저값)	
·등급 80-55-06(주조)		552 (최저값)	379 (최저값)	168	11.4	6 (최저값)	
·등급 120-90-02(기름 담금질+뜨임)		827 (최저값)	621 (최저값)	164	11.4	2 (최저값)	

*철계열 합금의 푸아송비는 탄소강과 저합금강은 0.3이고 주철의 경우는 0.26이다.

2) 비철계열 합금 재료(nonferrous alloy)

재료	밀도 ρ (g/cm³)	극한 강도 (σ_u) 인장/압축/전단 (MPa)	항복 강도 (σ_y) 인장/전단 (MPa)	탄성 E/전단 계수 (G)(GPa)	열팽창 계수 α (10^{-6}/℃)	연신율 ϵ_f(%)	파괴 인성치 K_f (MPa$\sqrt{m}$)
알루미늄							
Al 1100-H14 (99% 알루미늄)	2.71	110/110/70	95/55	70/26	23.6	9	
Al 2014-T6	2.8	455/455/275	400/230	75/27	23	13	
Al 2024-T4	2.8	470/470/280	325	73	23.2	19	44
Al 5456-H116	2.63	315/315/185	230/130	72	23.9	16	
Al 6061-T6	2.71	260/260/165	240/140	70/26	23.6	17	
Al 7075-T6	2.8	570/570/330	500	72/28	23.6	11	24
동(copper)							
무산소동 (99% 구리)	8.91			120/44	16.9		

재료	밀도 ρ (g/cm³)	극한 강도 (σ_u) 인장/압축/전단 (MPa)	항복 강도 (σ_y) 인장/전단 (MPa)	탄성 E/ 전단 계수 (G)(GPa)	열팽창 계수 α (10^{-6}/℃)	연신율 ϵ_f(%)	파괴 인성치 K_f (MPa $\sqrt{m}$)
·풀림 처리		220/220/150	70			45	
황동(yellow brass)(65% 구리+35% 아연)							
·냉간 압연	8.47	510/510/300	410/250	105/39	20.9	8	
·풀림	8.47	320/320/220	100/60	105/39	20.9	65	
청동(bronze)							
인청동 (88% 구리+8% 아연+4% 주석)	8.8	310	145	95	18	30	
망간 청동 (63% 구리+ 25% 아연+ 6% 알루미늄+ 35% 망간+ 3% 철)	8.36	655	330	105	21.6	20	
알루미늄 청동 (81% 구리+ 4% 니켈+ 4% 철+ 11% 알루미늄)	8.33	620/900/NA	275	110/42	16.2	6	
마그네슘							
AZ31B	1.77		250	45/NA	26	6	
·압연		290	220			15	
·압출		262	200			15	28
AZ91D	1.81		200	45/NA	26	12	
·주조		165~230	97~150			3	
티타늄							
ASTM 1등급	4.51			103	8.6		
·풀림		240	170			30	
Ti-6Al-4V	4.43			114	8.6		
·풀림		900 (최저값)	830 (최저값)			14	44~66
·용체 열처리		1172 (최저값)	1103 (최저값)			10	-

재료	밀도 ρ (g/cm^3)	극한 강도 (σ_u) 인장/압축/전단 (MPa)	항복 강도 (σ_y) 인장/전단 (MPa)	탄성 E/ 전단 계수 (G)(GPa)	열팽창 계수 α (10^{-6}/℃)	연신율 ϵ_f(%)	파괴 인성치 K_f (MPa $\sqrt{m}$)
Ti-5Al-2.5Sn	4.48			110	9.4		
·풀림		790 (최저값)	760 (최저값)			16	-
·공기 중 냉각		876					71.4
Monel 합금(니켈+구리)							
Monel 400	8.83			180	13.9		-
·풀림		550	240			40	-
Invar	8.05			141	1.6		
·풀림		517	276			30	-
Super invar	8.1			144	0.72		
·풀림		483	276			30	-
Kovar	8.36			207	5.1		
·풀림		517	276			30	-
Inconel 625	8.44			207	12.8		
·풀림		930	517			42.5	-
금(순수)	19.32			77	14.2		
·풀림		130	-			45	-
·냉간 가공 (64% 수축)		220	205			4	-
은(순수)	10.49			74	19.7		
·풀림		170	-			44	-
·냉간 가공 (50% 수축)		296	-			3.5	-
내화 금속							
몰리브덴 (순수)	10.22	630	500	320	4.9	25	-
탄탈럼 (순수)	16.6	205	165	185	6.5	40	-

재료	밀도 ρ (g/cm^3)	극한 강도 (σ_u) 인장/압축/ 전단 (MPa)	항복 강도 (σ_y) 인장/전단 (MPa)	탄성 E/ 전단 계수 (G)(GPa)	열팽창 계수 α (10^{-6}/℃)	연신율 ϵ_f(%)	파괴 인성치 K_f (MPa $\sqrt{m}$)
텅스텐 (순수)	19.3	960	760	400	4.5	2	-

*비철합금 중 알루미늄의 푸아송비는 0.33이고, 마그네슘 합금의 경우는 0.35, 티타늄은 0.34, 내화 금속 중 탄탈럼은 0.35, 몰리브덴은 0.32, 텅스텐은 0.28이다. 금은 0.42이고 은은 0.37이다. Monel 400은 0.31이다.

2. 비금속(non-metal)

1) 폴리머

재료	밀도 ρ (g/cm^3)	극한 강도 (σ_u) 인장/압축/ 전단 (MPa)	항복 강도 (σ_y) 인장/전단 (MPa)	탄성 E/ 전단 계수 (G)(GPa)	열팽창 계수 α (10^{-6}/℃)	연신율 ϵ_f(%)	파괴 인성치 K_f (MPa $\sqrt{m}$)
1.1 열경화성(thermosetting)							
에폭시	1.11~1.4	27.6~90	NA	2.41	81~117	3~6	0.6
폴리에스테르	1.04 ~1.46	41.4 ~89.7	NA	2.06 ~4.41	100~180	2.6 미만	0.6
1.2 열가소성(thermoplastic)							
폴리카보네이트 (PC)	1.2	65/85/NA	35	2.4	122	110	2.2
폴리에스테르 (열가소성) PBT 수지	1.34	55/75/NA	55	2.4	135	150	-
폴리스티렌(PS)	1.03	55/90/NA	55	3.1	125	2	0.7 ~1.1
비닐, 단단한 PVC	1.44	40/70/NA	45	3.1	135	40	2.0 ~4.0
나일론 6,6 타입 (몰딩)	1.14	75/95/NA	45	2.8	144	50	2.5 ~3.0
PEEK	1.31	70.3~103	91	1	72~85	30 ~150	-

재료	밀도 ρ (g/cm^3)	극한 강도 (σ_u) 인장/압축/전단 (MPa)	항복 강도 (σ_y) 인장/전단 (MPa)	탄성 E/ 전단 계수 (G)(GPa)	열팽창 계수 α (10^{-6}/℃)	연신율 ϵ_f(%)	파괴 인성치 K_f (MPa $\sqrt{m}$)
PET	1.35	48.3 ~72.4	59.3	2.76 ~4.14	117	30 ~300	5
PMMA	1.19	48.3 ~72.4	53.8~73.1	2.24 ~3.24	90~162	2.0 ~5.5	0.7 ~1.6
PTFE	2.17	20.7 ~34.5	NA	0.40 ~0.55	126~216	200 ~400	
PP	0.905	31.0 ~41.4	31.0~37.2	1.14 ~1.45	146~180	100 ~600	3.0 ~4.5
폴리에틸렌(PE)							
LDPE (저밀도)	0.925	8.3~31.4	9.0~14.5	0.17 ~0.28	180~400	100 ~650	-
UHMWPE	0.94	38.6 ~48.3	21.4~27.6	0.69	234~360	350 ~525	-
1.3 탄성 중합체(elastomer)							
폴리에스테르 중합체	1.2	45/NA/40	-	0.2	-	500	-
SBR	0.94	12.4~20.7	-	0.002 ~0.01	220	450 ~500	-
1.4 고무(rubber)							
	0.91	15	-	-	162	600	-

*폴리머의 푸아송비는 나일론 6,6의 경우는 0.39, PC는 0.36, PTFE는 0.46, PVC는 0.38, PS는 0.33이다.

2) 세라믹

재료	밀도 ρ (g/cm³)	극한 강도 (σ_u) 인장/압축/전단 (MPa)	항복 강도 (σ_y) 인장/전단 (MPa)	탄성 E/ 전단 계수 (G)(GPa)	열팽창 계수 α (10^{-6}/℃)	연신율 ϵ_f(%)	파괴 인성치 K_f (MPa $\sqrt{m}$)
알루미나(Al₂O₃)							
99%	3.98	285~551	-	380	7.4	-	4.2~5.9
96%	3.92	358	-	303	7.4	-	3.85~3.95
90%	3.6	337	-	275	7	-	-
실리콘 카바이드(SiC)							
핫프레스	3.3	235~825	-	270~483	4.6	-	4.8~6.1
반응 접합	3.1	307/2500/NA	-	393	-	-	
소결	3.2	96~520	-	270~483	4.1	-	4.8
실리콘 나이트라이드(Si₃N₄)							
핫프레스	3.3	700~1000	-	304	2.7	-	4.1~6.0
소결	3.3	414~650	-	304	3.1	-	5.3
지르코니아(ZrO₂)							
소결	5.8	147/2100/NA	-	210	9.6	-	7.0~12.0
콘크리트	2.4	37.3~41.3 (압축)	-	25.4~36.6	10.0~13.6	-	0.2~1.4
흑연(graphite)							
압출	1.71	13.8~34.5 (결정립 방향)	-	11	2.0~2.7	-	
몰드	1.78	31~69	-	11.7	2.2~6.0		
다이아몬드							
천연	3.51	1050	-	700~1200	0.11~1.23	-	3.4
인조	3.2~3.52	800~1400	-	800~925	-	-	6.0~10.7

*핫프레스(hot press)한 실리콘 카바이드의 푸아송 비는 0.17이고, 실리콘 나이트라이드는 0.3이며 지르코니아는 0.31이다.

3) 복합 재료

재료	밀도 ρ (g/cm^3)	극한 강도 (σ_u) 인장/압축/전단 (MPa)	항복 강도 (σ_y) 인장/전단 (MPa)	탄성 E/ 전단 계수 (G)(GPa)	열팽창 계수 α (10^{-6}/℃)	연신율 ϵ_f(%)	파괴 인성치 K_f (MPa$\sqrt{m}$)
아라미드 섬유-에폭시 ($V_f = 0.6$)	1.4	1380(L)/ 30(T)	-	76(L)-5.5(T)	-4.0(L)/ 70(T)	1.8(L)/ 0.5(T)	-
탄소 섬유-에폭시 ($V_f = 0.6$)	1.7	760(L)/ 28(T)	-	220(L)- 6.9(T)	-0.5(L)/ 32(T)	0.3(L)/ 0.4(T)	-
E-유리 섬유-에폭시 ($V_f = 0.6$)	2.1	1020(L)/ 40(T)	-	45(L)-12(T)	-6.6(L)/ 30(T)	2.3(L)/ 0.4(T)	-

여기서 L은 보강 섬유 길이(longitudinal) 방향, T는 길이 방향의 수직(transverse) 방향이다.

기계 재료에 사용되는 전형적인 재료의 가격

1. 금속(metal)

1.1 철계열 합금 재료(ferrous alloy)

1) 탄소강 및 저합금강

재료/상태	kg당 가격($)	상대 가격(relative cost)
탄소강 ASTM A36		
열간 압연 판재	0.5~0.9	1
열간 압연 앵글바	1.15	1.6
저탄소강 AISI 1020		
열간 압연 판재	0.5~0.6	0.8
냉간 압연 판재	0.85~1.45	1.6
중탄소강 AISI 1040		
열간 압연 판재	0.75~0.85	1.1
냉간 압연 판재	1.3	1.9
저합금강 AISI 4140(크롬-몰리브덴강)		
노멀라이저 봉	1.75~1.95	2.6
H급 노멀라이저 봉	2.85~3.05	
저합금강 AISI 4340(니켈-크롬-몰리브덴강)		
풀림 처리한 바(bar)	2.45	3.5
노멀라이저한 바(bar)	3.3	4.7

2) 스테인리스강

재료/상태	kg당 가격($)	상대 가격(relative cost)
AISI 304		
열간 마감 및 풀림 처리한 plate	2.15~3.5	4
AISI 316		
열간 마감 및 풀림 처리한 plate	3.0~4.4	5.3
냉간 인발과 풀림 처리한 라운드바	6.2	8.9
AISI 440A		
풀림 처리한 plate	4.4~5.0	6.7
17-7PH		
냉간 압연한 plate	6.85~10.0	12

3) 주철

재료/상태	kg당 가격($)	상대 가격(relative cost)
모든 등급의 회주철(gray cast iron)		
대량 생산	1.2~1.5	1.9
소량 생산	3.3	4.7
모든 등급의 구상 흑연 주철(ductile cast iron)		
대량 생산	1.45~1.85	2.4
소량 생산	3.3~5.0	5.9

1.2 비철계열 합금 재료(ferrous alloy)

1) 알루미늄 합금강

재료/상태	kg당 가격($)	상대 가격(relative cost)
Al 1100		
풀림 처리 sheet	7.25~10.0	12.3
Al 2024		
T3 뜨임 처리 sheet	8.8~11.0	14
T351 뜨임 처리바	11.35	16.2
Al 6061		
T6 뜨임 처리 sheet	4.4~6.2	7.6
T651 뜨임 처리	6.1	8.7
Al 7075		
T6 뜨임 처리 sheet	9.0~9.7	13.4
주조 알루미늄 A356		
주조, 대량 생산	4.4~6.6	7.9
주조, 요구에 의한 소량 생산	11.0	15.7
T6 뜨임 처리, 소량 생산	11.65	16.6

2) 구리 합금

재료/상태	kg당 가격($)	상대 가격(relative cost)
C 11000, sheet	4.0~7.0	7.9
C 17200, sheet(베릴륨-구리)	25.0~47.0	51.4
C 26000, sheet(카트리지 황동)	3.5~4.85	6.0
C 36000, sheet, rod (free-cutting 황동)	3.2~4.0	5.1
C 71500, sheet	3.5~4.85	6.0
(구리-니켈)	8.5~9.5	12.9

3) 마그네슘 합금

재료/상태	kg당 가격($)	상대 가격(relative cost)
AZ31B		
·압연 sheet	11	15.7
·압출	8.8	12.6
AZ91D		
·주조	3.8	5.4

4) 내화용 금속

재료/상태	kg당 가격($)	상대 가격(relative cost)
몰리브덴		
·순수, sheet, rod	85.0~115.0	143
탄탈럼		
·순수, sheet, rod	390~440	593
텅스텐		
·순수, sheet	77.5	111
·순수, rod(직경 1/2~3/8인치)	97.0~135.0	166

5) 기타 비철 합금

재료/상태	kg당 가격($)	상대 가격(relative cost)
Inconel 625	20.0~29.0	35
Monel 400	15.5~16.5	22.9
Invar	17.25~19.75	26.4
Super invar	22.0~33.0	39.3
Kovar	30.75~39.75	50.4

2. 비금속(non-metal)

2.1 폴리머

재료/상태	kg당 가격($)	상대 가격(relative cost)
나일론 6,6		
·raw 형태	4	5.7
·압출	9.4	13.4
PBT		
·raw 형태	4	5.7
·sheet	9.75	13.9
열경화성 폴리에스테르		
·raw 형태	1.5	4.4
폴리카보네이트(PC)		
·raw 형태	4.85-5.3	7.3
·sheet	7.0~10.0	12.1
폴리에틸렌(PE)		
LDPE, raw 형태	1.2~1.35	1.8
HDPE, raw 형태	1.0~1.7	1.9
UHMWPE, raw 형태	3.0~8.5	8.2
PEEK		
·raw 형태	90~110	143
PET		
·raw 형태	1.9~2.1	2.9
·sheet	3.3~7.7	7.9
PMMA		
·raw 형태	2.4	3.4
·얇은 sheet	4.2	6
·cell 주조	5.85	8.4
PTFE		
·raw 형태	20.0~26.5	33.2
·sheet	38	54
PVC		
·raw 형태	1.4~2.8	3
PP		
·raw 형태	0.85~1.65	1.8
에폭시		
·raw 형태	3.0~4.0	5

2.2 세라믹

재료/상태	kg당 가격($)	상대 가격(relative cost)
혼합 콘크리트	0.04	0.06
다이아몬드		
천연 1/3캐럿, 산업용	36,000~90,000	90,000
인조, 산업용	18,750	27,000
실리콘		
test 등급, 100 mm 직경 웨이퍼 두께 ~425 μm	900~2000	2070
prime 등급, 100 mm 직경 웨이퍼 두께 ~425 μm	2075~2525	3300
실리콘 카바이드		
α상 파우더, 입자 크기 1~10 μm	22.0~58.0	57.1
α상 폴리싱 연마재	4.5~21.5	18.6
β상 파우더, 입자 크기 1~10 μm	40~100	100
β상 폴리싱 연마재 mesh 200~1400	8.0~22.0	21.4
α상 분쇄매체볼(grinding media ball) 직경 1/4인치 소결	250	360
실리콘 나이트라이드		
파우더, 마이크론 이하 입자	100	143
마감 처리 안 한 볼 직경 0.25~0.5인치 열간 정수압 소결(HIP)	875~1100	1400
마감 처리한 볼 직경 0.25~0.5인치 열간 정수압 소결(HIP)	2000~4000	4300
지르코니아(부분적으로 안정화)		
파우더, 마이크론 이하 입자	45~50	68
파우더, 마이크론 이상 입자	22~33	39.3
분쇄매체볼(grinding media ball) 직경 15 mm 소결	125~175	215

2.3 복합 재료

재료/상태	kg당 가격($)	상대 가격(relative cost)
아라미드 장섬유 에폭시 프리프레그 테입(Kevlar49)	55~62	84
탄소 장섬유 에폭시 프리프레그 테입		
표준 강성	40~60	71
중간 강성	100~130	164
고강성	200~275	340
E-유리 장섬유 에폭시 프리프레그 테입	22	31.4

금속 합금의 조성

1. 철합금

1) 일반 탄소강(plain carbon steel)과 저합금강(low alloy steel)의 조성비

종류	조성(wt%)										비고
	Fe	C	Mn	Si	P	S	Cr	Ni	Mg	Mo	
1020	98	0.29	1	0.28							저탄소강
1040	99.1	0.2	0.45								중탄소강
4140	96.8	0.4	0.9				0.9			0.2	크롬-몰리브덴강
4340	95.2	0.4	0.7				0.25	1.8		0.7	니켈-크롬-몰리브덴강

2) 스테인리스강의 조성비

종류	조성(wt%)											비고
	Fe	C	Mn	Si	P	S	Cr	Ni	Mg	Mo	Al	
304	66.4(min)	0.08	2.0	0.28			19	9.25				
316	61.9(min)	0.08	2.0	0.28			17	12.0		2.5		
405	83.1(min)	0.08	1.0	0.28			13	12.0		2.5	0.2	
440A	78.4(min)	0.07	1.0	0.28			17	12.0		0.75	0.2	
17-7PH	70.6(min)	0.09	1.0	0.28			17	7.1		2.5	1.1	

3) 주철(cart iron steel)의 조성비

종류	조성(wt%)										비고
Grade	Fe	C	Mn	Si	P	S	Cr	Ni	Mg	Mo	
G1800	(bal)	3.4-3.7	0.65	2.3~2.8	0.15	0.15					회주철
G3000	(bal)	3.1-3.4	0.75	1.9~2.3	0.10	0.15					회주철
G4000	(bal)	3.0-3.3	0.85	1.8~2.1	0.07	0.15					회주철
60-40-18	(bal)	3.4-4.0		2.0-2.8				0-1.0	0.05		구상흑연주철
80-55-06	(bal)	3.3-3.8		2.0-3.0				0-1.0	0.05		구상흑연주철
120-90-06	(bal)	3.4-3.8		2.0-2.8				0-2.5	0.05	0-1.0	구상흑연주철

2. 비철합금(nonferrous alloy)

1) 알루미늄 합금(aluminum alloy)의 조성비

종류	조성(wt%)							비고
Grade	Al	Cu	Mn	Mg	Cr	Zn	Si	
1100	99.0(min)	0.2(max)						plain aluminum
2024	90.75(min)	4.4(max)	0.6	1.5				알루미늄 합금
6061	95.85(min)	0.3	0.6	1.0	0.2		0.6	알루미늄 합금
7075	87.2(min)	1.6		2.5	0.23	5.6		알루미늄 합금
356	90.1(min)			0.3			7.0	주조(sand casting)

2) 구리 합금(copper alloy)의 조성비

종류	조성(wt%)									비고
Grade	Cu	O	Be	Zn	Pb	Ni	Sn	Co	Fe	
C11000	99.0(min)	0.2(max)								순수 구리
C17200	96.7(min)		1.9					0.2		구리 합금
C26000	70			(bal)	0.07				0.05(max)	황동
C36000	60.0(min)			35.5	3.0					구리 납 합금
C71500	63.75(min)					3.0				구리 니켈 합금 (cupronickel)
C93200	81.0(min)			3.0	7.0		7.0			구리 합금

3) 마그네슘 합금(magnesium alloys)의 조성비

종류	조성(wt%)					비고
Grade	Mg	Al	Mn	Zn	Si	
AZ31B	94.4(min)	3.0	0.2(min)	1.0	0.1(max)	
AZ91D	89.0(min)	9.0	0.13(min)	0.7	0.1(max)	

4) 티타늄 합금(Titanium alloys)의 조성비

종류	조성(wt%)				비고
Grade	Ti	Al	Sn	V	
상업용1등급	99.5(min)				
Ti-5Al-2.5Sn	90.2(min)	5.0	2.5		
Ti-6Al-4V	87.7(min)	6.0		4.0	

5) 기타 합금

종류	조성(wt%)											비고
Grade	Ni	Cr	Cu	Mn	Mo	Fe	Nb	Co	C	Si	Pb	
Nickel 200	99.0(min)											
Inconel 625	58.0(min)	21.5			9.0	5.0	3.65	1.0				
Monel 400	63.0(min)	21.5	31.0	0.2		2.5			0.3	0.5		
Invar	36.0					64.0						
Super invar	32.0					63.0		5.0				
Kovar	29.0					54.0		17.0				
Tin(ASTM B339A)											98.6(min)	

찾아보기

2판
기계재료학
Material Properties for Mechanical Applications

2020년 2월 25일 2판 1쇄 펴냄
지은이 박명균 · 최홍섭 · 박용태 · 김범준
펴낸이 류원식 | 펴낸곳 (주)교문사(청문각)

편집부장 김경수 | 책임진행 김보마 | 본문편집 오피에스디자인 | 표지디자인 유선영
제작 김선형 | 홍보 김은주 | 영업 함승형 · 박현수 · 이훈섭
주소 (10881) 경기도 파주시 문발로 116(문발동 536-2) | 전화 1644-0965(대표)
팩스 070-8650-0965 | 등록 1968. 10. 28. 제406-2006-000035호
홈페이지 www.cheongmoon.com | E-mail genie@cheongmoon.com
ISBN 978-89-363-1922-9 (93550) | 값 28,500원